机械制造工艺学

JIXIE ZHIZAO GONGYIXUE

主　编 / 张宪明　周知进

副主编 / 潘克强　陈进松　杨彦明

重庆大学出版社

内容提要

本书结合当下高等教育推行的OBE、新工科、工程教育认证等教育理念，依据应用型本科院校定位要求及编者多年的课程教学经验编写而成。本书主要内容包括机械制造工艺基础、机械加工工艺规程设计、机床夹具设计、机械加工质量分析与控制、机器装配工艺规程设计等，各章节内容均是机械制造工艺学的核心经典内容，并融入实践案例，充分体现了综合性、实践性和工程性。

本书可作为高等院校机械类等专业的教材，也可作为机械制造工艺类的企业技术人员参考用书。

图书在版编目(CIP)数据

机械制造工艺学 / 张宪明，周知进主编. -- 重庆 ：重庆大学出版社，2025. 1. --（机械设计制造及其自动化专业应用型本科系列教材）. -- ISBN 978-7-5689-5041-1

Ⅰ. TH16

中国国家版本馆CIP数据核字第2025GN6343号

机械制造工艺学

主　编　张宪明　周知进

副主编　潘克强　陈进松　杨彦明

策划编辑：荀荟羽

责任编辑：姜　凤　　版式设计：荀荟羽

责任校对：关德强　　责任印制：张　策

*

重庆大学出版社出版发行

出版人：陈晓阳

社址：重庆市沙坪坝区大学城西路21号

邮编：401331

电话：(023)88617190　88617185(中小学)

传真：(023)88617186　88617166

网址：http://www.cqup.com.cn

邮箱：fxk@cqup.com.cn（营销中心）

全国新华书店经销

重庆正文印务有限公司印刷

*

开本：787mm×1092mm　1/16　印张：20.5　字数：500千

2025年1月第1版　2025年1月第1次印刷

印数：1—1 000

ISBN 978-7-5689-5041-1　定价：59.00元

PREFACE 前　言

“机械制造工艺学”是机械设计制造及其自动化专业的核心课程，内容主要涉及机械制造工艺规程、机床夹具设计、机械加工质量、机器装配等，是培养学生从事机械制造行业核心知识、能力、素养的核心课程。本书在编写中借鉴了高校同类教材的优点，并结合了当下高等教育推行的 OBE（基于学习产出的教育模式，Outcome Based Education）、新工科、工程教育认证等理念要求，依据应用型本科院校的定位要求及编者多年的教学经验为基础。整编教材中的主要特点包括增加实践案例，整合了质量分析内容，重新综述了定位误差的分析计算等。本书中的各章节内容，涵盖了机械制造工艺学的核心经典内容。受篇幅及字数限制，本书未对先进制造技术内容展开介绍，教学中可通过本专业其他课程或讲座类等方式开展。本书全部章节内容教学学时建议为 54 学时左右，各单位可根据教学实际适当删减学时。此外，本书也可作为成人教育、企业技术人员学习交流等参考书目。

在使用本书进行教学前，读者应对“机械制图”“互换性与测量技术”“工程材料”“认知实习”“金工实习”“机械制造技术基础”等课程有一定的了解，以便能更好地学习本课程。本课程具有综合性、实践性、工程性强的特点，在学习理论知识同时，读者应尽可能地结合工程实践环节以便更好地理解相关的知识点，并进一步培养相关能力及素质。

本书由张宪明、周知进担任主编，潘克强、陈进松、杨彦明担任副主编。第 1、2 章由张宪明、陈进松编写，第 3 章由潘克强、杨彦明编写，第 4 章由周知进编写，第 5 章由张宪明编写。本书由贵州理工学院机械工程学院及工程实训中心等单位同行审核，确保了教材内容的准确性和实用性，同时得到了贵州詹阳动力重工有限公司的大力支持，对以上给予我们支持的同仁们致以衷心感谢。

本书在编写中充分借鉴了王先逵教授等编写的《机械制造工艺学》、卢秉恒教授编写的《机械制造技术基础》等优秀教材，在此对从事机械工程教学科研的前辈们致以崇高敬意。

由于编者水平有限，疏漏之处在所难免，恳请使用本书的广大师生、读者及同仁们多提宝贵意见，我们将不断改进和完善。

编　者

2024 年 9 月

CONTENTS 目 录

绪 论

制造业是一个国家的立国之本,它不仅是一个国家的民族产业和支柱产业,还是反映一个国家经济实力的重要标志,更是为国家创造财富的重要产业。制造技术的不断进步支持着制造业的蓬勃发展,先进的制造技术能使一个国家的制造业乃至国民经济处于有竞争力的地位。如果忽视制造技术的发展,就可能会导致经济发展误入歧途。

1)制造技术的重要性

(1)社会发展与制造技术密切相关

人类的发展过程就是一个不断制造和创新的过程。人类在发展的初期,制造了石器,以便狩猎。随后,相继出现了陶器、铜器、铁器和一些简单的机械,如刀、剑、弓、箭等兵器,锅、壶、盆、罐等生活用具,犁、磨、碾、水车等农用工具。这些工具和用具的制造过程相对简单,主要围绕生活必需和战争需求,制造资源、规模和技术水平都非常有限。随着社会的发展,制造技术的范围和规模不断扩大,技术水平也在不断提高。制造技术开始向文化、艺术、工业等领域发展,出现了纸张、笔墨、活版印刷、石雕、珠宝、钱币、金银饰品等制造技术。大工业生产的出现使得人类的物质生活水平和文明程度有了很大提高。人们对精神和物质也有了更高的要求,科学技术也因此得到了更快、更新的发展,与制造技术的关系也更为密切。蒸汽机制造技术的问世带来了工业革命和大工业生产,内燃机制造技术的出现和发展促进了现代汽车、火车和舰船的形成;喷气涡轮发动机制造技术则推动了现代喷气客机和超音速飞机的发展;集成电路制造技术的进步决定了现代计算机的水平,而纳米技术的出现开创了微型机械的先河。因此,人类的活动与制造密切相关,但人类活动的水平在很大程度上受到了制造水平的约束。宇宙飞船、航天飞机、人造卫星以及空间工作站等制造技术的出现,使人类活动走出地球,迈向太空。

(2)制造技术是科学技术物化的基础

从设想到实现,从精神到物质,制造是转化的关键,是科学技术物化的基础。而科学技术的发展,又反过来推动制造水平的提升。

科学技术的创新和构思需要实践的检验,实践是检验真理的唯一标准。人类对飞行的欲望和需求历史悠久,经历了无数的挫折与失败,经过了多次的构思和实验,最后才取得成功。实验作为一种物化手段和方法,为生产这一成熟的物化过程奠定了基础。

(3)制造技术是各行业的支柱

制造技术的涉及面极广,冶金、建筑、水利、机械、电子、信息、运载、农业等行业的发展均需制造业的支持。如冶金行业需要冶炼、轧制等设备,建筑行业需要挖掘机和推土机等工程机械。因此，制造业作为一个支柱产业，在不同历史时期虽有不同的发展重点，但制造技术的支持不可或缺。各个行业都有其主导技术，如农业生产技术之于农业，现代农业同样离不开农业机械的支持，制造技术早已成为其不可或缺的一部分。由此可见，制造技术既有普遍性、基础性，又兼具特殊性、专业性，既存在共性，又展现个性。

(4)制造业及制造技术是国力和国防的后盾

一个国家的国力主要体现在政治实力、经济实力和军事实力上，而经济和军事实力与制造技术的关系十分密切。只有在制造上成为强国，才能在军事上成为强国。一个国家不能仅凭外汇去购买别国的军事装备来保卫自己，必须有自己的军事工业。有了国力和国防才有国际地位，才能立足于世界。

改革开放以来，开放与引进在一定程度上促进了我国制造业的发展及制造技术的提高，但与工业发达国家相比，我们在某些方面还存在不足。由于技术、管理、投入等方面的不足，有些差距还有加大的趋势，我国制造业正承受着国际市场的巨大压力。目前我国在一些尖端设备的制造和大型装备的制造方面还主要依赖进口，如高速高精度机床、制造集成电路的光刻设备以及600 MW以上的大型发电机组等，这些设备还常受到国外的出口限制。

随着党的二十届三中全会的胜利召开，我国全面深化改革、推进中国式现代化的号角已然吹响。全面深化改革是新时代中国特色社会主义事业发展的强大动力，是推动我国社会生产力发展的重要途径。推进中国式现代化，是我国实现全面建设社会主义现代化国家战略部署的必然选择。机械制造工艺学作为我国工业制造领域的基础学科，必须紧跟时代步伐，以全面深化改革为动力，推进中国式现代化，对机械制造领域的发展具有重要意义。提升工业制造水平，增强我国国际竞争力；促进产业结构优化升级，实现工业经济高质量发展；推动创新驱动发展，提升国家科技创新能力。在机械制造工艺领域中要充分发挥新一代信息技术在推动工业制造升级中的关键作用，主要体现在以下几方面：①智能制造。通过引入人工智能、大数据、云计算等新一代信息技术，实现制造过程的智能化，提高生产效率和产品质量。②数字化设计。利用计算机辅助设计(Computer Aided Design，CAD)和计算机辅助制造(Computer Aided Manufacturing，CAM)技术，缩短产品研发周期，提升产品竞争力。③网络化协同。借助互联网、物联网等技术，实现企业内部及产业链上下游企业间的协同作业，优化资源配置。④绿色制造。利用信息技术优化生产过程，降低能源消耗和污染物排放，推动制造业可持续发展。

2)广义制造论

狭义制造是根据产品设计方案，在生产过程中直接将原材料变成成品的那部分生产工作内容，主要包括毛坯制造、零件加工、产品装配、检验、包装等内容，这一过程主要体现为物质流。

广义制造是20世纪制造技术的重要发展成果，它是在狭义制造基础上发展起来的。长期以来，由于设计与工艺的分离，制造被定位于加工工艺，这是狭义制造的概念。

随着社会发展和科技进步，人们开始意识到需要综合、融合、复合多种技术去研究和解决问题。特别是集成制造技术的问世，标志着广义制造（亦称之为“大制造”）的到来，它极大地扩展了制造的概念。

广义制造概念的形成过程主要有以下几方面原因。

（1）工艺和设计一体化

这一趋势体现了工艺和设计的密切结合，形成了设计工艺一体化的理念。设计不仅是指产品本身的设计，还包括工艺设计、生产调度设计和质量控制设计等。

人类的制造技术大体上可分为 3 个阶段，每个阶段都标志着一个重要的里程碑。

①手工业生产阶段。手工业生产阶段的制造主要靠工匠的手艺来完成，加工方法和工具都比较简单，多靠手工、畜力或极简单的机械，如凿、劈、锯、碾和磨等来加工。制造的手段和水平比较低，以个体和小作坊的生产方式为主。虽有简单的图样或仅有构思，但基本是体脑结合。手工业生产阶段的技术水平取决于制造经验，总体上能满足当时人类发展的需求。

②大工业生产阶段。随着经济发展和市场需求的变化，以及科学技术的进步，制造手段和水平有了很大的提高，形成了大工业生产方式。

生产发展与社会进步使制造进行了大分工。首先是设计与工艺分离，单元技术急速发展形成了设计、装配、加工、监测、试验、供销、维修、设备、工具和工装等直接生产部门和间接生产部门。加工方法丰富多彩，除传统加工方法（如车、钻、刨、铣和磨等）外，非传统加工方法（如电加工、超声波加工、电子束加工、离子束加工、激光束加工）均有了较大发展。此外，还出现了以零件为对象的加工流水线和自动生产线，以部件或产品为对象的装配流水线和自动装配线，适应了大批大量生产的需求。

这一时期从 18 世纪开始至 20 世纪中叶，发展迅速且意义重大，奠定了现代制造技术的基础，对现代工业、农业、国防工业的成长和发展产生了深远影响。由于人类生活水平的不断提高以及科学技术日新月异地发展，产品更新换代的速度不断加快，因此，如何快速响应多品种单件小批生产的市场需求成了一个突出矛盾。

③虚拟现实工业生产阶段。为了快速响应市场需求，进行高效的单件小批生产，可借助信息技术和计算机技术，采用集成制造、并行工程、计算机仿真、虚拟制造、动态联盟、协同制造、电子商务等举措，将设计与工艺高度结合，进行计算机辅助设计、计算机辅助工艺设计和数控加工，使产品在设计阶段就能暴露加工中的问题以便技术人员协同解决。同时，可集中全世界的制造资源来进行全世界范围内的合作生产，缩短了上市时间，提高了产品质量。这一阶段充分体现了体脑的高度结合，对手工业生产阶段的体脑结合进行了螺旋式的上升和扩展。

虚拟现实工业生产阶段采用强大的软件在计算机上进行系统完整的仿真，从而避免了在生产加工时才能发现的一些问题及其造成的损失。因此，它既是虚拟的又是现实的。

（2）零件制造成形机理的扩展

在传统制造工艺中，将零件的加工过程分为热加工和冷加工两个阶段，且是以冷去除加工和热变形加工为主，利用力、热原理。随着制造工艺技术的发展，越来越多的先进工艺技术的出现已经难以用传统分类方法来解释。因此，根据制造工艺过程中零件质量的变化，将零件的制造成形机理分为减材制造 $\Delta m<0$、等材制造 $\Delta m=0$、增材制造 $\Delta m>0$ 三类。零件制造成形机理见表 0.1。

表 0.1　零件制造成形机理表

分类	加工原理		加工方法
减材制造 $\Delta m<0$	力学加工		切削加工（车削、铣削、刨削、钻削等）、磨削加工、磨粒流加工、磨粒喷射加工、液体喷射加工
	电物理加工		电火花成形加工、电火花线切割加工、等离子体加工、电子束加工、离子束加工
	电化学加工		电解加工
	物理加工		超声波加工、激光加工
	化学加工		化学铣削、光刻加工
	复合加工		电解磨削、超声电解磨削、超声电火花电解磨削、化学机械抛光
等材制造 $\Delta m=0$	冷、热流动加工		锻造、辊锻、轧制、挤压、辊压、液态模锻、粉末冶金
	黏滞流动加工		金属型铸造、压力铸造、离心铸造、熔模铸造、壳型铸造、低压铸造、负压铸造
	分子定向加工		液晶定向
增材制造 $\Delta m>0$	逐层堆积		快速成型（3D 打印、光固化法、叠层制造法、激光选区烧结法、熔积法）
	连接加工		激光焊接、化学粘结
	附着加工	物理加工	物理气相沉积、离子镀
		热物理加工	蒸镀、熔化镀
		化学加工	化学气相沉积、化学镀
		电化学加工	电镀、电铸、刷镀
	注入加工	物理加工	离子注入、离子束外延
		热物理加工	晶体生长、分子束外延、渗碳、掺杂、烧结
		化学加工	渗氮、氧化、活性化学反应
		电化学加工	阳极氧化

随着现代制造工艺技术的发展，在产品结构设计时，必须要考虑制造工艺性，制造工艺性可能会反过来引起设计方案的调整。零件制造成形机理的扩展，是设计和工艺一体化的因素之一。

（3）制造技术的综合性

现代制造技术是一门以机械为主体，交叉融合了光、电、信息、材料、管理等学科的综合体，并与社会科学、文化、艺术等学科关系密切。

制造技术的综合性首先表现在与机、光、电、声、化学、电化学、微电子和计算机等的结合，而不是单纯的机械。如人造金刚石、立方氮化硼、陶瓷、半导体和石材等新材料的问世形成了相应的加工工艺学。

制造与管理已经不可分割,管理和体制密切相关,体制不协调会制约制造技术的发展。工业设计学科就是制造技术与美学、艺术相结合的体现。

哲学、经济学、社会学会指导科学技术的发展,现代制造技术有质量、生产率、经济性、产品上市时间、环境和服务等多项目标的要求,单纯靠技术是难以实现的。

(4)制造模式的发展

计算机集成制造技术最初被称为计算机综合制造技术,它强调了技术的综合性,认为一个制造系统至少应由设计、工艺和管理3部分组成,并体现了“合—分—合”的螺旋式上升过程。长期以来,由于科技、生产的发展,制造过程也越来越复杂,人们已习惯了将复杂事物分解为若干单方面事物来处理,形成了“分工”,这是正确的。但忽略了各方面事物之间的有机联系,并迅速获得了广泛关注,当制造更为复杂时,不考虑这些有机联系就不能解决问题,因此,集成制造的概念应运而生。

计算机集成制造技术是制造技术与信息技术结合的产物。集成制造系统首先强调了信息的集成,即计算机辅助设计、计算机辅助制造和计算机辅助管理等多个方面和层次的集成,如功能集成、信息集成、过程集成和学科集成等,总体思想是从相互联系的角度去统一解决问题。

而后在计算机集成制造技术发展的基础上,出现了柔性制造、敏捷制造、虚拟制造、智能制造和协同制造等多种制造模式,有效地提高了制造技术的水平,扩展了制造技术的领域。“并行工程”“协同制造”等概念及其技术和方法,强调了在产品全生命周期中能并行有序地协同解决某一环节所发生的问题,即从“点”到“全局”。强调了局部和全面的关系,在解决局部问题时要考虑其对整个系统的影响,而且能够协同解决。

(5)产品的全生命周期

制造的范畴从过去的设计、加工和装配发展为产品的全生命周期,包括需求分析、设计、加工、销售、使用和报废等环节。

(6)丰富的硬软件工具、平台和支撑环境

长期以来,人们对制造的概念多停留在硬件上,认为制造技术主要包括各种装备和工艺装备等。然而,现代制造不仅在硬件方面有了很大的突破,还在软件方面得到了广泛应用。

现代制造技术应包括硬件和软件两大方面,并且应在丰富的硬软件工具、平台和支撑环境的支持下才能工作。硬软件要相互配合才能发挥作用,而且不可分割,如计算机是现代制造技术中不可缺少的设备,但它必须配备相应的操作系统、办公软件和工程应用软件(如计算机辅助设计、计算机辅助制造等)才能投入使用;又如网络,其本身有通信设备、光缆等硬件,但同时也必须有网络协议等软件的支持才能正常运行;再如数控机床,它是由机床本身和数控系统两大部分组成的,而数控系统除数控装置等硬件外,还必须依靠程序编制软件才能使机床进行加工。

软件需要专业人员才能开发,单纯的计算机软件开发人员是难以胜任的,因此,除通用软件外,制造技术在其专业技术的基础上,发展了相应的软件技术,并成为制造技术不可分割的组成部分,同时形成了软件产业。

3）现代制造工艺技术的发展

现代制造工艺技术是先进制造技术的重要组成部分，也是最具活力的部分之一。产品从设计转变为现实必须借助加工制造工艺来实现，工艺是设计与制造的桥梁，设计的可行性常常会受到工艺的制约，工艺（涵盖检测）往往会成为瓶颈，因此，工艺方法与水平至关重要。并非所有设计出的产品都能被加工制造出来，也不是所有设计产品经加工制造后都能达到预期质量。工艺是制造技术的灵魂、核心与关键。制造技术的发展常常从工艺上取得突破。例如，特种加工技术的出现，突破了传统切削加工的难点，让设计也拓宽了“视野”，以往无法设计的结构如今成为可能。工艺是生产中极为活跃的因素。近年来制造工艺理论与技术发展迅猛，除传统的切削加工方法外，因对产品质量提升的需求、众多新材料的涌现、新型产品（计算机、集成电路、印刷电路板等）制造生产的产生等因素，开辟了许多制造工艺的新领域与新方法，推动了现代制造工艺技术的进步。以下分别从现代制造工艺方法、制造单元与制造系统、先进制造模式以及智能制造技术等方面展开论述。其中现代制造工艺方法主要体现在特种加工方法、增材制造（3D 打印）、高速与超高速加工、精密工程与纳米技术以及复合加工技术。

特种加工相对于传统的切（磨）削加工而言，它并非依靠刀具（磨料）进行切（磨）削，而是利用电能、光能、声能、热能和化学能去除金属与非金属材料，工件与工具之间无明显切削力，仅有微小作用力，所以工具的硬度与强度可低于工件，工具损耗极小，甚至无损耗。适用于加工脆性材料、高硬度材料、精密微细零件、薄壁零件、弹性零件等常规切削加工中的难加工对象。例如，电火花加工，是利用工具电极与工件电极间脉冲性的火花放电，产生瞬间高温蚀除工件多余金属。电解加工是在工具与工件间接上直流电源，工件接阳极，工具接阴极，两极间外加直流电压，在两极间隙处通以高速流动的电解液，形成极间导电通路，产生电流。加工时，工件阳极表面材料不断溶解，溶解物被高速流动的电解液及时冲走，工具阴极则持续进给，保持加工状态。电解加工的基本原理是阳极溶解的电化学反应过程。超声波加工是利用工具作超声振动，借助工具与工件间的磨料悬浮液开展加工。加工时，工具以一定压力作用于工件，因工具的超声振动，使悬浮磨粒以较大速度、加速度和超声频撞击工件，工件表面受撞击处产生破碎、裂纹，进而脱离形成颗粒，这是磨料撞击与抛磨作用。磨料悬浮液受工具端部超声振动作用产生液压冲击与空化现象，促使液体渗入被加工材料裂纹处，强化了机械破坏作用，液压冲击也使工件表面损坏而蚀除，这是空化作用。离子束加工的基本原理是在真空条件下，将氩（Ar）、氪（Kr）、氙（Xe）等惰性气体，经离子源电离形成带有 10 KeV 数量级动能的惰性气体离子，并形成离子束，在电场中加速，经集束、聚焦后，射向被加工表面，并对其进行轰击。还有如电子束加工、激光加工等，这些特种加工多为去除加工，特种加工也包含附着、注入和结合，如镀膜、离子注入、氧化、激光焊接、化学黏结等。特种加工的概念是相对的，其内容会随加工技术的发展而改变。

增材制造是在三维 CAD 技术基础上，利用计算机控制技术，将离散材料（如粉末、线材、工程材料和液态金属等）逐层累加制造成实体零件的技术，俗称 3D 打印技术。常用方法有光固化法、热熔、喷印、黏结、焊接等。光固化立体造型，又称激光立体光刻、立体印刷。其原理是在液槽中盛有紫外激光固化液态树脂，开始成形时，工作台台面在液面下一层高度，聚焦的紫外激光光束在液面上按第一层图样扫描，被照射处即被固化，未被照射处仍为液态树脂。然后升降台带动工作台下降一层高度，第二层布满液态树脂，再按第二层图样扫描，新固化的一层牢固黏结在前一层上，如此重复直至零件成形完毕。激光选区熔化法是在选区内利用直径为100 μm的激光束熔化和堆积金属或合金粉末，成形为金属零件，其零件具有结构复杂、组织致密、冶金结合的特点，可用于加工高温合金、不锈钢和钛合金等难加工材料，但存在零件内应力和性能稳定性难以控制的问题。

高速切削的概念源自德国的萨洛蒙博士。他经大量铣削实验发现，切削温度随切削速度增加而升高，达到一个峰值后，却随切削速度增加而下降，该峰值速度称为临界切削速度。以临界切削速度为中心的两边附近区域，形成不适宜切削区，称为“死沟”或“热沟”。当切削速度超越不适宜切削区，继续提高切削速度，切削温度下降，此为适宜切削区，即高速切削区，此时的切削即为高速切削。超高速加工是高速加工的进一步发展，其切削速度更高。高速加工与超高速加工之间无明确界限，二者只是相对概念。高速切削加工时，在切削力、切削热、切屑形成以及刀具磨损、破损等方面与传统切削存在差异。切削加工起始，切削力与切削温度随切削速度提高而逐渐增大，切削速度达到峰值附近，即“热沟”区时，切削力最大，切削温度最高，切削效果最差。继续提高切削速度，切屑变薄，摩擦系数减小，剪切角增大，致使切削力减小，切削温度降低，切削热减少，这对切削加工有利。

精密加工与超精密加工代表了加工精度发展的不同阶段。从一般加工发展到精密加工，再到超精密加工，因生产技术不断进步，划分界限会随发展进程逐渐前移，所以划分是相对的，难以用数值确切表示。如今，精密加工通常指加工精度为1 ~0.1 μm、表面粗糙度系数 Ra 值小于0.01 ~0.1 μm的加工技术；超精密加工是指加工精度高于0.1 μm、表面粗糙度系数 Ra 值小于0.025 μm的加工技术。当前，超精密加工水平已达纳米级，形成纳米技术，且正向更高水平迈进。依据精密加工与超精密加工方法的机理与特点，其涉及的加工方法有刀具切削加工、磨料磨削加工、特种加工和复合加工等。

微细加工技术是制造微小尺寸零件的生产加工技术。从广义而言，微细加工涵盖各种传统精密加工方法与特种加工方法，属于精密加工与超精密加工范畴；从狭义来讲，微细加工主要指半导体集成电路制造技术，因微细加工技术的产生与发展和大规模集成电路密切相关，其主要技术有外延生产、氧化、光刻、选择扩散和真空镀膜等。

纳米技术是当前先进制造技术发展的热点与重点，通常是指纳米级0.1 ~100 nm的材料、产品设计、加工、检测、控制等一系列技术。它是科技发展的新兴领域，并非简单的“精度提升”与“尺寸缩小”，而是从物理宏观领域进入微观领域，一些宏观的几何学、力学、热力学、电磁学等无法正常描述纳米级的工程现象与规律。纳米技术主要包括纳米材料、纳米级精度制造技术、纳米级精度和表面质量检测、纳米级微传感器和控制技术、微型机电系统和纳米生物学等。

复合加工技术包含传统复合加工技术与广义复合加工技术。传统复合加工是指两种或多种加工方法或作用组合在一起的加工方法，能发挥各自加工优势，使加工效果叠加，达成高质高效加工目的。在加工方法或作用的复合上，可为传统加工方法的复合，也可是传统加工方法与特种加工方法的复合，综合应用力、热、光、电、磁、流体、声波等多种能量加工。因多工位机床、多轴机床、多功能加工中心、多面体加工中心和复合刀具的发展，工序集中也是一种复合加工，这些复合加工技术与传统复合加工技术整合在一起，便形成广义复合加工技术。复合加工技术按加工表面、单个工件和多个工件划分，可分为作用叠加型、功能集合型（工序集中型）和多件并行型。

20 世纪 60 年代以来，制造技术迅猛发展，涌现出各类先进制造系统与生产模式。现代制造业多采用制造单元的结构形式。各制造单元在结构与功能上具备并行性、独立性和灵活性，借助信息流协调各制造单元间协同工作的整体效益，从而改变了制造企业传统生产的线性结构。制造单元是制造系统的基础，制造系统是制造单元的集成，强调各单元独立运行、并行决策、综合功能、分布控制、快速响应和适应调整。企业生产机械产品是个系统工程，企业功能依次为销售—产品设计—工艺设计—加工—装配，加工系统是整个制造系统的一个单元。

计算机集成制造系统（Computer Integrated Manufacturing System，CIMS）又称计算机综合制造系统，它在制造技术、信息技术和自动化技术基础上，通过计算机软硬件系统，将制造企业全部生产活动的各个分散制造单元有机联系起来，进行产品设计、工艺设计、加工、装配和销售等全面管理的自动化。计算机集成制造系统是在网络、数据库的支持下，以计算机辅助设计为核心的产品设计和工程分析系统，以计算机辅助制造为中心的加工、装配、检测、储运、监控自动化工艺系统以及以计算机辅助生产经营管理为主的管理信息系统（Management Information System，MIS）构成综合体。20 世纪 70 年代初期，美国的哈林顿博士率先提出计算机集成制造概念，其核心思想是强调在制造业充分利用计算机网络、通信技术和数据处理技术，实现产品信息集成。他提出的概念基于两点：企业各个环节不可分割，需统一考量；整个生产过程实质是对信息的采集、传递和加工处理过程。此后，计算机集成制造在世界各国兴起。美国商业部原国家标准局，现为国家标准和技术研究所的自动化制造研究实验室基地，于 1981 年提出研究计算机集成制造计划并实施，1986 年底完成全部工作。欧洲共同体将工业自动化领域的计算机集成制造作为信息技术战略一部分，制定欧洲信息技术研究发展战略计划，包括微电子技术、软件技术、先进信息处理技术、办公室自动化、计算机集成化生产 5 部分。我国从 1986 年开始筹备计算机集成制造研究工作，将其纳入高技术研究发展计划（863 计划）自动化领域，成立计算机集成制造系统主题专家组，提出建立计算机集成制造系统实验研究中心、单元技术网点和应用工厂等举措。1987—1992 年建立在国家计算机集成制造系统工程技术研究中心的计算机集成制造系统实验工程由清华大学等 12 个单位的 200 多位工程技术人员参与研究，总投资 3 700 万元，是我国首个计算机集成制造系统。

并行工程（Concurrent Engineering，CE）又称同步工程或同期工程，是针对传统产品串行开发过程提出的强调并行的概念、哲理与方法。并行工程在集成制造环境下，是集成的、并行有序设计产品全生命周期及其相关过程的系统方法，应用产品数据管理和数字化产品定义技术，通过多学科群组协同，使产品在开发各阶段既有一定时序，又能并行交错。并行工程采用计算机仿真等各种计算机工具、手段、使能技术和上下游共同决策方式，通过宏循环和微循环的信息流闭环体系进行信息反馈，在开发早期便能及时发现产品开发全过程问题，要求产品开发人员在设计之初就考虑从概念形成到报废处理整个生命周期的所有因素，包括用户需求、设计、生产制造计划、质量和成本等。并行工程能够缩短产品开发周期，提升产品质量，降低成本，增强企业竞争力，具有显著经济效益与社会效益。波音公司是美国民航喷气飞机制造的最大基地之一，也是最早开发应用计算机集成制造和并行工程的航空企业。但其地理位置分布广泛，导致信息集成和群组协同工作困难。因计算机辅助技术高速发展与广泛应用，在 20 世纪 90 年代针对波音 777 大型民用客机研制，进行了以国际流行的 CATIA 三维实体造型系统为核心的同构 CAD/CAM 系统信息集成，其研制具有以下特点：①对产品进行数字化定义，实现无图样研制飞机；②建立电子样机，取消原型样机研制，仅对部分关键部件制作全尺寸模型，采用计算机预装配，查出零件干涉 2 500 多处，使工程更改减少 50%；③采用群组协同工作；④运用并行工程，使飞机在设计时充分考虑工艺、加工、材料等下游因素，提高研制成功率；⑤改变研制流程，缩短研制周期。波音 777 飞机与波音 767 飞机研制周期相比，缩短一年以上。在设计和出图方面，波音 767 飞机耗时 40 个月，而波音 777 飞机仅用 27 个月。

精益生产（Lean Production，LP）是 20 世纪 50 年代日本丰田汽车公司提出的新型生产方式，它综合单件生产与大批大量生产方式优点，大幅减少工人、设备投资及新产品开发时间等投入，生产出的产品品种丰富且质量上乘。日本汽车产业发展水平很大程度得益于精益生产方式。精益生产主导思想是以“人”为中心，工人是企业终身雇员，是企业主人，能充分发挥其创造性。以“简化”为手段，去除生产中一切不增值工作。简化组织结构、与协作厂关系、产品开发过程、生产过程和检验过程。减少非生产费用，强调一体化质量保证。精益求精，以“尽善尽美”为最终目标。持续改进生产、降低成本，力争无废品、无库存且产品品种多样化。精益生产不仅是一种现代制造企业的组织管理方法，更是一种生产方式。

敏捷制造将柔性生产技术、具备生产技能与知识的劳动力以及企业内部与企业之间相互合作的灵活管理集成一体，通过构建共同基础结构，对快速变化或难以预见的用户需求和市场时机迅速响应，其核心是“敏捷”。其特点有：①能快速推出全新产品。随着用户需求变化与产品改进，用户易于获取重新组合产品或更新换代产品；②形成信息密集、生产成本与批量无关的柔性制造系统，即能重新组合、可连续更换的制造系统；③生产高质量产品，在产品全生命周期让用户满意，不断发展的产品系列寿命较长，与用户和商家建立长期合作关系；④建立国内或国际的虚拟企业（公司）或动态联盟，它是依靠信息联系的动态组织结构与经营实体，权力集中与分散相结合，建有高度交互性网络，实现企业内与企业间全面并行工作。通过人、管理、技术相结合，可以充分调动人员积极性，最大限度地发挥雇员的创造性。凭借优化的组织成员、柔性生产技术与管理、丰富资源优势，实现敏捷性，提高新产品投放市场速度与竞争力。

虚拟制造（Virtual Manufacturing，VM）技术本质是以计算机支持的仿真技术为前提，对设计、制造等生产过程统一建模，在产品设计阶段，适时并行模拟产品未来制造全过程及其对产品设计的影响，预测产品性能、加工技术、可制造性，从而更有效、经济、灵活地组织生产，使工厂和车间设计布局更合理高效，以达成产品开发周期与成本最小化、产品设计质量最优化、生产效率最大化。虚拟制造是敏捷制造的核心，是其发展的关键技术之一。敏捷制造中的虚拟企业在正式运行前，需分析组合是否最优，能否正常协调工作，并对组合投产后效益与风险进行有效评估。实现这种分析与有效评估，需将虚拟企业映射为虚拟制造系统，通过运行虚拟制造系统开展实验。虚拟制造系统基于虚拟制造技术实现，是现实制造系统在虚拟环境下的映射，不消耗现实资源与能量，所生产产品是可视虚拟产品，具备真实产品特征，是数字产品。

大规模定制是将企业、用户、供应商和环境集成为一体，形成系统。用整体优化视角，充分利用企业各种资源，在成组技术、现代设计方法学、先进加工技术、计算机技术、信息技术等支持下，依据用户个性化需求，采用大批量生产方法，以高质量、高效率和低成本提供定制产品与服务。大规模定制关键技术是解决用户个性需求导致的产品多样性与生产批量化矛盾，使用户与企业均满意，这就要求采用柔性制造技术、虚拟制造技术等，如大规模定制的产品模块化设计、成组制造和管理等。

企业集群是指众多生产相同或相似产品的企业在某地区聚集现象。集群制造是企业集群生产的制造模式，逐渐成为世界经济的重要形式。如我国珠江三角洲地区的计算机、服装、家具等企业集群以及长江三角洲地区的集成电路、轻工产品等企业集群等。企业集群制造通过企业集群制造系统实现。企业集群制造系统是企业虚拟化与集群化的结果。企业虚拟化使产品制造过程分解为多个独立制造子过程，企业集群化使各制造子过程聚集大量同构企业并形成企业族。企业集群制造基本思想是制造资源开放利用，持续优化资源环境、市场化运行机制。

绿色制造（Green Manufacturing，GM）是一种综合考虑环境影响和资源利用的现代制造模式。该模式的目标是在产品从市场需求、设计、制造、包装、运输、使用到报废处理的全生命周期中，尽可能减少对环境的负面影响，提高资源利用效率。绿色制造含义广泛且重要，主要涉及环境保护、资源利用、清洁生产等。

智能制造（Intelligent Manufacturing，IM）源于人工智能研究，强调发挥人的创造能力与人工智能技术。一般认为智能是知识与智力的总和，知识是智能的基础，智力是获取与运用知识求解的能力，学习、推理和联想三大功能是智能的重要因素。智能制造就是将人工智能技术应用于制造。智能制造由智能制造技术与智能制造系统组成。智能制造技术将专家系统、模糊逻辑、神经网络和遗传算法等人工智能思维决策方法应用于制造，进行分析、推理、判断、构思、运算和决策等智能活动，解决多种复杂决策问题，提升制造系统的实用性和水平。智能制造系统由智能机器和人类专家共同组成。借助人与智能机器的协作，扩展、延伸并部分取代人类专家在制造过程中的脑力劳动，且能够在实践中持续充实知识库，具备自主学习能力。智能制造是 20 世纪 80 年代兴起的一门新兴学科，前景广阔，被广泛认可为继柔性化、集成化之后，制造技术发展的第三阶段。

4）本课程的内容与学习要求

本课程主要介绍了机械制造工艺过程基本概念、定位原理、零件的制造工艺规程设计、机床夹具设计、装配工艺规程的设计、机械加工质量分析与控制等。本课程的机械制造的概念是基于传统的狭义的制造论而言的。

通过本课程的学习，学生能对机械制造有一个总体的、全面的了解与把握，掌握传统狭义上的机械制造的基本概念、定位原理，具备制定工艺规程的能力和掌握机械加工精度及表面质量分析的基本理论知识，并初步具备分析解决现场工艺问题的能力。

5）本课程的学习方法

机械制造工艺知识及能力的掌握要求具有很强的实践性，因此，本课的学习必须重视实践环节，仅通过课堂上听教师的讲授或自学教材是远远不够的，必须通过实验、现场实习及工厂调研来更好地体会、加深理解，应该在不断的实际训练中加深对书中基本知识的理解与应用。本书给出的仅是基本概念与理论，真正的掌握与应用必须不断地在“实践—理论—实践”的循环中善于总结、思考、分析、应用，直至达到真正掌握的程度。

第1章 机械制造工艺基础

1.1 切削运动与加工方法

对零件进行机械制造工艺规划时，必须熟悉零件的成形原理，绪论中已经对零件成形进行了归纳总结说明。本节主要介绍减材制造（$\Delta m<0$）中基于力学加工原理的加工方法，包括切（磨）削加工，这是最为传统的金属切削工艺，也是进行零件工艺规划、规程设计的基础。

切（磨）削加工属于减材制造范畴，其基本原理是通过工件和刀具的相互作用，由刀具从待加工的工件上切除多余的材料，并在控制生产率和成本的前提下，使工件得到符合设计要求的精度和表面质量。

1.1.1 切削运动与要素

金属切削加工是利用刀具切去工件上多余的金属层（加工余量），以获得一定质量的加工方法。刀具的切削作用是通过刀具和工件之间的相互作用和相对运动来实现的。刀具与工件间的相对运动称为切削运动，即表面成形运动。切削运动可分解为主运动和进给运动。

主运动是切下切屑所需的最基本运动。在切削运动中，主运动的速度最高，消耗的功率最大。主运动只有一个，如车削时工件的旋转运动、铣削时铣刀的旋转运动。

进给运动是多余材料不断被投入切削，从而加工出完整表面所需的运动。进给运动可以有一个或几个。例如，车削时车刀的纵向和横向运动，磨削外圆时工件的旋转和工作台带动工件的纵向移动。

每种加工方法中，主运动只有一个，进给运动可能是一个也可能是多个。

在切削过程中，工件上通常存在着 3 个不断变化的表面，如图 1.1 所示。

已加工表面：工件上已切去切屑的表面。

待加工表面：工件上即将被切去切屑的表面。

加工表面（过渡表面）：工件上正在被切削的表面。

切削要素包括切削用量和切削层的几何参数。

1）切削用量

切削用量是切削时各参数的合称，包括切削速度、进给量和切削深度（背吃刀量）3 个要素，它们是设计机床运动的依据。

(1)切削速度 v

单位时间内，刀具和工件在主运动方向上的相对位移，单位为 m/s。

若主运动为旋转运动，则计算公式为

$$v=\frac{\pi d_w n}{1\,000\times 60} \tag{1.1}$$

式中　d_w——工件待加工表面或刀具的最大直径，mm；

n——工件或刀具每分钟转数，r/min。

若主运动为往复直线运动(如刨削)，则常用其平均速度 v 作为切削速度，即

$$v=\frac{2Ln_r}{1\,000\times 60} \tag{1.2}$$

式中　L——往复直线运动的行程长度，mm；

n_r——主运动每分钟的往复次数，次/min。

(2)进给量 f

在主运动每转一转或每一行程时(或单位时间内)，刀具和工件之间在进给运动方向上的相对位移，单位为 mm/r(用于车削、镗削等)或 mm/行程(用于刨削、磨削等)。进给量还可以用进给速度 v_f(单位为 mm/s)或每齿进给量 f_z(用于铣刀、铰刀等多刃刀具，单位为 mm/齿)表示。

一般情况下

$$v_f=nf=nzf_z \tag{1.3}$$

式中　n——主运动的转速，r/s；

z——刀具齿数。

(3)背吃刀量(切削深度)a_p

待加工表面与已加工表面之间的垂直距离(mm)。车削外圆时为

$$a_p=\frac{d_w-d_m}{2} \tag{1.4}$$

式中　d_w、d_m——待加工表面和已加工表面的直径，mm。

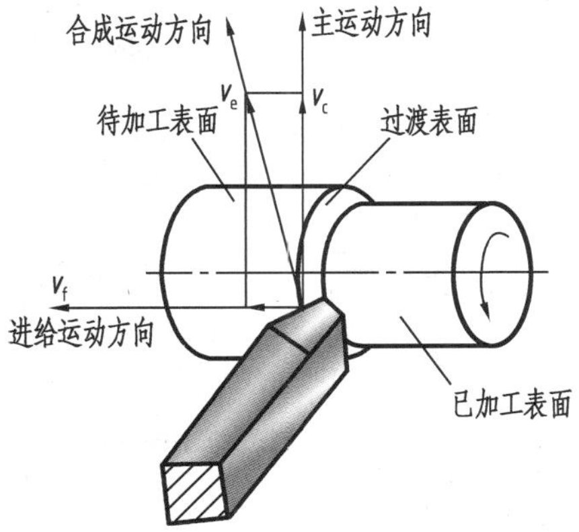

图 1.1　切削运动车削表面

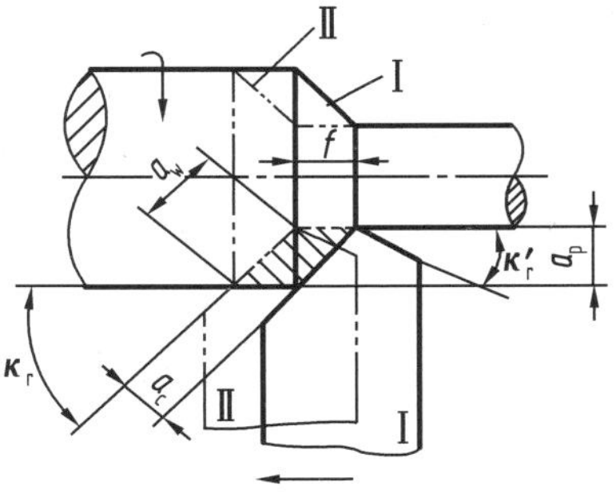

图 1.2　切削用量与切削层参数

2)切削层几何参数

切削层是指工件上正被切削刃切削的一层金属，亦即相邻两个加工表面之间的一

层金属。如图 1.2 所示的车削外圆中，切削层是指工件每转一转，刀具从工件上切下的那一层金属。

(1)切削宽度 a_w

沿主切削刃方向度量的切削层尺寸(mm)。车外圆时，有

$$a_w = \frac{a_p}{\sin k_r} \tag{1.5}$$

(2)切削厚度 a_c

两相邻加工表面的垂直距离

$$a_c = f \sin k_r \tag{1.6}$$

(3)切削面积 A_c

切削层垂直于切削速度截面内的面积(mm^2)。车外圆时，有

$$A_c = a_w a_c = a_p f \tag{1.7}$$

1.1.2 主要的切(磨)削加工方法

1)车削

如图 1.3 所示，车削方法的特点是工件旋转，形成主切削运动，因此车削加工后成形面主要为回转表面，也可加工工件的端面。通过调整刀具相对于工件的不同的进给运动，可以获得不同形状的工件。当刀具沿平行于工件旋转轴线运动时，就形成内、外圆柱面；当刀具沿与轴线相交的斜线运动时，就形成锥面。仿形车床或数控车床，可以控制刀具沿着一条曲线进给，从而形成特定的旋转曲面。采用成形车刀横向进给时，也可加工出旋转曲面来。因此，车削加工可以加工螺纹面、端平面及偏心轴等。车削加工精度可达 IT8 ~ IT7，表面粗糙度 Ra 值为 5 ~ 1.25 μm 。车削的生产率较高，切削过程比较平稳，刀具较简单，是优先考虑的工艺方法。

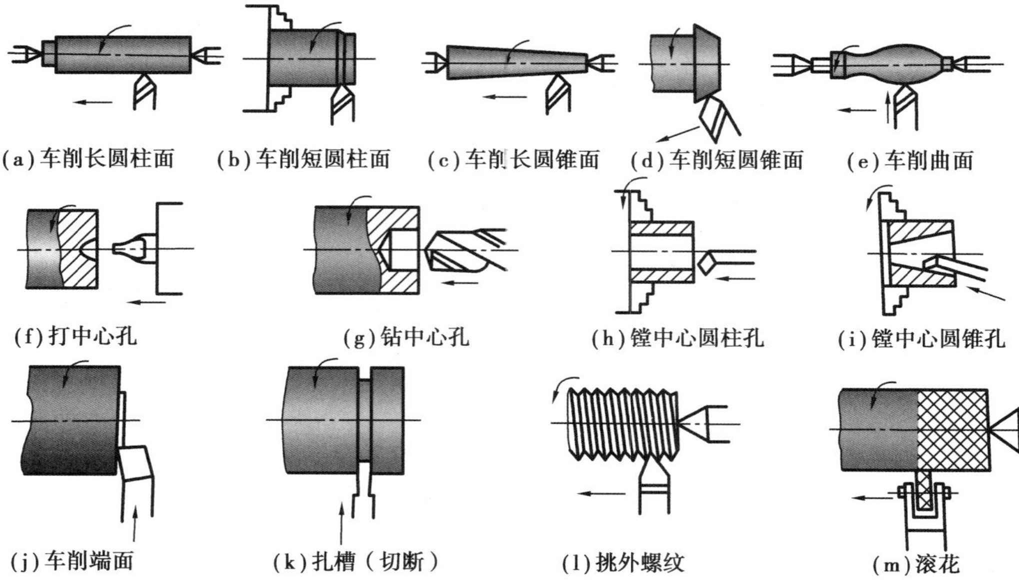

(a)车削长圆柱面
(b)车削短圆柱面
(c)车削长圆锥面
(d)车削短圆锥面
(e)车削曲面
(f)打中心孔
(g)钻中心孔
(h)镗中心圆柱孔
(i)镗中心圆锥孔
(j)车削端面
(k)扎槽(切断)
(l)挑外螺纹
(m)滚花

图 1.3 车削的典型工序

2) 铣削

铣削的主切削运动是刀具的旋转运动,工件通过装夹在机床的工作台上完成进给运动。

铣削刀具较复杂,一般为多刃刀具。如图 1.4 所示,为各种类型的铣刀。图 1.4(a)为圆柱铣刀,切削刃在外圆柱面上,用于卧式铣床上加工平面。图 1.4(b)为端铣刀,轴线垂直于被加工面,主切削刃分布在外圆柱(或圆锥)面上,端部有副切削刃,用于加工与轴线垂直的平面,加工效率较高。图 1.4(c)~(f)统称为盘形铣刀,图 1.4(c)为槽铣刀,一般用于加工浅槽,图 1.4(d)为两面刃铣刀,用于加工台阶面,图 1.4(e)、(f)为三面刃铣刀,用于加工切槽和台阶面。图 1.4(g)为立铣刀,铣刀外圆柱面上有主切削刃,端部有副切削刃,可用于加工平面、台阶、槽和相互垂直的平面。图 1.4(h)为键槽铣刀,圆柱面一般为 2~3 个刃瓣,端刃为完整刃口,既像立铣刀又像钻头,用于铣键槽时,先沿铣刀轴向进给钻孔,然后沿键槽长度方向铣出键槽全长。图 1.4(i)为单角度铣刀,图 1.4(j)为双角度铣刀,角度铣刀用于铣削沟槽和斜面。图 1.4(k)为成形铣刀,刀齿廓形根据工件加工表面确定,用于加工成形表面。

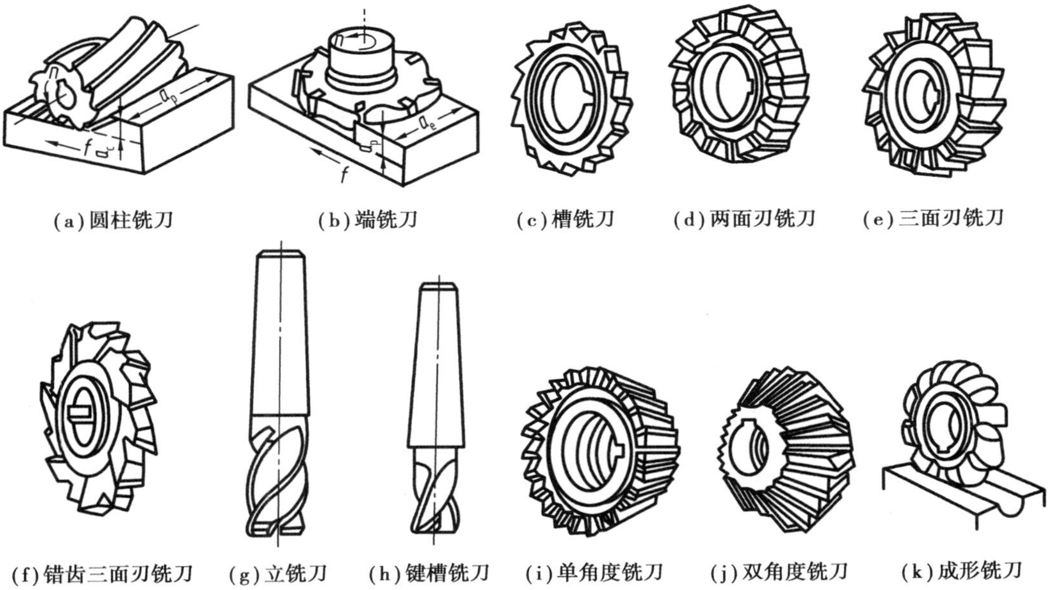

(a)圆柱铣刀
(b)端铣刀
(c)槽铣刀
(d)两面刃铣刀
(e)三面刃铣刀
(f)错齿三面刃铣刀
(g)立铣刀
(h)键槽铣刀
(i)单角度铣刀
(j)双角度铣刀
(k)成形铣刀

图 1.4　铣刀的类型

提高铣刀的转速可以获得较高的切削速度,从而提高生产率。但由于铣刀刀齿的切入、切出会形成冲击,切削过程容易产生振动,在一定程度上限制了表面质量的提升。这种冲击也加剧了刀具的磨损和破损,容易导致刀片的碎裂。

圆柱铣刀铣削时,根据铣刀的旋转方向和工件进给方向的关系,分为逆铣和顺铣,如图 1.5 所示。

如图 1.5(a)所示,铣刀在切入工件处的切削速度 v_c 与工件的进给速度 v_f 的方向相反时,称为逆铣。在逆铣时,刀齿切下的切屑层由薄变厚。开始时,刀齿不能切入工件,而是一面挤压工件表面,一面在其上滑行。这样会导致刀齿磨损、加工表面产生冷硬现象并增加了表面粗糙度值，因此逆铣适合粗加工。逆铣时铣刀作用工件垂直方向的分力向上，有抬起工件的趋势，影响了工件装夹的稳定性。但是，逆铣时刀齿是从工件内部切入（从工件表层切出），因此工件表层的硬化层对刀齿影响很小。铣床工作台的进给一般是通过丝杠螺母结构中的丝杠转动而带动螺母移动的。进给时，铣刀对工件的水平分力作用在螺母上，与进给方向相反，使丝杠工作面压紧在为螺母提供进给力的工作侧面上，丝杠和螺母的两工作面始终保持良好的接触，进给速度比较均匀。

如图 1.5(b)所示，铣刀在切削工件处的切削速度 v_c 与工件的进给速度 v_f 的方向相同时，称为顺铣。顺铣时，刀齿的切削厚度由厚变薄，有利于提高加工表面质量，并易于切下切削层，同时减少刀齿的磨损量。与逆铣相比，顺铣可提高刀具耐用度 2～3 倍，尤其在铣削难加工材料时，效果更明显。顺铣时，刀齿对工件垂直方向的分力是朝下压下工作台的，避免了上下振动，加工较平稳。刀齿对工件水平方向的分力与工件的进给方向相同，若丝杠和螺母之间有间隙，铣刀会带动工件及螺母在间隙行程内窜动，使得进给速度不均匀。因此，采用顺铣时，必须要求丝杠螺母结构有消除间隙的措施。

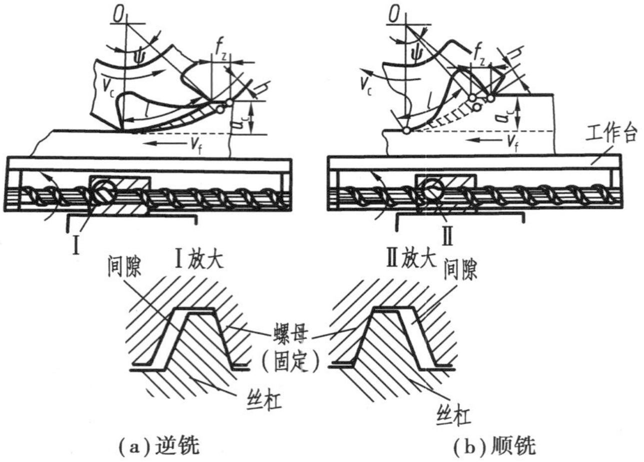

图 1.5　逆铣和顺铣

一般情况下，逆铣较顺铣更常用。在精铣时，为提高表面质量，最好采用顺铣。此外，顺铣还可以提高刀具耐用度，节省机床动力消耗。工件表层若没有硬化层，如薄壁件、塑料、尼龙等，可以使用顺铣，反之使用逆铣。

铣削的加工精度一般可达 IT8～IT6，表面粗糙度 Ra 值为 5～0.63 μm。普通铣削一般能加工平面或槽面等，用成形铣刀也可以加工出特定的曲面等，如铣削齿轮等。数控铣床可通过数控系统控制几个轴按一定关系联动，铣出复杂曲面来，这时刀具一般采用球头铣刀。数控铣床在加工模具的模芯和型腔、叶轮机械的叶片等形状复杂的工件时，应用非常广泛，因而相应的多轴联动数控铣床发展也较快。

3）刨削

刨削时，刀具的往复直线运动为切削主运动，如图 1.6 所示。刨削速度不高，生产率较低。刨削比铣削平稳,其加工精度一般可达 IT8 ~ IT6,表面粗糙度 Ra 值为 5 ~ 0.63 μm 。牛头刨床一般只用于单件生产,加工中小型工件;龙门刨床主要用来加工大型工件,加工精度和生产率都高于牛头刨床。

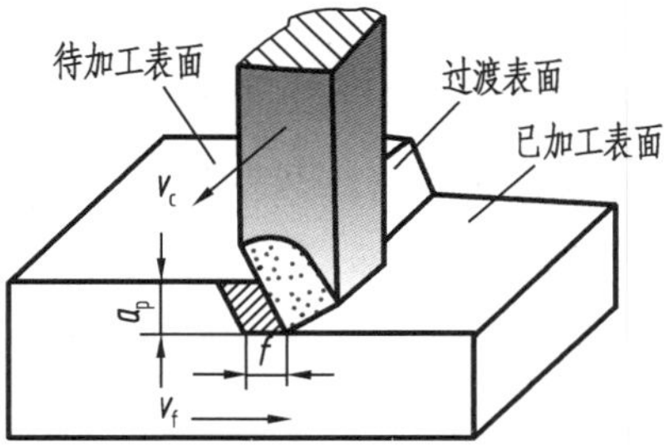

图 1.6　刨削加工

插床实际上可以看作立式的牛头刨床,主要用来加工内表面的键槽等。

4)钻削和镗削

在钻床上,用旋转的钻头钻削孔,是孔加工最常用的方法。钻头的旋转运动为主切削运动,钻头的轴向运动是进给运动,如图 1.7 所示。钻削的加工精度较低,一般只能达到 IT11,表面粗糙度 Ra 值一般可达 5 μm。单件、小批生产中,中小型工件上较大的孔(D<50 mm),常用立式钻床加工;大中型工件上的孔,用摇臂钻床加工。精度高、表面质量要求高的小孔,在钻削后常常采用扩孔和铰孔来进行半精加工和精加工。扩孔采用扩孔钻头,铰孔采用铰刀进行加工。铰削加工精度一般可达 IT7 ~ IT6,表面粗糙度 Ra 值为 5 ~ 0.32 μm。扩孔时,扩孔钻和铰刀均在原底孔的基础上进行加工,因此无法提高孔轴线的位置精度。而镗孔时,镗孔后的轴线是以镗杆的回转轴线决定的,因此可以校正原底孔轴线的位置精度。在镗床上镗孔时,镗刀随镗杆一起转动形成主切削运动,而进给一般是工作台的工件进给运动实现,如图 1.8 所示,有时也可是镗刀杆进给运动。若工件是回转类工件或可以在车床上装夹的工件,需要对位于回转中心的孔进行镗削加工,如图 1.9 所示,车床的三爪卡盘或其他夹具的夹持工件高速旋转,是主切削运动,刀架的纵向进给运动就可以实现车床上的镗削加工。如果要钻中心孔,可以在尾座上装夹钻头来实现。镗孔加工精度一般可达 IT9 ~ IT7,表面粗糙度 Ra 值为 5 ~ 0.63 μm。数控钻床、数控镗床主要是通过数控指令控制刀具移到孔中心的坐标上来实现加工。

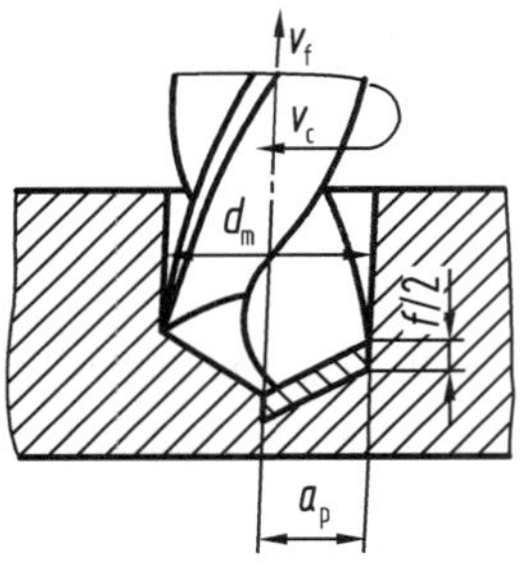

图 1.7　钻削加工

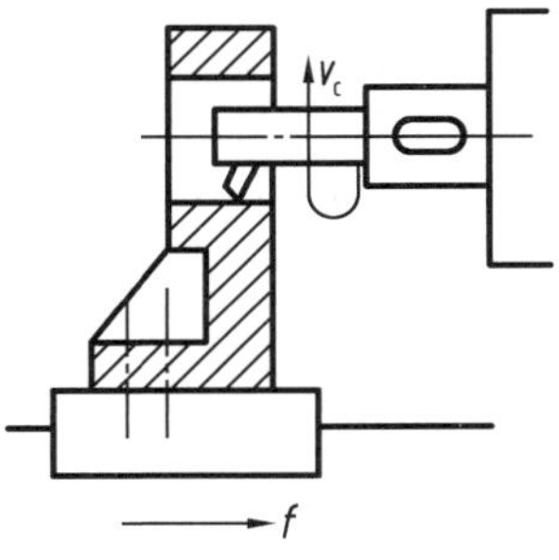

图 1.8　镗削加工

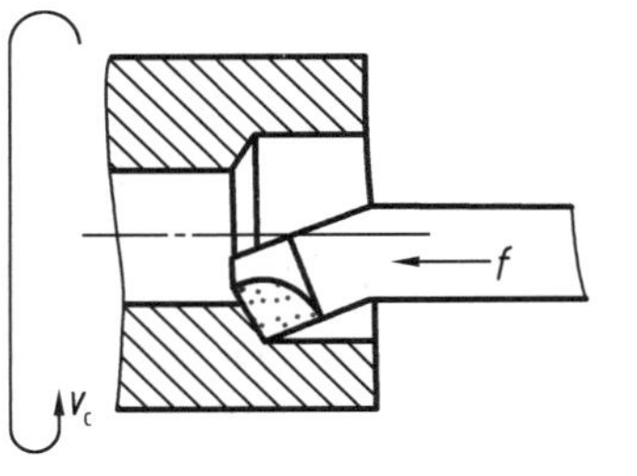

图 1.9　车床上镗削

5)齿面加工

齿轮齿面的加工运动较复杂,根据形成齿面的方法不同,可分为成形法和展成法两大类。成形法加工齿面所使用的机床一般为普通铣床,刀具为成形铣刀,需要刀具的旋转运动(主切削运动)和直线移动(进给运动)两个简单的成形运动。展成法加工齿面的常用机床有滚齿机(如 Y3150E 型滚齿机)、插齿机等。

在滚齿机上滚切斜齿圆柱齿轮时,一般需要两个复合成形运动:由滚刀的旋转运动 B_{11} 和工件的旋转运动 B_{12} 组成的展成运动;由刀架轴向移动 A_{21} 和工件附加旋转运动 B_{22} 组成的差动运动。前者产生渐开线齿形,后者产生螺旋线齿长。如图 1.10 所示为滚齿机滚切斜齿圆柱齿轮的传动原理,共由 4 条传动链组成:

①速度传动链:"电动机—1—2—u_v—3—4",即主运动传动链,使滚刀和工件共同获得一定速度和方向的运动;

②展成传动链:"4—5—Σ—6—7—u_x—8—9",产生展成运动并保证滚刀与工件之间的严格运动关系(工件转过一个齿、滚刀转过一个齿);

③轴向进给传动链:"9—10—u_f—11—12",使刀架获得轴向进给运动;

④差动传动链:"12—13—u_y—14—15—Σ— 6—7—u_x—8—9",保证差动运动的严格运动关系(刀架移动一个导程,工件附加转 1 转)。

4 条传动链中,速度传动链和轴向进给传动链为外联系传动链。滚切直齿圆柱齿轮时,不需要差动运动。滚切蜗轮的传动原理与滚切圆柱齿轮相似。

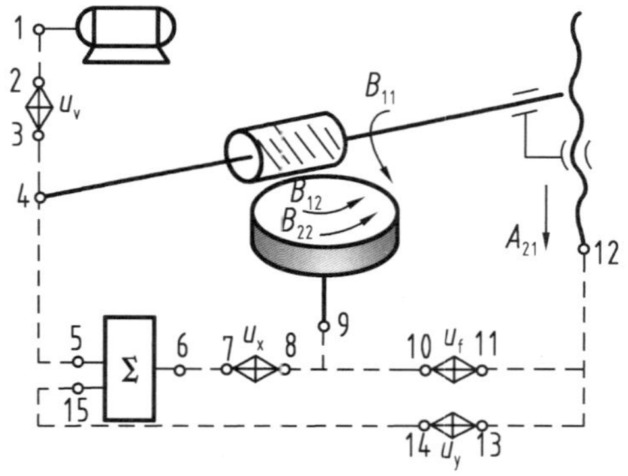

图 1.10 滚齿机滚切斜齿圆柱齿轮的传动原理

如图 1.11 所示为 Y3150E 型滚齿机的外形图。立柱 2 固定在床身 1 上,刀架溜板 3 可沿立柱上的导轨做轴向进给运动。滚刀安装在刀杆 4 上,可随刀架体 5 倾斜一定的角度(滚刀安装角),以便用不同旋向和螺纹升角的滚刀加工不同的工件。加工时,工件固定在工作台 9 的心轴 7 上,可沿床身导轨做径向进给运动或调整径向位置。

6)复杂曲面的数控联动加工

数控技术的出现为曲面加工提供了更有效的方法。在数控铣床或加工中心上加工时,曲面是通过球头铣刀逐点按曲面坐标值加工而成。在编制数控程序时,要考虑刀具半径补偿,因为数控系统控制的是球头铣刀球心位置轨迹,而成形面是球头铣刀切削刃运动的包络面。曲面加工数控程序的编制,一般情况下,可由 CAD/CAM 集成软件包

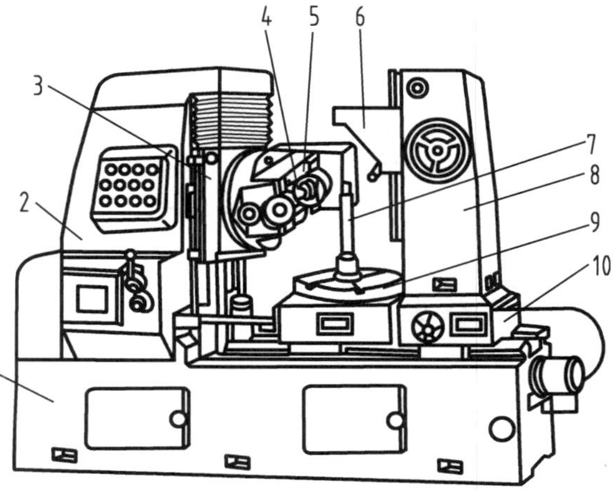

图 1.11　Y3150E 型滚齿机

1—床身；2—立柱；3—刀架溜板；4—刀杆；5—刀架体；

6—支架；7—心轴；8—后立柱；9—工作台；10—床鞍

（大型商用 CAD 软件都有 CAM 模块）自动生成，特殊情况下，还要进行二次开发。采用加工中心加工复杂曲面的优点是加工中心上有刀库，配备多把刀具，对曲面的粗、精加工及凹曲面的不同曲率半径的要求，都可选到合适的刀具。同时，通过一次装夹，可完成各主要表面及辅助表面（如孔、螺纹、槽等）的加工，有利于保证各加工表面的相对位置精度。

7）磨削

如图 1.12 所示，磨削是利用砂轮或其他磨具对工件进行加工。其主运动是砂轮的旋转运动。砂轮上的每个磨粒都可以看成一个微小刀齿，砂轮的磨削过程，实际上是磨粒对工件表面的切削、刻削和滑擦 3 种作用的综合效应。磨削中，磨粒本身也会由尖锐逐渐磨钝，使切削能力变差，切削力变大，当切削力超过黏结剂强度时，磨钝的磨粒会脱落，露出一层新的磨粒，这就是砂轮的“自锐性”。但切屑和碎磨粒仍会阻塞砂轮，因此，磨削一定时间后，需用金刚石刀具等对砂轮进行修整。

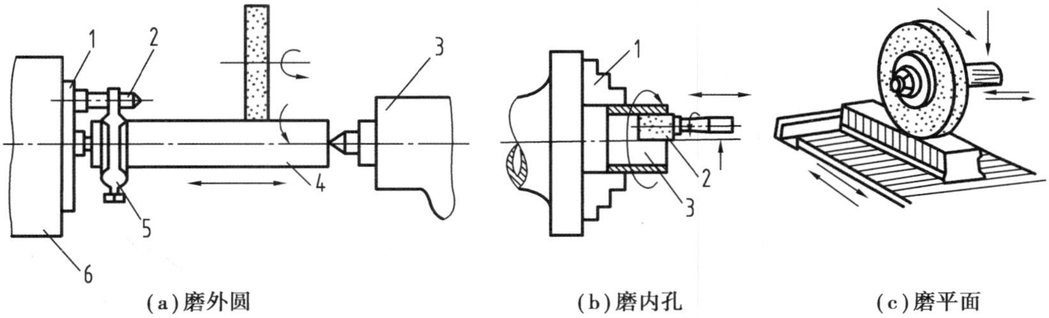

（a）磨外圆

1—拨盘；2—拨销；3—尾架；
4—工件；5—鸡心夹头；6—头架

（b）磨内孔

1—自定心卡盘；2—砂轮；
3—工件

（c）磨平面

图 1.12　磨削加工

磨削时，由于切削刃很多，所以加工过程平稳、精度高，表面粗糙度值小。磨床是精加工机床，磨削精度可达 IT7 ~ IT5，表面粗糙度 Ra 值可达 1.6 ~ 0.025 μm，甚至可达

0.008 μm。磨削的另一特点是可以对淬硬的工件进行加工，因此，磨削往往作为最终加工工序。但磨削时会产生大量热量，需要有充分的切削液进行冷却，否则会产生磨削烧伤，降低表面质量。强力磨削技术，可以在单位时间内达到很大的切除量，因而可以一次完成粗精加工。按功能不同，磨削可分为外圆磨、内圆磨、平面磨等，分别用于外圆面、内孔及平面的磨削加工，如图 1.12 所示。

1.2 工艺过程与生产类型

1.2.1 生产过程和工艺过程

1）机械产品生产过程

机械产品生产过程是指从原材料开始到成品出厂的全部劳动过程，它不仅包括毛坯的制造，零件的机械加工、特种加工和热处理，机器的装配、检验、测试和涂装等主要劳动环节，还包括专用工具、夹具、量具和辅具的制造，机器的包装，工件和成品的储存和运输，加工设备的维修，以及动力（如电、压缩空气、液压等）供应等辅助劳动过程。

由于机械产品的主要劳动过程都使被加工对象的尺寸、形状和性能产生了一定的变化，与生产过程有直接关系，因此被称为直接生产过程或工艺过程。而机械产品的辅助劳动过程虽然未使加工对象产生直接变化，但也是非常必要的，故被称为辅助生产过程。因此，机械产品的生产过程由直接生产过程和辅助生产过程组成。

随着机械产品复杂程度的不同，其生产过程可以由一个车间或一个工厂完成，也可以由多个车间或工厂协作完成。

2）机械加工工艺过程

（1）机械加工工艺过程的概念

机械加工工艺过程是机械产品生产过程的一部分，属于直接生产过程，原本是指采用金属切削刀具或磨具来加工工件，使之达到所要求的形状、尺寸、表面粗糙度和力学物理性能，成为合格零件的生产过程。随着制造技术的不断发展，现在所说的加工方法除切削和磨削外，还包括其他加工方法，如电加工、超声加工、电子束加工、离子束加工、激光束加工，以及化学加工等。

（2）机械加工工艺过程的组成

机械加工工艺过程是由若干道工序组成。每一道工序可依次细分为安装、工位、工步和走刀。

①工序。机械加工工艺过程的工序是指一个（或一组）工人在同一个工作地点对一个（或同时对多个）工件连续完成的那一部分工艺过程，称为一道工序。工人、工作地点、工作对象、连续性是工序的四要素，任一要素改变就变成了另一道工序。

工序是组成工艺过程的基本单元。编制工艺规程文件，就是以工序为单元进行编写的。

同一个零件,加工内容相同,但可以有不同的工序安排。如图1.13所示的阶梯轴零件,当为小批量生产类型时,工序规划方案见表1.1,当为大批量生产类型时,工序规划方案见表1.2。

分析表1.1,相邻的两道不同工序,设备发生改变,意味着工作地点发生了改变,即工序四要素之一改变了,那么就是不同的工序了。

表1.2的工序安排,是针对大批量生产类型,对比表1.1小批量生产,大批量生产为了追求高效率,分工会更细,工序数量相对更多。如表1.1中的工序1为粗车两端,表1.2中将相同的加工内容细分为工序1粗车小端和工序2粗车大端两个工序了。同理,表1.1中的工序3为精车工序,对应表1.2中的工序4精车小端和工序5精车大端;表1.1中的工序6磨大小外圆对应表1.2中的工序8磨大外圆和工序9磨小外圆。

以磨外圆为例进一步分析工序概念,为什么在小批量磨大小外圆的一个工序在大批量生产时划分为磨大外圆和磨小外圆两个工序呢?为了提高批量效率,某一批工件是先磨大外圆,批量全部完成后,再磨小外圆。分析其中某个确定的工件,在大外圆磨削完后是进行下一个工件的大外圆磨削,而不是马上进行该工件的小外圆磨削的,所以该工件的大、小外圆磨削是不连续的。连续性是工序四要素之一,所以划分为两道不同工序。

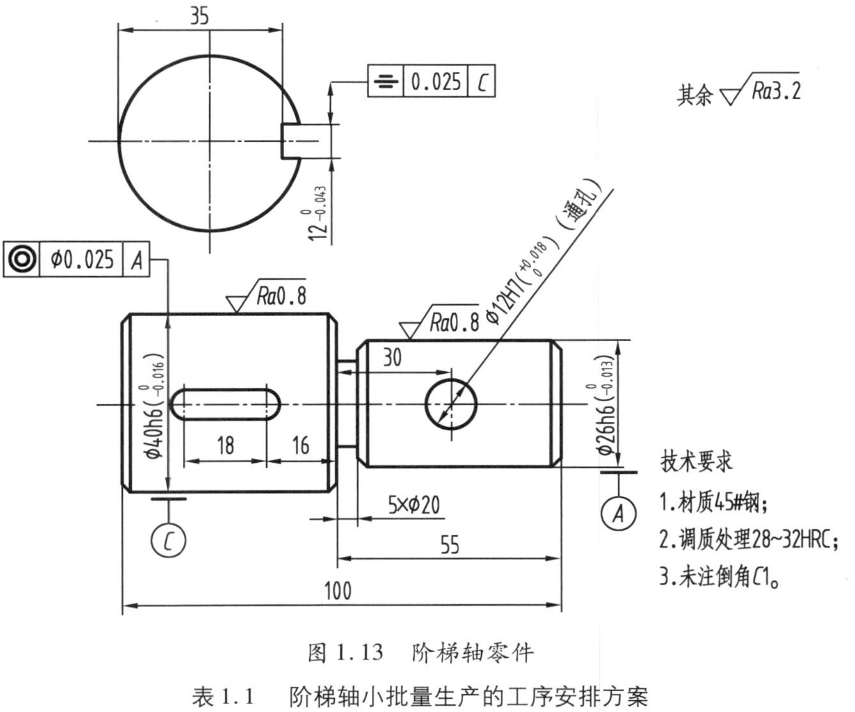

图1.13　阶梯轴零件

表1.1　阶梯轴小批量生产的工序安排方案

工序号	工序内容	设　备
1	粗车小端外圆及端面,切断,掉头安装,粗车大端	普通车床
2	调质处理	

续表

工序号	工序内容	设　备
3	精车小端及退刀槽，小端钻中心孔。掉头安装，精车大端，大端钻中心孔	普通车床
4	铣键槽	铣床
5	去毛刺	
6	磨大、小外圆	磨床

表 1.2　阶梯轴大批量生产的工序安排方案

工序号	工序内容	设　备
1	粗车小端外圆及端面，切断	普通车床
2	粗车大端	普通车床
3	调质处理	
4	精车小端及退刀槽，小端钻中心孔	普通车床
5	精车大端，大端钻中心孔	普通车床
6	铣键槽	铣床
7	去毛刺	
8	磨大外圆	磨床
9	磨小外圆	磨床

②安装。安装也称为装夹，就是在一道工序工件加工前对工件进行定位和夹紧。一道工序中可以只有一次安装，也可以有多次安装。从定位误差角度，一道工序中尽可能少地安装次数，否则会造成定位误差，引起最终的加工误差。表 1.2 中，每道工序中只有一次安装，而在表 1.1 中，工序 1、3 中，每道工序中都有两次安装。

③工位。在一次安装中，通过分度或移位装置，使工件相对于机床床身变换加工位置，则把每个加工位置称为一个工位。在一次安装中，可以设置一个工位，也可以设置多个工位。如常用工序安装中采用三爪卡盘、虎钳等的安装，都是一个工位。为了减少工件安装的次数，常采用回转工件台、回转夹具或移位夹具，使工件在一次安装中在机床上分别处于不同的位置进行加工。工件在机床上占据的每一个位置称为一个工位。如图 1.14 所示为利用回转工作台在一次安装中顺次完成装卸工件、钻孔、扩孔和铰孔 4 个工位的加工。采用多工位加工可减少工件的安装次数，缩短辅助时间，提高生产率。

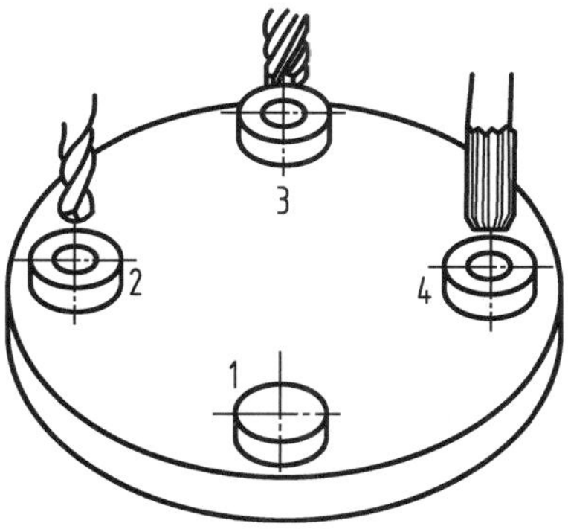

图1.14 多工位加工

1—装卸工件;2—钻孔;3—扩孔;4—铰孔

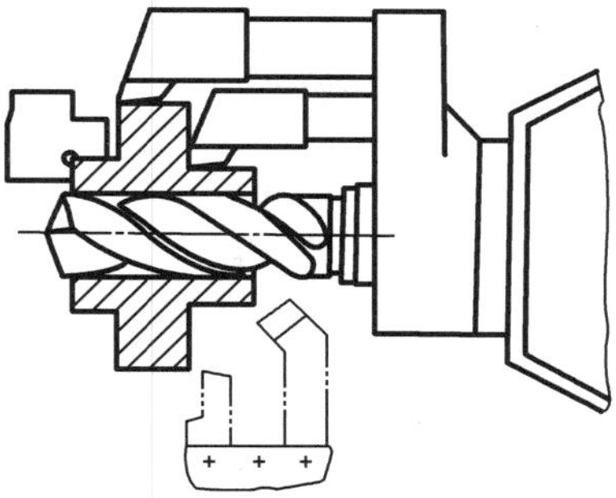

图1.15 转塔车床的复合工步

④工步。在一次工位中,加工表面、切削刀具、切削速度和进给量都不变的情况下所加工的内容,称为一个工步。

在每个工序加工内容中,不同的表面对应不同的工步。同一个表面,可能因为采用了不同的刀具或不同的切削速度或不同的进给量而划分为更多的工步。如表1.1的工序1中,包含了粗车小外圆面、端面、切断至少3个表面,那本工序中至少包含3个工步。如果粗车小外圆过程中,切削刀具、切削速度和进给量任一发生改变,粗车小外圆面可能会划分为更多的工步。

实际生产实践中,为了提高加工效率,常采用多把刀具同时进行加工的方法,该工步称为复合工步,而不认为是多个工步。如图1.15所示为立轴转塔车床刀架加工工件的两级外圆及内孔的复合工步。如图1.16所示为龙门刨床上通过安装多把不同高度的刨刀进行刨削加工。如图1.17所示为复合钻头进行钻孔和扩孔的复合加工。如图1.18所示为卧式铣床上通过不同铣刀组合加工多个表面。

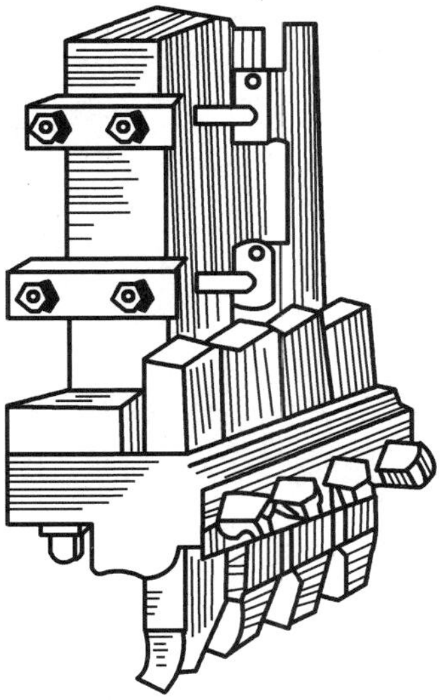

图1.16 刨平面复合工步

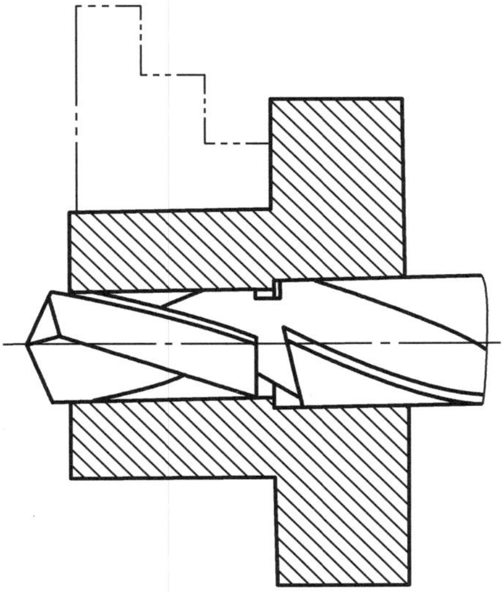

图1.17 钻、扩孔复合工步

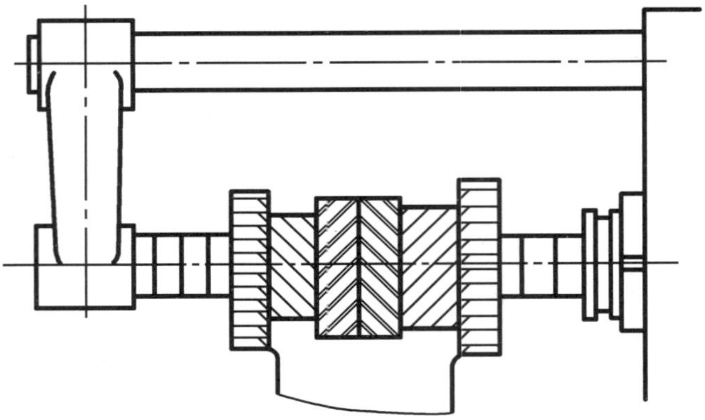

图 1.18 组合铣多个平面的复合工步

⑤走刀。切削刀具在加工表面上切削一次所完成的工步内容,称为一次走刀。一个工步包含一次走刀或多次走刀。当切削层很厚时,一次不能切削完,就要分几次走刀,一次走刀也称为一次行程。

3)机械加工工艺系统

零件进行机械加工时,必须具备一定的条件,即要有一个系统来支持,称为机械制造工艺系统。通常,一个机械制造工艺系统是由物质分系统、能量分系统和信息分系统所组成。

机械制造工艺系统的物质分系统由工件、机床、工具和夹具组成。工件是被加工对象。机床是加工设备,如车床、铣床、磨床等金属切削机床,以及钳工台等钳工设备。工具是各种刀具、磨具、检具,如车刀、铣刀、砂轮等。夹具是指机床夹具,用于加工前装夹工件。

在用一般的通用机床加工时,多为手工操作,未涉及信息技术。现代的数控机床、加工中心和生产线,则和信息技术关系密切,因此有了信息分系统。

能量分系统是指动力供应系统。

机械加工工艺系统可以是单台机床,如自动机床、数控机床和加工中心等,也可以是由多台机床组成的生产线。

1.2.2 生产纲领与生产类型

1)生产纲领

企业根据市场需求和自身的生产能力决定生产计划。在计划期内,应当生产的产品产量和进度计划称为生产纲领。计划期为 1 年的生产纲领称为年生产纲领。通常零件的年生产纲领计算公式为

$$N = Qn(1 + \alpha + \beta) \tag{1.8}$$

式中 N——零件的年生产纲领,件/年;

Q——产品的年产量,台/年;

n——每台产品中该零件的数量,件/台;

α——备品率,%;

β——废品率,%。

年生产纲领是设计或修改工艺规程的重要依据,是车间(或工段)设计的基本文件。生产纲领确定后,还应该确定生产批量。

2)生产批量

生产批量是指一次投入或产出的同一产品或零件的数量。零件生产批量的计算公式为

$$n' = \frac{NA}{F} \tag{1.9}$$

式中　n'——每批中的零件数量,件;

N——零件的年生产纲领规定的零件数量,件;

A——零件应该储备的时间,天;

F——1 年中工作日时间,天。

确定生产批量的大小是一个相当复杂的问题,应主要考虑以下几个方面的因素:

①市场需求及趋势分析。应保证市场的供销量,以及装配和销售有必要的库存。

②便于生产的组织与安排。保证多品种产品的均衡生产。

③产品的制造工作量。对于大型产品,其制造工作量较大,批量应少些,而中、小型产品的批量可大些。

④生产资金的投入。少量多次,投入的资金少,有利于资金的周转。

⑤制造生产率和成本。批量大些,可采用一些先进专用高效设备和工具,有利于提高生产率和降低成本。

3)生产类型及其工艺特点

根据工厂(或车间、工段、班组、工作地)生产专业化程度的不同,可将它们按大量生产、成批生产和单件生产 3 种生产类型来分类。其中,成批生产又可分为大批生产、中批生产和小批生产。显然,产量越大,生产专业化程度应该越高。表 1.3 按重型机械、中型机械和轻型机械的年生产量列出了各种生产类型的规范,可见对重型机械来说,其大量生产的数量远小于轻型机械的数量。

表 1.3　各种生产类型的规范

生产类型	零件的年生产纲领　单位:件/年		
	重型机械	中型机械	轻型机械
单件生产	≤5	≤20	≤100
小批生产	>5~100	>20~200	>100~500
中批生产	>100~300	>200~500	>500~5 000
大批生产	>300~1 000	>500~5 000	>5 000~50 000
大量生产	>1 000	>5 000	>50 000

从工艺特点上看,小批量生产和单件生产的工艺特点相似,大批生产和大量生产的

工艺特点也相似。因此，在生产上常按单件小批生产、中批生产和大批大量生产来划分生产类型，并且按这3种生产类型归纳它们的工艺特点，见表1.4。可以看出，生产类型不同，其工艺特点存在很大差异。

表1.4　各种生产类型的工艺特点

项目	特点		
	单件小批生产	中批生产	大批大量生产
加工对象	经常变换	周期性变换	固定不变
毛坯的制造方法及加工余量	木模手工造型，自由锻。毛坯精度低，加工余量大	部分铸件用金属型；部分锻件用模锻。毛坯精度中等、加工余量中等	广泛采用金属型机器造型、压铸、精铸、模锻。毛坯精度高、加工余量小
机床设备及其布置形式	通用机床，按类别和规格大小，采用机群式排列布置	部分采用通用机床，部分采用专用机床，按零件分类，部分布置成流水线，部分布置成机群式	广泛采用专用机床、按流水线或自动线布置
夹具	通用夹具或组合夹具，必要时采用专用夹具	广泛使用专用夹具，可调夹具	广泛使用高效率专用夹具
刀具和量具	通用刀具和量具	采用通用刀具和量具，部分采用专用刀具和量具	广泛使用高效率专用刀具和量具
工件的装夹方法	划线找正装夹，必要时采用通用夹具或专用夹具装夹	部分采用划线找正，广泛采用通用或专用夹具装夹	广泛使用专用夹具装夹
装配方法	广泛采用配刮	少量采用配刮，多采用互换装配法	采用互换装配法
操作工人平均技术水平	高	一般	低
生产率	低	一般	高
成本	高	一般	低
工艺文件	用简单的工艺过程卡管理生产	有较详细的工艺规程，用工艺过程卡管理生产	详细制订工艺规程，用工序卡、操作卡及调整卡管理生产

随着技术进步和市场需求变换，生产类型的划分正在发生着深刻的变化。传统的大批量生产，难以适应产品及时更新换代的需求，而单件小批生产的生产能力又无法满足市场需求。因此，各种生产类型都朝着生产过程柔性化的方向发展。成组技术（包括成组工艺、成组夹具）为这种柔性化生产提供了重要基础。

1.3　定位与基准

1.3.1　工件的定位

1)工件的装夹

在零件加工时,一个至关重要的问题是如何将工件正确地装夹在机床上或夹具中。装夹有两个含义,即定位和夹紧,也称为安装。

定位是指确定工件在机床(工作台)上或夹具中占有正确位置的过程,通常可以理解为工件相对于切削刀具或磨具的一定位置,以保证加工尺寸、形状和位置的要求。夹紧是指工件在定位后将其固定,使其在加工过程中能承受重力、切削力等而保持定位位置不变的操作。

工件在机床或夹具中的装夹主要有3种方法:

(1)夹具中装夹

夹具中装夹是将工件装夹在夹具中,由夹具上的定位元件来确定工件的位置,由夹具上的夹紧装置进行夹紧。夹具则通过连接元件安装到机床的一定位置后再夹紧。

如图1.19所示为双联齿轮装夹在插齿机夹具上加工齿形。定位心轴3和基座4是该夹具的定位元件,夹紧螺母1及螺杆5是其夹紧元件,它们都装在插齿机的工作台上。工件以内孔定位在定位心轴3上,其间有一定的配合要求,以保证齿形加工面与内孔的同轴度,同时又以大齿轮端面紧靠在基座4上,以保证齿形加工面与大齿轮端面的垂直度,从而完成定位。再用夹紧螺母1将工件压紧在基座4上,从而保证夹紧。

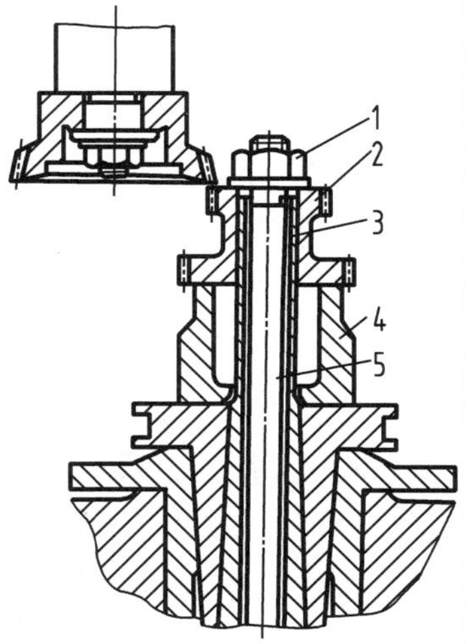

图1.19　双联齿轮装夹

1—夹紧螺母;2—双联齿轮;3—定位心轴;4—基座;5—螺杆

这种装夹方法由夹具来保证定位和夹紧,操作简便、效率高、应用广泛,定位精度取决于夹具中定位元件及工件定位面的配合精度。因夹具需要设计、制造或购买,周期长,成本高,因此多用于成批、大批和大量生产中。

(2)直接找正装夹

由操作工人直接在机床上利用百分表等工具进行工件的定位,称找正,然后夹紧工件,称为直接找正装夹。如图1.20(a)所示,将双联齿轮工件内孔装在夹具的心轴上(当孔与心轴的间隙过大,定位精度无法满足要求的时候,则靠百分表来检测齿圈外圆表面找正),找正时,百分表顶在齿圈外圆上,插齿机工作台慢速回转,停转时调整工件与心轴在径向的相对位置,经过反复多次调整,即可使齿圈外圆与工作台回转中心线同轴。如果双联齿轮的外圆和内孔同轴,则可保证齿形加工与工件内孔的同轴度。在普通车床上车削毛坯工件时,常用如图1.20(b)所示的方法,用百分表检测工件外圆及端面,慢慢回转卡盘带动工件旋转,经过多次调整,使外圆及端面的两个位置处的百分表读数控制在较小的范围内,说明工件基本找正,即已经定位好,然后再夹紧,完成装夹后就可以进行加工。

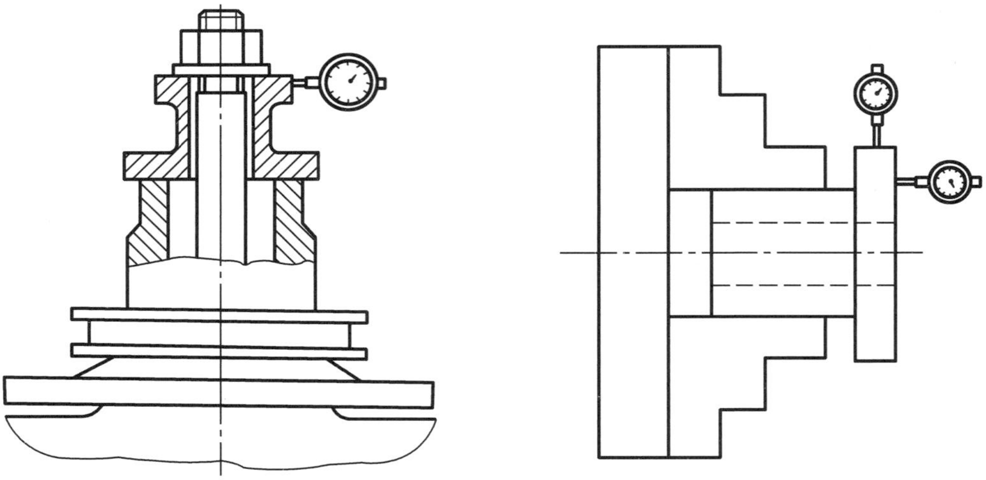

(a)夹具上找正　　(b)三爪卡盘找正

图1.20　直接找正装夹

这种装夹方法可省去夹具的定位元件部分,比较经济,但必须要有夹紧装置。由于其装夹效率较低,故多用于单件小批生产中。当加工精度要求非常高,用夹具也很难保证定位精度时,这种直接找正装夹是最可行的方案。

(3)划线找正装夹

划线找正装夹方法是事先在工件上划出位置线、找正线和加工线,找正线和加工线间距约5 mm。装夹时按找正线进行找正,即为定位,然后再进行夹紧。如图1.21所示为一个长方形工件在单动卡盘(四爪卡盘)上,经过多次调整,使划线盘按所划的找正线的回转中心正好是卡盘的回转中心,说明已经找正,然后再夹紧。

划线找正装夹所需设备比较简单,适应性强,但精度和生产效率均较低,通常划线精度为0.1 mm左右,因此多用于单件小批生产中的复杂铸件或铸件精度较低的粗加工工序。

上述3种装夹方法中都涉及如何定位的问题,这就需要论述工件的定位原理及其实现方法。

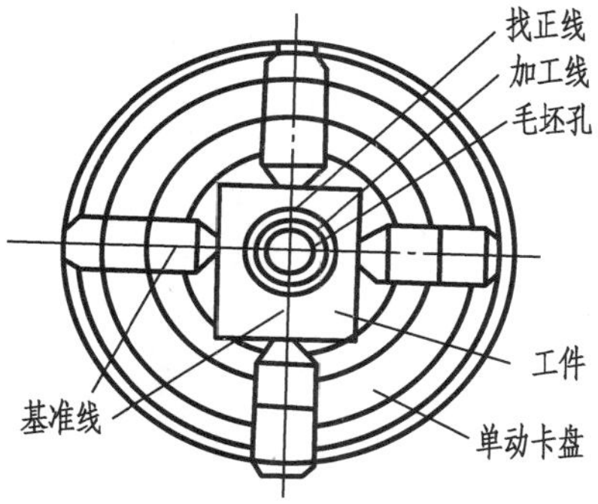

图 1.21　划线找正装夹

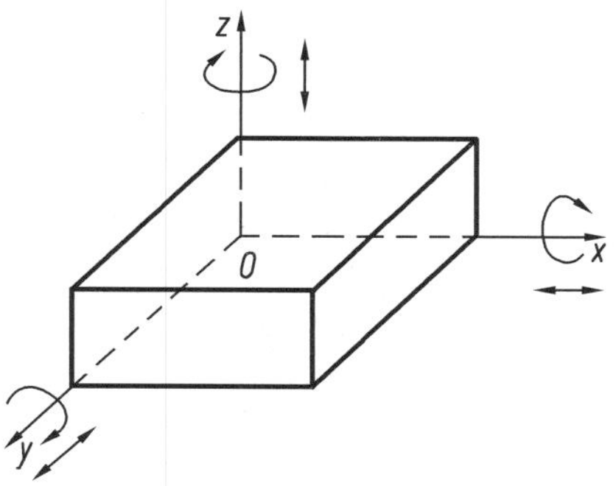

图 1.22　自由度示意图

2）定位原理

（1）六点定位原理

一个物体在空间可以有 6 个独立的运动，如图 1.22 所示，以长方体自由度为例，在直角坐标系中可以有 3 个方向的直线移动和绕 3 个方向的转动。3 个方向的直线移动分别是沿 x、y、z 轴的平移，记为 $\vec{x}$、$\vec{y}$、$\vec{z}$；3 个方向的转动分别是绕 x、y、z 轴的转动，记为 $\widehat{x}$、$\widehat{y}$、$\widehat{z}$。通常把上述 6 个独立运动称为 6 个自由度。

工件的定位就是采取一定的约束措施来限制自由度，通常可用约束点和约束点群来描述，而且一个自由度只需要一个约束点来限制。如图 1.23 所示，一个长方体工件在定位时，可在其底面布置 3 个不共线的约束点 1、2、3，在侧面布置两个约束点 4、5，并在端面布置一个约束点 6，则约束点 1、2、3 可以限制 $\vec{z}$、$\widehat{x}$、$\widehat{y}$ 3 个自由度，约束点 4、5 可以限制 $\vec{x}$ $\widehat{z}$ 两个自由度，约束点 6 可以限制 $\vec{y}$ 一个自由度，从而完全限制了长方体工件的 6 个自由度，这时工件被完全定位。

采用 6 个按一定规则布置的约束点来限制工件的 6 个自由度，实现完全定位，称之为六点定位原理。

（2）工件的实际定位

在实际定位中，常用接触面积很小的支承钉作为约束点，如图 1.24 所示。由于工件的形状是多种多样的，都用支承钉来定位显然不合适，因此更可行的是用支承板、圆柱销、心轴、V 形块等作为约束点群来限制工件的自由度。典型定位元件的定位分析总结见表 1.5。

采用“六点定位原理”进行定位分析时，需说明以下几点：

①对工件定位，是指采用夹具上的定位元件对工件相应的定位表面进行定位。定位就是限制自由度，通常用合理布置的定位元件的定位支承点来限制工件自由度。

②定位支承点限制工件自由度的作用，应理解为定位支承点与工件定位基准面始终保持紧贴接触。若脱离，则失去定位作用。

③1 个定位支承点限制一个自由度，工件共 6 个自由度，支承点数目原则上不超过 6 个。

④实际加工中，对工件进行装夹，装夹包含定位和夹紧。定位分析时，分析工件的某个自由度被限制，是指工件在该自由度方向的位置被支承点所确定，而不是指工件在受到脱离定位支承点的外力时不能运动。在实际加工时，要使工件不能运动，是夹紧的

任务，而与定位无关。定位和夹紧是两个概念，一般分别通过夹具上的定位元件和夹紧元件实现。

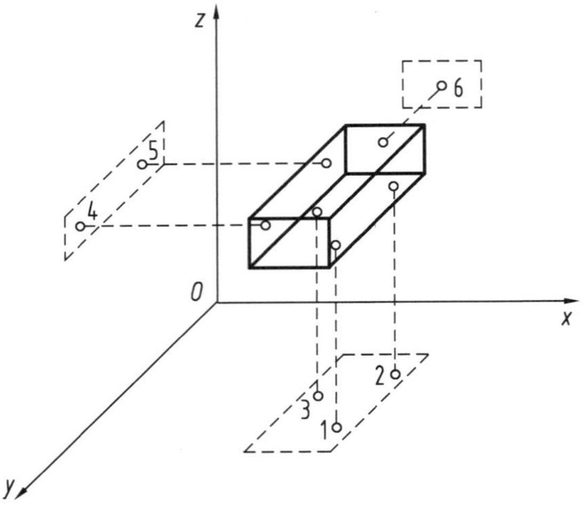

图 1.23　长方体工件的六点定位

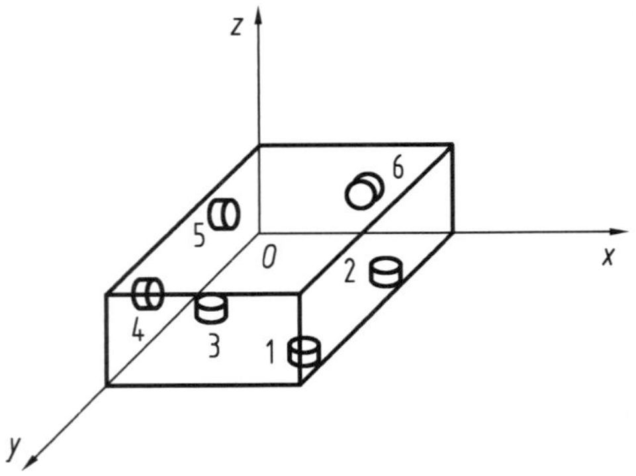

图 1.24　长方体工件的实际定位

表 1.5　典型定位元件的定位分析

<table>
<tr><td>工件的定位面</td><td colspan="5">夹具的定位元件</td></tr>
<tr><td rowspan="6">平面</td><td rowspan="3">支承钉</td><td>定位情况</td><td>1 个支承钉</td><td>2 个支承钉</td><td>3 个支承钉</td></tr>
<tr><td>图示</td><td>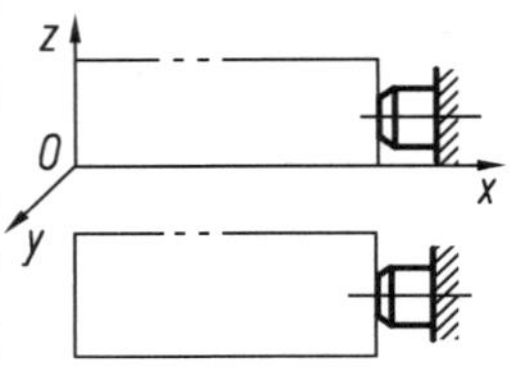</td><td>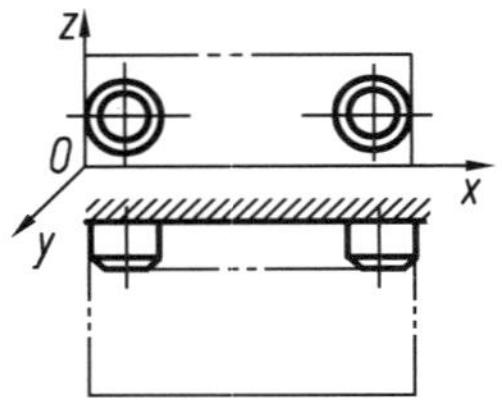</td><td>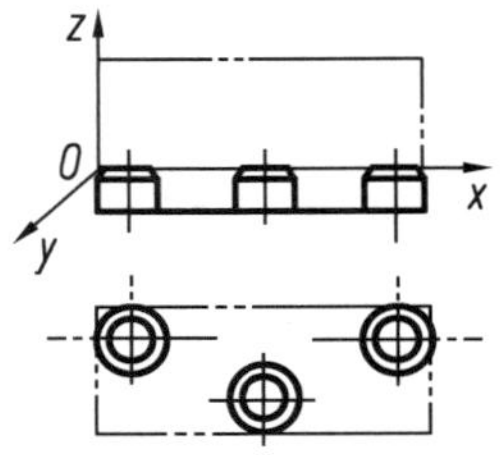</td></tr>
<tr><td>限制的自由度</td><td>$\vec{x}$</td><td>$\vec{y}\ \overset{\frown}{z}$</td><td>$\vec{z}\ \overset{\frown}{x}\ \overset{\frown}{y}$</td></tr>
<tr><td rowspan="3">支承板</td><td>定位情况</td><td>1 块条形支承板</td><td>2 块条形支承板</td><td>1 块矩形支承板</td></tr>
<tr><td>图示</td><td>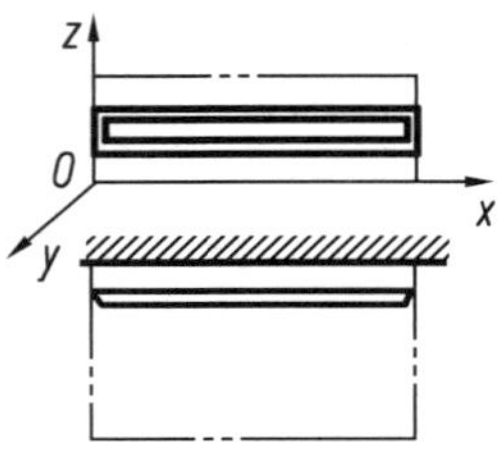</td><td>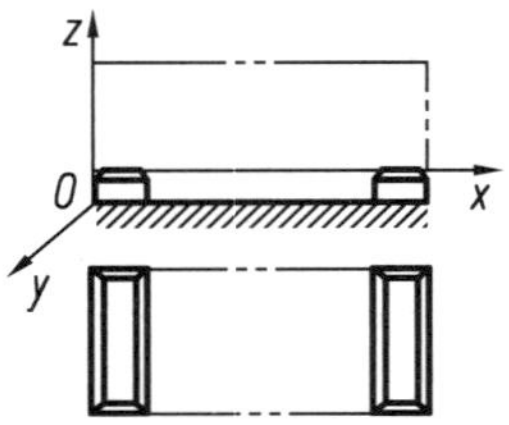</td><td>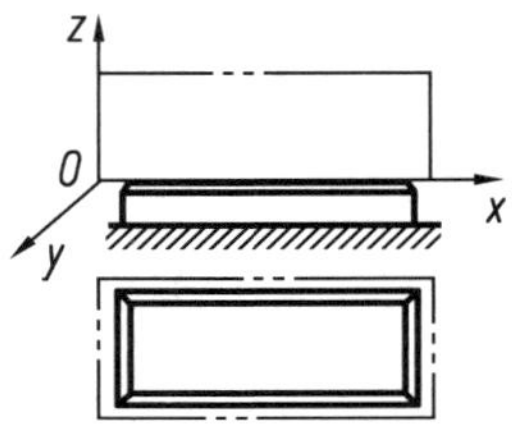</td></tr>
<tr><td>限制的自由度</td><td>$\vec{y}\ \overset{\frown}{z}$</td><td>$\vec{z}\ \overset{\frown}{x}\ \overset{\frown}{y}$</td><td>$\vec{z}\ \overset{\frown}{x}\ \overset{\frown}{y}$</td></tr>
</table>

续表

工件的定位面	夹具的定位元件				
圆孔	圆柱销	定位情况	短圆柱销	长圆柱销	两段短圆柱销
		图示	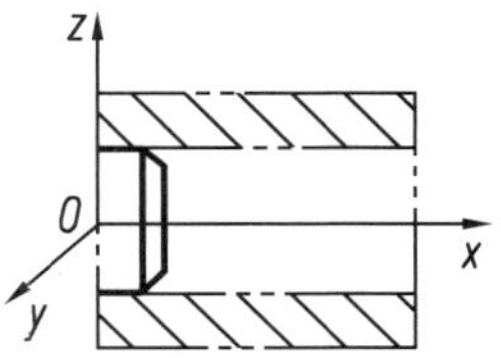	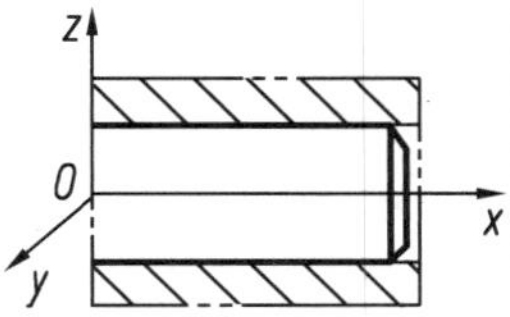	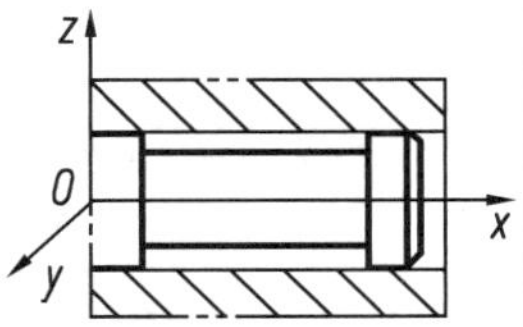
		限制的自由度	$\vec{y}\ \vec{z}$	$\vec{y}\ \vec{z}\ \overset{\frown}{y}\ \overset{\frown}{z}$	$\vec{y}\ \vec{z}\ \overset{\frown}{y}\ \overset{\frown}{z}$
	圆柱销	定位情况	菱形销	长销小平面组合	短销大平面组合
		图示	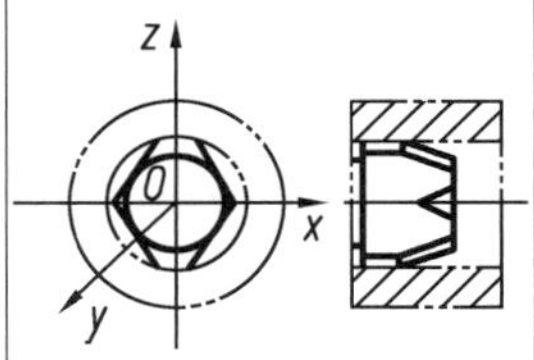	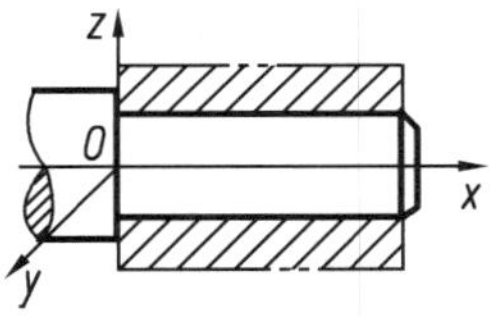	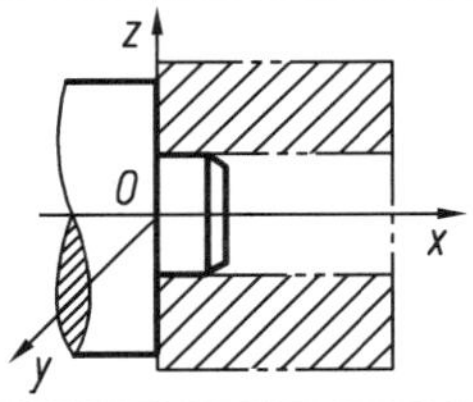
		限制的自由度	$\vec{z}$	$\vec{x}\ \vec{y}\ \vec{z}\ \overset{\frown}{y}\ \overset{\frown}{z}$	$\vec{x}\ \vec{y}\ \vec{z}\ \overset{\frown}{y}\ \overset{\frown}{z}$
	圆锥销	定位情况	固定锥销	浮动锥销	固定锥销与浮动锥销组合
		图示	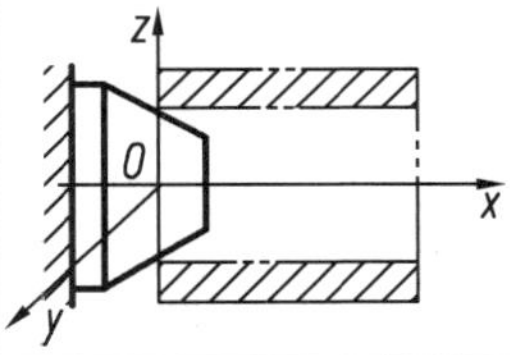	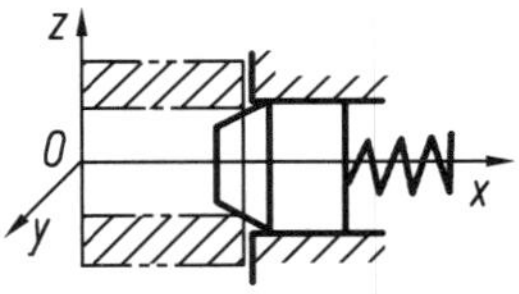	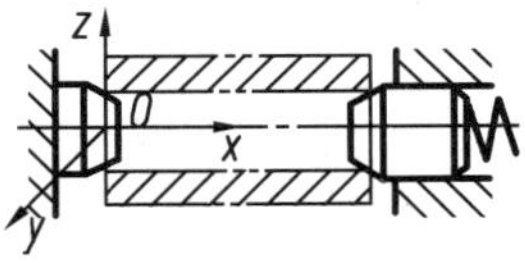
		限制的自由度	$\vec{x}\ \vec{y}\ \vec{z}$	$\vec{y}\ \vec{z}$ 或 $\overset{\frown}{y}\ \overset{\frown}{z}$	$\vec{x}\ \vec{y}\ \vec{z}\ \overset{\frown}{y}\ \overset{\frown}{z}$
	心轴	定位情况	长圆柱心轴	短圆柱心轴	小锥度心轴
		图示	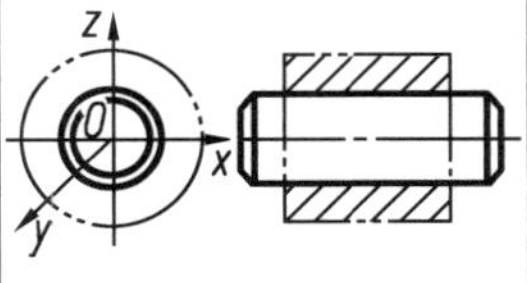	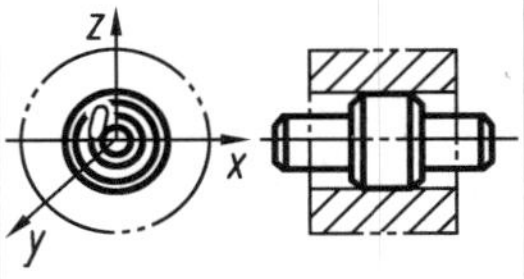	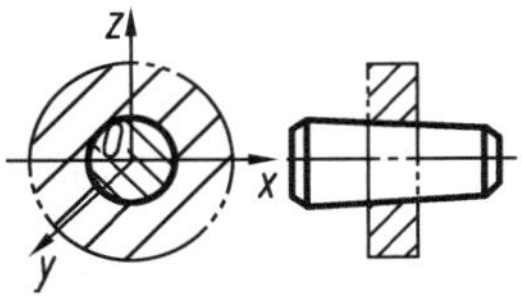
		限制的自由度	$\vec{x}\ \vec{z}\ \overset{\frown}{x}\ \overset{\frown}{z}$	$\vec{x}\ \vec{z}$	$\vec{x}\ \vec{z}$

续表

工件的定位面	夹具的定位元件				
外圆柱面	V形块	定位情况	1 块短 V 形块	2 块短 V 形块	1 块长 V 形块
		图示	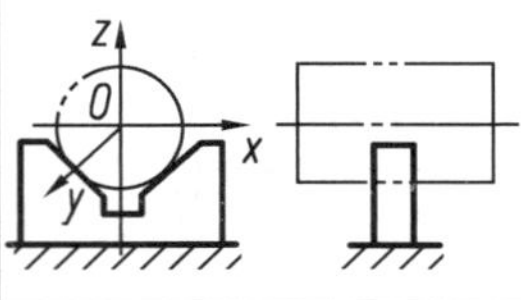	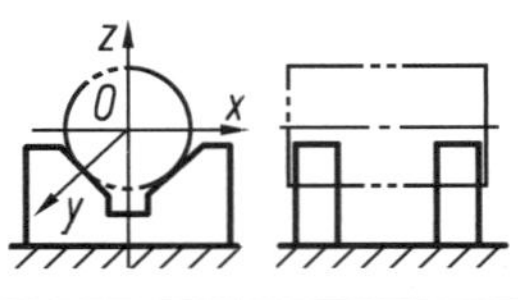	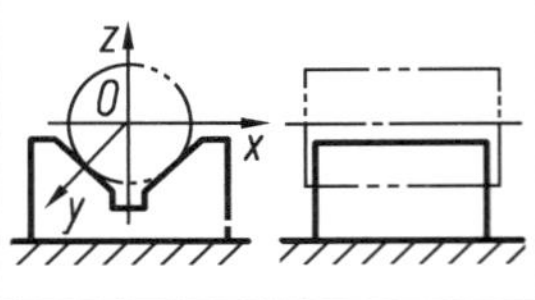
		限制的自由度	$\vec{x}\ \vec{z}$	$\vec{x}\ \vec{z}\ \overset{\frown}{x}\ \overset{\frown}{z}$	$\vec{x}\ \vec{z}\ \overset{\frown}{x}\ \overset{\frown}{z}$
	定位套	定位情况	1 个短定位套	2 个短定位套	1 个长定位套
		图示	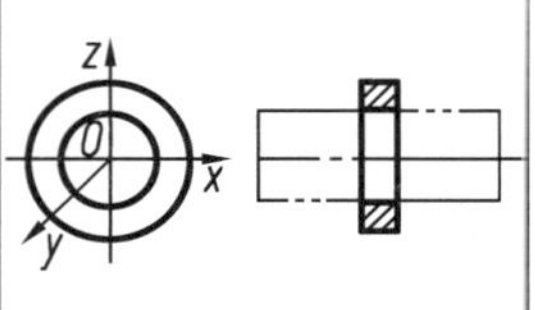	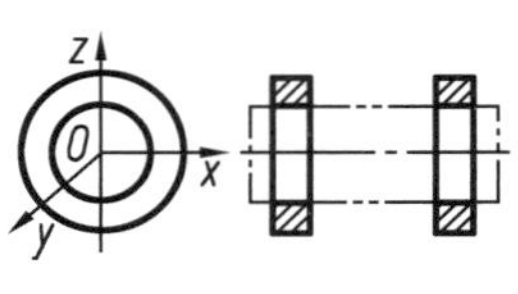	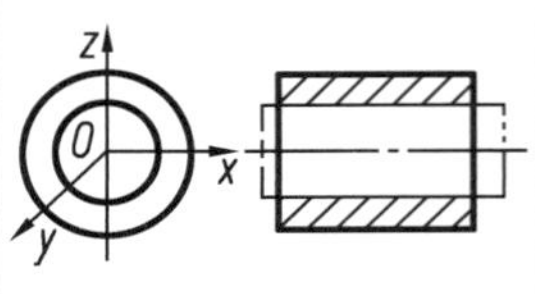
		限制的自由度	$\vec{x}\ \vec{z}$	$\vec{x}\ \vec{z}\ \overset{\frown}{x}\ \overset{\frown}{z}$	$\vec{x}\ \vec{z}\ \overset{\frown}{x}\ \overset{\frown}{z}$
圆锥孔	顶尖和锥度心轴	定位情况	固定顶尖	浮动顶尖	锥度心轴
		图示	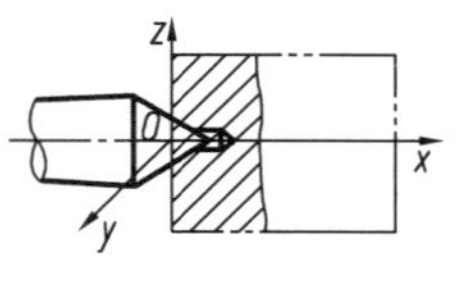	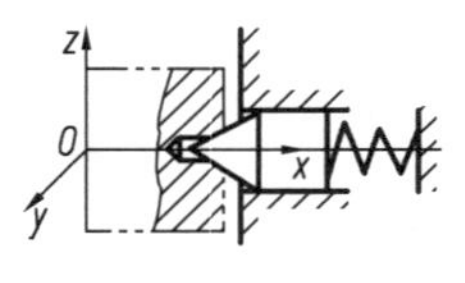	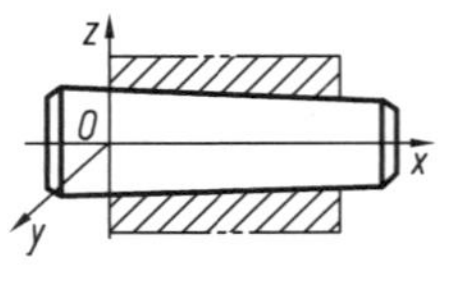
		限制的自由度	$\vec{x}\ \vec{y}\ \vec{z}$	$\vec{y}\ \vec{z}$ 或 $\overset{\frown}{y}\ \overset{\frown}{z}$	$\vec{x}\ \vec{y}\ \vec{z}\ \overset{\frown}{y}\ \overset{\frown}{z}$

⑤组合定位分析。生产实践中,往往不是单一定位元件定位工件的单个表面,尤其是在较复杂的工件表面定位时,要用几个定位元件组合起来同时定位工件的几个表面。多个表面同时参与定位,各定位表面所起作用有主次之分。限制自由度数最多的表面称为第一定位面,也称支撑面,限制自由度数次多的表面称为第二定位面,也称导向面,限制自由度数最少的表面称为第三定位面,也称为止动面。

组合定位分析所限制自由度时,应注意以下两点:

①夹具上多个定位元件组合定位工件的多个定位面时,所限制的自由度总数等于各个定位元件单独定位所限制的自由度数之和。

②组合定位时,某个定位元件原本单独定位所限制的移动自由度可能会转化为转动自由度,原移动自由度不再被限制。

【例 1.1】 如图 1.25 所示的轴(双点画线)的定位是通过两端的中心孔,左端的中心孔用固定顶尖定位,右端的中心孔用活动顶尖定位。试进行定位分析。

【解】　单独分析左端的固定顶尖，限制了 $\vec{x}$、$\vec{y}$、$\vec{z}$ 3 个平移自由度，单独分析右端的活动顶尖，限制了 $\vec{y}$、$\vec{z}$ 两个平移自由度，所以本组合定位共限制了 5 个自由度。右端的活动顶尖在和左端固定顶尖组合的情况下，原本限制的 $\vec{y}$、$\vec{z}$ 两个平移自由度就转化为 $\overset{\frown}{y}$、$\overset{\frown}{z}$ 两个旋转自由度了。所以共限制了 $\vec{x}$、$\vec{y}$、$\vec{z}$、$\overset{\frown}{y}$、$\overset{\frown}{z}$ 5 个自由度，是不完全定位。

表 1.5 中的两个短 V 形块组合、两个短定位套的组合都也有类似情况。

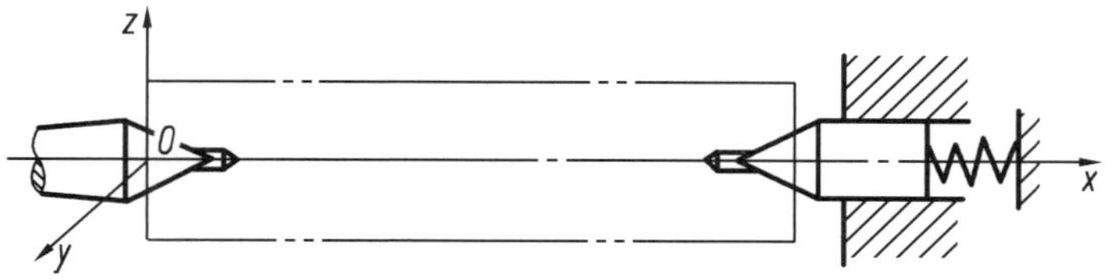

图 1.25　顶尖组合定位

【例 1.2】　如图 1.26 所示定位方案。图中的三通工件(双点画线)定位在 3 个短的 V 形块上，分析各定位元件所限制的自由度。

【解】　在如图所示坐标系中，3 个短 V 形块组合定位，每个 V 形块限制了两个自由度，3 个 V 形块组合定位共限制 6 个自由度。单独分析 V 形块 1 限制了 $\vec{x}$、$\vec{z}$ 两个自由度，单独分析 V 形块 2 也是限制了 $\vec{x}$、$\vec{z}$ 两个自由度，但 V 形块 2 和 V 形块 1 组合定位，原本 V 形块 2 限制的 $\vec{x}$、$\vec{z}$ 两个平移自由度转化为 $\overset{\frown}{x}$、$\overset{\frown}{z}$，这两个短 V 形块共限制了 $\vec{x}$、$\vec{z}$、$\overset{\frown}{x}$、$\overset{\frown}{z}$ 4 个自由度，相当于一个长 V 形块所限制的自由度。单独分析 V 形块 3，限制了 $\vec{y}$、$\vec{z}$ 两个自由度，但与 V 形块 1 和 2 组合定位时，其中的 $\vec{z}$ 自由度就转化为 $\overset{\frown}{y}$ 自由度，所以组合定位下的 V 形块 3 限制了 $\vec{y}$、$\overset{\frown}{y}$ 两个自由度。3 个 V 形块共限制了 $\vec{x}$、$\vec{y}$、$\vec{z}$、$\overset{\frown}{x}$、$\overset{\frown}{y}$、$\overset{\frown}{z}$ 6 个自由度，实现完全定位。

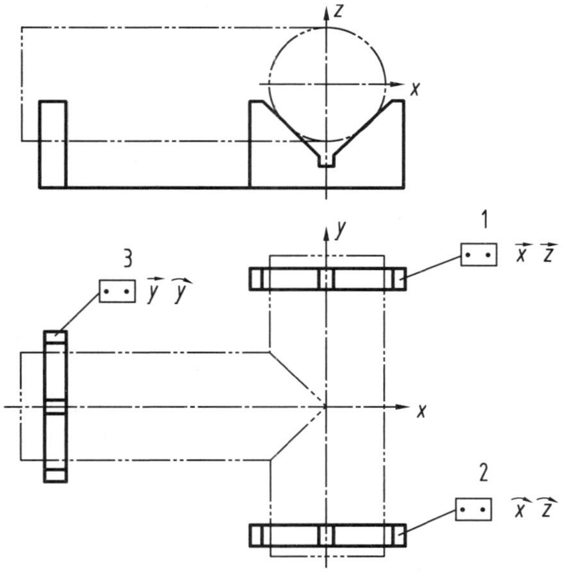

图 1.26　V 形块组合定位

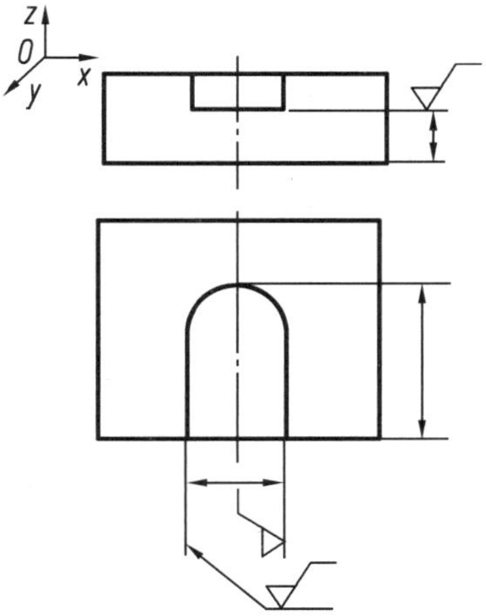

图 1.27　工件的完全定位

(3)完全定位和不完全定位

根据工件加工时被加工面的尺寸、形状和位置要求,有的需要限制6个自由度,有的不需要将6个自由度都限制,只要自由度分析正确,无论几个自由度,都是合理的。

①完全定位。限制了6个自由度。如图1.27所示为工件的完全定位,是在一个长方体工件上加工一个不通槽,槽要对中,故要限制 $\vec{x}$、$\widehat{z}$ 两个自由度;槽有深度要求,故要限制 $\vec{z}$ 一个自由度;不通槽有一定长度,故要限制 $\vec{y}$ 一个自由度;同时槽底要与其工件底面平行,故要限制 $\widehat{x}$、$\widehat{y}$ 两个自由度。因此一共要限制6个自由度,即为完全定位。

②不完全定位。仅限制了1~5个自由度。如图1.28所示为工件的不完全定位。如图1.28(a)所示为在一个球体上加工一个平面,因其只有高度尺寸要求,因此只需限制 $\vec{z}$ 一个自由度。如图1.28(b)所示为在一个球体上加工一个通过球心的径向孔,由于需要通过球心,故需限制 $\vec{x}$、$\vec{y}$ 两个自由度。如图1.28(c)所示为在一个长方形工件上铣一个平面,该面应与底面平行,且有厚度要求,故需限制 $\vec{z}$、$\widehat{x}$、$\widehat{y}$ 3个自由度。如图1.28(d)所示为在一个长方体上加工一个直通槽,由于槽要对中,且有深度要求,同时槽底应与底面平行,故要限制 $\vec{x}$、$\vec{z}$、$\widehat{x}$、$\widehat{y}$、$\widehat{z}$ 5个自由度。如图1.28(e)所示为在一个圆柱上铣键槽,由于键槽要通过轴线,且有深度要求,故要限制 $\vec{x}$、$\vec{z}$、$\widehat{x}$、$\widehat{z}$ 4个自由度。上述5个例子所限制的自由度均小于6个,都是不完全定位,只要分析正确,都是合理的。

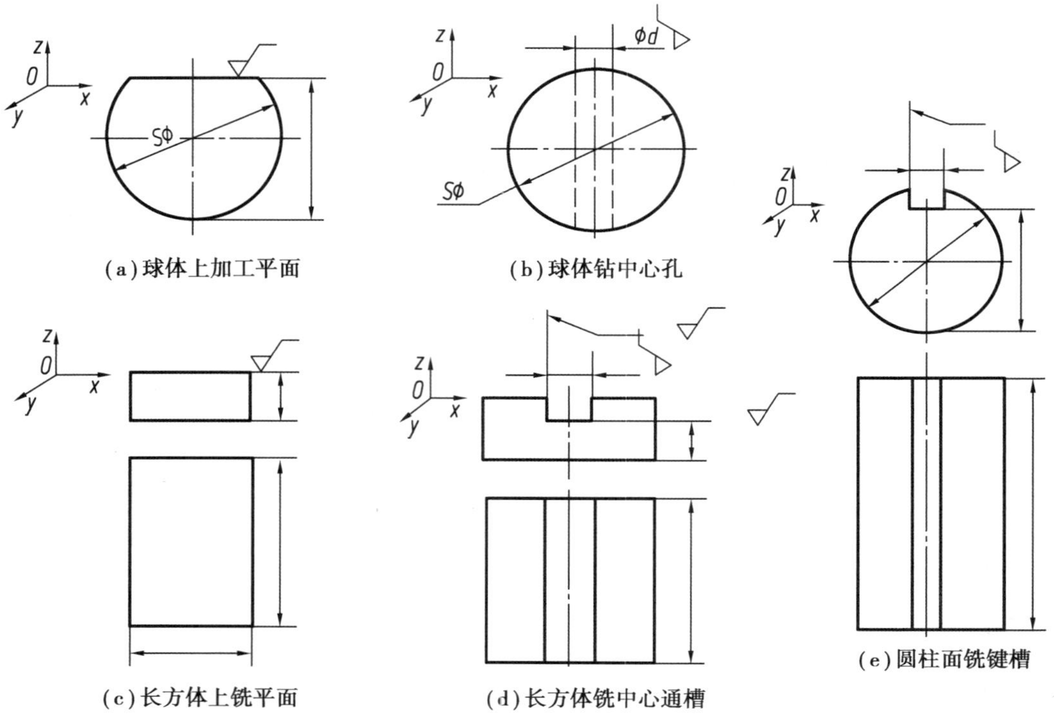

(a)球体上加工平面 (b)球体钻中心孔 (c)长方体上铣平面 (d)长方体铣中心通槽 (e)圆柱面铣键槽

图1.28 工件的不完全定位

对于不完全定位的情形，除按加工精度需求分析有些自由度无须限制外，还有的情形是工件本身相对于某个点、线完全对称，则工件绕此点、线旋转的自由度就不必限制，即使限制也没任何意义。如图 1.28(e)所示，在铣键槽之前的工件是圆柱形的，相对于轴线 y 是对称的，所以绕轴线旋转的自由度 $\widehat{y}$ 是无须限制的。如图 1.28(b)所示的球体，其绕球心旋转的 3 个旋转自由度 $\widehat{x}$、$\widehat{y}$、$\widehat{z}$ 就不必限制，只要保证所钻通孔过球心即可。

附加自由度是指在某些加工过程中，虽然按加工要求不需要限制某些自由度，但从承受夹紧力、切削力、加工调整方便等角度考虑，可以额外限制一些自由度。这是必要的，也是合理的。这种额外限制的自由度称为附加自由度。如图 1.29 所示为附加自由度的例子，是在一个球形工件上加工一个平面，从定位分析只需限制 $\vec{z}$ 一个自由度，但为了加工时装夹方便，易于对刀和控制加工行程等，可再附加限制 $\vec{x}$ 自由度，如图 1.29(a)所示。甚至可再附加限制 $\vec{x}$、$\vec{y}$ 自由度，如图 1.29(b)所示。

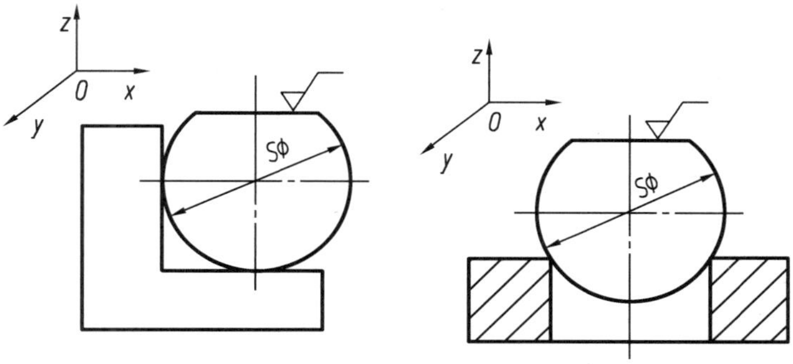

(a)附加一个自由度　　(b)附加两个自由度

图 1.29　附加自由度图

(4)欠定位和过定位

①欠定位是指在加工时根据被加工面的尺寸、形状和位置要求，应限制的自由度未被限制，即约束点不足，这种情况称为欠定位。欠定位无法保证加工要求，因此是绝对不允许的。如图 1.30 所示为工件的欠定位，在一个长方体工件上加工一个台阶面，该面宽度为 B，距底面高度为 A，且应与底面平行。如图 1.30(a)所示只限制了 $\vec{z}$、$\widehat{x}$、$\widehat{y}$ 3 个自由度，不能保证尺寸 B 及其侧面与工件右侧面的平行度，为欠定位。如图 1.30(b)所示必须增加一个条形支承板，以增加限制 $\vec{x}$、$\widehat{z}$ 两个自由度，即一共限制 5 个自由度才行。

②过定位是指在工件定位时，若一个自由度同时被两个及以上的约束点(夹具定位元件)所限制，称为过定位，也称之为重复定位或定位干涉。

过定位可能会破坏定位，因此一般也是不允许的。但如果工件定位面的尺寸、形状和位置精度高，表面粗糙度值小，且夹具的定位元件制造质量又高，则不会影响定位，而且还会提高加工时工件的刚度，在这种情况下过定位是允许的。

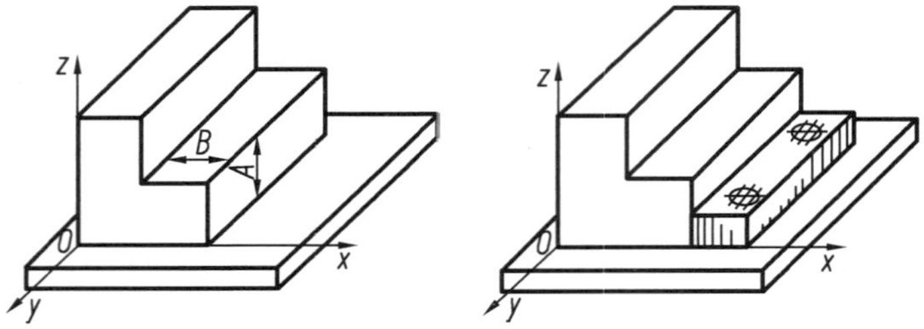

(a)欠定位　　(b)增加条形支撑板定位

图 1.30　工件的欠定位

下面来分析几个过定位实例及其解决过定位的方法。

如图 1.31(a)所示,工件的一个定位平面只需要限制 3 个自由度,如果用 4 个支承钉来支撑,则由于工件平面或夹具定位元件的制造精度问题,实际上只能有其中的 3 个支承钉与工件定位平面接触,从而产生定位不准和不稳。如果在工件的重力、夹紧力或切削力的作用下强行使 4 个支承钉与工件定位平面都接触,则可能会使工件或夹具变形,或两者均变形。解决这一过定位的方法有两个:一是将支承钉改为 3 个,并布置其位置形成三角形;二是将定位元件改为如图 1.31(b)所示两个支承板或一个大的支承板。

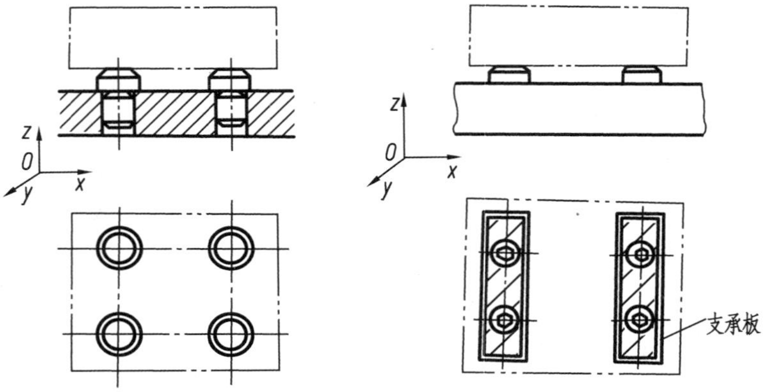

(a)四个支承钉定位　　(b)两个支承板定位

图 1.31　平面定位的过定位

如图 1.32(a)所示为一面两孔组合定位的过定位情况,工件的定位面为其底平面和两个孔,夹具的定位元件为一个支承板和两个短圆柱销,考虑到定位组合关系,支承板限制了 $\vec{z}$、$\widehat{x}$、$\widehat{y}$ 3 个自由度,短圆柱销 1 限制了 $\vec{x}$、$\vec{y}$ 两个自由度,短圆柱销 2 与圆柱销 1 组合后限制了 $\vec{x}$ 和 $\widehat{z}$ 两个自由度,因此在自由度 $\vec{x}$ 上同时有两个定位元件的限制,产生了过定位。这种过定位结果会导致在装夹时,由于工件上的两孔径及中心距与夹具上的两个短圆柱销直径及两销中心距在尺寸上有误差,会产生工件不能定位(即装不上),如果强行装上,则会导致短圆柱销或工件产生变形。解决的方法是将其中的一个短圆柱销改为菱形销,如图 1.32(b)所示,且其削边方向应在 x 向,即可消除在自由度 $\vec{x}$ 上的干涉。

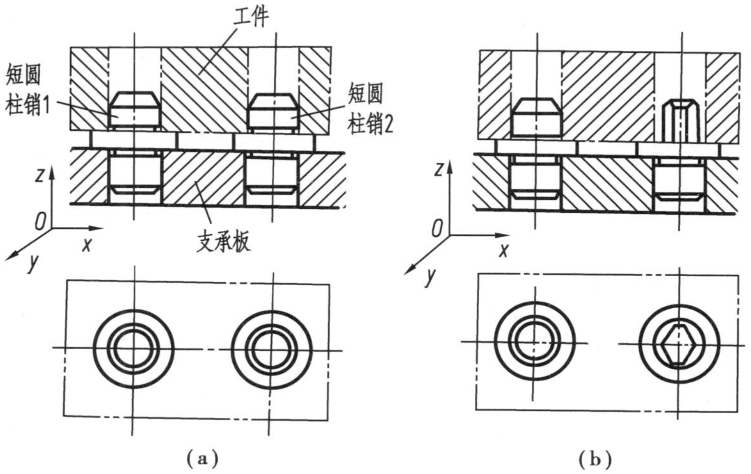

图 1.32　一面两孔组合定位的过定位

如图 1.33 所示为孔与端面组合定位的过定位。如图 1.33(a)所示为长销大端面,长销可限制 $\vec{y}$、$\vec{z}$、$\widehat{y}$、$\widehat{z}$ 4 个自由度,大端面限制 $\vec{x}$、$\widehat{y}$、$\widehat{z}$ 3 个自由度,显然 $\widehat{y}$ 和 $\widehat{z}$ 自由度被重复限制,产生过定位,解决的方法有 3 个。

①采用大端面和短销组合定位,如图 1.33(c)所示。

②采用长销和小端面组合定位,如图 1.33(b)所示。

③仍采用大端面和长销组合定位,但在大端面上装一个球面垫圈,以减少两个自由度的重复约束,如图 1.33(d)所示。

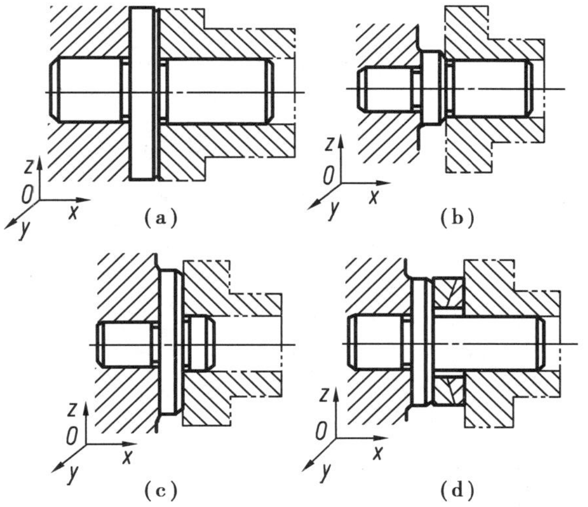

图 1.33　孔与端面组合定位的过定位

注:在不完全定位和欠定位的情况下,不一定没有过定位,因为过定位的判别是依据是否存在重复定位,而不是依据所限制自由度的多少。

(5)定位分析方法

工件加工时的定位分析有一定难度,需要掌握一些有效方法,才能事半功倍。

从分析思路来看,有正向分析法和逆向分析法,即既可以从限制了哪些自由度的角度来分析，又可以从哪些自由度未被限制的角度来分析，前者可谓正向分析法，后者可谓逆向分析法。两种方法均可应用，在分析欠定位时，用逆向分析法可能更佳。

从分析步骤来看，有总体分析法和分件分析法。

①总体分析法是从工件定位的总体来分析限制了哪些自由度。如图 1.34 所示为在立方体工件上加工一个不通槽，分析其定位情况就可以发现它限制了 $\vec{x}$、$\vec{z}$、$\widehat{x}$、$\widehat{y}$、$\widehat{z}$ 5 个自由度，但从加工面的尺寸、形状和位置要求来看，应限制 6 个自由度。槽在 y 方向的位置尚需限制其自由度，因此为欠定位。可见总体分析法易于判别是否存在欠定位。

②分件分析法是分别从各个定位面的所受约束来分析受限制的自由度。如图 1.34 所示的定位情况，可知矩形支承板 1 限制了 $\vec{z}$、$\widehat{x}$、$\widehat{y}$ 3 个自由度，左边的条形支承板 2 右侧面限制了 $\vec{x}$、$\widehat{z}$ 两个自由度，右边的条形支承板 3 左侧面又限制了 $\vec{x}$、$\widehat{z}$ 两个自由度，因此在这两个自由度上有重复定位，为过定位。可见分件分析法易于判别是否有过定位。

注：1 个自由度只需要 1 个约束点就可以被限制。如图 1.34 中，$\vec{x}$、$\widehat{z}$ 只需 1 个条形支承板就能约束。因为有了条形支承板 2，工件在 $\vec{x}$、$\widehat{z}$ 上的位置已被定位，看起来工件向左移动被限制，但向右尚可移动，这已不是定位问题，应由夹紧来保证工件定位面与夹具定位元件的接触。

在进行分件分析时，应先分析限制自由度比较多的定位元件（通常为主定位元件），再逐步分析限制自由度比较少的定位元件，这样有利于分析定位中组合关系对自由度限制的影响。

从上述分析可知，如图 1.34 所示定位情况是不完全定位、欠定位和过定位。可见欠定位和过定位可能会同时存在。

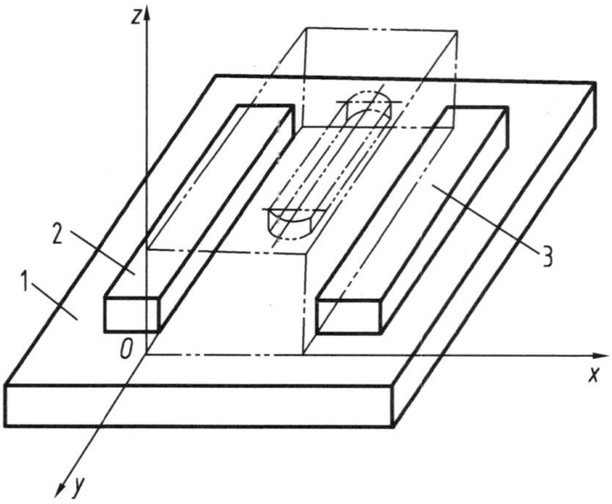

图 1.34　定位分析方法

1—矩形支承板；2，3—条形支承板

综上所述，在设计定位方案时可从以下几个方面考虑：

①根据加工面的尺寸、形状和位置要求确定所需限制的自由度。

②在定位方案中，应利用总体分析法和分件分析法来分析是否有欠定位和过定位，

分析中应注意定位的组合关系,若有过定位,应分析其是否允许。

③从承受切削力、夹紧力、重力等方面考虑,以及为装夹方便、易于加工尺寸调整等角度考虑,在不完全定位中是否应有附加自由度的限制。

1.3.2　基准

从设计和工艺两大方面来分析,基准可分为设计基准和工艺基准两大类。

1)设计基准

设计者在设计零件时,会根据零件在装配结构中的装配关系以及零件本身结构要素之间的相互位置关系,来确定标注尺寸(含角度)的起始位置,这些起始位置可以是点、线或面,它们被称为设计基准。简言之,设计图样上所用的基准就是设计基准。如图1.35所示为一阶梯轴的零件图,对尺寸*A*来说,面1和面3是它的设计基准;对尺寸*B*来说,面1和面4是它的设计基准;而中心线2是所有直径的设计基准。

2)工艺基准

零件在加工工艺过程中所用的基准称为工艺基准。工艺基准又可进一步分为工序基准、定位基准、测量基准和装配基准。

(1)工序基准

在工序图上,用来确定本工序所加工面加工后的尺寸、形状和位置的基准,称为工序基准。如图1.35所示的阶梯轴零件设计图,其工序过程是在车削了端面1后掉头,以端面1定位,依次车削端面3和4,其工序基准如图1.36所示。在设计图中,*A*尺寸是用端面1和3来限定的,工序过程中,也是通过控制端面1和3之间距离尺寸*A*来满足设计图样的,端面1和3是设计基准也是工序基准,设计基准与工序基准是重合的。对于设计图样中的*B*尺寸,在左端的端面1确定的情况下,另一端的端面4的确定是通过以端面3为工序基准控制*C*尺寸来确定,端面3是工序基准,端面4是设计基准,工序基准和设计基准不重合。*B*是通过尺寸*A*和*C*来间接得到的,所以*B*尺寸及公差就与*A*和*C*的尺寸及公差都有关系,换句话就是*A*和*C*的尺寸及公差会累计到*B*尺寸上。从满足加工尺寸精度要求来看,最好工序中直接控制尺寸*B*,即让工序基准和设计基准重合,以避免因基准不重合导致的加工误差。

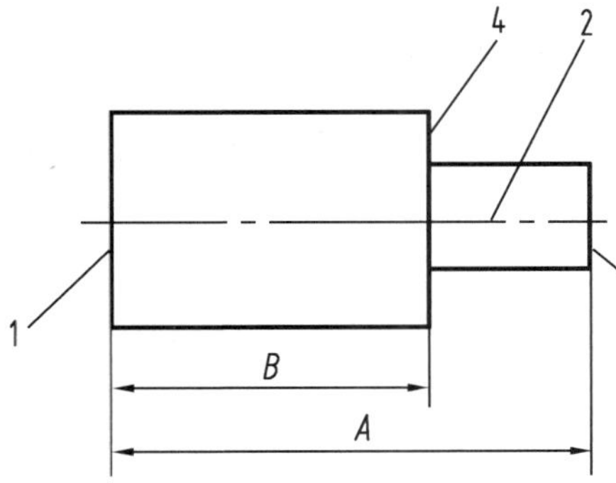

图1.35　阶梯轴设计基准

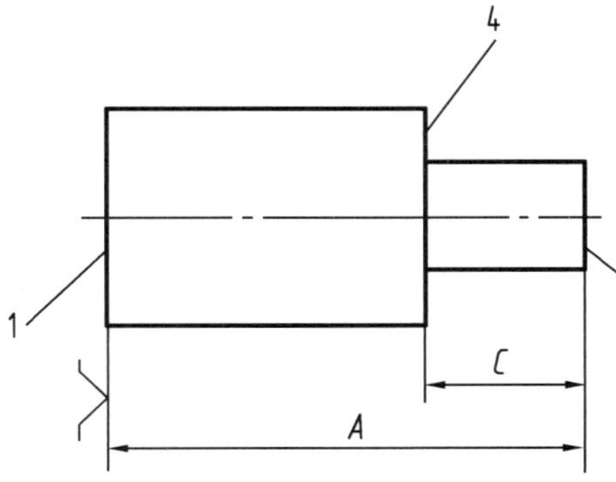

图1.36　阶梯轴的工序基准

在确定工序基准时，主要应考虑如下3个方面的问题：

①首先考虑选择设计基准为工序基准，避免基准不重合所造成的误差。

②若不能选择设计基准为工序基准，则必须保证零件设计尺寸的技术要求。

③所选工序基准应尽可能用于定位，即为定位基准，并便于工序尺寸的检验。

(2)定位基准

在加工工序中，用于工件定位的基准，称为定位基准。定位基准的选取对工艺路线的规划和零件精度的保证有重要影响。如图1.36所示，在车削端面3和端面4的工序中，工件的轴向定位就是以端面1定位的，端面1就是该工序的定位基准。

定位基准可分为固有基准和附加基准。固有基准是零件上原本就存在的表面，而附加基准是根据加工定位的要求在零件上专门制造出来的。如轴类零件车削时所用的顶尖孔，如图1.37(a)所示，以及床身零件由于背部是斜面而不便定位，在毛坯铸造时专门作出的两个凸台，如图1.37(b)所示，都是附加基准。

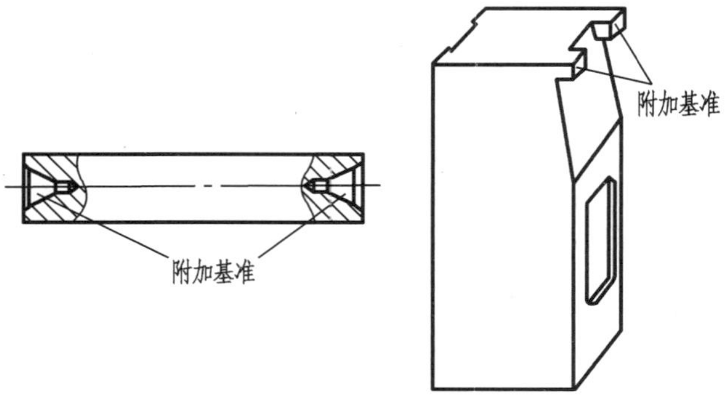

(a)　　　　　　(b)

图1.37　附加基准

(3)测量基准

用来测量工件尺寸和位置的基准为测量基准。测量基准尽可能与设计基准或工艺基准重合。如图1.35所示的B尺寸测量时用卡尺卡在端面1和4上测量，端面1和4就是B尺寸的测量基准。如图1.36所示的C尺寸测量时，需要使用深度游标卡尺卡在端面3和4上，端面3和4就是C尺寸的测量基准。

(4)装配基准

在装配过程中用以确定零件在装配单元(部件或机器)的正确位置的基准为装配基准。如普通车床主轴箱体零件的底面就是箱体装配到床身上的装配基准。

1.3.3　定位与夹紧符号的标准

在选定定位基准及确定了夹紧力的方向和作用点后，应在工序图上标注出定位符号、夹紧符号及限制的自由度数。《机械加工定位、夹紧符号》(JB/T 5061—2006)规定的定位和夹紧符号见表1.6。例如，在工序图中轮毂线上标注“_╱╲_ 3”，其中3表示该面应限制3个自由度；在轮毂上标“↓”，表示在该处手动夹紧，其箭头方向与夹紧力同向。

表1.6　定位夹紧符号

分类		独立		联动	
		标注位置			
		标注在视图轮廓线上	标注在视图正面上	标注在视图轮廓线上	标注在视图正面上
主要定位点	固定式				
	活动式				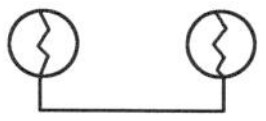
辅助定位式				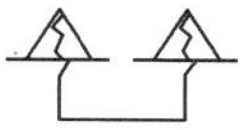	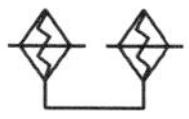
机械夹紧					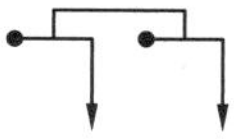
液压夹紧		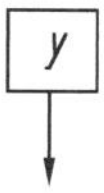	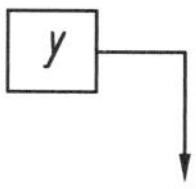	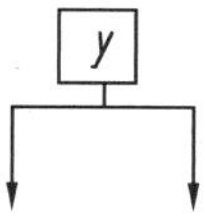	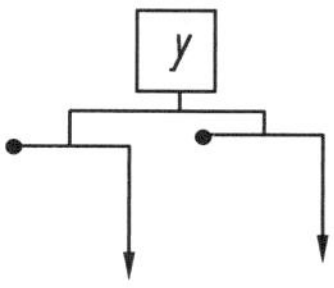
气动夹紧		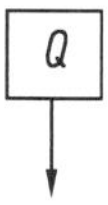	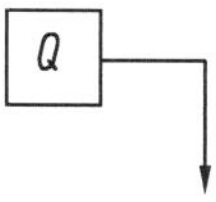	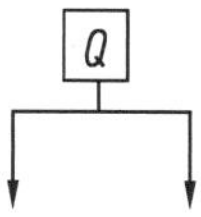	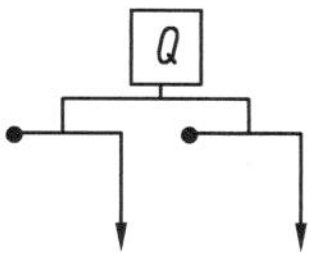
电磁夹紧		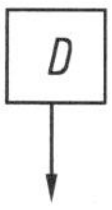	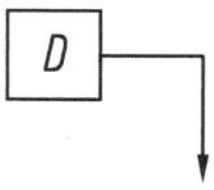	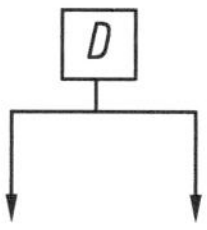	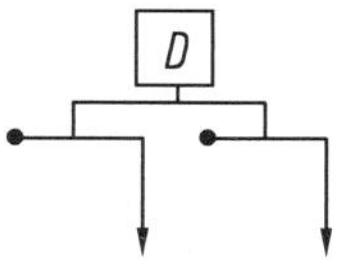

思考与练习题

1. 试分析零件成形原理。
2. 车削加工能成形哪些表面？
3. 镗削和车削有哪些不同？
4. 简述滚切斜齿轮时的4条传动链。
5. 试阐述机械加工工艺过程、机械加工工艺系统的概念。

6. 试阐述工序、安装、工位、工步、走刀的概念。

7. 试阐述工件装夹的含义，说明常用的装夹方法有哪些及各自的特点。

8. 试阐述六点定位原理、完全定位和不完全定位、欠定位和过定位的概念，并举例说明。

9. 如图 1.38 所示，注有“√”的表面为待加工表面，根据图中的工艺精度要求，分析应限制的自由度有哪些。

10. 根据六点定位原理，试用总体分析法和分件分析法分析如图 1.39 所示 6 种定位方案所限制的自由度，并分析是否有欠定位和过定位，其过定位是否允许。

11. 何为基准？基准分为哪几类？试述各类基准的含义及其相互之间的关系。

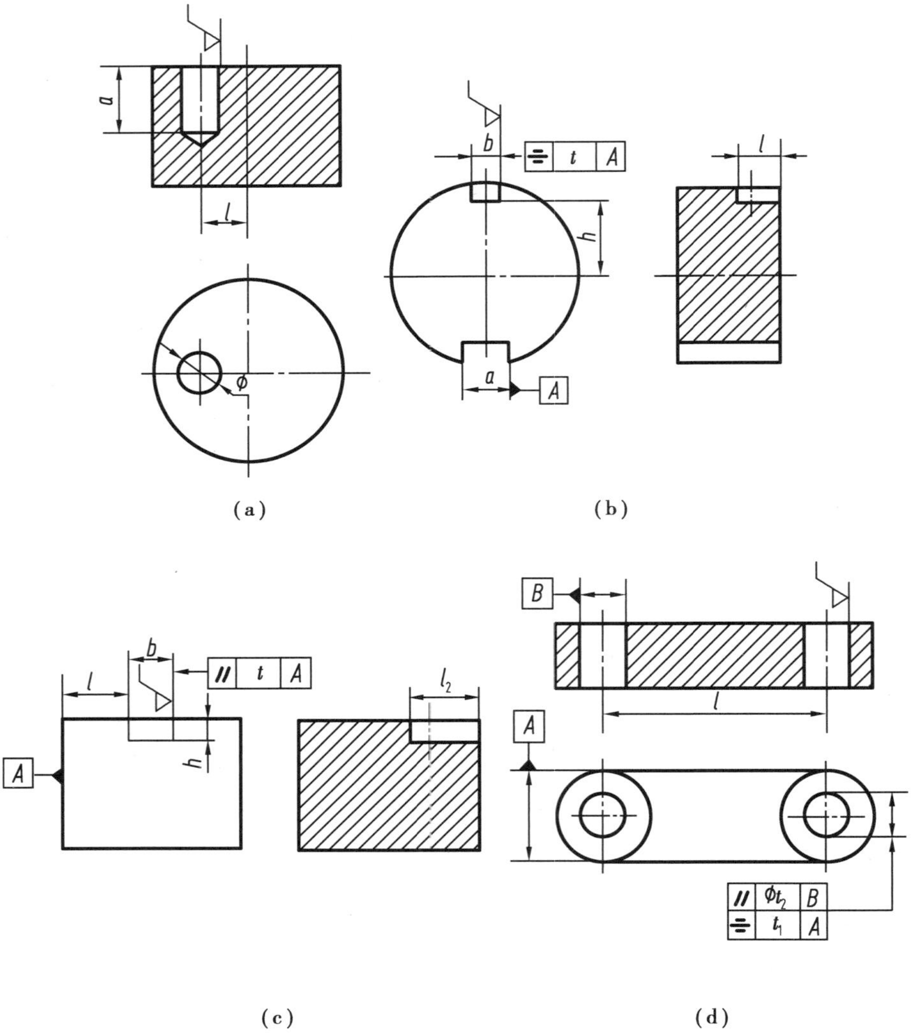

图 1.38　题 9 参考用图

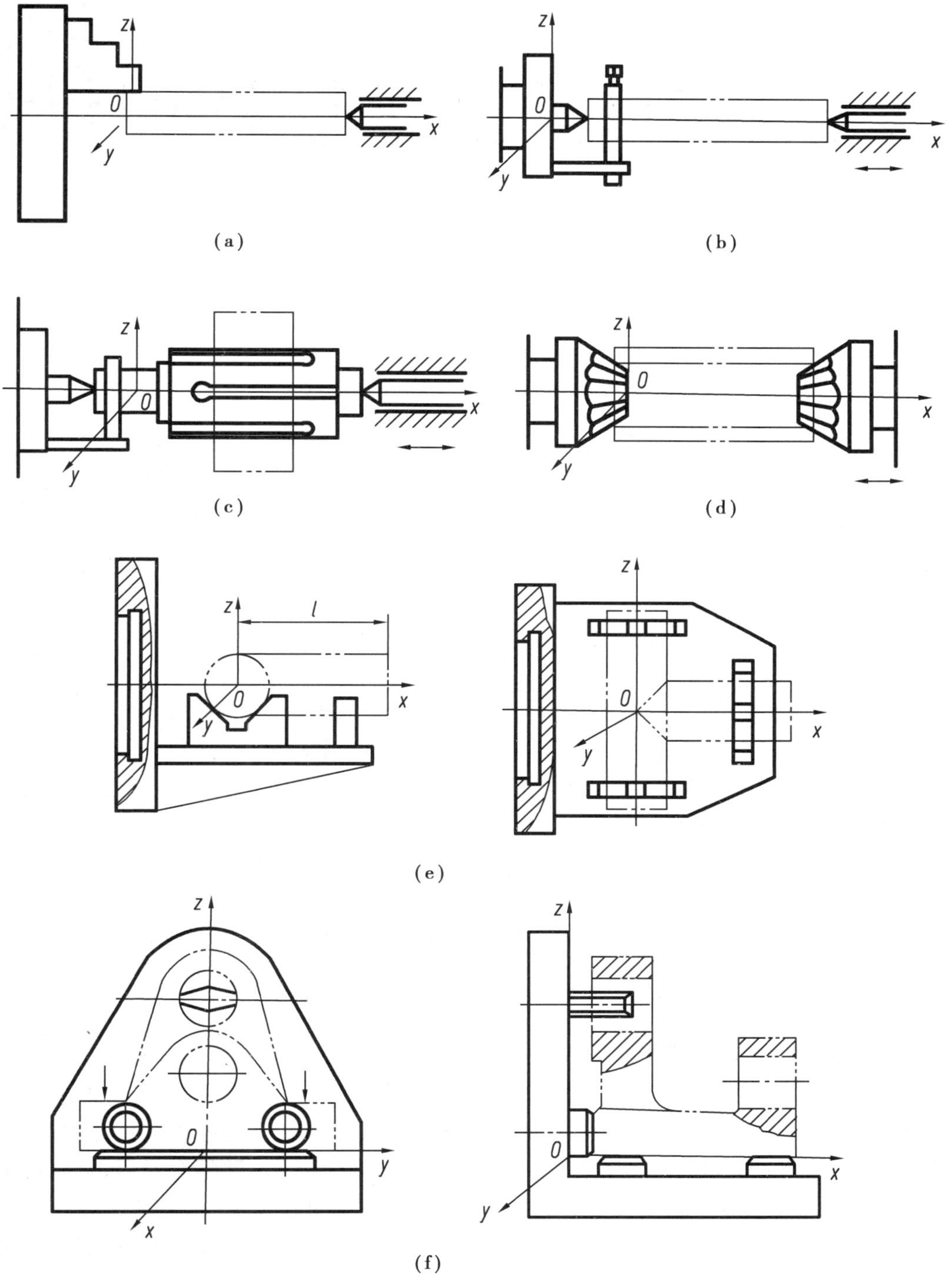

图1.39　题10参考用图

第2章 机械加工工艺规程设计

2.1 概述

机械加工工艺规程是规定产品或零部件机械加工工艺过程和操作方法等的工艺文件，是一切有关生产人员都应严格执行、认真贯彻的纪律性文件。生产规模的大小、工艺水平的高低以及解决各种工艺问题的方法和手段都要通过机械加工工艺规程来体现。因此，机械加工工艺规程设计是一项重要而又严肃的工作。它要求设计者必须具备丰富的生产实践经验和广博的机械制造工艺基础理论知识。

2.1.1 机械加工工艺规程的作用

①根据机械加工工艺规程进行生产准备（包括技术准备）。在产品投入生产以前，需要做大量的生产准备和技术准备工作。例如，关键技术的分析与研究；刀具、夹具和量具的设计、制造或采购；设备改装与新设备的购置或定做等。这些工作都必须根据机械加工工艺规程来展开。

②机械加工工艺规程是生产计划、调度、工人操作、质量检查等的依据。

③机械加工工艺规程是新建或扩建车间（或工段）的基础依据。根据机械加工工艺规程确定机床的种类、数量、布置和动力配置，确定生产面积的大小和工人的数量等。

2.1.2 机械加工工艺规程的格式

一般情况下，机械加工工艺规程被填写成表格（卡片）的形式。机械加工工艺规程的详细程度与生产类型、零件的设计精度和工艺过程的自动化程度有关。一般来说，采用普通加工方法的单件小批生产，只需填写简单的机械加工工艺过程卡片，简称过程卡，见表2.1；大批大量生产类型要求有严密、细致的组织工作，除填写过程卡外，对于机械加工工序还需填写机械加工工序卡片，简称工序卡，见表2.2。工序卡片中要绘制出相应工序图，工序图中用粗实线表示该工序要加工的面，以示区别。同时，还要在工序图中标注出工件的定位及夹紧。对有调整要求的工序要有调整卡，检验工序要有检验卡。对于技术要求高的关键零件的关键工序，即使是用普通加工方法的单件小批生产，也应制定较为详细的机械加工工艺规程（包括填写工序卡和检验卡等），以确保产品质量。若机械加工工艺过程中有数控工序或全部由数控工序组成，则不管生产类型如何，都必须对数控工序作出详细规定，填写数控加工工序卡、刀具卡等必要的与编程有关的工艺文件，以利于编程。

2.1.3　机械加工工艺规程的设计原则、步骤和内容

1）机械加工工艺规程的设计原则

①确保零件图上所有技术要求的精准实现。在设计机械加工工艺规程时，如果发现图样上某一技术要求规定得不恰当，应立即向有关部门提出建议，严禁擅自修改图样，或不按图样上的要求去做。

②必须能满足生产纲领的要求。

③在满足技术要求和生产纲领要求的前提下，一般要求工艺成本最低。

④尽量减轻工人的劳动强度，保障生产安全。

2）设计机械加工工艺规程的步骤和内容

①阅读装配图和零件图。了解产品的用途、性能和工作条件，熟悉零件在产品中的地位和作用。

②工艺审查。审查图样上的尺寸、视图和技术要求是否完整、正确和统一；识别主要技术要求并分析关键的技术问题；审查零件的结构工艺性。

零件的结构工艺性是指在满足使用要求的前提下，制造该零件的可行性和经济性。功能相同的零件，其结构工艺性可能存在较大差异。结构工艺性好是指在一定的工艺条件下，既方便制造，又有较低的制造成本。

③熟悉或确定毛坯。确定毛坯的主要依据包括零件在产品中的作用、生产纲领以及零件本身的结构。常用毛坯的种类有：铸件、锻件、型材、焊接件和冲压件等。毛坯的选择通常由产品设计者来完成，工艺人员在设计机械加工工艺规程之前，首先要熟悉毛坯的特点。例如，对于铸件，应了解其分型面、浇口和铸钢件冒口的位置，铸件公差和拔模斜度等都是设计机械加工工艺规程时不可缺少的原始资料。毛坯的种类和质量与机械加工关系密切。例如，精密铸件、压铸件、精密锻件等毛坯质量好、精度高，对保证加工质量、提高劳动生产率和降低机械加工工艺成本有重要作用，但这里指的降低机械加工工艺成本是以提高毛坯制作成本为代价的。因此，在选择毛坯的时候，除了要考虑零件的作用、生产纲领和零件的结构以外，还必须综合考虑产品的制作成本和市场需求。

④拟定工艺路线。这是制定机械加工工艺规程的核心，其主要内容包括选择定位基准、确定加工方法、安排加工顺序以及安排热处理、检验和其他工序等。

机械加工工艺路线的最终确定，一般要通过一定范围的论证，即通过对几条工艺路线的分析与比较，从中选出一条合适的、能够实现加工质量、高效和低成本的最佳工艺路线。

⑤确定满足各工序要求的工艺装备（包括机床、夹具、刀具和量具等）。对需要改装或重新设计的专用工艺装备应提出具体设计任务书。

⑥确定各主要工序的技术要求和检验方法。

⑦确定各工序的加工余量、计算工序尺寸和公差。

⑧确定切削用量。

⑨确定时间定额。

⑩填写工艺文件。

表 2.1　机械加工工艺过程卡片

<table>
<tr><td colspan="2" rowspan="2"></td><td colspan="4" rowspan="2">机械加工工艺过程卡片</td><td colspan="2">产品型号</td><td></td><td>零件图号</td><td colspan="2"></td><td colspan="2">共　页</td></tr>
<tr><td colspan="2">产品名称</td><td></td><td>零件名称</td><td colspan="2"></td><td colspan="2">第　页</td></tr>
<tr><td colspan="2">材料牌号</td><td></td><td>毛坯种类</td><td></td><td>毛坯外形尺寸</td><td colspan="2"></td><td>每个毛坯可制件数</td><td></td><td>每台件数</td><td></td><td>备注</td><td></td></tr>
<tr><td rowspan="2">工序号</td><td rowspan="2">工序名称</td><td colspan="4" rowspan="2">工序内容</td><td rowspan="2">车间</td><td rowspan="2">工段</td><td rowspan="2">设备</td><td colspan="3">工艺装备</td><td colspan="2">工时</td></tr>
<tr><td>夹具</td><td>辅具</td><td>刀具、量具</td><td>准终</td><td>单件</td></tr>
<tr><td></td><td></td><td colspan="4"></td><td></td><td></td><td></td><td></td><td></td><td></td><td></td><td></td></tr>
<tr><td></td><td></td><td colspan="4"></td><td></td><td></td><td></td><td></td><td></td><td></td><td></td><td></td></tr>
<tr><td></td><td></td><td colspan="4"></td><td></td><td></td><td></td><td></td><td></td><td></td><td></td><td></td></tr>
<tr><td></td><td></td><td colspan="4"></td><td></td><td></td><td></td><td></td><td></td><td></td><td></td><td></td></tr>
<tr><td></td><td></td><td colspan="4"></td><td></td><td></td><td></td><td></td><td></td><td></td><td></td><td></td></tr>
<tr><td></td><td></td><td colspan="4"></td><td></td><td></td><td></td><td></td><td></td><td></td><td></td><td></td></tr>
<tr><td></td><td></td><td colspan="4"></td><td></td><td></td><td></td><td></td><td></td><td></td><td></td><td></td></tr>
<tr><td></td><td></td><td colspan="4"></td><td></td><td></td><td></td><td></td><td></td><td></td><td></td><td></td></tr>
<tr><td></td><td></td><td colspan="4"></td><td></td><td></td><td></td><td></td><td></td><td></td><td></td><td></td></tr>
<tr><td></td><td></td><td colspan="4"></td><td></td><td></td><td></td><td></td><td></td><td></td><td></td><td></td></tr>
<tr><td></td><td></td><td colspan="4"></td><td></td><td></td><td></td><td></td><td></td><td></td><td></td><td></td></tr>
<tr><td></td><td></td><td></td><td></td><td></td><td></td><td></td><td></td><td></td><td></td><td>编制</td><td>审核</td><td colspan="2">会签</td></tr>
<tr><td></td><td></td><td></td><td></td><td></td><td></td><td></td><td></td><td></td><td></td><td></td><td></td><td colspan="2"></td></tr>
<tr><td></td><td></td><td>更改文件号</td><td>签字</td><td>日期</td><td>标记</td><td>处数</td><td>更改文件号</td><td>签字</td><td>日期</td><td></td><td></td><td colspan="2"></td></tr>
</table>

表2.2　机械加工工序卡片

	机械加工工序卡片	产品型号		零件图号			
		产品名称		零件名称		共　页	第　页

车间	工序号	工序名称	材料牌号
毛坯种类	毛坯外形尺寸	每毛坯可制件数	每台件数
设备名称	设备型号	设备编号	同时加工件数
夹具编号	夹具名称	切削液	
工位器具编号	工位器具名称	工序工时/min	
		准终	单件

工序号	工步内容	工艺装备	主轴转速/(r·min^{-1})	切削速度/(m·min^{-1})	进给量/(mm·r^{-1})	切削深度/mm	进给次数	工步工时	
								机动	辅助

										设计(日期)	校对(日期)	审核(日期)	标准化(日期)	会签(日期)
标记	处数	更改文件号	签字	日期	标记	处数	更改文件号	签字	日期					

2.2 零件的工艺性分析

制定工艺规程时,需对零件进行工艺性审查。工艺性审查的相关内容如下:

(1)计算零件的年生产纲领

计算零件年产量,以确定生产类型,并选择合适的加工方法和设备。

(2)研究零件图和装配图

了解零件的结构和公差要求,检查图纸是否有误。明确零件在部件或总成中的位置、功用和结构特点。

(3)分析零件的技术要求

零件的技术要求包括以下内容:

①加工表面的尺寸精度。

②加工表面的几何形状精度。

③各加工表面之间的相互位置精度。

④加工表面的表面粗糙度以及表面质量方面的其他要求。

⑤热处理以及其他要求。

分析这些技术要求是否合理,在现有生产条件下能否达到,以便采取适当的措施。

(4)审查零件结构工艺性

零件结构工艺性是指所设计的零件在能够满足使用要求的前提下制造的可行性和经济性。

零件结构对其工艺过程的影响很大。使用性能完全相同,而结构不同的两个零件,它们的加工方法与制造成本可能有很大的差别。

零件结构工艺性涉及面很广,在制定机械加工工艺规程时,主要进行零件切削加工工艺性分析。常见的零件结构工艺性分析见表2.3。

表2.3 零件结构工艺性分析举例

序号	零件结构			
	工艺性不好		工艺性好	
1	孔离箱壁太近: ①钻头在圆角处易引偏; ②箱壁高度尺寸大,需用加长钻头才能钻孔	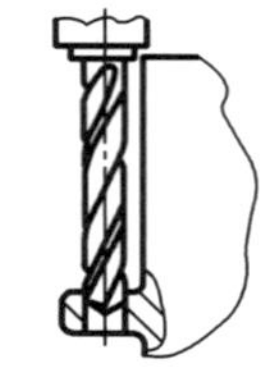	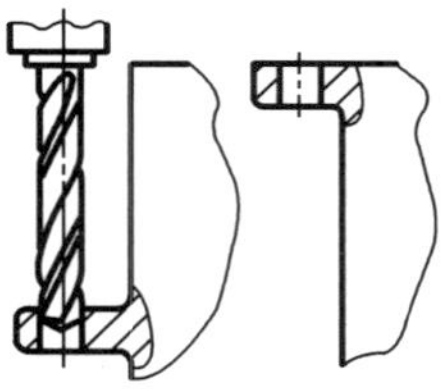 (a) (b)	①加长箱耳,不需加长钻头即可钻孔; ②将箱耳设计在某一端,则不需加长箱耳,便于加工
2	加工内螺纹(车刀挑螺纹或丝锥攻螺纹)时,螺纹底部没有退刀槽,无法退刀。螺纹底部无法加工出有效螺纹	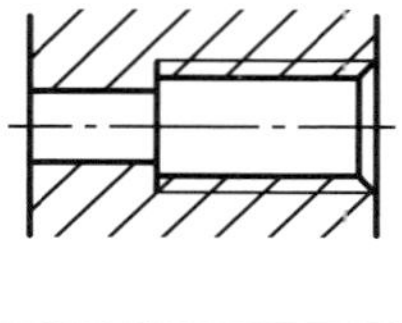	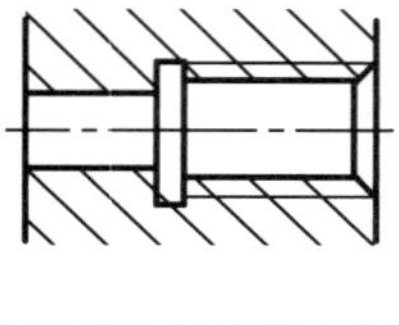	在螺纹底部设置退刀槽,方便加工时退刀。整个螺纹都是有效螺纹

续表

序号	零件结构			
	工艺性不好		工艺性好	
3	插键槽时，底部无退刀空间，易撞刀	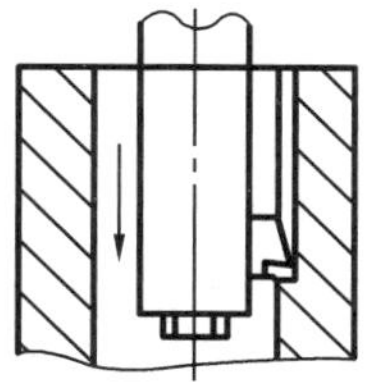	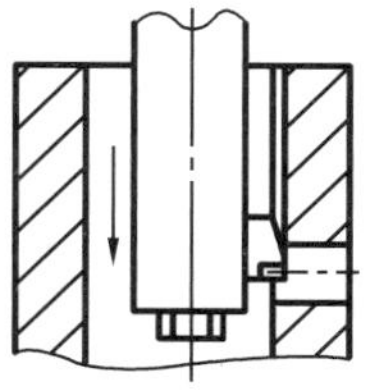	留出退刀空间，避免撞刀
4	键槽底与左孔母线齐平，插键槽时，易插伤左孔表面	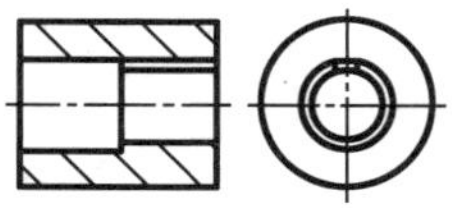	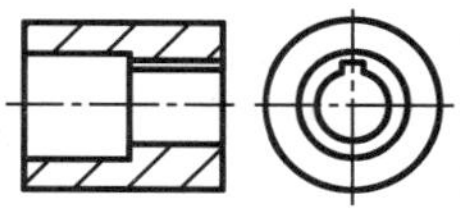	左孔尺寸稍加大，可避免划伤左孔
5	小齿轮无法加工，无退刀空间	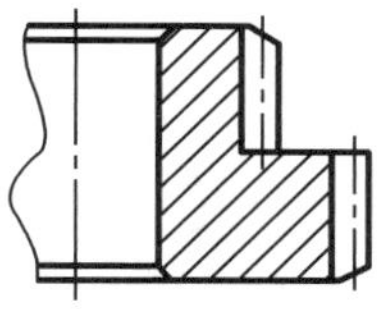	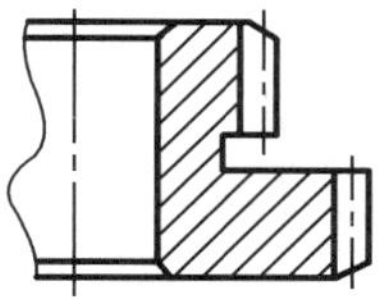	大齿轮可滚齿或插齿加工，小齿轮可插齿加工
6	两端轴径需磨削加工，因砂轮圆角而不能清根	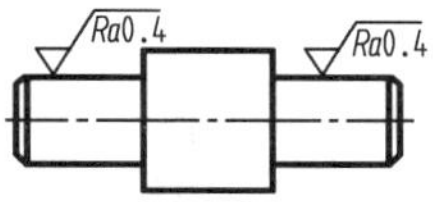	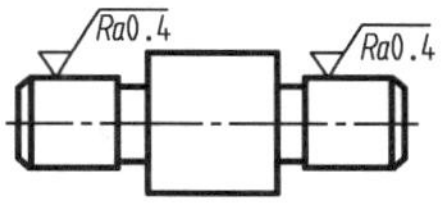	留有砂轮越程槽，磨削时可以清根
7	斜面钻孔，钻头易引偏	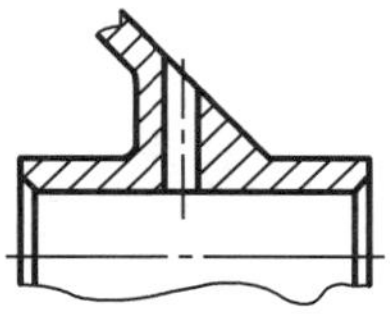	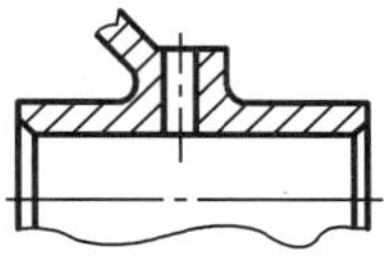	只要结构允许，留出平台，可直接钻孔
8	外圆和内孔有同轴度要求，由于外圆需在两次装夹下加工，同轴度不易保证	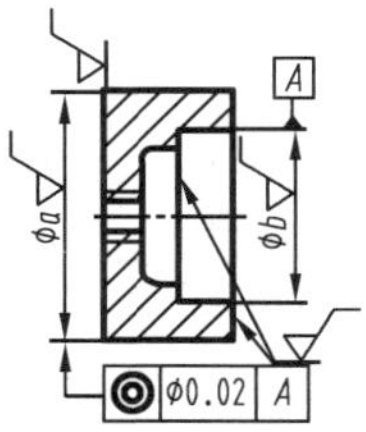	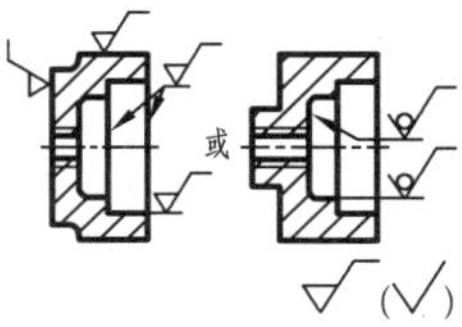	可在一次装夹下加工外圆和内孔，同轴度要求易得到保证
9	锥面需磨削加工，磨削时易碰伤圆柱面，并且不能清根	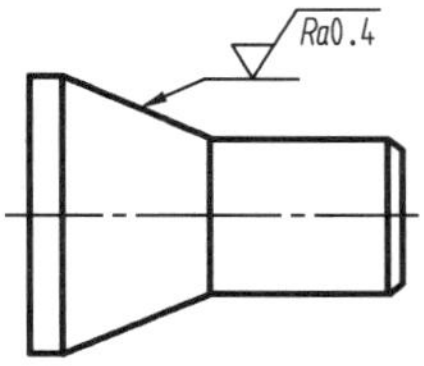	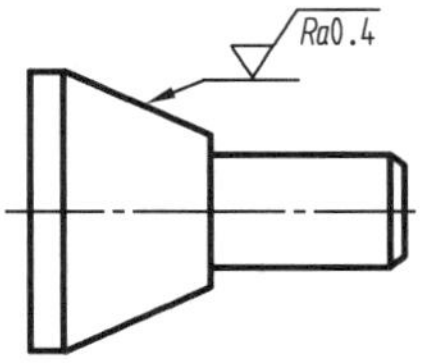	可方便地对锥面进行磨削加工
10	加工面设计在箱体内，加工时调整刀具不方便，观察也困难	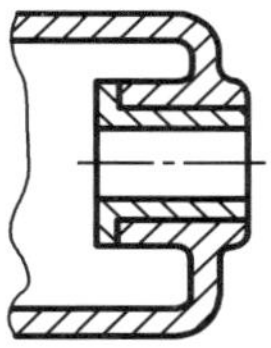	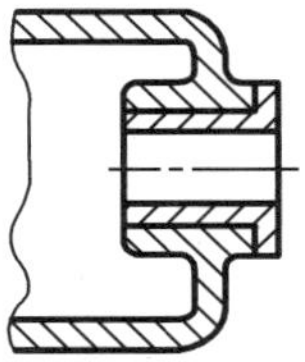	加工面设计在箱体外部，加工方便

续表

序号	零件结构			
	工艺性不好		工艺性好	
11	加工面高度不同，需两次调整刀具加工，影响生产率	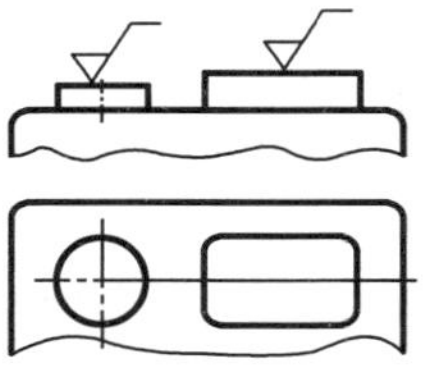	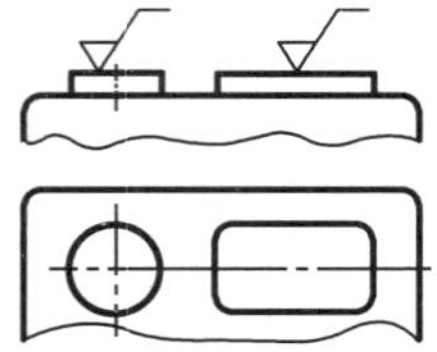	加工面在同一高度，一次调整刀具可加工两个平面
12	3 个空刀槽的宽度有 3 种尺寸，需用 3 种不同尺寸的刀具加工	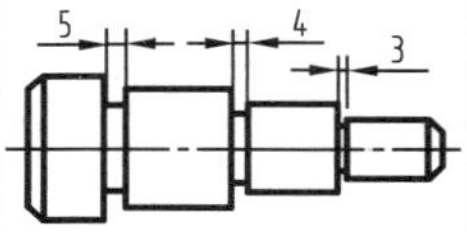	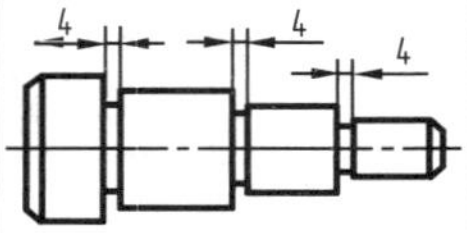	空刀槽宽度尺寸相同，使用同一刀具即可加工
13	同一端面上的螺纹孔尺寸不相近，需换刀加工，加工不方便，装配也不方便	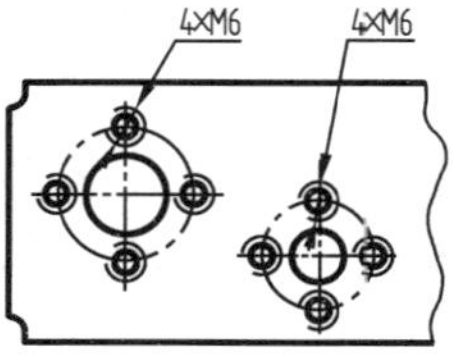	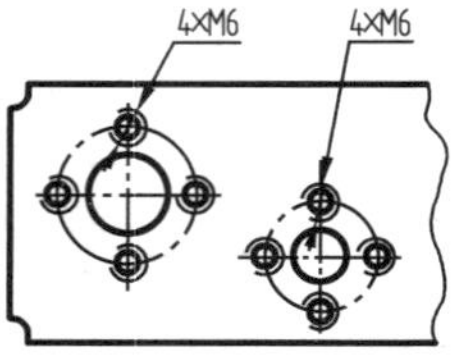	尺寸相近的螺纹孔，改为同一尺寸螺纹孔，可方便加工和装配
14	①内形和外形圆角半径不同，需换刀加工；②内形圆角半径太小，刀具刚度差	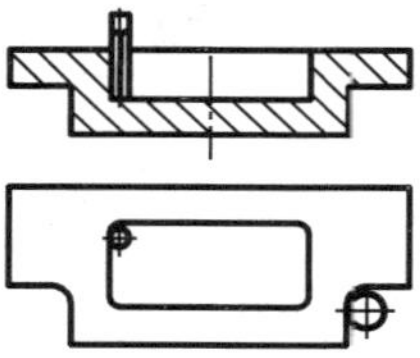	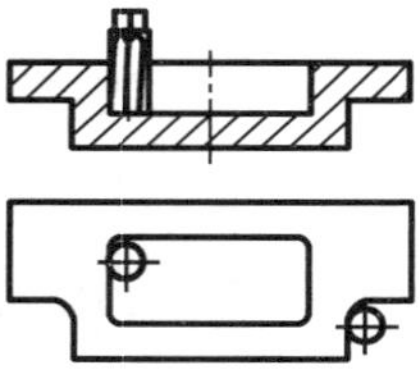	①内形和外形圆角半径相同，减少换刀次数，提高生产率；②增加圆角半径，可用较大直径立铣刀加工，增大刀具刚度
15	加工面大，加工时间长，并且零件尺寸越大，平面度公差越大	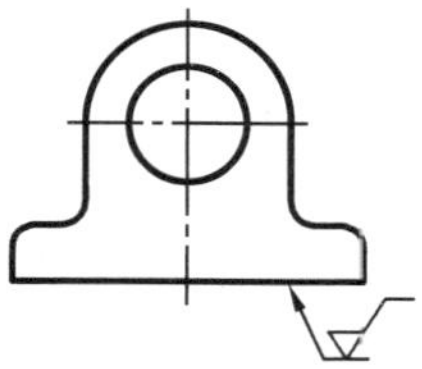	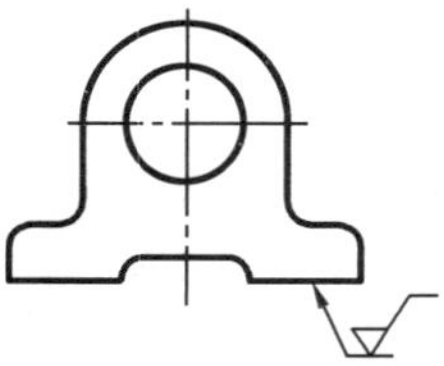	加工面减小，节省工时，减少刀具损耗，并且易保证平面度要求
16	孔在内壁出口遇阶梯面，孔易钻偏，或钻头折断	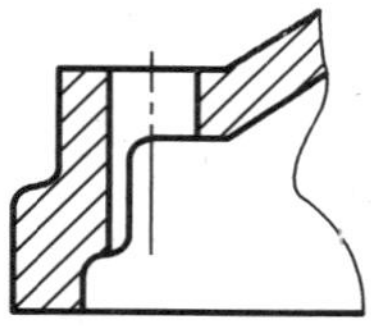	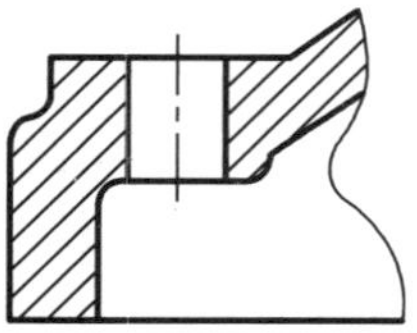	孔的内壁出口为平面，易加工，并且易保证孔轴线的位置度
17	以 *A* 面为基准加工 *B* 面，由于 *A* 面小，定位不可靠	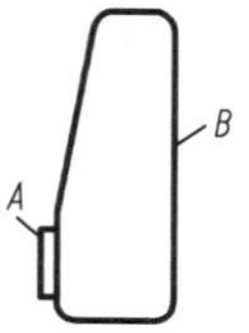	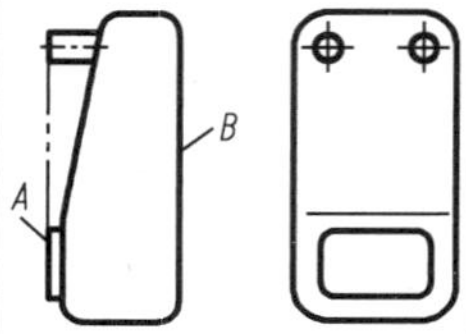	附加定位基准加工，能保证 *A*、*B* 面平行。加工后将附加定位基准去掉

续表

序号	零件结构			
	工艺性不好		工艺性好	
18	两个键槽分别设置在阶梯轴相差 90°的方向上,需两次装夹加工	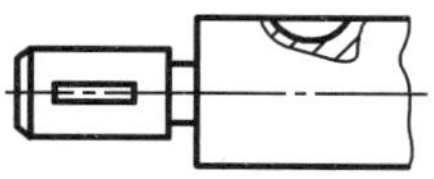	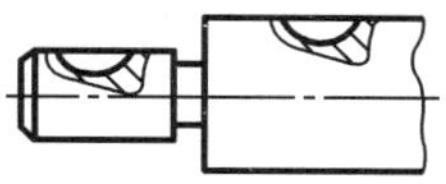	两个键槽设置在同一方向上,一次装夹即可同时加工
19	钻孔过深,加工时间长,钻头耗损大,并且钻头易偏斜	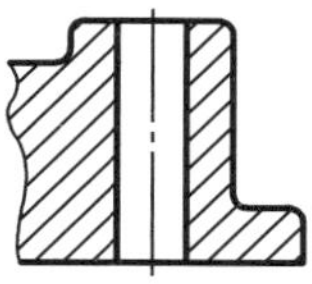	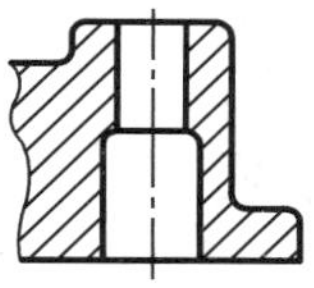	钻孔的一端留有空刀,钻孔时间短,钻头寿命长且不易偏斜

2.3　毛坯的选择

制定工艺规程时,选择毛坯的基本任务是选定毛坯的制造方法及了解毛坯的制造误差和缺陷。毛坯的种类和质量与机械加工关系密切,毛坯质量好、精度高,对保证加工质量、提高劳动生产率和降低机械加工工艺成本起重要作用,但这些都是以提高毛坯制作成本为代价的。因此,在选择毛坯时,除了要考虑零件的作用、生产纲领和零件的结构,还应充分考虑国情和厂情,并注意利用新工艺、新技术、新材料的可能性,以便降低零件生产总成本,提高质量。

2.3.1　毛坯的类型

机械制造工艺中,常用的毛坯类型有:

①铸件。常用于铸铁、铸钢及铜、铝等有色金属材料的形状复杂工件。

②锻件。适用于强度要求较高、形状比较简单的工件。

③型材。热轧型材尺寸较大,精度较低,多用于一般零件;冷拔型材尺寸较小,精度较高,多用于对毛坯精度要求较高的中小型零件,适宜于自动机加工。常见型材类型有圆棒料、槽钢、工字钢等类型。

④其他。其他毛坯类型,如工程塑料、冲压件和焊接件等。

2.3.2　毛坯类型的选择

选择毛坯类型时,应全面考虑下列因素的影响:

①零件材料的工艺特性(如可塑性和可铸性)以及零件对材料组织和性能的要求。如铸铁和青铜只能选铸件;重要的钢质零件为获得良好的力学性能,应选用锻件,而不宜直接采用型材制成。

②零件的结构形状与外形尺寸。如轴类零件,若各台阶直径相差不大,可直接选用圆棒料;若各台阶直径相差较大,则宜选择锻件。零件的外形尺寸较大,通常采用砂型

铸造或自由锻造的毛坯;中小型零件可选择模锻或特种铸造的毛坯。

③生产纲领的大小。当零件产量较高时,常采用精度和生产率较高的毛坯制造方法(如金属模砂型、精密铸造、模锻、冷冲压、粉末冶金等),以减少切削加工的工时,提高材料的利用率,降低机械加工的成本;在单件小批量生产中,一般采用木模手工砂型铸造或自由锻造的毛坯。

④现有生产条件。选择毛坯时还应考虑现场毛坯制造的实际工艺水平、设备状况以及外协的可能性和经济性。

2.4 定位基准的选择

用精加工过的表面作定位基准,称为精基准。精基准的选择主要遵循设计图样的质量要求,其直接影响工艺路线的规划,特别是在工艺过程中的精加工阶段,是工艺规程设计考虑的重点问题。

2.4.1 精基准的选择

选择精基准时,应考虑如何保证加工质量,且装夹方便,一般应遵循以下原则:

1)基准重合原则

选择零件上的设计基准作为定位基准,称为基准重合原则,这样可以避免因基准不重合而引起的误差。

如图2.1所示的车床床头箱,尺寸 $H_1=(205\pm0.1)$ mm 为设计图样中要求的主轴孔距底面 M 的距离,底面 M 是该尺寸的设计基准。

在单件小批量生产中,当镗削主轴孔时,以底面 M 作定位基准,调整好镗刀杆中心距底面 M 的距离满足 $H_1=(205\ \pm0.1)$ mm,H_1 是工序尺寸,M 面是定位基准也是工序基准,还是设计基准,满足基准重合原则。工序中只要能保证工序尺寸 $H_1=(205\pm0.1)$ mm,就能满足设计图样的精度要求。

在大批大量生产中,考虑到 M 定位面小、定位不稳定等原因,常以顶面 N 为定位基准。此时,需要调整好镗刀杆中心距 N 面的尺寸 H,工序尺寸为 H。由于主轴孔设计基准为 M,定位基准为 N,基准不重合,设计尺寸 H_1 是通过控制工序尺寸 H 和 M、N 面的间距尺寸 H_2 间接控制的。设计尺寸 H_1 的误差等于尺寸 H 误差和尺寸 H_2 误差的累加之和。因为尺寸 H_2 有一定误差,所以工序尺寸 H 误差肯定比设计尺寸 H_1 误差小,即精度提高,加工难易程度增加,对加工不利。其中 H_2 尺寸是设计基准 M 和定位基准 N 的距离,其误差就是基准不重合误差。造成工序尺寸 H 精度提高的根本原因是基准不重合引起的。所以在实际生产中,为保证设计图样中的精度,尽量使定位基准和设计基准即工序尺寸和设计尺寸保持一致,直接控制工序尺寸就能满足设计要求。但在实际生产中,由于零件的定位面、定位元件等因素的限制,有时无法实现基准重合,只能通过其他尺寸间接来满足设计精度要求。

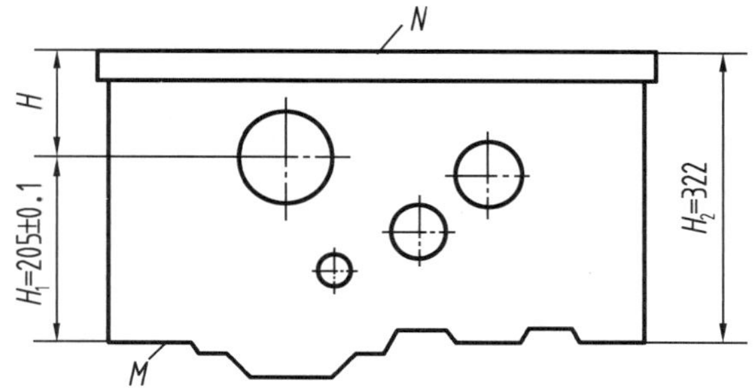

图 2.1　车床床头箱主轴孔尺寸

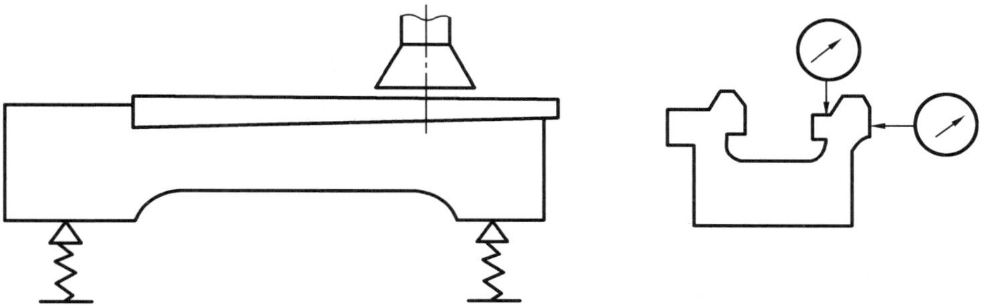

图 2.2　床身导轨面自为基准实例

2)基准统一原则

在工件加工过程中,应尽可能地采用统一的定位基准,这一原则被称为基准统一原则。零件图样上往往有多个尺寸,因此可能有多个设计基准。若按基准重合原则选择定位基准,则可能会导致需要多个定位基准,即要有多个定位元件来实现定位。这会使夹具的种类增多,设计和制造夹具的周期变长,特别是对于自动化生产方式来说,由于定位基面的转换,会使定位复杂,不利于自动装夹。加工过程中多个定位基准面变换,不同定位面定位必然存在定位误差。为解决这些矛盾,在加工工序过程中,大多数工序采用统一的定位基准,可以简化夹具,又能避免定位面变换带来的定位误差。如箱体类零件的加工,大多数的侧平面及孔系加工,都是以结合面及两个孔(一面两孔)统一作为定位基准。又如轴类零件,大多数的阶梯外圆精加工统一以两端的中心孔作为定位基准。轴类零件设计图样上标注了一个外圆相对于另一外圆为设计基准有同轴度要求。若按基准重合原则,就要以另一个外圆为定位基准,并设计相应的定位元件实现定位,可能会使夹具方案很复杂。在生产实践中,两个外圆的精加工常是统一以两端中心孔定位,通过两个外圆分别对中心孔基准的误差间接保证了两个外圆之间的同轴度误差。中心孔的定位通过机床固有的前后顶尖实现,大大简化了夹具结构方案。

在生产实践中,基准统一原则往往会和基准重合原则相互矛盾,这时就需灵活选择。综合考虑精度要求、夹具的复杂程度、加工可行性等多方面因素,可选择满足其中一个原则而忽略另一个原则。

3)互为基准原则

当零件两个表面之间相对位置精度要求较高时,先以第一个表面定位加工第二个表面,再以第二个表面定位加工第一个表面,再继续以第一个表面定位加工第二个表面……如此反复,互为基准,多次加工,这就是互为基准原则。反复次数越多,相互位置精度越高。例如,加工精密齿轮时,一般齿面轮廓相对于中心孔的同轴度要求较高,用高频淬火把齿面淬硬后需进行磨齿。因为齿面淬硬层较薄,所以要求磨削余量小而均匀。这时可先以齿面的分度圆为基准磨内孔,再以孔为基准磨齿面。这样既保证了齿面加工余量均匀,又能使齿面与孔之间有较高的位置精度。

4)自为基准原则

对某些要求加工余量小而均匀的精加工工序,可选择加工表面本身作为定位基准,称为自为基准原则。用自为基准原则时,不能提高加工面的位置精度,只能提高加工面本身的尺寸、形状精度及表面质量等。如图 2.2 所示,磨削床身导轨面时,先用百分表(或观察磨削火花)找正工件的导轨面,然后再加工,保证导轨表面被磨削的余量均匀。另外,浮动镗刀镗孔、浮动铰刀铰孔和拉刀拉孔等加工方法都是以自为基准为原则的实例。

5)保证工件定位准确、夹紧可靠、操作方便的原则

所选精基准应能保证工件定位准确、稳定,夹紧可靠并使夹具结构简单,操作方便。因此,精基准面应是精度较高、表面粗糙度较小、支承面积较大的表面。

上述的 5 个原则,除最后一个原则是必须遵守、不能违背外,其余 4 个原则都有相应的应用条件。在实际生产中,往往不能同时满足甚至相互矛盾,这就需要根据实际情况具体问题具体分析,选择合适的原则而忽略其他原则要求。

2.4.2 粗基准的选择

在零件加工过程中,起始若干工序中只能选择未经加工的毛坯表面或加工后仍显粗糙的面作为定位基准,这种基准称为粗基准。粗基准的选择主要体现在粗加工阶段工序中,对粗加工工序影响较大,工艺路线规划时必须重点考虑。粗基准的选择原则包括以下 4 个原则。

①为了保证加工面与非加工面之间的位置关系,应选择非加工面为粗基准。如图 2.3 所示的毛坯,铸造时孔 B 和外圆 A 有偏心。加工时,有如下两种方案。

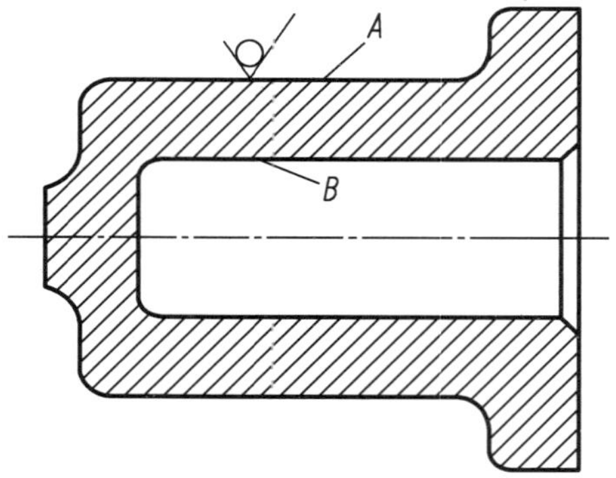

图 2.3 套筒毛坯图

方案 1:在普通车床上用三爪自定心卡盘定位夹紧外圆 A,即以 A 面作为粗加工基准,车刀镗削内孔。虽然在加工过程中圆周的切削余量不均匀,但加工后的内孔和外圆的同轴度较好,壁厚均匀。

方案 2:用四爪卡盘夹持外圆,用百分表找正毛坯内孔,即以毛坯 B 孔作为粗基准。用车刀镗削内孔时圆周方向的切削余量是均匀的,但加工后依然保持内孔和外圆的偏心误差、壁厚不均匀。

相比而言,方案 1 更为优越。当工件上有多个非加工面和加工面之间有位置要求时,应以其中位置精度要求较高的非加工面为粗基准。

②为了保证重要加工面的加工余量均匀,应先选择重要加工面作为粗基准。如图 2.4 所示车床床身零件,导轨面相比底面更重要,铸造质量高,金属组织致密,因此导轨面的切削加工余量要均匀。毛坯件的导轨面和底面的平行度误差一般较大。粗加工时,应先以导轨面为粗基准加工底面,这样加工后的底面与导轨面的平行度就会很好,再以加工后底面为基准加工导轨面,导轨面的加工余量就会比较均匀,如图 2.4 所示,先按(a)工序再按(b)工序就比较合理。反之,如果先以底面为粗基准加工导轨面,导轨面的加工余量就不均匀。

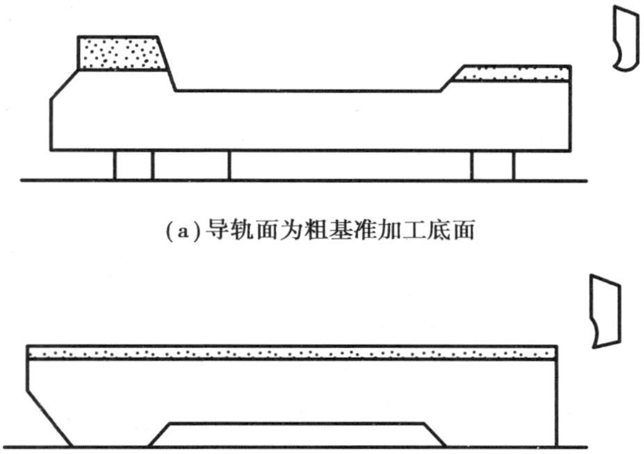

(a)导轨面为粗基准加工底面

(b)以加工过的底面为基准加工导轨面

图 2.4　床身零件粗基准选择

当工件上有多个重要加工面都要保证余量均匀时,则应选择余量最小的面为粗基准。如图 2.5 所示的阶梯轴毛坯件,ϕ55 mm 外圆比 ϕ108 mm 的余量更小,故应选择 ϕ 55 mm 外圆为粗基准面。如果选择 ϕ108 mm 外圆为粗基准加工 ϕ50 mm 外圆,因为两外圆有 3 mm 的偏心,则有可能因余量不足使 ϕ50mm 外圆无法加工而报废。

③粗基准应避免重复使用。在同一尺寸方向上,通常只允许使用一次。

粗基准是毛坯面,其精度和表面粗糙度都很差,如重复使用会造成工件与刀具的相对位置在两个工序中不一致的现象,从而影响加工精度。

④选作粗基准的表面应尽可能平整和光洁,不能有飞边、浇口、冒口或其他缺陷,以便定位准确,夹紧可靠。

如某厂设计的加工铝活塞的夹具,原计划以内壁为粗基准,通过自动定心装置保证工件的壁厚均匀。如图 2.6 所示,由于未考虑毛坯上的飞刺,卡爪经常压在飞刺上,导致工件不能正确定位,因此这个夹具不能使用。

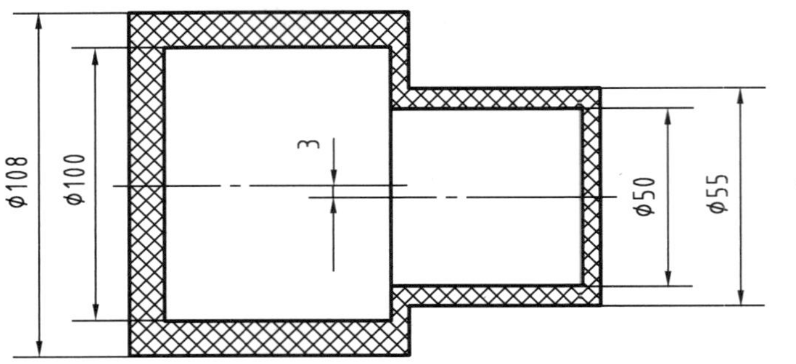

图 2.5　阶梯轴

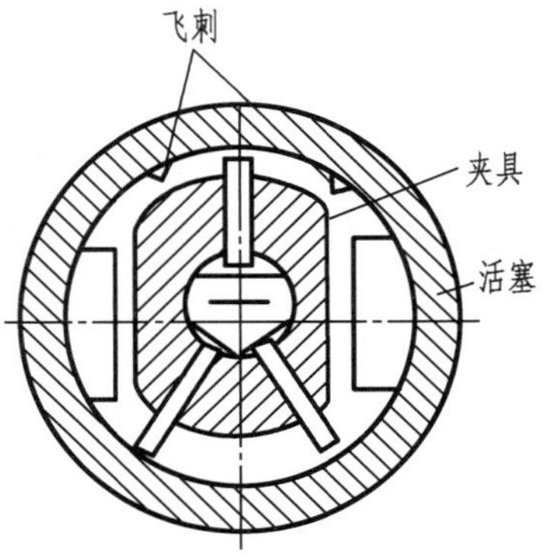

图 2.6　铝活塞的夹具

上述粗基准的选择原则在运用时可能会相互矛盾,应根据实际需求,厘清需要解决的主要问题,从而选择对应的原则。在符合主要原则的同时,应尽可能兼顾其他原则。

2.5　工艺路线的拟定

2.5.1　加工经济精度和加工方法

1) 加工经济精度

各种加工方法(如车、铣、刨、磨、钻、镗、铰等)所能达到的加工精度和表面粗糙度都是有一定范围的。任何一种加工方法,只要精心操作、细心调整并选择合适的切削用量,其加工精度就可以得到提高,加工表面粗糙度的值就可以减小。但是,随着加工精度的提高和表面粗糙度值的减小,所耗费的时间与成本也会随之增加。

生产上加工精度的高低是用其可以控制的加工误差的大小来表示的。加工误差小,则加工精度高;反之,加工误差大,则加工精度低。统计资料表明,加工误差和加工成本之间呈反比例关系,如图 2.7 所示,δ 表示加工误差,S 表示加工成本。从图中可以看出,对一种特定的加工方法,当加工误差小到一定程度(如曲线中 A 点的左侧)后,加工成本提高很多,加工误差却降低很少;加工误差大到一定程度后(如曲线中 B 点的右侧),加工误差增大很多,加工成本却降低很少。这说明一种加工方法在 A 点的左侧或 B 点的右侧应用都是不经济的。例如,在表面粗糙度($Ra=0.4\ \mu m$)小的外圆加工中,通常多用磨削加工方法而不用车削加工方法。因为车削加工方法不经济。但是,对于表面粗糙度 $Ra=25\sim1.6\ \mu m$ 的外圆加工,则多用车削加工方法而不用磨削加工方法,因为这

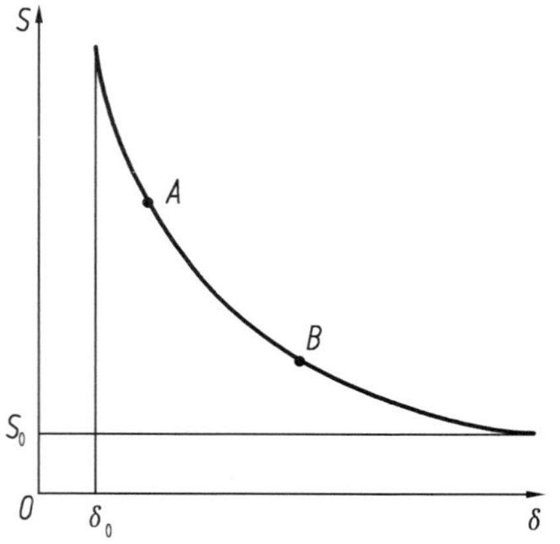

图 2.7　加工误差与加工成本的关系

时车削加工方法又是经济的了。实际上,每种加工方法都有一个加工经济精度的问题。

加工经济精度是指在正常加工条件下(采用符合质量标准的设备、工艺装备和标准技术等级的工人,不延长加工时间)所能达到的加工精度和表面粗糙度。

2)加工方法

根据零件加工面(平面、外圆、孔、复杂曲面等)、零件材料和加工精度以及生产率的要求,同时考虑工厂(或车间)现有工艺条件及加工经济精度等因素,选择加工方法。例如:

①对于一个 $\phi50$ mm 的外圆,材料为 45#钢,尺寸公差等级为 IT6,表面粗糙度 Ra 为 0.8 μm 的零件,其终加工工序应选择精磨。

②非铁金属材料宜选择切削加工方法,不宜选择磨削加工方法,因为非铁金属易堵塞砂轮工作面。

③为了满足大批大量生产的需要,齿轮内孔通常采用拉削加工方法加工。各种加工方法的加工经济精度,见表 2.4—表 2.6(供选择加工方法时参考)。

表 2.4　外圆加工中各种加工方法的加工经济精度及表面粗糙度

加工方法	加工情况	加工经济精度/IT	表面粗糙度 Ra/μm	加工方法	加工情况	加工经济精度/IT	表面粗糙度 Ra/μm
车	粗车	12～13	10～80	抛光			0.008～1.25
	半精车	10～11	2.5～10	研磨	粗研	5～6	0.16～0.63
	精车	7～8	1.25～5		精研	5	0.04～0.32
	金刚石车(镜面车)	5～6	0.005～1.25		精密研	5	0.008～0.08
铣	粗铣	12～13	10～80	超精加工	精加工	5	0.08～0.32
	半精铣	11～12	2.5～10				
	精铣	8～9	1.25～5				
车槽	一次行程	11～12	10～20		精密加工	5	0.01～0.16
	二次行程	10～11	2.5～10				
外磨	粗磨	8～9	1.25～10	砂带磨	精磨	5～6	0.02～0.16
	半精磨	7～8	0.63～2.5		精密磨	5	0.008～0.04
	精磨	6～7	0.16～1.25	滚压			
	精密磨(精修整砂轮)	5～6	0.08～0.32			6～7	0.16～1.25
	镜面磨	5	0.008～0.08				

注:加工有色金属时,表面粗糙度 Ra 取小值。

表 2.5　孔加工中各种加工方法的加工经济精度及表面粗糙度

加工方法	加工情况	加工经济精度/IT	表面粗糙度 $Ra/\mu m$
钻	ϕ15 mm 以下	11 ~ 13	5 ~ 80
	ϕ15 mm 以上	10 ~ 12	20 ~ 80
扩	粗扩	12 ~ 13	5 ~ 20
	一次扩孔(铸孔或冲孔)	11 ~ 13	10 ~ 40
	精扩	9 ~ 11	1.25 ~ 10
铰	半精铰	8 ~ 9	1.25 ~ 10
	精铰	6 ~ 7	0.32 ~ 5
	手铰	5	0.08 ~ 1.25
拉	粗拉	9 ~ 10	1.25 ~ 5
	一次拉孔(铸孔或冲孔)	10 ~ 11	0.32 ~ 2.5
	精拉	7 ~ 9	0.16 ~ 0.63
推	半精推	6 ~ 8	0.32 ~ 1.25
	精推	6	0.08 ~ 0.32

加工方法	加工情况	加工经济精度/IT	表面粗糙度 $Ra/\mu m$
镗	粗镗	12 ~ 13	5 ~ 20
	半精镗	10 ~ 11	2.5 ~ 10
	精镗(浮动镗)	7 ~ 9	0.63 ~ 5
	金刚镗	5 ~ 7	0.16 ~ 1.25
内磨	粗磨	9 ~ 10	1.25 ~ 10
	半精磨	7 ~ 8	0.32 ~ 1.25
	精磨	6 ~ 7	0.08 ~ 0.63
	精密磨(精修整砂轮)	9 ~ 11	0.04 ~ 0.16
珩	粗珩	5 ~ 6	0.16 ~ 1.25
	精珩	5	0.04 ~ 0.32
研磨	粗研	5 ~ 6	0.16 ~ 0.63
	精研	5	0.04 ~ 0.32
	精密研	5	0.008 ~ 0.08
挤	滚珠、滚柱扩孔器、挤压头	6 ~ 8	0.01 ~ 1.25

注:加工非铁金属时,表面粗糙度 *Ra* 取小值。

表 2.6　平面加工中各种加工方法的加工经济精度及表面粗糙度

加工方法	加工情况	加工经济精度/IT	表面粗糙度 $Ra/\mu m$
周铣	粗铣	11 ~ 13	5 ~ 20
	半精铣	8 ~ 11	2.5 ~ 10
	精铣	6 ~ 8	0.63 ~ 5
端铣	粗铣	11 ~ 13	5 ~ 20
	半精铣	8 ~ 11	2.5 ~ 10
	精铣	6 ~ 8	0.63 ~ 5
车	半精车	8 ~ 11	2.5 ~ 10
	精车	6 ~ 8	1.25 ~ 5
	细车(金刚石车)	6 ~ 7	0.008 ~ 1.25
刨	粗刨	8 ~ 11	5 ~ 20
	半精刨	6 ~ 8	2.5 ~ 10
	精刨	6 ~ 7	0.63 ~ 5
	宽刀精刨	11 ~ 13	0.008 ~ 1.25
插		8 ~ 13	2.5 ~ 20
拉	粗拉(铸造或冲压表面)	10 ~ 11	5 ~ 20
	精拉	6 ~ 9	0.32 ~ 2.5

加工方法	加工情况		加工经济精度/IT	表面粗糙度 $Ra/\mu m$
平磨	粗磨		8 ~ 10	1.25 ~ 10
	半精磨		8 ~ 9	0.63 ~ 2.5
	精磨		6 ~ 8	0.16 ~ 1.25
	精密磨		6	0.04 ~ 0.32
刮	25×25 mm^{2}内点数	8 ~ 10		0.63 ~ 1.25
		10 ~ 13		0.32 ~ 0.63
		13 ~ 16		0.16 ~ 0.32
		16 ~ 20		0.08 ~ 0.16
		20 ~ 25		0.04 ~ 0.08
研磨	粗研		6	0.16 ~ 0.63
	精研		5	0.04 ~ 0.32
	精密研		5	0.008 ~ 0.08
砂带磨	精磨		5 ~ 6	0.04 ~ 0.32
	精密磨		5	0.008 ~ 0.04
滚压			7 ~ 10	0.16 ~ 2.5

注:加工非铁金属时,表面粗糙度 *Ra* 取小值。

2.5.2　典型表面的加工路线

外圆、内孔和平面是机器零件加工量大而广的典型表面。根据这些表面的精度要求，首先确定该表面的最终工序加工方法，然后辅以先导工序的预加工方法，从而组成一条加工路线。长期的生产实践验证了一些比较成熟的加工路线，熟悉这些加工路线对编制工艺规程具有指导作用。

1)外圆表面的加工路线

零件外圆表面主要采用下列4条基本加工路线来加工，如图2.8所示。

(1)粗车—半精车—精车

这是应用最广的一条加工路线。只要工件材料可以切削加工，公差等级≤IT7，表面粗糙度 $Ra \geqslant 0.8\ \mu m$ 的外圆表面都可以在这条加工路线中加工。如果加工精度要求较低，可以只取粗车；也可以只取粗车—半精车。

(2)粗车—半精车—粗磨—精磨

对于黑色金属材料，特别是对半精车后有淬火要求，公差等级≤IT6，表面粗糙度 $Ra \geqslant 0.16\ \mu m$ 的外圆表面，一般可安排在这条加工路线中加工。

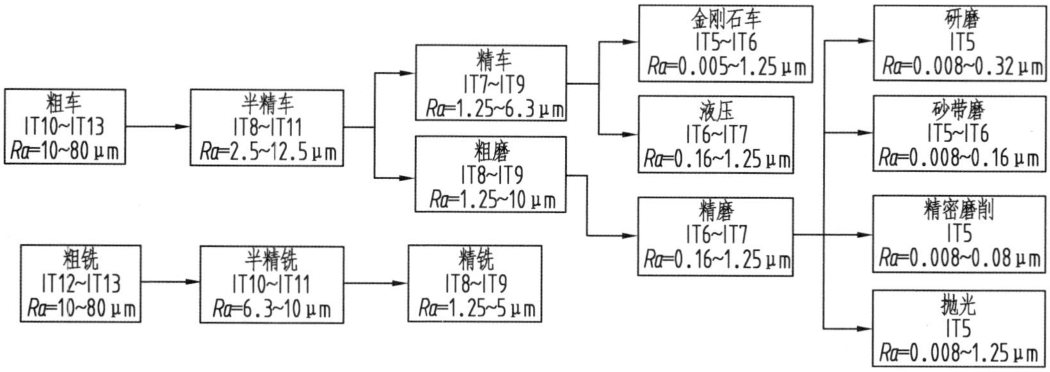

图2.8　外圆表面的加工路线

(3)粗车—半精车—精车—金刚石车

这条加工路线主要适用于工件材料为有色金属(如铜、铝)，不宜采用磨削加工方法加工的外圆表面。

金刚石车是在精密车床上用金刚石车刀进行车削。精密车床的主运动系统多采用液体静压轴承或空气静压轴承，进给运动系统多采用液体静压导轨或空气静压导轨，因而主运动平稳，进给运动比较均匀，爬行现象少，能够实现较高的加工精度和较小的表面粗糙度值。目前，这种加工方法已应用于尺寸精度为0.01 μm和表面粗糙度 $Ra=0.005\ \mu m$ 的超精密加工中。

(4)粗车—半精车—粗磨—精磨—研磨、砂带磨、抛光以及其他超精加工方法

这是在加工路线(2)的基础上又加入了其他精密加工、超精密加工或光整加工工序。这些加工方法多以减小表面粗糙度、提高尺寸精度、形状精度为主要目的，有些加工方法，如抛光、砂带磨等则以减小表面粗糙度为主。

如图 2.9 所示为用于外圆研磨的研具示意图。研具材料一般为铸铁、铜、铝或硬木等。研磨剂一般为氧化铝、碳化硅、金刚石、碳化硼以及氧化铁、氧化铬微粉等,用切削液和添加剂混合而成。根据研磨对象的材料和精度要求来选择研具材料和研磨剂。研磨时,工件做回转运动,研具做轴向往复运动(可以手动,也可以机动)。研具和工件表面之间应留有适当的间隙(一般为 0.02 ~0.05 mm),以存留研磨剂。可调研具(轴向开口)磨损后,可通过调整间隙来改变研具尺寸;不可调研具磨损后,只能改制来研磨较大直径的外圆。为改善研磨质量,还需精心调整研磨用量,包括研磨压力和研磨速度的调整。

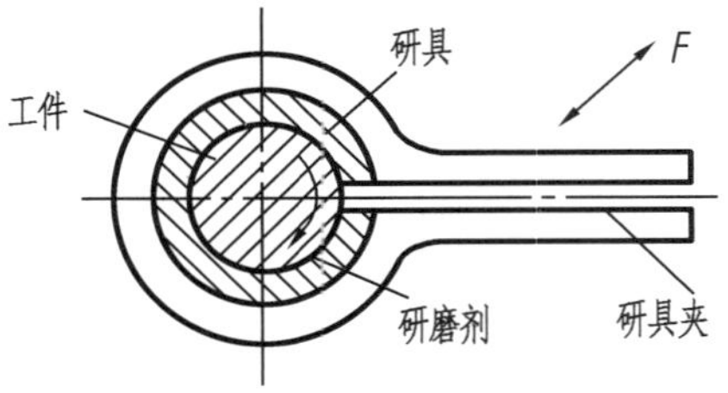

图 2.9　外圆研磨的研具示意图

砂带磨削是以粘满砂粒的砂带高速回转,工件缓慢转动并做送进运动,从而对工件进行磨削加工的加工方法。如图 2.10(a)、(b)所示为闭式砂带磨削原理图,如图 2.10(c)所示为开式砂带磨削原理图,其中图(a)和(c)是通过接触轮,使砂带与工件接触。可以看出其磨削方式和砂轮磨削类似,但磨削效率可以很高。如图 2.10(b)所示为砂带直接和工件接触(软接触),主要用于减小表面粗糙度值的加工。由于砂带基底质软,接触轮也是在金属骨架上浇注橡胶做成的,也属软质,所以砂带磨削有抛光性质。超精密砂带磨削可使工件表面粗糙度达到 0.008 μm。

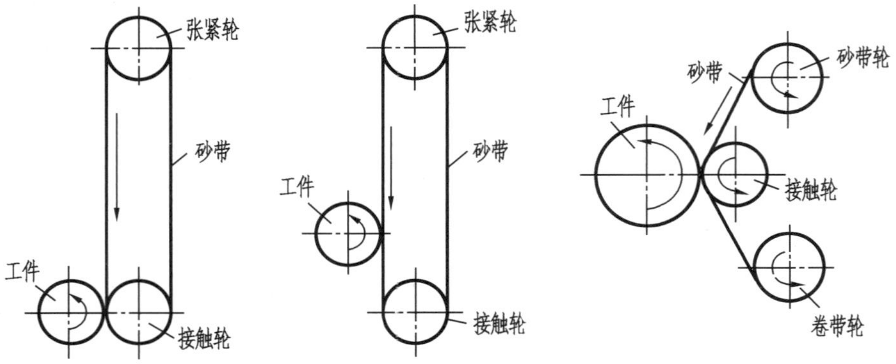

(a)闭式砂带(接触轮接触式)　(b)闭式砂带(软接触)　(c)开式砂带(接触轮接触式)

图 2.10　砂带磨削原理图

抛光是一种使用敷有细磨粉或软膏磨料的布轮、布盘或皮轮、皮盘等软质工具,靠机械摩擦和化学作用,减小工件表面粗糙度的加工方法。这种加工方法去除余量通常小到可以忽略,因此不能提高尺寸和位置精度。

2)孔的加工路线

如图 2.11 所示是常见孔的加工路线框图,可分为 4 条基本的加工路线。

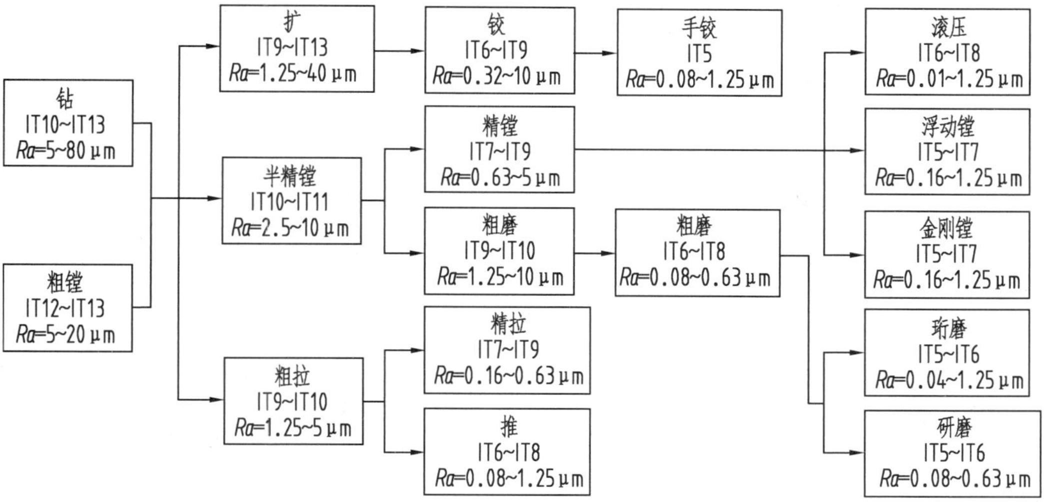

图 2.11　孔的加工路线框图

(1) 钻—粗拉—精拉

这条加工路线多用于大批量生产盘套类零件的圆孔、单键孔和花键孔加工。其加工质量稳定、生产效率高。当工件上没有铸出或锻出毛坯孔时，则第一道工序需安排钻孔；当工件上已有毛坯孔时，则第一道工序需安排粗镗孔，以保证孔的位置精度。如果模锻孔的精度较好，也可以直接安排拉削加工。拉刀是定尺寸刀具，经拉削加工的孔一般为 7 级精度的基准孔（H7）。

(2) 钻—扩—铰—手铰

这是一条应用最广泛的加工路线，在各种生产类型中都有应用，多用于中、小孔加工。其中扩孔有提高位置精度的能力，铰孔只能保证尺寸、形状精度和减小孔的表面粗糙度值，不能纠正位置精度。当对孔的尺寸精度、形状精度要求比较高，表面粗糙度要求又比较小时，往往安排一次手铰加工。有时，用端面铰刀手铰，可用来改善孔的轴线与端面之间的垂直度误差。因为铰刀也是定尺寸刀具，所以经过铰孔加工的孔一般也为 7 级精度的基准孔（H7）。

(3) 钻或粗镗—半精镗—精镗—浮动镗或金刚镗

下列情况下的孔，多在这条加工路线中加工：

①单件小批生产中的箱体孔系加工。

②位置精度要求很高的孔系加工。

③在各种生产类型中，直径比较大的孔，如 ϕ80 mm 以上，毛坯上已有位置精度比较低的铸孔或锻孔。

④材料为有色金属，需要由金刚镗来保证其尺寸、形状和位置精度以及表面粗糙度的要求。

在这条加工路线中，当工件毛坯上已有毛坯孔时，第一道工序安排粗镗，无毛坯孔时则第一道工序安排钻孔。后面的工序视零件的精度要求，可安排半精镗，也可安排半精镗—精镗或安排半精镗—精镗—浮动镗或半精镗—精镗—金刚镗。

浮动镗刀块属定尺寸刀具，安装在镗刀杆的方槽中，沿镗刀杆径向可以滑动，如图2.12所示，其加工精度较高，表面粗糙度值较小，生产效率高。浮动镗刀块的结构如图2.13所示。

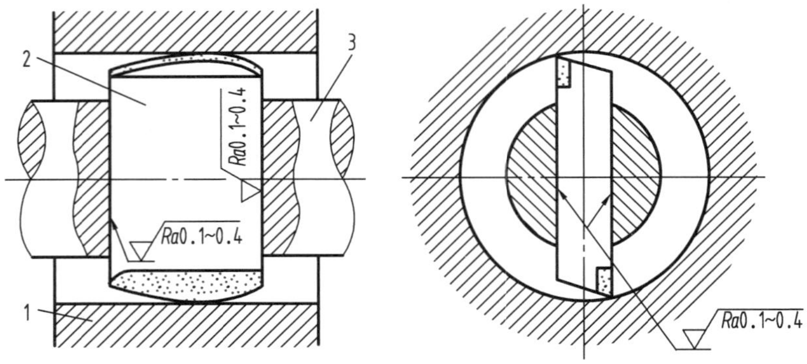

1—工件；2—镗刀块；3—镗杆

图2.12 镗刀块在镗杆方槽内可以浮动

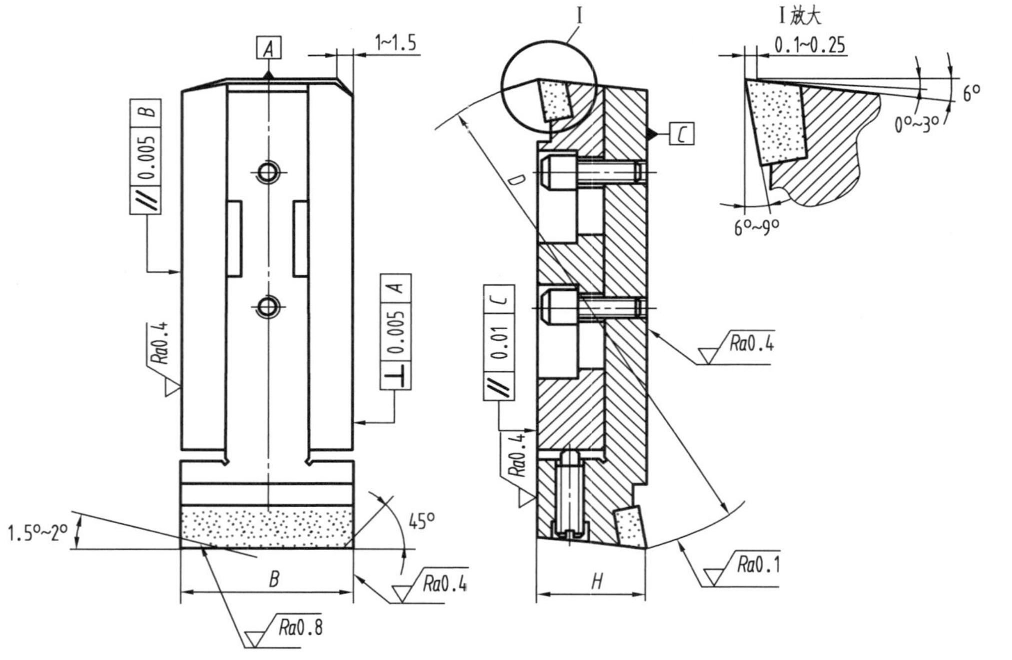

图2.13 浮动镗刀块的结构

金刚镗是指在精密镗头上安装刃磨质量较好的金刚石刀具或硬质合金刀具进行高速、小进给精镗孔加工。金刚镗床也有精密和普通之分。

精密金刚镗是指金刚镗床的镗头采用空气（或液体）静压轴承，进给运动系统采用空气（或液体）静压导轨，镗刀采用金刚石镗刀进行高速、小进给镗孔加工。

(4)钻（或粗镗）—半精镗—粗磨—精磨—研磨或珩磨

这条加工路线主要用于淬硬零件加工或精度要求高的孔加工。其中，研磨孔是一种精密加工方法。研磨孔用的研具是一个圆棒，研磨时工件做回转运动，研具做往复送进运动。有时也可工件不动，研具同时做回转和往复送进运动，同外圆研磨一样，需要配置合适的研磨剂。

珩磨是一种常用的孔加工方法。用细粒度砂条组成珩磨头,加工时工件不动,珩磨头回转并做往复进给运动。珩磨头需经精心设计和制作,有多种结构,如图 2.14 所示为珩磨的工作原理图。

珩磨头砂条数量为 2 ~ 8 条不等,它们均匀地分布在圆周上,通过机械或液压作用涨开在工件表面上,产生一定的切削压力。经珩磨后的工件表面呈网纹状。珩磨加工范围宽,通常能加工的孔径为 1 ~ 1 200 mm,对机床精度要求不高。若无珩磨机,可利用车床、镗床或钻床进行珩孔加工。珩磨精度与前道工序的精度有关。一般情况下,经珩磨后的尺寸和形状精度可提高一级,表面粗糙度可达 0.04 ~ 1.25 μm。

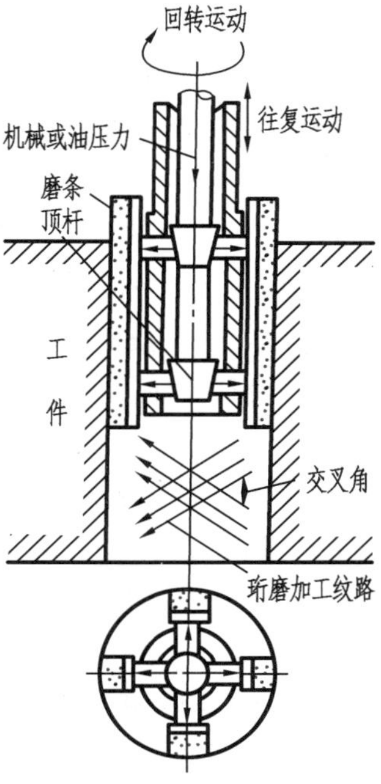

图 2.14　珩磨的工作原理图

对上述孔的加工路线作两点补充说明:

①上述各条孔加工路线的终加工工序,其加工精度在很大程度上取决于操作者的操作水平(刀具刃磨、机床调整和对刀等)。

②对以“μm”为单位的特小孔加工,需要采用特种加工方法,如电火花打孔、激光打孔、电子束打孔等。有关知识,可根据需要查阅相关资料。

3) 平面的加工路线

如图 2.15 所示为常见的平面加工路线框图,可按以下 5 条基本加工路线来介绍。

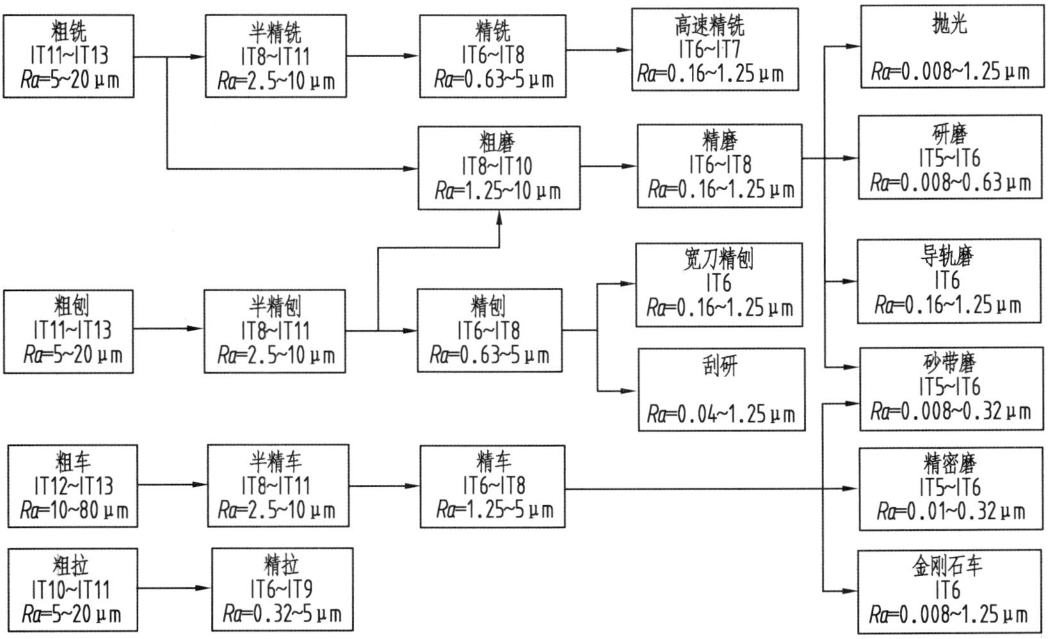

图 2.15　平面的加工路线框图

(1)粗铣—半精铣—精铣—高速精铣

在平面加工中,铣削加工用得最多,这主要是因为铣削生产率高。近年发展起来的高速铣,其公差等级比较高(IT6 ~ IT7),表面粗糙度值也比较小(Ra=0.16 ~ 1.25 μm)。在这条加工路线中,视被加工面的精度和表面粗糙度的技术要求,可以只安排粗铣或安排粗、半精铣,粗、半精、精铣以及粗、半精、精、高速铣。

(2)粗刨—半精刨—精刨—宽刀精刨或刮研

刨削适用于单件小批生产,特别适用于窄长平面的加工。

刮研是获得精密平面的传统加工方法。由于刮研的劳动量大,生产率低,故在批量生产的一般平面加工中,常被磨削加工取代。

同铣平面的加工路线一样,可根据平面精度和表面粗糙度要求,选定终工序,截取前半部分作为加工路线。

(3)粗铣(刨)—半精铣(刨)—粗磨—精磨—研磨、导轨磨、砂带磨或抛光

如果被加工平面有淬火要求,则可以在半精铣(刨)后安排淬火。淬火后需要安排磨削工序,视平面精度和表面粗糙度要求,可以只安排粗磨,也可以只安排粗磨—精磨,还可以在精磨后安排研磨或精密磨等。

(4)粗拉—精拉

这条加工路线,生产率高,适用于有沟槽或有台阶面的零件。例如,某些内燃机气缸体的底平面、连杆体和连杆盖半圆孔以及分界面等就是在一次拉削中直接完成的。由于拉刀和拉削设备昂贵,因此这条加工路线只适合在大批大量生产中采用。

(5)粗车—半精车—精车—金刚石车

这条加工路线主要用于有色金属零件的平面加工,这些平面有时就是外圆或孔的端面。如果被加工零件是黑色金属,则精车后可安排精密磨、砂带磨或研磨、抛光等。

2.5.3 加工顺序的安排

1)划分加工阶段

工件加工质量要求较高时,应划分加工阶段。一般可分为粗加工、半精加工和精加工3个阶段。如果加工精度和表面质量要求特别高时,还可增设光整加工和超精密加工阶段。划分加工阶段的原因如下:

①便于保证加工质量。粗加工阶段由于切除余量大,容易引起工件的变形。一方面毛坯的内应力重新分布会引起变形,另一方面由于切削力、切削热及夹紧力都比较大,也会造成工件的受力变形和热变形。因此,应在粗加工之后留一定的时间来消除这些变形,而不是马上进行精加工,在后续加工中再通过逐步减少加工余量和切削用量的办法,进一步消除上述变形。

②便于及时发现毛坯缺陷。粗加工阶段通过切去大部分的金属余量,可以及时发现工件主要表面上的裂纹、气孔、杂质等毛坯缺陷以及加工余量是否足够。一旦发现缺陷,应尽早报废,避免在要报废的工件上损失更多的工时和费用。

③便于安排热处理工序。粗加工后工件残余应力大,可安排时效处理以消除内应

力;在精加工工序之前安排表面处理、淬火等,以使热处理引起的变形等在精加工前得到消除。

④精加工工序的表面安排在最后,可保护这些表面少受损伤或不受损伤。

⑤有利于合理使用设备和技术工人。粗加工阶段可以使用功率较大、精度较低的机床,安排技术等级较低的工人,如学徒工。精加工阶段可以使用功率较小、精度较高的机床,安排技术等级较高的工人,如高级技师。这样有利于充分发挥粗加工机床的动力并长期保持精加工机床的精度,并做到合理使用人才资源。

在某些情况下,划分加工阶段也并不是绝对的。例如,加工重型工件时,不便于多次安装和运输,因此不必划分加工阶段,可在一次安装中完成全部粗加工和精加工。为了提高加工精度,可在粗加工后松开工件,使其充分变形,再用较小的力夹紧工件进行精加工,以保证零件的加工质量。另外,如果工件的加工精度要求不高,工件的刚度足够,毛坯的质量较好而切除的余量不多,则可不必划分加工阶段。

2)机械加工工序的安排原则

①先粗后精。按照加工阶段划分,先进行粗加工,后进行精加工,将粗、精加工分开。

②先基准后其他。优先加工用作基准的表面,这是确定加工顺序的一个重要原则,以便尽快为后续工序的加工提供精度较高的基准。例如,轴类零件总是先加工端面和顶尖孔;在精磨前、淬火后应对两顶尖孔修研一次;盘套类零件则先把基准孔加工好。

③先主后次。先加工主要表面,后加工次要表面。由于主要表面往往要求的加工精度都较高,这也是较容易出废品的加工工序。加工主要表面时,若发现主要表面不合格而发生报废,可以停止后面次要表面的加工,避免浪费次要表面加工的工时。

若先把次要表面加工好,而在后面加工主要表面时发生报废,则会浪费前面次要表面的加工工时。另外,一些次要表面在零件上(如键槽、螺孔等)相对于主要表面有一定的位置精度要求,所以应先加工好主要表面。次要表面穿插在主要表面的加工中间或以后进行。

④先面后孔。先加工平面,后加工孔。如箱体、支架和连杆等工件,由于先加工好的平面的轮廓平整,安放和定位比较稳定可靠。若以加工好的平面定位加工孔,则可保证平面与孔的位置精度。另外,平面先加工好之后可使钻头准确地钻入工件,不会引偏。

3)热处理工序的安排

热处理用于提高材料的物理力学性能,改善金属的加工性能并消除残余应力。制定工艺规程时,应注意安排它们的顺序。

①最终热处理目的是提高材料的物理力学性能,如调质、淬火、渗碳淬火、氮化和氰化等,都属于最终热处理,应安排在精加工前后。变形较大的热处理(如渗碳淬火、淬火等)应安排在精加工的磨削工序之前进行,以便在磨削时纠正热处理造成的变形。调质应放在精加工之前进行。变形较小的热处理如氮化等,应安排在精加工后进行。表面装饰性电镀(如镀铬)和发蓝处理,一般都安排在精加工之后进行。

②预备热处理目的是消除应力,改善机械加工性能,并为最终工序做准备,如正火、退火和时效处理等,则应安排在相应工序之前。用于改善粗加工时材料加工性能的热处理,一般放在粗加工之前的毛坯车间里进行。用于消除粗加工之后的残余应力的热

处理，可放在粗加工之后进行。调质处理常安排在粗加工之后，用于细化晶粒，改善加工性能。

精度要求较高的精密丝杠和主轴等工件，需要多次安排时效处理，消除应力，减少变形。

4）辅助工序的安排

辅助工序的种类较多，包括检验、去毛刺、倒棱、清洗、防锈、去磁和平衡等。辅助工序也是必要的工序，若安排不当或遗漏，将会给后续工序和装配带来困难，影响产品质量，甚至导致机器不能使用。检验工序是必不可少的辅助工序，对保证质量、防止产生废品起到重要作用。除工序中自检外，还应在下列场合单独安排检验工序：

①辅助工序安排在粗加工阶段结束后，以便及时发现质量问题并消除废品，避免浪费精加工工时。

②辅助工序安排在重要工序前后，以便及时发现废品，以节省后续工序的工时。

③辅助工序安排在送往外车间加工的前后，如热处理工序前后，以便及时检查废品，分清责任。

④辅助工序安排在全部加工工序完成后。

2.5.4 工序的集中与分散

工序集中是指将工件的加工集中在少数几道工序中完成，每道工序的加工内容较多。而工序分散是指将工件的加工分散在较多的工序中进行，每道工序的加工内容相对较少。

工序集中与工序分散是拟定工艺路线时确定工序数目及内容的两种不同的原则，它与生产批量的大小有密切的关系。

1）工序集中的特点（适用于生产批量较小、产品的品种规格更换较频繁的情况）

①采用功能较强的通用设备和与之相配的工艺装备。

②工序数目少，工艺路线短，简化了生产计划和生产组织工作。

③设备数量少，减少了操作工人和生产面积。

④工件安装次数少，缩短了辅助时间，有助于保证加工表面的相互位置精度。

2）工序分散的特点（适用于生产批量大、产品的品种规格固定的场合）

①设备与工艺装备比较简单，调整方便，工人容易掌握，生产准备工作量少，容易适应产品的更换。

②便于采用最合理的切削用量，从而减少基本时间。

③设备数量多，自动化程度高，采用流水线和自动线生产，生产面积大。

为适应市场和顾客对产品的多种规格要求，现代生产常采用多刀、多轴的数控机床和加工中心将工序集中。对于重型和大型零件，为了减少工件装卸和运输的劳动量，工序应适当集中；对于刚性差且精度高的精密工件，工序应适当分散。

2.5.5 设备及工艺装备的选择

1）设备的选择

生产批量大，产品类型变化少，可采用高效自动加工的设备，如多刀、多轴机床；若产品类型变化大，或者生产批量小时，可采用通用机床。选择设备时，还应考虑以下几点：

①机床的加工精度与工件要求的加工精度相适应。

②机床规格与工件的外形尺寸相适应。

③与现有的加工条件相适应,如设备负荷的平衡状况等。

2)工艺装备的选择

工艺装备的选择要考虑生产类型、具体加工条件、工件结构特点和技术要求等因素。

①夹具的选择:单件小批生产应先采用各种通用夹具和机床附件,如卡盘、虎钳、分度头等。有条件的可采用组合夹具。大批量生产应采用高效专用夹具。多品种的中、小批量生产可采用可调夹具或成组夹具。

②刀具的选择:优先采用标准刀具。大批量生产中,应采用各种高效的专用刀具、复合刀具和多刃刀具等。刀具的类型、规格和精度等级应符合加工要求。

③量具的选择:单件小批生产应广泛采用通用量具,如游标卡尺、百分表和千分表等。大批量生产应采用极限量规和高效专用检具、量仪等。量具的精度必须与加工精度相适应。

2.6　加工余量与工序尺寸的确定

2.6.1　加工余量的概念

毛坯尺寸与零件设计尺寸之差称为加工总余量。加工总余量的大小取决于加工过程中各个工序切除金属层厚度。每一道工序所切除的金属层厚度称为工序余量。加工总余量和工序余量的关系可按下式表示

$$Z_0 = Z_1 + Z_2 + \cdots + Z_n = \sum_{i=1}^{n} Z_i \tag{2.1}$$

式中　Z_0——加工总余量;

Z_1——第一道粗加工工序的加工余量;

Z_i——工序余量;

n——工序数目。

Z_1 余量的大小与毛坯的制造精度有关,而毛坯的制造精度实际上又受到生产类型和毛坯的制造方法的影响。毛坯制造精度高(如大批大量生产的模锻毛坯),则第一道粗加工工序的加工余量小,若毛坯制造精度低(如单件小批生产的自由锻毛坯),则第一道粗加工工序的加工余量就大。具体数值可参阅有关的工艺手册。其他工序的余量将在本节中进行探讨。

工序余量还可定义为相邻两工序尺寸之差。由于每道工序尺寸是有公差的,因此工序余量也是有公差的。所以工序余量的大小可通过工序余量的基本尺寸(或称为公称尺寸)和余量公差来反映。余量的基本尺寸可按下式计算:

对于外表面(被包容面),如图 2.16(a)所示,$Z_b = a - b$　(2.2)

对于内表面(包容面),如图 2.16(b)所示,$Z_b = b - a$　(2.3)

式中　Z_b——本工序的基本余量；

a——上工序的工序尺寸；

b——本工序的工序尺寸。

上式是针对机械零件的非对称表面的单边加工余量而言的。在机械零件中，也存在外圆、内孔等对称表面，其加工余量也是对称的，称为双边加工余量。

对于轴外圆，如图 2.17(a)所示，$2Z_b = d_a - d_b$　(2.4)

对于内孔，如图 2.17(b)所示，$2Z_b = d_b - d_a$　(2.5)

式中　$2Z_b$——直径上的加工余量；

d_a——上工序的直径尺寸；

d_b——本工序的直径尺寸。

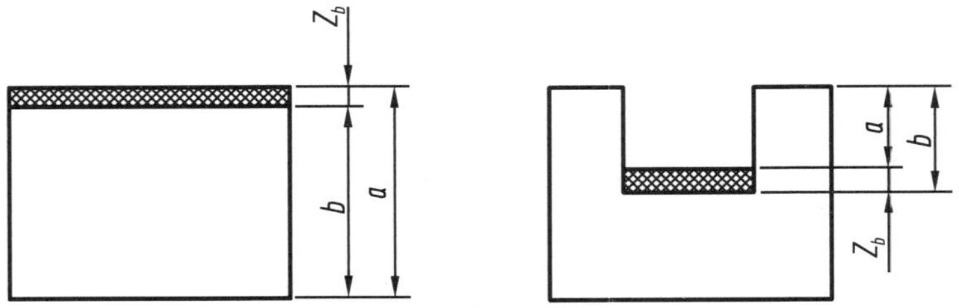

(a)　(b)

图 2.16　单边余量

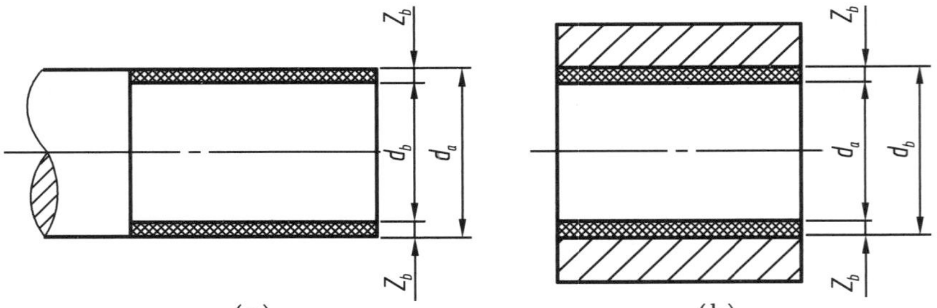

(a)　(b)

图 2.17　双边余量

工序余量在确定了基本尺寸后，还需要确定余量公差。余量公差值等于本工序尺寸公差与上工序尺寸公差之和。如图 2.18 所示为一被包容件的余量公差示意图。工序余量有公称余量 Z_b，最大余量 Z_{max}，最小余量 Z_{min}。余量公差可表示为：

$$T_z = Z_{max} - Z_{min} = T_a + T_b \tag{2.6}$$

式中　T_z——余量公差；

Z_{max}——最大余量；

Z_{min}——最小余量；

T_a——上工序的工序尺寸公差；

T_b——本工序的工序尺寸公差。

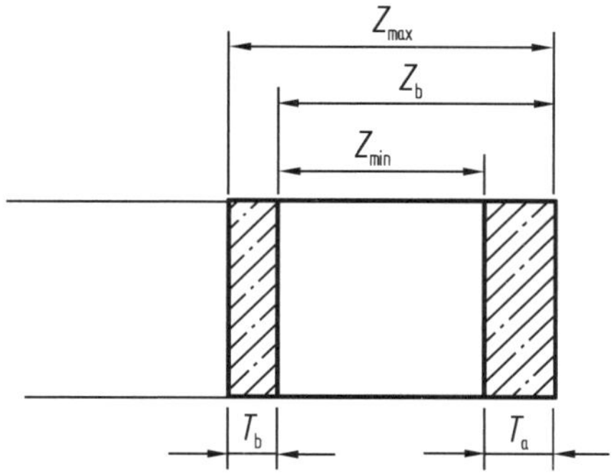

图 2.18　被包容件的加工余量及公差

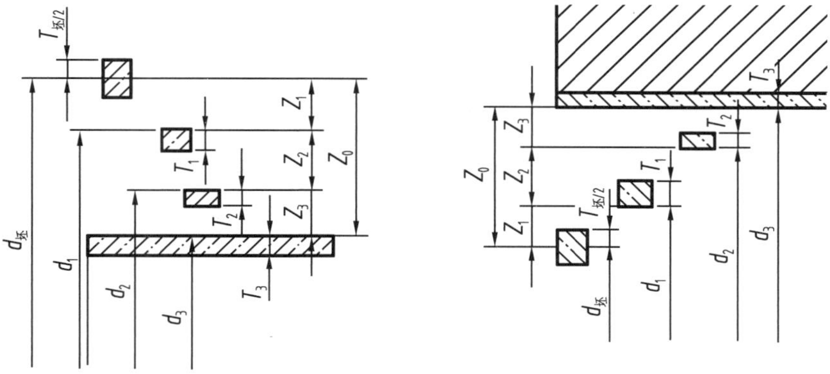

(a) 被包容件粗、半精、精加工工序余量　　(b) 包容件粗、半精、精加工工序余量

图 2.19　工序余量示意图

一般情况下，工序尺寸的公差按“入体原则”标注。即对被包容尺寸（轴的外径，实体长、宽、高），其最大加工尺寸称为公称尺寸，上极限偏差为零，那么下极限为负值，如轴径 $\phi30_{-0.021}^{\ 0}$。对于包容尺寸（孔的直径、槽的宽度），其最小加工尺寸就是公称尺寸，下极限偏差为零，上极限为正值，如孔径 $\phi30_{\ 0}^{+0.021}$。毛坯及孔中心距尺寸公差按双向对称极限偏差形式标注，如 $L=30\pm0.1$。如图 2.19（a）、（b）所示分别为被包容件（轴）和包容件（孔）的工序尺寸、工序尺寸公差、工序余量和毛坯余量之间的关系。其中，加工面安排了粗加工、半精加工和精加工。$d_坯$、d_1、d_2、d_3 分别为毛坯、粗、半精、精加工工序尺寸，$T_坯$、T_1、T_2、T_3 分别为毛坯、粗、半精、精加工工序尺寸公差，Z_1、Z_2、Z_3 分别为粗、半精、精加工工序余量（基本尺寸），Z_0 为毛坯余量。

2.6.2　加工余量的影响因素及确定方法

1）工序余量的影响因素

工序余量的影响因素相对复杂。除第一道粗加工工序余量与毛坯制造精度有关外，其他工序的工序余量主要受以下几个方面的影响。

①上工序的尺寸公差 T_a。如图 2.19 所示，本工序的加工余量包含上工序的工序尺寸公差，即本工序应切除上工序可能产生的尺寸误差。

②上工序产生的表面粗糙度 R_z 值（轮廓最大高度）和表面缺陷层深度 H_a，如图

2.20 所示。各种加工方法的 R_z 和 H_a 的数值见表 2.7 的实验数据。

③上工序留下的空间误差 e_a。如图 2.21 所示的轴线直线度误差和表 2.8 所列的各种位置误差。形成上述误差的情况各异，可能是由上道工序加工方法带来的，也有可能是热处理后产生的，或是毛坯带来的，虽经前面工序加工，但仍未得到完全纠正。因此，其量值大小需根据具体情况进行具体分析。有的需要查表，有的需要抽样检查来进行统计分析。

④本工序的装夹误差 ε_b。由于这项误差会直接影响加工面与切削刀具的相对位置，所以加工余量中应包括这项误差。

由于空间误差和装夹误差都是有方向的，所以要采用矢量相加的方法取矢量和的模进行余量计算。

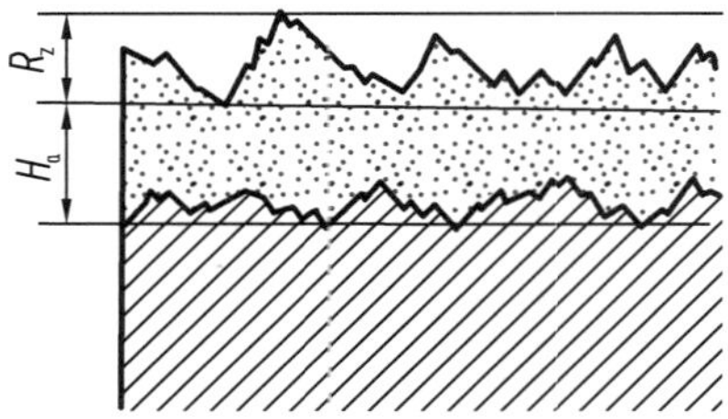

图 2.20　工作表层结构示意图

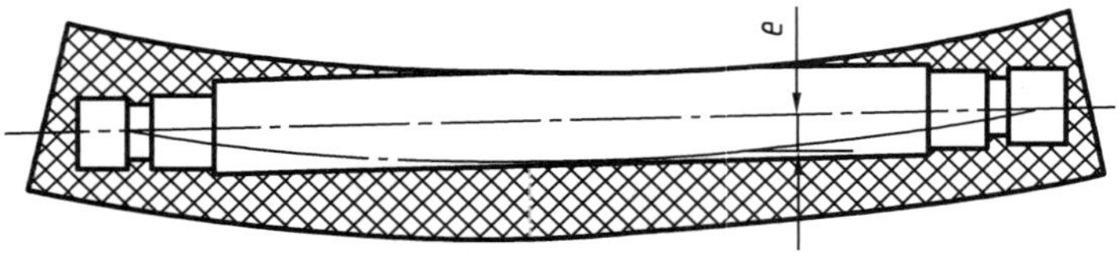

图 2.21　轴线弯曲造成余量不均

表 2.7　各种加工方法的表面粗糙度 R_z（轮廓最大高度）和表面缺陷层 H_a 的数值

加工方法	R_z/μm	H_a/μm	加工方法	R_z/μm	H_a/μm
粗车内外圆	15 ~ 100	40 ~ 60	磨端面	1.7 ~ 15	15 ~ 35
精车内外圆	5 ~ 40	30 ~ 40	磨平面	1.5 ~ 15	20 ~ 30
粗车端面	15 ~ 225	40 ~ 60	粗刨	15 ~ 100	40 ~ 50
精车端面	5 ~ 54	30 ~ 40	精刨	5 ~ 45	25 ~ 40
钻	45 ~ 225	40 ~ 60	粗插	25 ~ 100	50 ~ 60
粗扩孔	25 ~ 225	40 ~ 60	精插	5 ~ 45	35 ~ 50
精扩孔	25 ~ 100	30 ~ 40	粗铣	15 ~ 225	40 ~ 60
粗铰	25 ~ 100	25 ~ 30	精铣	5 ~ 45	25 ~ 40
精铰	8.5 ~ 25	10 ~ 20	拉	1.7 ~ 35	10 ~ 20
粗镗	25 ~ 225	30 ~ 50	切断	45 ~ 225	60
精镗	5 ~ 25	25 ~ 40	研磨	0 ~ 1.6	3 ~ 5
磨外圆	1.7 ~ 15	15 ~ 25	超精加工	0 ~ 0.8	0.2 ~ 0.3
磨内圆	1.7 ~ 15	20 ~ 30	抛光	0.06 ~ 1.6	2 ~ 5

表 2.8　零件各项位置精度对加工余量的影响

位置精度	简　图	加工余量	位置精度	简　图	加工余量
对称度	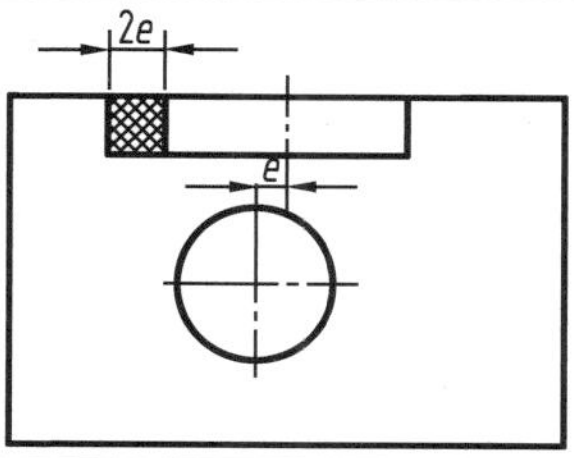	$2e$	轴线偏移 e	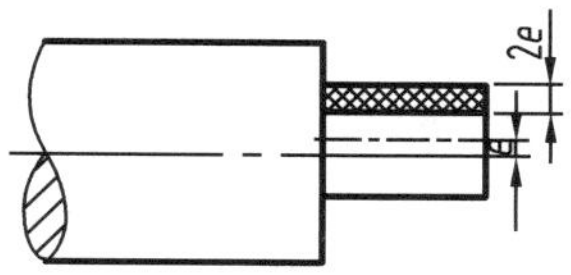	$2e$
位置度	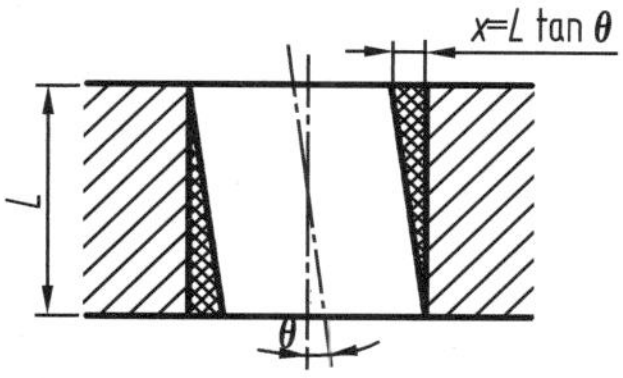	$x = L\tan\theta$	平行度 a	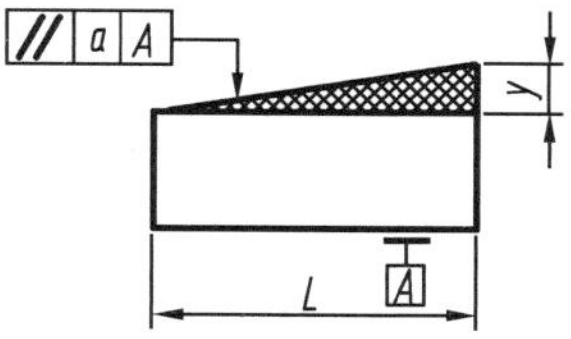	$y = a$
	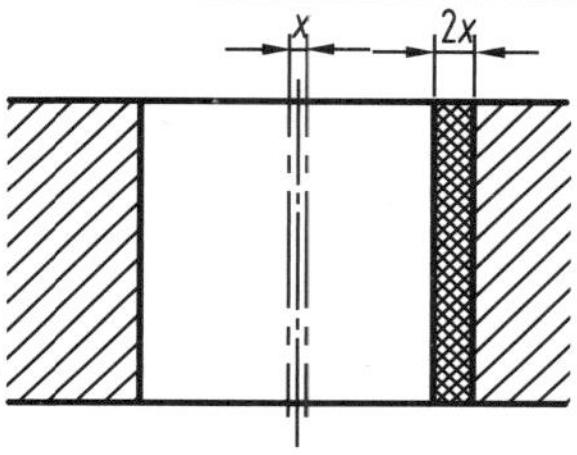	$2x$	垂直度 b	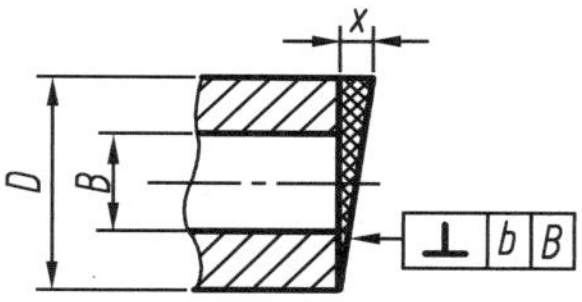	$x = b$

综合上述各影响因素，有如下余量计算公式：

对于单边余量

$$Z_b = T_a + R_z + H_a + |e_a + \varepsilon_b| \tag{2.7}$$

对于双边余量

$$Z_b = T_a/2 + R_z + H_a + |e_a + \varepsilon_b| \tag{2.8}$$

若采用无心磨床磨削外圆时，因无本工序的装夹误差 ε_b，所以

$$Z_b = T_a/2 + R_z + H_a + |e_a| \tag{2.9}$$

采用浮动镗刀块镗孔或采用浮动铰刀铰孔或采用拉刀拉孔，这些方法不能纠正孔的上个工序位置误差，本工序装夹误差也可忽略，所以

$$Z_b = T_a/2 + R_z + H_a \tag{2.10}$$

研磨、珩磨、抛光及光整加工工序，主要是为了减小表面粗糙度值，所以

$$Z_{min} = R_z \tag{2.11}$$

2）加工余量的确定方法

①计算法。根据以上余量计算公式，具体分析影响加工余量的因素，通过计算确定加工余量。这种方法理论上较合理，但因要有比较全面和可靠的影响因素数据支持才能进行计算，实施起来较困难。目前，主要在贵重材料加工、军工生产、少数大量生产中采用。

②查表法。确定加工余量时,先查阅相关手册,再结合工厂的实际情况进行适当修正后确定。目前,查表法在各工厂使用较广泛。手册就是根据生产实践和试验研究积累的数据制成的各种表格,再汇集成手册供查阅。

③经验估计法。根据工艺人员的实际经验确定加工余量。为了防止余量过小而产生废品,一般情况下,估算的余量稍偏大。经验估计法常用于单件小批生产。

在确定加工余量时,要分别确定加工总余量(即毛坯余量)和工序余量。加工总余量的大小与所选择的毛坯制造精度有关。粗加工余量不能用查表法确定,而要用总余量减去其他工序余量求得。

2.6.3 工序尺寸与公差的确定

在加工工艺中,工艺基准和设计基准重合的情况下,工序尺寸与公差的确定方法如下:

①确定各加工工序的加工余量。

②从终加工工序开始,即从设计尺寸开始,逐步推算(加上或减去每个加工工序余量),从而得到各工序公称尺寸(包括毛坯尺寸)。

③除终加工工序外,其他各加工工序按各自所采用加工方法的加工经济精度确定工序尺寸及公差(终加工工序的公差按设计要求确定)。

④填写工序尺寸并按"入体原则"标注工序尺寸及公差。

【例 2.1】 某轴直径为 ϕ50 mm,其公差等级为 IT5,表面粗糙度要求为 R_a=0.04 μm,并要求高频淬火,毛坯为锻件。其工艺路线为:粗车—半精车—高频淬火—粗磨—精磨—研磨。计算各工序尺寸及公差。

【解】 先用查表法确定加工余量。由工艺手册查得:研磨余量为 0.01 mm,精磨余量为 0.1 mm,粗磨余量为 0.3 mm,半精车余量为 1.1 mm,粗车余量为 4.5 mm,各工序余量相加可计算总余量为 6.01 mm,取整数为 6 mm,则需把粗车余量修正为 4.49 mm。

计算各加工工序的工序尺寸。研磨后工序尺寸为 50 mm,即设计尺寸。其他工序尺寸可依次求得:

精磨:50+0.01=50.01(mm)

粗磨:50.01+0.1=50.11(mm)

半精车:50.11+0.3=50.41(mm)

粗车:50.41+1.1=51.51(mm)

毛坯:51.51+4.49=56(mm)

确定各工序的加工经济精度和表面粗糙度。研磨工序后为 IT5,其中 R_a=0.04 μm 是设计要求。其他工序根据工艺手册查各加工方法的经济精度和表面粗糙度可得:精磨后选定为 IT6,Ra=0.16 μm;粗磨后选定为 IT8,Ra=1.25 μm;半精车后选定为 IT11,Ra=5 μm;粗车后选定为 IT13,Ra=16 μm。

根据上述经济加工精度查公差表,将查得的公差数值按"入体原则"标注在工序公称尺寸上。查工艺手册可得锻造毛坯公差为±2 mm。具体见表 2.9。

表 2.9　工序尺寸、公差、表面粗糙度及毛坯尺寸的确定

工序名称	工序间余量/mm	工序		工序基本尺寸/mm	标注工序尺寸公差/mm
		经济精度/mm	表面粗糙度 Ra/mm		
研磨	0.01	$h5(^{0}_{-0.011})$	0.04	50	$\phi50^{0}_{-0.011}$
精磨	0.1	$h6(^{0}_{-0.016})$	0.16	50+0.01=50.01	$\phi50.01^{0}_{-0.016}$
粗磨	0.3	$h8(^{0}_{-0.039})$	1.25	50.01+0.1=50.11	$\phi50.11^{0}_{-0.039}$
半精磨	1.1	$h11(^{0}_{-0.16})$	5	50.11+0.3=50.41	$\phi50.41^{0}_{-0.16}$
粗车	4.49	$h13(^{0}_{-0.39})$	16	50.41+1.1=51.51	$\phi51.51^{0}_{-0.39}$
毛坯(锻造)		±2		51.51+4.49=56	$\phi56\pm2$

以上确定工序尺寸及公差方法的前提是工艺基准和设计基准重合，而当工艺基准与设计基准不重合时，工序尺寸及公差的确定就需要采用尺寸链换算的方法来确定。

2.7　工艺尺寸链

零件的机械加工工艺过程中，不同工序因工序装夹方法调整、加工方法变换等原因，很难做到所有工序中的工艺基准都与设计基准重合，这时就需要通过工艺尺寸链原理建立工序尺寸和设计尺寸之间的关系来确定未知工序尺寸及公差。

2.7.1　尺寸链的基本概念

1)尺寸链的定义

由互相联系且按一定顺序首尾相连组成的尺寸封闭图形称为尺寸链。尺寸链分工艺尺寸链和装配尺寸链。

在工艺过程中，由同一零件上与工艺过程相关的尺寸所形成的尺寸链称为工艺尺寸链。如图 2.22(a)所示铣削台阶面的零件，零件图上标注的尺寸是 A_1、A_0。设 A_1 尺寸已加工好，现要加工台阶面 B 面。设计图样中，B 面的确定以 C 面为基准标注尺寸 A_0 确定，C 面是确定台阶面 B 的设计基准。实际加工工序中是以零件的 A 面定位，调整好刀具底部到 A 面的尺寸 A_2，即工序尺寸为 A_2，通过尺寸 A_1、A_2 来间接保证尺寸 A_0，显然 A 面是工序中的定位基准。由 A_1、A_2、A_0 尺寸形成的工艺尺寸链如图 2.22(b)所示。

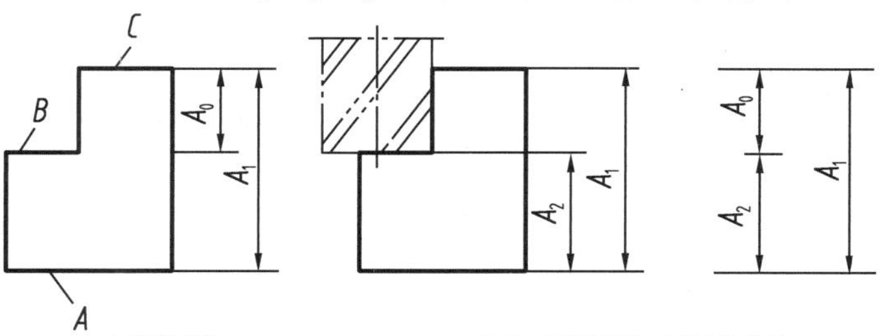

(a)零件图　　(b)工序图及工艺尺寸链

图 2.22　零件工艺尺寸链

在机器装配关系中，由相关零件的尺寸或相互位置关系所组成的尺寸链称为装配尺寸链。尺寸链中的每个尺寸称为尺寸链的环，尺寸链是由环构成的，可分为封闭环和组成环。本章节主要就工艺尺寸链展开论述，装配尺寸链在后面的章节再展开论述。

(1)封闭环

工艺尺寸链中的封闭环是在零件加工工艺中间接得到的或最终形成的尺寸环。如图2.22所示的工艺尺寸链的形成过程中，A_0 通过尺寸 A_1、A_2 来间接得到，是最终形成的，所以 A_0 是该工艺尺寸链中的封闭环。一般尺寸链中的封闭环只有一个，用下标“0”来表示。

(2)组成环

工艺尺寸链中的组成环是在零件加工工艺中，由各个工序直接确定得到的环。尺寸链中除封闭环外，其他环都是组成环，组成环一般有多个。如图2.22所示的工艺尺寸链中的 A_1、A_2 即是组成环，组成环根据其对封闭环的大小影响不同分为增环和减环。

①增环。在判断某个组成环时，保持其他组成环大小不变，此环尺寸增大或减小会导致封闭环相应增大或减少，则该组成环为增环。如图2.22所示的工艺尺寸链中的 A_1 组成环是增环。

②减环。在判断某个组成环时，保持其他组成环大小不变，此环尺寸增大或减小会导致封闭环相应减小或增大，则该组成环为减环。如图2.22所示的工艺尺寸链中的 A_2 组成环是减环。

2)尺寸链的特性

①封闭性。尺寸链是由一个封闭环和若干个组成环构成的首尾相接的封闭图形，不构成封闭图形，则不能称为尺寸链。

②关联性。尺寸链中的尺寸是相互作用、相互制约的，毫无关系的一组尺寸不能构成有意义的尺寸链。因此在确定尺寸链时要注意尺寸的关联性。

3)尺寸链的分类

(1)按应用场合分

尺寸链按应用场合分为工艺尺寸链和装配尺寸链。

(2)按环的几何特性分

①长度尺寸链。全部环为长度尺寸的尺寸链，如图2.22所示。

②角度尺寸链。全部环为角度量的尺寸链。由于平行度和垂直度分别相当于0°和90°，因此角度尺寸链包括平行度和垂直度的尺寸链。如图2.23所示，以 A 面为基准分别加工 C 面和 B 面，要求 $C\perp A$（即 $\beta_1=90°$），$B/\!/A$（即 $\beta_0=0°$），加工后应使 $B\perp C$（即 $\beta_0=90°$），但这种关系是通过 β_1、β_2 间接得到的，所以 β_1、β_2、β_0 组成了角度尺寸链，其中 β_0 为封闭环，β_1、β_2 为组成环。

(3)按各环所处的空间位置分

①直线尺寸链。全部组成环平行于封闭环的尺寸链是直线尺寸链，如图2.22所示。

②平面尺寸链。全部组成环位于一个或几个平行平面内，但某些组成环不平行于封闭环的尺寸链。平面尺寸链可以转化为两个相互垂直的直线尺寸链，如图 2.24(a)所示的平面尺寸链就可以转换为如图 2.24(b)、(c)所示的两个直线尺寸链。

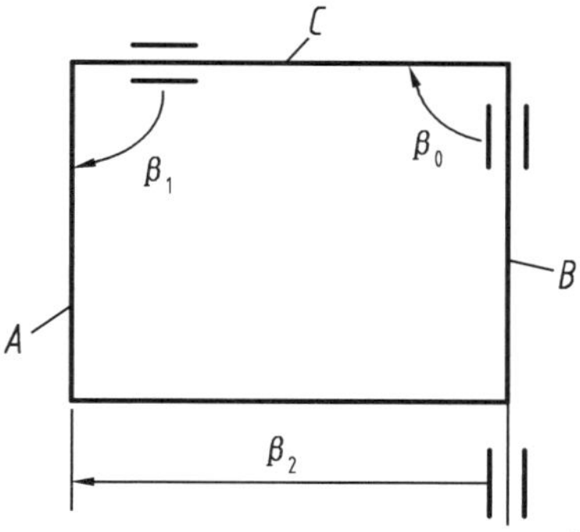

图 2.23　角度尺寸链

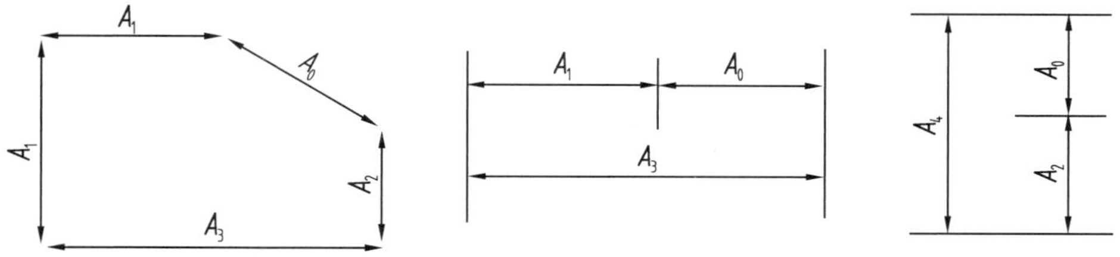

(a)　　(b)　　(c)

图 2.24　平面尺寸链

③空间尺寸链。组成环位于几个不平行的平面内的尺寸链。空间尺寸链可以转化为 3 个相互垂直的平面尺寸链，每个平面尺寸链又可转化为两个相互垂直的直线尺寸链。因此直线尺寸链是尺寸链中最基本的尺寸链。

长度尺寸链可以是直线、平面或空间尺寸链；角度尺寸链只能是平面或空间尺寸链。

4）尺寸链的计算方法

尺寸链的计算是根据结构或工艺上的要求，来确定尺寸链中各环的基本尺寸、公差及其极限偏差。常用的计算方法有两种：一种是极值法（也称极大极小法），该方法是以各组成环的最大值和最小值为基础，求封闭环的最大值和最小值。另一种是概率法（又称统计法），该方法是以概率论为基础来解算尺寸链，多用于环数较多的尺寸链。下面分别对两种方法进行介绍。

(1)极值法

①公称尺寸。封闭环的公称尺寸等于各组成环的公称尺寸代数和。

$$L_0 = \sum_{i=1}^{m} \xi_i L_i \tag{2.12}$$

式中　L_0—— 封闭环的公称尺寸；

L_i——组成环的公称尺寸；

ξ_i——第 i 个组成环的传递系数，对于直线尺寸链中，增环 $\xi_i=1$，减环 $\xi_i=-1$；

m——组成环的个数。

②公差。对于直线尺寸链，封闭环的公差等于各组成环的公差之和。

$$T_0 = \sum_{i=1}^{m} T_i \tag{2.13}$$

式中 T_0——封闭环的公差；

T_i——组成环的公差。

③极限偏差。封闭环的上极限偏差等于所有增环的上极限偏差之和减去所有减环的下极限偏差之和。

$$ES_0 = \sum_{p=1}^{L} ES_p - \sum_{q=L+1}^{m} EI_q \tag{2.14}$$

式中 ES_0——封闭环的上极限偏差；

ES_p——增环的上极限偏差；

EI_q——减环的下极限偏差。

封闭环的下极限偏差等于所有增环的下极限偏差之和减去所有减环的上极限偏差之和。

$$EI_0 = \sum_{p=1}^{L} EI_p - \sum_{q=L+1}^{m} ES_q \tag{2.15}$$

式中 EI_0——封闭环的下极限偏差；

EI_p——增环的下极限偏差；

ES_q——减环的上极限偏差。

(2)概率(统计)法

应用极值法解工艺尺寸链的优点在于计算简便，按该方法计算出的工序尺寸进行加工，能够保证不产出废品。然而，极值法是根据极大值、极小值的极端情况来建立封闭环和组成环的关系式。在封闭环为既定值时，分配到各组成环的公差相对较小，精度高，易导致零件相应工序加工过程变得困难。由数理统计的基本原理可知，在一个稳定的工艺系统中进行大批大量加工时，零件某个工序尺寸出现极值的可能性很小。多个工序尺寸同时为极大、极小的"极值组合"的可能性更小，甚至可以忽略不计，属于小概率事件。极值法正是基于这种小概率事件建立工艺尺寸链中封闭环和组成环的关系的，是一种保守的计算方法。这种方法是以严格控制工艺尺寸链中各组成环对应工序的加工精度为代价来换取不发生或少发生的极端情况，既不科学又不经济。因此，应用统计学的相关原理建立工艺尺寸链中的封闭环和组成环的关系，才更合理、更科学。

直线尺寸链是最常见的尺寸链形式，以下的推导计算公式都默认为直线尺寸链，传递系数绝对值 $|\xi_i|=1$。

若各组成环的误差符合正态分布，则其封闭环也是正态分布。如果取公差 $T=6\sigma$，则封闭环公差 T_0 和各组成环的公差 T_i 之间的关系式是

$$T_0 = \sqrt{\sum_{i=1}^{m} T_i^2} \tag{2.16}$$

式中　m——组成环的个数。

设各组成环的公差相等，用平均公差 T_M 表示，即 $T_i = T_M$，则各组成环的平均公差 T_M 为

$$T_M = \frac{T_0}{\sqrt{m}} \tag{2.17}$$

概率法与极值法相比，概率法计算可将组成环的平均公差扩大$\sqrt{m}$倍。但实际上，由于各组成环的尺寸分布不一定符合正态分布，所以实际扩大的倍数小于$\sqrt{m}$倍。

若组成环的尺寸不符合正态分布时，应引入相对分布系数 k_i。根据概率论原理，在组成环较多时，不论组成环尺寸分布是否符合正态分布，封闭环尺寸分布都为正态分布，可得

$$T_0 = \sqrt{\sum_{i=1}^{m} k_i^2 T_i^2} \tag{2.18}$$

式中　k_i——相对分布系数，其值见表 2.10。

关于 k_i 的具体数值，可根据各组成环误差的分布规律查取，见表 2.10。若不能确切知道各组成环的误差分布规律，建议在 1.2 ~ 1.7 范围内选取，有的资料建议取平均相对分布系数 $k_M = 1.5$，此时

$$T_0 = k_M \sqrt{\sum_{i=1}^{m} T_i^2} \tag{2.19}$$

则

$$T_M = \frac{T_0}{K_M \sqrt{m}} \tag{2.20}$$

表 2.10　常见的几种分布曲线及其相对分布系数 k 与相对不对称系数 e 的数值

分布特征	正态分布	三角分布	均匀分布	瑞利分布	偏态分布	
					外尺寸	内尺寸
分布曲线	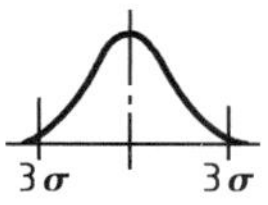	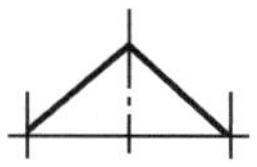	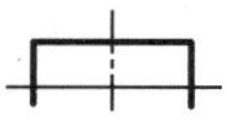	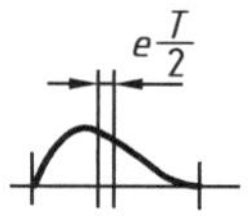	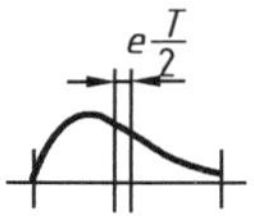	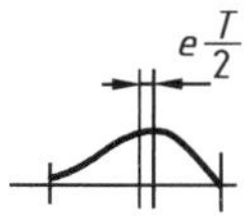
k	1	1.22	1.73	1.14	1.17	1.17
e	−0	0	0	−0.28	0.26	−0.26

5）尺寸链的计算形式

应用尺寸链原理解决加工和装配工艺问题时，经常会遇到以下 3 种情况：

（1）正计算形式

已知组成环的基本尺寸、公差及极限偏差，求封闭环的基本尺寸、公差及极限偏差。

（2）反计算形式

已知封闭环的极限尺寸及公差，求各组成环的极限尺寸和公差。由于组成环有若

干个,所以反计算形式是将封闭环的公差值合理地分配给各组成环。分配公差可以用以下3种方法:

①等公差值分配。各组成环公差相等,其大小为

极值法
$$T_M=\frac{T_0}{m} \tag{2.21}$$

概率法
$$T_M=\frac{T_0}{\sqrt{m}} \tag{2.22}$$

此方法计算简单,但从工艺角度讲,因各环尺寸大小和加工难易程度不同,因此规定各环公差相等是不合理的。当各组成环尺寸及加工难易程度相近时采用该方法较合理。

②等精度分配。各组成环的精度等级是相同的。各组成环的公差值的确定,根据基本尺寸及精度等级来确定,然后再适当修正,同样要满足等公差分配中的公式。这种方法在工艺上是比较合理的。

③利用协调环分配封闭环的公差。如果尺寸链中存在一些难以加工或不宜改变其公差的组成环,那么使用等公差法和等精度法分配公差都存在一定的困难。这时可以把这些组成环的公差确定下来,只将一个或极少数比较容易加工的或在生产上受限制较少和用通用量具容易测量的组成环作为协调环,用以协调封闭环和其他组成环之间的公差分配关系。当采用

极值法时:
$$T_0=T_j+\sum_{i=1}^{m-1}T_i \tag{2.23}$$

概率法时:
$$T_0=\sqrt{T_j^2+\sum_{i=1}^{m-1}T_i^2} \tag{2.24}$$

式中 T_j——协调环公差。

这种方法与设计和工艺工作经验有关。一般情况下,对难以加工、尺寸较大的组成环,会给其分配稍大的公差。通常在解决尺寸链反计算时,先按等公差值分配,求出各组成环的平均公差,再以此为基础结合加工难易程度、尺寸大小进行分配和协调。

一般按"入体原则"标注组成环偏差,即对外表面尺寸注成单向负偏差;对内表面尺寸注成单向正偏差;对孔心距则注成对称偏差,然后按式(2.22)、式(2.23)进行校核,若不符合要求,则需要进行调整。为了加快调整,可采用协调环的办法,先根据上述原则定出其他组成环的上、下偏差,再根据封闭环的上、下偏差及已定的组成环上、下偏差计算出协调环的上、下偏差。

(3)中间计算形式

已知封闭环和部分组成环的基本尺寸、公差及极限偏差,求其余组成环的基本尺寸、公差及偏差,工艺尺寸链的分析计算多属于这种计算形式。

2.7.2 典型工艺尺寸链的分析计算

应用工艺尺寸链解决实际问题的关键在于建立正确的工艺尺寸链,明确各尺寸之

间的内在联系，确定封闭环、增环和减环，再根据工艺尺寸链的计算方法，建立各环之间的尺寸及公差的关系式，求出未知参数。以下是几种用极值法求解工艺尺寸链解决实际工艺问题的典型实例。

1）测量基准与设计基准不重合

【例2.2】　如图2.25(a)所示，某箱体零件中的Ⅰ孔、Ⅱ孔，两个孔中心距的设计尺寸为 $L_0=(127\pm0.07)$ mm。该尺寸无法直接测量，一般情况下，采用游标卡尺测量两孔的最近母线尺寸 L_2 或最远母线尺寸 L_4，再间接计算孔中心距的方式来保证设计尺寸。已知Ⅰ孔孔径为 $\phi80^{+0.004}_{-0.018}$ mm，Ⅱ孔孔径为 $\phi65^{+0.03}_{0}$ mm，现决定采用测量两孔的最近母线 L_2 的方式来保证中心距 L_0。那么面临的问题就是 L_2 的尺寸及公差为多少才能间接地保证设计尺寸 L_0。因测量尺寸 L_2 的基准（两最近母线）和设计尺寸 L_0（两个孔心）的基准不重合，这就需要通过工艺尺寸链的计算来解决。在测量过程中，因Ⅰ孔、Ⅱ孔的直径是加工中直接保证的，相当于半径是已知的，分别记录为 $L_1=40^{+0.002}_{-0.009}$，$L_3=32.5^{+0.015}_{0}$，L_2 是通过测量直接得到的，通过 L_1、L_2、L_3 可间接地推算出设计尺寸 L_0，所以 L_0 是尺寸链中的封闭环，L_1、L_2、L_3 为组成环，且均为增环，该尺寸链中无减环。如图2.25(b)所示为尺寸链。

采用极值法，根据式(2.12)计算公称尺寸　$L_0=L_1+L_2+L_3$

代入数据　$127=40+L_2+32.5$

得　$L_2=54.5$

根据式(2.14)，封闭环上偏差　$ES_{L_0}=ES_{L_1}+ES_{L_2}+ES_{L_3}$

代入数据　$0.07=0.002+ES_{L_2}+0.015$

得　$ES_{L_2}=+0.053$

根据式(2.15)，封闭下偏差　$EI_{L_0}=EI_{L_1}+EI_{L_2}+EI_{L_3}$

代入数据　$-0.07=-0.009+EI_{L_2}+0$

得　$EI_{L_2}=-0.061$

故　$L_2=54.5^{+0.053}_{-0.061}$

根据以上尺寸链的计算，只要保证尺寸 L_2 在 $54.5^{+0.053}_{-0.061}$ 范围内，就一定能保证设计尺寸在(127 ± 0.007) mm范围内，即满足设计要求。

但是，按上述计算结果，若实测的尺寸超过 $54.5^{+0.053}_{-0.061}$，并不一定意味着零件都是废品。这是因为以上尺寸链的计算中采用的极值法，该方法是根据极大、极小值的极端情况来建立封闭环和组成环的关系式。这种方法造成的结果是，在封闭环尺寸及公差确定下，各组成环的公差过于严格，常使零件加工过程产生困难。从保证封闭环的尺寸要求来看，这是一种保守算法，计算结果可靠。但正因为保守，计算结果中便隐含有假废品的问题。如上例，若两个孔径取上极限尺寸，即对应 $L_1=40+0.002=40.002$(mm)，$L_3=32.5+0.015=32.515$(mm)，同时设计尺寸 L_0 取下极限尺寸

$$L_0=127-0.07=126.93\text{(mm)}$$

可计算得此时

$$L_2=L_0-L_1-L_3=126.93-40.002-32.515=54.413\text{(mm)}=(54.5-0.087)\text{(mm)}$$

显然此尺寸已经超出根据极值法计算的 $54.5^{+0.053}_{-0.061}$ 的范围。

为了避免假废品的产生，在生产过程中，当发现实测尺寸超差时，应实测其他组成环的尺寸，并在尺寸链中重新计算封闭环的尺寸，然后将其与设计要求进行比较。若结果超差，便可确认为废品；若不超差，仍可视为合格品。

出现假废品的根本原因是在工艺过程中因测量基准和设计基准不重合，采用了保守的极值法进行计算的结果。在这种极值法计算中，组成的环数越多，公差范围越大，出现假废品的可能性越大。因此，在测量中尽量使测量基准和设计基准重合。

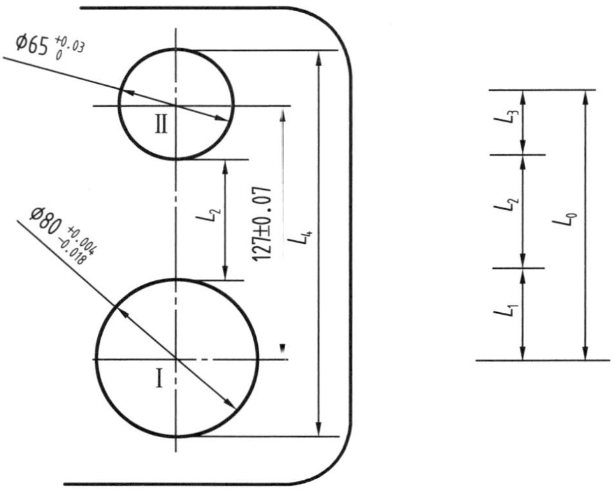

(a)　　(b)

图 2.25　箱体零件测量基准和设计不重合

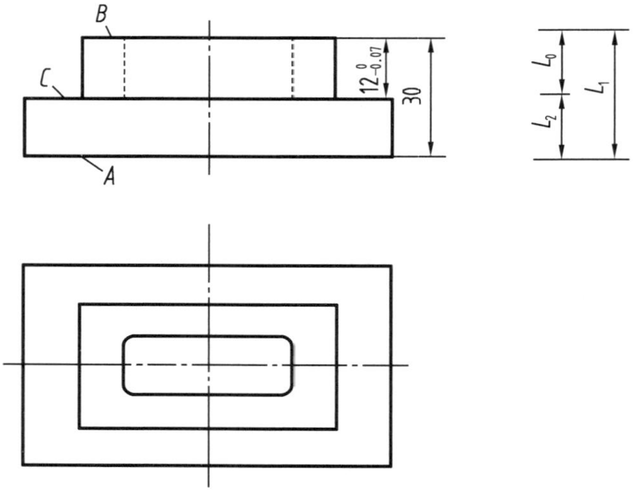

(a)　　(b)

图 2.26　定位基准与设计基准不重合

2）定位基准与设计基准不重合

【例 2.3】　如图 2.26(a)所示的零件为大批量生产，A、B、C 3 个面需要加工。3 个面之间的设计尺寸要求为 A、B 面距离 $L_1=30$，B、C 面距离 $L_0=12^{\ 0}_{-0.07}$。假如 A、B 面已经

加工好，也保证了设计尺寸 $L_1=30$。现本工序要加工 C 面，以 A 面作为定位基准采用调整法加工，通过控制工序尺寸 A、C 面的距离尺寸 L_2 来间接满足设计尺寸 L_0。那么工序尺寸 L_2 的尺寸及公差为多少才能间接满足设计尺寸 L_0 呢？加工 C 面的工序尺寸 L_2 的定位基准为 A 面，而设计尺寸界定 C 面的是从 B 面给定 B、C 面距离 L_0 尺寸的，B 面是设计基准，所以加工 C 面的定位基准和设计基准不重合，这就需要运用工艺尺寸链的理论来解决。

在 A、B 面距离 $L_1=30$ 已经确定的情况下，工艺中要通过工序尺寸 L_2 来间接的确保设计尺寸 L_0。L_1、L_2 是工艺中直接控制保证的工序尺寸，是组成环；L_0 是通过 L_1、L_2 间接获得的封闭环，建立的工艺尺寸链如图 2.26(b)所示。进一步分析可知，L_1 是增环，L_2 是减环。

组成环 L_1 已知基本尺寸，且未标注公差(一般公差要求不高时，可以不标注公差)。组成环 L_2 未知，封闭环 $L_0=12_{-0.07}^{\ 0}$ 为已知的设计尺寸。根据极值法，封闭环的公差等于各组成环公差之和，即 $T_0=T_1+T_2=0.07$，因此就需要将封闭环的公差分配给两个组成环。若按等公差法分配，则：$T_1=T_2=0.035$。L_1 按入体原则标注 $L_1=30_{-0.035}^{\ 0}$。这样，尺寸链中 L_0、L_1 的尺寸及公差均已知，只有 L_2 未知，可以通过极值法计算公式求解。

采用极值法，根据式(2.12)计算公称尺寸　$L_0=L_1-L_2$

代入数据　$12=30-L_2$

得　$L_2=18$

根据式(2.14)，封闭上偏差　$ES_{L_0}=ES_{L_1}-EI_{L_2}$

代入数据　$0=0-EI_{L_2}$

得　$EI_{L_2}=0$

根据式(2.15)，封闭下偏差　$EI_{L_0}=EI_{L_1}-ES_{L_2}$

代入数据　$-0.07=-0.035-ES_{L_2}$

得　$ES_{L_2}=0.035$

故　$L_2=18_{\ 0}^{+0.035}$

在尺寸 $L_1=30_{-0.035}^{\ 0}$ 条件下，通过控制工序尺寸 $L_2=18_{\ 0}^{+0.035}$ 即可间接保证设计尺寸 $L_0=12_{-0.07}^{\ 0}$。

从本例可以看出，定位基准和设计基准不重合，为了保证设计尺寸 L_0 的要求，根据工艺尺寸链的极值法，封闭环的公差等于各组成环公差之和，计算结果使得原本没有公差限制的 L_1(自由公差，公差较大)有了较严格的公差要求，同时工序尺寸 L_2 也被赋予了相同公差要求，这两个公差都比设计尺寸 L_0 的公差小，意味着增加了工序的加工难度。若封闭环的公差再减小，那么各组成环的公差会更小，造成相应工序加工困难，甚至无法满足精度要求。造成该现象的根本原因在于定位基准和设计基准不重合，需要通过工艺尺寸链换算，间接保证设计尺寸。若本例中为单件或小批量加工，可采用试切法使设计基准和工艺基准重合，从而直接保证设计尺寸 L_0，就不需要进行尺寸链的换算。但试切法比调整法的效率低。

3)工序基准与设计基准不重合

(1)工序基准是尚待加工的设计基准

【例2.4】 带有键槽的内孔,要求加工完成后的孔径 $D_2=\phi50^{+0.030}_{0}$,键槽深度 $H=53.8^{+0.30}_{0}$,如图2.27(a)所示。

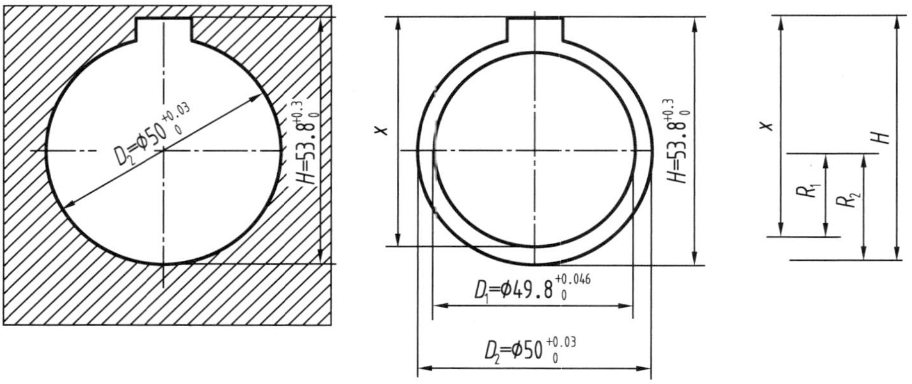

(a) (b) (c)

图2.27 带有键槽的内孔

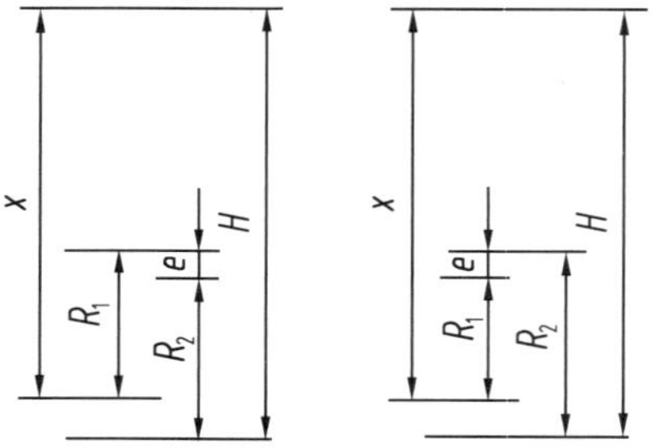

(a) (b)

图2.28 考虑同轴度影响的尺寸链图

该内孔有淬火处理要求,其工序安排如下:

镗内孔至 $D_1=\phi49.8^{+0.046}_{0}$;插键槽,工序尺寸 x;内孔淬火。

磨内孔至设计尺寸 $D_2=\phi50^{+0.030}_{0}$,同时保证键槽深度 $H=53.8^{+0.30}_{0}$ 的设计要求,如图2.27(b)所示,求插键槽工序尺寸 x。

插键槽工序尺寸 x 是以镗孔 D_1 的下母线作为工序基准。在不考虑磨孔与镗孔的同轴度误差的情况下,即镗孔 D_1 和磨孔 D_2 是同轴的,磨削工序后孔径 D_2 形成了新的下母线,间接获得了键槽的深度尺寸 H,也是键槽的最终设计尺寸。键槽深度尺寸 H 是以磨削孔 D_2 的下母线为设计基准,而在工序过程中,键槽深度是由插键槽工序实现加工的,此时工序尺寸 x 是以镗孔 D_1 的下母线为工序基准。这种情况下,键槽深度尺寸的设计基准和工序基准是不重合的。对工序尺寸 x,其镗孔的下母线经过磨削工序后就是设计尺寸 H 的设计基准,故将此类称为“工序基准是尚待加工的设计基准”。因最后的磨削内孔工序,一次加工同时满足了孔径 D_2 及设计尺寸 H,所以有些书中把此种情形称为“一次加工满足多个设计尺寸要求”。无论如何描述,其本质都是工序基准和设计基准不重合,需要借助工艺尺寸链进行计算。

按工序顺序建立的尺寸链如图2.27(c)所示。其中 R_1、R_2 是与工序尺寸 D_1、D_2 相对应的半径尺寸。分析工序尺寸链,R_1、R_2、x 都是由相应的工序直接确定的,是组成环,H 是由各组成环确定后间接得到的,是封闭环,根据概念可进一步判断 x、R_2 是增环,R_1 是减环。$H=53.8_{0}^{+0.30}$,$R_1=24.9_{0}^{+0.023}$,$R_2=25_{0}^{+0.015}$,x 未知。

采用极值法,根据式(2.12)计算公称尺寸 $H=x+R_2-R_1$

代入数据 $53.8=x+25-24.9$

得 $x=53.7$

根据式(2.14),封闭环上偏差 $ES_H=ES_X+ES_{R_2}-EI_{R_1}$

代入数据 $0.30=ES_X+0.015-0$

得 $ES_X=0.285$

根据式(2.15),封闭环下偏差 $EIS_H=EI_X+EI_{R_2}-ES_{R_1}$

代入数据 $0=EI_X+0-0.023$

得 $EI_X=0.023$

故 $x=53.7_{+0.023}^{+0.285}$

在本例的分析计算中,认为镗孔和磨孔没有同轴度误差,将镗孔的中心线和磨孔的中心线看成同一中心线,即同一个基准。但实际情况是,因镗孔和磨孔是两个工序,两次装夹,必然会存在同轴度误差。当同轴度误差很小(相比其他组成环误差很小,至少小于一个数量级)时,才允许按上述近似计算。若同轴度误差较大时,应将误差考虑在内,并将其作为尺寸链中的一个组成环。

假设镗孔和磨孔的同轴度公差为 $\phi0.05$,即两孔轴线偏心为±0.025,计为 $e=0\pm0.025$,重新建立尺寸链如图2.28(a)或图2.28(b)所示,这两种尺寸链都采用极值法计算,可得出相同的结果,即

$$x=53.7_{+0.048}^{+0.260}=53.748_{0}^{+0.212}$$

与以上不考虑同轴度误差计算的 x 尺寸进行比较。在封闭环尺寸及公差不变的情况下,由于多了一个同轴度误差的组成环,使得插键槽工序尺寸 x 的公差减小,减小的数值正好是该同轴度公差。

根据设计要求,键槽深度的公差为0~0.30,但根据以上计算的插键槽工序尺寸 x 的公差为0.023~0.285(不考虑同轴度的情形)或0.048~0.260(考虑同轴度的情形),这两种情况下的公差都比设计公差要严格,给加工带来困难。究其原因,是工序基准和设计基准不重合造成的。因此,在工序安排时,尽量使工序基准和设计基准重合,避免工序尺寸的公差过于严格,给加工带来困难。

另外需要说明的是,对于尺寸链的换算问题,正确地画出尺寸链图是关键,只有正确地画出尺寸链图,才能准确地判断出封闭环、增环和减环。

(2)表面淬火、渗碳等表面处理工序

在机械零件的加工工序中,常有些零件的重要表面需要淬火或渗碳处理,且这些表面的加工精度要求又高。一般的机械工序过程中,这些表面在淬火或渗碳处理后再进行磨削加工,磨削后所保留的淬火层或渗碳层厚度是零件最终的设计要求,那么如何确

定磨削前的淬火或渗碳时的工序尺寸才能保证磨削后的设计要求？显然磨削前的工序尺寸基准与磨削后的设计基准是不重合的，这就需要通过工艺尺寸链换算解决。

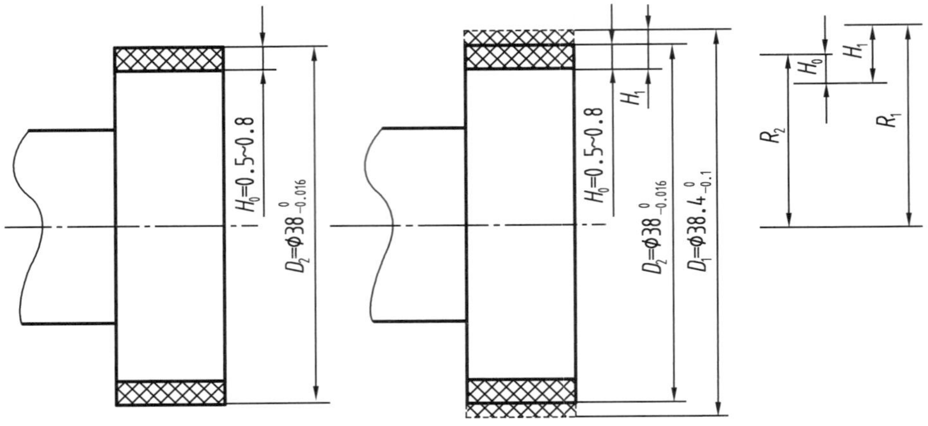

(a) (b) (c)

图 2.29　淬火或渗碳处理

【例 2.5】　阶梯轴零件某段轴颈处所要求的设计尺寸分别为轴径 $D_2=\phi38^{\ 0}_{-0.016}$ 及表面渗碳层深度 $H_0=0.5\sim0.8$，如图 2.29(a)所示。该表面的加工工艺顺序如图 2.29(b)所示，精车到尺寸 $D_1=\phi38.4^{\ 0}_{-0.1}$；表面渗碳，渗碳层深 H_1；磨削外圆到尺寸 $D_2=\phi38^{\ 0}_{-0.016}$，同时保证渗碳层深度 $H_0=0.5\sim0.8$。试确定渗碳工序尺寸 H_1。

精车外圆后的渗碳层深度，经过磨削工序，会间接影响渗碳层深度，形成了最终的渗碳层深度 H_0，也是设计尺寸。磨削轴径 D_2 母线是渗碳层深度 H_0 的设计基准。精车轴径 D_1 母线是渗碳工序尺寸 H_1 的工序基准，渗碳层深的设计基准和工序基准不重合，需通过工艺尺寸链换算确定渗碳工序尺寸 H_1。

【解】　根据工艺顺序建立尺寸链，如图 2.29(c)所示。H_1、R_1、R_2 为相应工序直接确定的尺寸，是组成环。H_0 是由组成环确定后间接得到的，是封闭环。可进一步判断 H_1、R_2 为增环，R_1 为减环。$R_1=19.2^{\ 0}_{-0.05}$，$R_2=19^{\ 0}_{-0.008}$，$H_0=0.5\sim0.8=0.5^{+0.3}_{\ 0}$，$H_1$ 未知。

采用极值法，根据式(2.12)计算公称尺寸　$H_0=H_1+R_2-R_1$

代入数据　$0.5=H_1+19-19.2$

得　$H_1=0.7$

根据式(2.14)，封闭环上偏差　$ES_{E_0}=ES_{H_1}+ES_{R_2}-EI_{R_1}$

代入数据　$0.3=ES_{H1}+0-(-0.05)$

得　$ES_{H}=0.25$

根据式(2.15)，封闭下偏差　$EI_{H_0}=EI_{H_1}+EI_{R_2}-ES_{R_1}$

代入数据　$0=EI_{H_1}-0.008-0$

得　$EI_{H_1}=0.008$

故　$H_1=0.7^{+0.25}_{+0.008}$

上例中，工件表面在渗碳或淬火等表面处理后再进行磨削等精加工工序，确保工件最终的设计精度，这是因为表面处理过程中可能会引起工件变形，或工件表面最终设计精度要求较高。如果表面处理工序引起工件的变形不是很大，或最终设计精度不高的情况下，那么表面处理工序完成后就不需要再进行精加工工序。如机械零件的涂（镀）耐磨材料或装饰材料。如图 2.30（a）所示，某轴类零件的外径表面在精加工后要求进行镀铬处理，镀铬处理后的外径尺寸要求为 $D_0=\phi 28_{-0.045}^{\ 0}$，镀铬层厚度要求为 $L=0.025\sim0.04$ mm，试确定工件在镀铬前外径的精加工尺寸 D_1。

工件在精加工获得尺寸 D_1 后在表面镀铬处理，确保设计尺寸 D_0。以轴线为基准建立尺寸链如图 2.30（b）所示，其中 R_1、R_0 分别为轴径尺寸 D_1、D_0 所对应的半径尺寸。因为尺寸 D_0 是间接获得的，故其对应的半径尺寸 R_0 也是间接获得的，是封闭环。R_1、L 是通过工序直接获得的，是组成环，且均为增环。$L=0.025\sim0.04=0.025_{\ 0}^{+0.015}$，$R_0=14_{-0.0225}^{\ 0}$，$R_1$ 未知。根据极值法可计算得 $R_1=13.975_{-0.0225}^{+0.015}$，故对应的直径尺寸 $D_1=\phi 27.95_{-0.045}^{+0.03}$，即镀铬前轴径的精加工尺寸为 $\phi 27.95_{-0.045}^{+0.03}$。

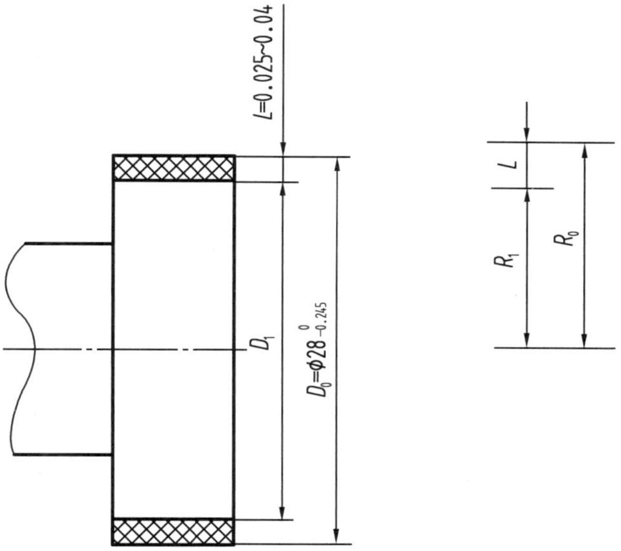

(a)　　　　(b)

图 2.30　轴套镀铬工艺尺寸链图

4）余量校核

在工艺过程中，工序的加工余量过大会影响生产、材料利用率以及精加工质量，余量过小则可能会造成局部加工表面不能成形而造成废品。因此，校核加工余量是对加工余量进行的必要调整，是制定工艺规程的工作内容。

【例 2.6】　如图 2.31 所示的工艺过程，其轴向尺寸最终确保为（30±0.02）mm，其工艺顺序为：

（1）精车 A 面，自 B 处切断，保证两端面距离 $L_1=(31\pm0.1)$ mm。

（2）以 A 面定位，精车 B 面，保证两端面的距离 $L_2=(30.4\pm0.05)$ mm，精车余量为 Z_2。

(3)以 B 面定位,磨削 A 面,保证两端面距离 $L_3=(30.15\pm0.02)$ mm,磨削余量为 Z_3。

(4)以 A 面定位,磨削 B 面,保证最终的轴向尺寸 $L_4=(30\pm0.02)$ mm,磨削余量为 Z_4。

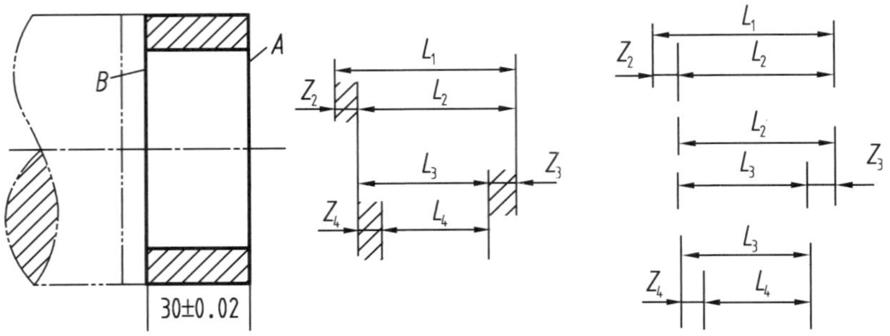

(a) (b) (c)

图 2.31 加工余量校核

现对上述工序中的 Z_2、Z_3、Z_4 进行余量校核。首先,按上述工艺顺序,将有关工艺尺寸(含余量尺寸)绘制成如图 2.31(b)所示的图示。然后,将其分解为 3 个尺寸链,如图 2.31(c)所示。在分解的每个尺寸链中,加工余量 Z_i 是通过工序尺寸 L_i 而间接获得的,故加工余量 Z_i 是封闭环,是未知的,其他工序尺寸 L_i 是已知的。在 3 个尺寸链中分别求解得出精车余量 $Z_2=(0.6\pm0.15)$ mm,磨削余量 $Z_3=(0.25\pm0.07)$ mm,磨削余量 $Z_4=(0.15\pm0.04)$ mm。

从此结果中可以看出,两个磨削余量 Z_3、Z_4 偏大,需要进行适当调整。余量调整的主要依据是各工序(特别是重点工序)的加工经济精度、工人的操作水平、现场的测量条件等。

首先,将磨削余量 Z_4 减小为 $Z_4=(0.1\pm0.04)$ mm,然后在含 Z_4 的尺寸链中可求出 $L_3=(30.1\pm0.02)$ mm。前面求得 $Z_3=(0.25\pm0.07)$ mm,且 Z_3 与前工序的精加工精度有关,现将 Z_3 基本尺寸调小至 0.15,那么 $L_2=(30.25\pm0.05)$ mm,在包含 Z_3 的尺寸链中可求得 $Z_3=(0.15\pm0.07)$mm。保持余量 Z_2 不变,并根据确定的 L_2 尺寸,在包含 Z_2 的尺寸链中可求出 $L_1=(30.85\pm0.1)$ mm。

经过上述调整后,加工余量的大小变得更加合理。由此可见,余量调整是工艺过程中的一项重要工作内容。

2.7.3 工序尺寸和加工余量的图表法

当零件在同一个方向上加工尺寸较多,并多次转换工艺基准时,建立工艺尺寸链进行余量就比较复杂,且容易出现错误。图表法能准确查出全部工艺尺寸链,还能够把一个复杂的工艺过程按箭头顺序直观地在表内表示出来,并列出有关计算结果。图表法具有清晰、明了、信息量大的特点。下面结合案例介绍图表法。

【例 2.7】 某轴套轴向尺寸如图 2.32 所示,其工艺安排顺序为:

(1)以 D 面定位,粗车 A 面,控制 A、D 面距离为 A_1,镗孔底 C 面,控制 A、C 面距离为 A_2。

（2）以 A 面定位，车 B 面，控制 A、B 面距离为 A_3，粗车 D 面，控制 A、D 面距离为 A_4。

（3）以 B 面定位，精车 A 面，控制 A、B 面距离为 A_5，精车 C 面，控制 A、C 面距离为 A_6。

（4）靠火花磨削 B 面，控制磨削余量 Z_7。

从上述工艺安排可知，A、B、C 面各经过两次加工，且都进行了基准转换。要正确得出各个表面的每次加工中的余量及范围、工序尺寸及公差并不容易。如图 2.33 所示为图表法的计算过程，具体如下：

（1）图表绘制。在图表中上部画出工件简图，并标出与工艺尺寸链计算有关的轴向尺寸。为方便计算将它们改写成平均尺寸和对称偏差的形式，如（31.69±0.31）mm、（27.07±0.07）mm 及（6±0.10）mm。

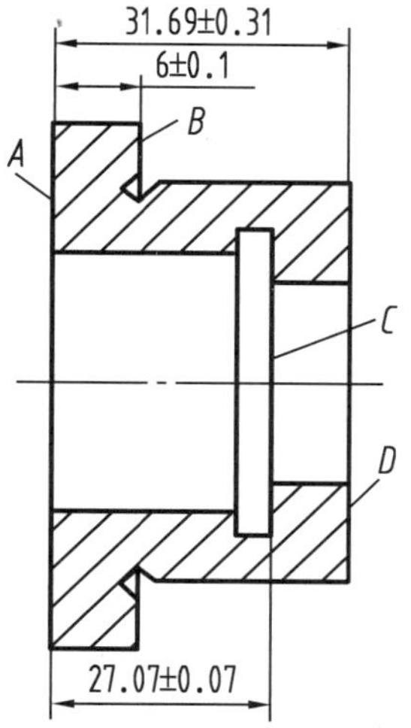

图 2.32　轴套零件轴向尺寸

（2）确定各工序中的直接获得尺寸和间接获得尺寸。由工件简图可以看出，工序尺寸 A_1、A_2、A_3、A_4、A_5、A_6 都是在切除相应的余量 Z_1、Z_2、Z_3、Z_4、Z_5、Z_6 之后直接测量所得的尺寸，故皆为各所属尺寸链的组成环。而 Z_1、Z_2、Z_3、Z_4、Z_5、Z_6 都是间接获得尺寸，必为各所属尺寸链的封闭环。而工序尺寸 A_7 是由工序 3 精车 A 面（切除余量 Z_5）之后间接获得的，所以 A_7 是封闭环。

工序 4 磨台肩 B 时采用靠火花磨削法，是根据火花的多少凭经验控制磨削余量的大小，所以将 Z_7 看作可以直接保证的尺寸，是所属尺寸链的组成环。而工序尺寸 A_8 成了间接保证的封闭环。靠磨时的定位基准看作待磨表面自身。

图表中加工余量 Z_1、Z_2、Z_3 及公差待毛坯尺寸确定后，也可通过尺寸链计算求得。这里不再赘述。

（3）用图表追踪法查找各个封闭环的所属尺寸链的方法。查找和计算尺寸链，一般自最后工序开始。沿封闭环两端的尺寸界限同时向上（或向下）追踪查找其各组成环（应按尺寸链最短原则）。

在向上（向下）追踪时，与这两条追踪线（见表 2.11 中工件简图上虚线所示）首先相遇的箭头所代表的工序尺寸就是尺寸链的组成环。这时应拐弯、逆箭头方向横向追踪，找到工序尺寸的测量基准（通常标记为符号“●”）。然后，由此测量基准的所在界限向上（或向下）追踪，直到两边的追踪线汇交为止。

运用追踪法可以找到如图 2.33 所示的轴套零件轴向尺寸的 5 个工艺尺寸链（图中有括号的尺寸为各工艺尺寸链中的封闭环），通过计算可以确定各工序尺寸、工序公差、工序余量和余量公差。

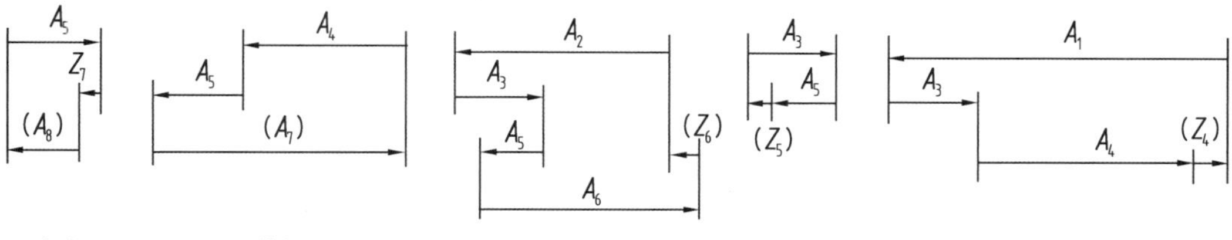

图 2.33　轴套轴向工艺尺寸链

(4)工序尺寸和工序余量的计算。计算尺寸链如图 2.33(a)所示。按经验取最小靠磨余量和余量公差为:

$$Z_{7\ \min}=0.08(\mathrm{mm});T(Z_7)=\pm0.02(\mathrm{mm})$$

则 $Z_{7\text{平均}}=0.08+0.02=0.10(\mathrm{mm})$

已知封闭环 $A_8=6(\mathrm{mm});T(A_8)=\pm0.10(\mathrm{mm})$

求得组成环 $A_5=A_8+Z_{7\text{平均}}=6.10(\mathrm{mm})$

$$T(A_5)=T(A_8)-T(Z_7)=\pm0.08(\mathrm{mm})$$

计算尺寸链如图 2.33(b)所示。

已知封闭环 $A_7=31.69(\mathrm{mm});T(A_7)=\pm0.31(\mathrm{mm})$

已求得 $A_5=6.10(\mathrm{mm});T(A_5)=\pm0.08(\mathrm{mm})$

求得组成环 $A_4=A_7-A_5=25.59(\mathrm{mm})$

$$T(A_4)=T(A_7)-T(A_5)=\pm0.23(\mathrm{mm})$$

计算尺寸链如图 2.33(d)所示。

如图 2.33(c)所示,因为图中尺寸链的未知数较多,故先解如图 2.33(d)所示的尺寸链。

已知组成环 $A_5=6.10(\mathrm{mm});T(A_5)=\pm0.08(\mathrm{mm})$

按精车经济精度取 $T(A_3)=\pm0.10(\mathrm{mm})$

按精车最小余量取 $Z_{5\ \min}=0.3(\mathrm{mm})$(查手册)

可求得封闭环公差 $T(Z_5)=T(A_5)+T(A_3)=\pm0.18(\mathrm{mm})$

平均余量 $Z_{5\text{平均}}=Z_{5\ \min}+\dfrac{T(Z_5)}{2}=0.48(\mathrm{mm})$

求得组成环 $A_3=A_5+Z_{5\text{平均}}=6.58(\mathrm{mm})$

计算尺寸链如图 2.33(c)所示。

已知组成环 $A_6=27.07(\mathrm{mm});T(A_6)=\pm0.07(\mathrm{mm})$

已求得 $A_5=6.10(\mathrm{mm});T(A_5)=\pm0.08(\mathrm{mm})$

$$A_3=6.58(\mathrm{mm});T(A_3)=\pm0.10(\mathrm{mm})$$

按粗镗经济精度取 $T(A_2)=\pm0.20(\mathrm{mm})$

取精镗最小余量 $Z_{6\ \min}=0.3(\mathrm{mm})$

求得封闭环公差 $T(Z_6)=T(A_2)+T(A_3)+T(A_5)+T(A_6)=\pm0.45(\mathrm{mm})$

平均余量 $Z_{6\text{平均}}=Z_{6\min}+\dfrac{T(Z_6)}{2}=0.75(\mathrm{mm})$

求得组成环 $A_2=A_6-Z_{6\text{平均}}-A_+ +A_3=26.8(\mathrm{mm})$

计算尺寸链如图 2.33(e)所示。

已求得组成环 $A_3=6.58(\mathrm{mm});T(A_3)=\pm0.10(\mathrm{mm})$

$$A_4=25.59(\mathrm{mm});T(A_4)=\pm0.23(\mathrm{mm})$$

按粗车经济精度取 $T(A_1)=\pm0.30(\mathrm{mm})$

取粗车最小余量 $Z_{4\ \min}=1(\mathrm{mm})$

求得封闭环公差 $T(Z_4)=T(A_1)+T(A_3)+T(A_4)=\pm 0.63(\text{mm})$

表 2.11　轴套工艺尺寸链的图表法

代表符号：定位基准；加工表面；测量基准；工序尺寸；封闭环；工序余量

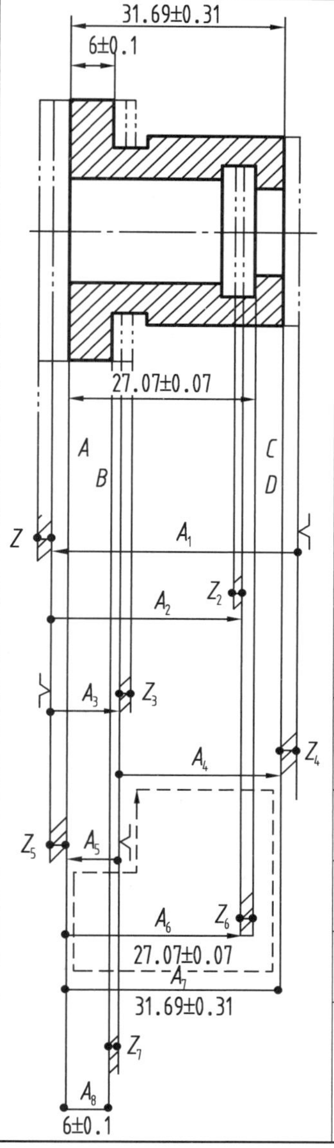

工序号	工序内容	最小余量（按手册或经验决定） $Z_{i\,\min}$	余量公差 $\pm\frac{T(Z_i)}{2}$	平均余量 $Z_{i平均}$	工序公差 $\pm\frac{TA_i}{2}$	平均工序尺寸 A_i	注成极限工序尺寸及单项公差 $A_{i极}$
1	粗车端面 A 至尺寸 A_1				±0.3	33.8	$34_{-0.60}^{0}$
1	镗孔底 C 至尺寸 A_2				±0.2	26.8	$26.6_{0}^{+0.4}$
2	车台肩 B 面至尺寸 A_3				±0.2	6.58	$6.68_{-0.2}^{0}$
2	粗车端面 D 至尺寸 A_4	1	±0.63	1.63	±0.23	25.59	$25.82_{-0.46}^{0}$
3	精车端面 A 至尺寸 A_5	0.3	±0.18	0.48	±0.08	6.1	$6.18_{-0.16}^{0}$
3	精镗底孔 C 至尺寸 A_6	0.3	±0.45	0.75	±0.07	27.07	$27_{0}^{+0.18}$
3					±0.31	31.69	$32_{-0.62}^{0}$
4	靠火花磨 B 面控制余量 Z_7	0.08	±0.02	0.1	±0.1	6	6±0.1

注：工序 4 为镗内孔，省略。

平均余量　　$Z_{4平均}=Z_{4\,\min}+\dfrac{T(Z_4)}{2}=1.63(\text{mm})$

求得组成环　　$A_1=A_3+A_4+Z_{4平均}=33.8(\text{mm})$

最后将各工序的平均尺寸和对称公差按照入体原则换算成极限尺寸和单向公差。

以上多工序尺寸的计算比较复杂，归纳其方法一般如下：

①绘制各加工表面的加工余量层（粗、精余量分开），并引出尺寸界线。

②按加工顺序，依次绘制出各工序尺寸的尺寸箭头（指向加工面），测量基准面并标

记为圆点“●”。

③按加工方法和测量方法确定所有的封闭环。

④按尺寸链最短原则自最后工序开始查找工序尺寸所属的尺寸链，并作尺寸链图（一个尺寸链中只能有一个封闭环）。

⑤自最后工序开始逐个计算工序尺寸和公差，或者是工序余量和公差（一般工序余量的大小可凭经验或查手册决定）。

⑥如果尺寸链中未知公差数目在两个以上，则需要确定其中一个作为待求环，其余环的公差可按工厂经验或经济加工精度自定。

⑦为便于计算，常将设计尺寸和公差化作平均尺寸和对称公差，故最后的计算结果应按入体原则改为极限尺寸和单向公差。

2.8 工艺过程的生产率和经济性分析

2.8.1 时间定额

时间定额是指在一定生产条件下，规定生产一件产品或完成一道工序所需消耗的时间。时间定额是安排作业计划、进行成本核算、确定设备数量、人员编制以及规划生产面积的重要依据。所以时间定额是工艺规程的重要组成部分。

时间定额偏大，容易诱发产品质量问题，或影响工人的工作积极性和创造性。时间定额偏小则起不到指导生产和促进生产发展的积极作用。因此，合理地制定时间定额对保证产品质量、提高劳动生产率和降低生产成本都是十分重要的。

单件时间定额是指完成一个零件的一个工序的时间定额，它包括下列组成部分：

(1)基本时间 t_j

基本时间是指直接改变生产对象的尺寸、形状、相对位置、表面状态或材料性质等工艺过程所消耗的时间。对于切削加工而言，基本时间是切除金属所消耗的机动时间。对于不同加工面、加工方法，其机动时间计算公式不完全相同。但计算公式中一般都包括切入、切削加工、切出 3 段的时间。对于普通车床上切削外圆加工而言，其基本时间公式为

$$t_j = \frac{l + l_1 + l_2}{fn} \times i \tag{2.25}$$

其中

$$i = \frac{Z}{a_p}, n = \frac{1\ 000v}{\pi D}$$

式中 l——加工长度，mm；

l_1——刀具切入长度，mm；

l_2——刀具切出长度，mm；

i——进给次数；

Z——加工余量，mm；

a_p——背吃刀量,mm;

f——进给量,mm/r;

n——机床主轴转速,r/min;

v——切削速度,m/min;

D——工件直径,mm。

(2)辅助时间 t_f

辅助时间是指为实现工艺过程,必须进行的各种辅助动作所消耗的时间,包括工件装卸,机床的启停,改变切削用量,试切和测量零件尺寸,进、退刀等辅助动作所耗费的时间。当这些辅助动作由人工完成时,辅助时间的确定主要有两种方法:在大批量生产中,可以将辅助动作分解,再分别来确定所消耗的时间,然后累加;在中小批量生产中,可按基本时间的一定比例确定,并在实际中逐步修正。

基本时间和辅助时间的总和为作业时间 t_B,即 $t_B = t_j + t_f$,它是直接用于制造产品或零部件所消耗的时间。

(3)布置工作地时间 t_{fw}

布置工作地时间是指为使加工正常进行,工人照管工作地(如更换刀具、润滑机床、清理切屑、收拾工具等)所消耗的时间。一般按作业时间的 2% ~7% 来取,可用百分率 α 表示。

(4)休息与生理需要时间 t_x

休息与生理需要时间是指工人在工作班内为恢复体力和满足生理需要所消耗的时间。一般按作业时间的 2% ~4% 来取,可用百分率 β 表示。

(5)准备与终结时间 t_z

准备与终结时间是指工人为了生产一批产品或零部件,进行准备和结束工作所消耗的时间,如熟悉工艺文件、安装工艺装备、调整机床、归还工艺装备及送交成品等。它对一批零件只消耗一次,故分摊到每个工件上的时间为 t_z/n(n 为零件的批量)。

故在批量生产中的单件时间定额为

$$t_d = t_j + t_f + t_{fw} + t_x + \frac{t_z}{n} = t_B + t_{fw} + t_x + \frac{t_z}{n} = (1 + \alpha + \beta)t_B + \frac{t_z}{n} \tag{2.26}$$

在大量生产中,因 n 很大,t_z/n 很小,可忽略不计,故

$$t_d = (1 + \alpha + \beta)t_B \tag{2.27}$$

2.8.2　提高生产率的途径

若要提高生产率,就要减少时间定额,从制造工艺角度来看,主要有以下措施:

1)缩减基本时间

由基本时间的计算公式可知,增大切削用量 v、f、a_p,减少切削长度和加工余量均可以缩减基本时间。

(1)提高切削用量

①改进刀具材料,提高切削速度。目前用硬质合金车刀的切削速度一般为 200 m/min;

而陶瓷刀具的切削速度可达500 m/min。用聚晶金刚石或聚晶立方氮化硼刀具，切削普通钢材时，其切削速度可达900 m/min；当切削硬度为60HRC以上的淬火钢或高镍合金钢时，这种刀具能在980 ℃时仍保持其热硬性，切削速度可在90 m/min以上。

②采用合理的几何参数的刀具，提高背吃刀量和进给量，采用强力切削（粗加工时）。

③采用强力磨削、高速磨削代替铣、刨等粗加工工序。

(2)减少切削行程长度

例如，用几把车刀同时加工一个表面，用宽砂轮作切入法磨削等均可大大提高生产率。

(3)合并工步

使用几把刀具或一把复合刀具（如复合钻头）对工件的几个表面或同一表面同时进行加工，使工步合并，可使机动时间重合，减少基本时间和辅助时间。

(4)多件加工

可用夹具同时装夹多件零件，同时进行加工。例如，用磁性工作台平行装夹多个零件进行磨削等。

2)缩减辅助时间

①采用气动、液压高效夹具，缩短零件的装夹时间。

②采用自动测量和数显装置，减少停机测量时间。

③采用快换刀架和微调装置，缩短换刀和调整刀具的时间。

④采用多工位连续加工，使装卸工件的时间与基本时间重合。

⑤对于批量不大但品种繁多的零件，采用成组技术、专用工装，减少生产准备时间。

3)采用新工艺和新方法

①采用先进的毛坯制造方法。

②采用少切削或无切削新工艺，例如冷挤压、冷轧、滚压和滚轧等方法，不仅可以提高生产率，而且工件的表面质量和精度也可得到明显的改善。

③采用特种加工工艺，例如用电火花机床加工锻模，用线切割加工冲模等，可以节约大量的钳工工时，提高模具制造的精度和生产率。

④改进加工方法。例如在大批量生产中，采用拉削代替铣削、钻削和铰削，以粗磨代铣平面；在成批生产中，采用以铣代刨，以精刨、精磨或精细镗（金刚镗）代刮研等。

4)提高机械加工自动化程度

随着制造技术的发展，在制造业中数控机床、加工中心和柔性制造自动化系统被广泛采用。加工过程中的自动化手段是提高劳动生产率最有效的途径之一，但投资大，技术复杂，故应针对不同的生产类型，采取相应的自动化设施。

2.8.3 经济性分析

制定机械加工工艺规程时，通常应提出几种方案。这些方案都能满足零件的设计要求，但它们的生产率和成本会有所不同。为了选取最佳方案，需要进行技术经济分析。

1）工艺成本的组成和计算

制造一个零件或一台产品所需费用的总和称为生产成本。在生产成本中，大约有70%～75%的费用与工艺过程直接相关，称为工艺成本。制定工艺规程时只需分析这部分成本。工艺成本可分为以下两大部分：

（1）可变费用 V

可变费用是指与年产量有关并与之成比例的费用，用 V 表示，包括材料费 C_c、机床操作工人的工资 C_{jg}、机床电费 C_d、普通机床的折旧费 C_{wz}、修理费 C_{wx}、刀具费 C_{da}、万能夹具费 C_{wj}。

（2）不变费用 S

不变费用是指与年产量无直接关系的费用。当产量在一定范围内变化时，全年的费用基本上保持不变，用 S 表示，包括调整工人的工资 C_{dg}、专用机床折旧费 C_{zz}、专用机床修理费 C_{zx}、专用夹具费 C_{zj}。

所以零件的全年工艺成本 E（单位为元）为

$$E = VN + S \tag{2.28}$$

式中　V——可变费用，元/件（$V = C_c + C_{jg} + C_d + C_{wz} + C_{wx} + C_{da} + C_{wj}$）；

S——不变费用，元（$S = C_{dg} + C_{zz} + C_{zx} + C_{zj}$）；

N——年产量，件。

零件的单件工艺成本 E_d（单位为元/件）为

$$E_d = V + \frac{S}{N} \tag{2.29}$$

2）工艺成本与年产量的关系

全年工艺成本 E 与零件年产量 N 呈线性关系，如图 2.34 所示。单件工艺成本 E_d 与年产量 N 呈双曲线关系，如图 2.35 所示。E_d 值随 N 值的增大而减小，且逐渐趋近可变费用 V。

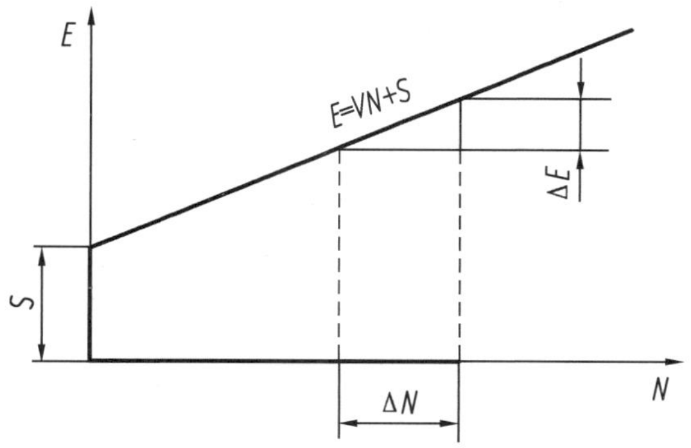

图 2.34　全年工艺成本与年产量的关系

E—全年工艺成本；N—年产量

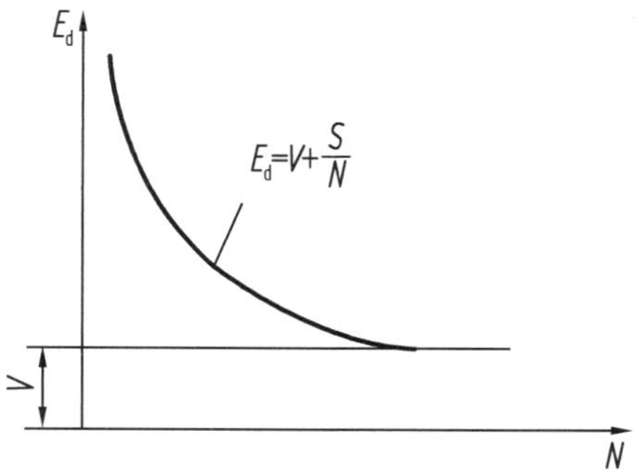

图 2.35　单件工艺成本与年产量的关系

E_d—单件工艺成本；N—年产量

3）工艺成本的评比

对不同工艺方案进行经济性评比时，有下述两种情况：

①基本投资相近或都是使用现有设备的情况。此时，工艺成本即可作为衡量各工艺方案经济性的依据。设有两种不同的工艺方案，其全年工艺成本分别为

方案 1：$E_1 = NV_1 + S_1$；

方案 2：$E_2 = NV_2 + S_2$。

当年产量 N 为定值时，可根据上式直接算出 E_1、E_2，若 $E_1 > E_2$，则方案 2 较经济。

当产量 N 为变值时，可按上述公式作图进行比较，如图 2.36 所示为两种方案全年工艺成本的比较图。当两种方案的全年工艺成本相同时，对应的年产量称为临界年产量，记为 N_k。

由 $N_k V_1 + S_1 = N_k V_2 + S_2$ 得

$$N_k = \frac{S_2 - S_1}{V_1 - V_2} \tag{2.30}$$

从工艺成本的角度考虑，当年产量 $N < N_k$ 时，方案 2 较优；当年产量 $N > N_k$ 时，方案 1 较优。

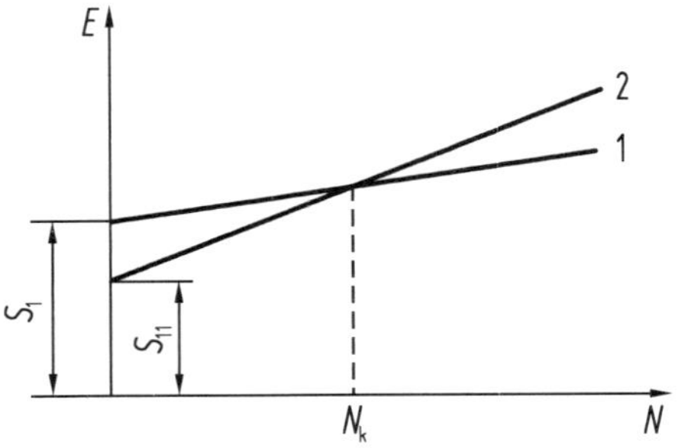

图 2.36　两种方案全年工艺成本的比较

尤为重要的是，进行工艺方案经济分析的目的不是要准确计算零件的成本，而是为了求得经济、合理的方案，故对各方案中内容相同的工序或费用相近的项目均可忽略不计，只需对各方案的不同费用进行比较即可。

②基本投资相差较大的情况。若两种工艺方案的基本投资相差较大，例如，方案 1 采用价格昂贵的高效机床及工艺装备，基本投资 K_1 大，但工艺成本 E_1 较低；方案 2 采用一般机床和工艺装备，基本投资 K_2 小，但工艺成本 E_2 较高。由于方案 1 获得较低工艺成本是因为增加基本投资的结果，这时若单纯比较工艺成本评定其经济性是不全面的，还必须考虑两种方案的基本投资差额的回收期。

回收期是指方案 1 比方案 2 多投入的资金需要多长时间才能通过工艺成本的降低而收回。回收期可用下式表示：

$$\tau = \frac{K_1 - K_2}{E_2 - E_1} = \frac{\Delta K}{\Delta E} \tag{2.31}$$

式中　τ——回收期，年；

ΔK——基本投资差额，元；

ΔE——全年工艺成本节约额，元/年。

回收期越短，则经济效益越好。一般应满足以下要求：

①回收期应小于所用设备或工艺装备的使用年限。

②回收期应小于市场对该产品的需要年限。

③回收期应小于国家规定的标准，例如，新夹具的标准回收期为 2 ~ 3 年，新机床常为 4 ~ 6 年。

4）相对技术经济指标

当对工艺路线的不同方案进行客观比较时，常用相对技术经济指标进行评比。

技术经济指标反映工艺过程中劳动的耗费、设备的特征和利用程度、工艺装备需要量以及各种材料和电力的消耗等情况。常用的技术经济指标有：每个生产工人的平均年产量，件/人；每台机床的平均年产量，件/台；每平方米生产面积的平均年产量，件/m^2；以及设备利用率、材料利用率和工艺装备利用率等。利用这些指标能概略和方便地进行技术经济评比。

上述工艺成本评比与相对技术经济评比的方法都着重于经济评比。一般而言，技术上先进才能取得经济效果。但是，有时技术上的先进在短期内不一定显出效果，所以在进行方案评比时，还应综合考虑技术先进和其他因素。

2.9　典型零件的加工工艺

2.9.1　轴类零件的加工

传动轴如图 2. 37 所示，材料为 45#钢，调质处理 245 ~ 265 HB，大批量生产。

1）任务分析

任务是编制传动轴的机械加工工艺过程卡和工序卡。该传动轴从结构上看是一个典型的阶梯轴，工件材料为 45#钢，经过调质处理 245 ~ 265 HB，各尺寸精度、表面粗糙度等技术要求均在正常加工要求范围内，适合大批量生产。因此，在已经掌握的机械制图、公差与配合、工程材料、机械设计基础等相关专业基础知识和车工、铣工、磨工等实践技能的基础上，按照机械加工工艺规程的设计方法与步骤，确定轴类零件的毛坯、加工方法、加工设备和刀具、装夹和测量方法等，就可以完成传动轴的机械加工工艺过程卡和工序卡的编制任务。

2）实施过程

（1）分析阶梯轴的结构和技术要求

该轴为普通的实心阶梯轴，轴类零件的设计图纸通常只包含一个主要视图，主要标注相应的尺寸和技术要求，而其他要素如退刀槽、键槽等尺寸和技术要求标注在相应的剖面图上。

与轮毂或套筒配合的传动轴轴径表面是轴类零件的重要表面，其尺寸精度、形状精度（圆度、圆柱度等）、位置精度（同轴度、与端面的垂直度等）及表面粗糙度要求均较高，是轴类零件机械加工时应着重保障的要素。

如图 2. 37 所示的传动轴，左端和右端的 $\phi30$ 外圆为轴承位，与轴承内圈配合，尺寸精度为 $\phi30\pm0.0065$，分别对应基准 A 和基准 B，A 和 B 之间的同轴度误差小于 $\phi0.02$，它们是其他表面的基准，是最重要表面。两个键槽位置的外圆 $\phi35$、$\phi25$ 与传动零件（如链轮、齿轮等）的孔配合，尺寸精度较高，与两端轴承位的公共基准 A–B 的同轴度误差不超过 $\phi0.02$、$\phi0.015$。同时，$\phi40$ 外圆的两端端面对公共基准 A–B 的垂直度误差不超过 0. 02。以上 4 个外圆 $\phi30$、$\phi35$、$\phi30$、$\phi25$ 尺寸精度及形位公差要求高，同时表面粗糙度数值为 $Ra0.8$，是本零件精度及表面质量要求最高的加工位置，最终需通过磨削工序来实现。零件中还有螺纹、退刀槽等结构。

(2)明确毛坯状况

一般阶梯轴类零件材料常选用45#钢,对于中等精度而转速较高的轴可用40Cr材料,对于高速、重载荷等条件下工作的轴可选用20Cr、20CrMnTi等低碳合金钢进行渗碳淬火,或用38CrMoALA氮化钢进行氮化处理。本零件材质为45#钢,技术要求为调质处理245~265HB。使用最常用棒料就可以满足要求。

(3)拟定工艺路线

①确定加工方案。轴类在进行外圆加工时,会因切除大量金属后引起残余应力重新分布而变形。因此,应将粗、精加工分开,先粗加工,再进行半精加工和精加工,主要表面精加工放在最后进行。传动轴大多是回转面,主要是采用车削和外圆磨削进行加工。前面分析过有四级外圆 $\phi30$、$\phi35$、$\phi30$、$\phi25$ 的公差等级较高,表面粗糙度值较小,最终工序采用磨削来满足。其他外圆面采用粗车、半精车的加工方案。键槽结构采用铣削加工。

②划分加工阶段。该轴加工划分为3个加工阶段,即:a.粗加工阶段(粗车外圆,形成零件的轮廓结构,并对锐棱倒角。因为是大批量生产,零件两端粗车对应分成两个粗车工序,粗车完成后再调质处理)。b.半精加工阶段(半精车各处外圆,四级外圆 $\phi30$、$\phi35$、$\phi30$、$\phi25$ 处要留磨削余量,其他外圆,如螺纹、退刀槽等则半精车到零件的最终尺寸。同时,加工两端的中心孔,以备磨削时使用。零件两端的半精车对应两个半精车工序)。c.精加工阶段(四级外圆磨削工序)。

③选择定位基准。轴类零件各表面的设计基准是图中的两个外圆 $\phi30$ 的轴线基准 A、B,但从工艺角度分析,一般最常用的是以轴两端的中心孔作为所有外圆的统一基准,本零件工艺过程所有外圆的磨削都是以两端中心孔作为统一基准,来间接保证零件图样中不同外圆、端面对 A、B 的形位公差。采用两中心孔作为统一的定位基准,简单易实现,且可保证各外圆之间的同轴度以及端面的垂直度要求,符合基准统一原则。

④热处理工序安排。该轴需进行调质处理。放在粗加工后,半精加工前进行。

⑤加工工序安排。按照先粗后精、先主后次等原则,首先安排粗加工,粗加工形成零件轮廓外形,再去调质处理,然后半精车零件两端,注意需要精加工的四级外圆 $\phi30$、$\phi35$、$\phi30$、$\phi25$ 留磨削余量,其他不需要磨削的外圆及退刀槽、螺纹等结构在半精车时加工到零件的最终尺寸。半精车之后安排铣削键槽结构。最后进行磨削4个外圆,满足图样中的尺寸精度、表面质量及形位公差等要求。

该轴的加工工艺路线为下料→粗车→调质处理→半精车→铣→磨→检验。

(4)确定工序尺寸

毛坯下料尺寸:$\phi42$ mm×1 200 mm。

在粗车加工阶段,各外圆按图纸加工尺寸留余量2 mm,轴向尺寸留余量1 mm;半精车加工阶段,四级外圆 $\phi30$、$\phi35$、$\phi30$、$\phi25$ 留磨削余量为0.3~0.4 mm(直径,双边余量),其他退刀槽、螺纹等加工到最终尺寸,各轴向尺寸加工到最终尺寸。

铣键槽时,考虑到后面的外圆磨削余量,键槽深度尺寸铣削到比图纸尺寸多0.2 mm。此处,铣键槽的工序尺寸的确定,严格来说,应通过工艺尺寸链的换算来确定。

(5)选择设备工装

①外圆加工设备:普通车床 CA6140。

②磨削加工设备:万能外圆磨床 M1331。

③铣削加工设备:铣床 X53T。

(6)填写机械加工工艺规程卡片

传动轴的机械加工工艺规程卡见表 2.12。

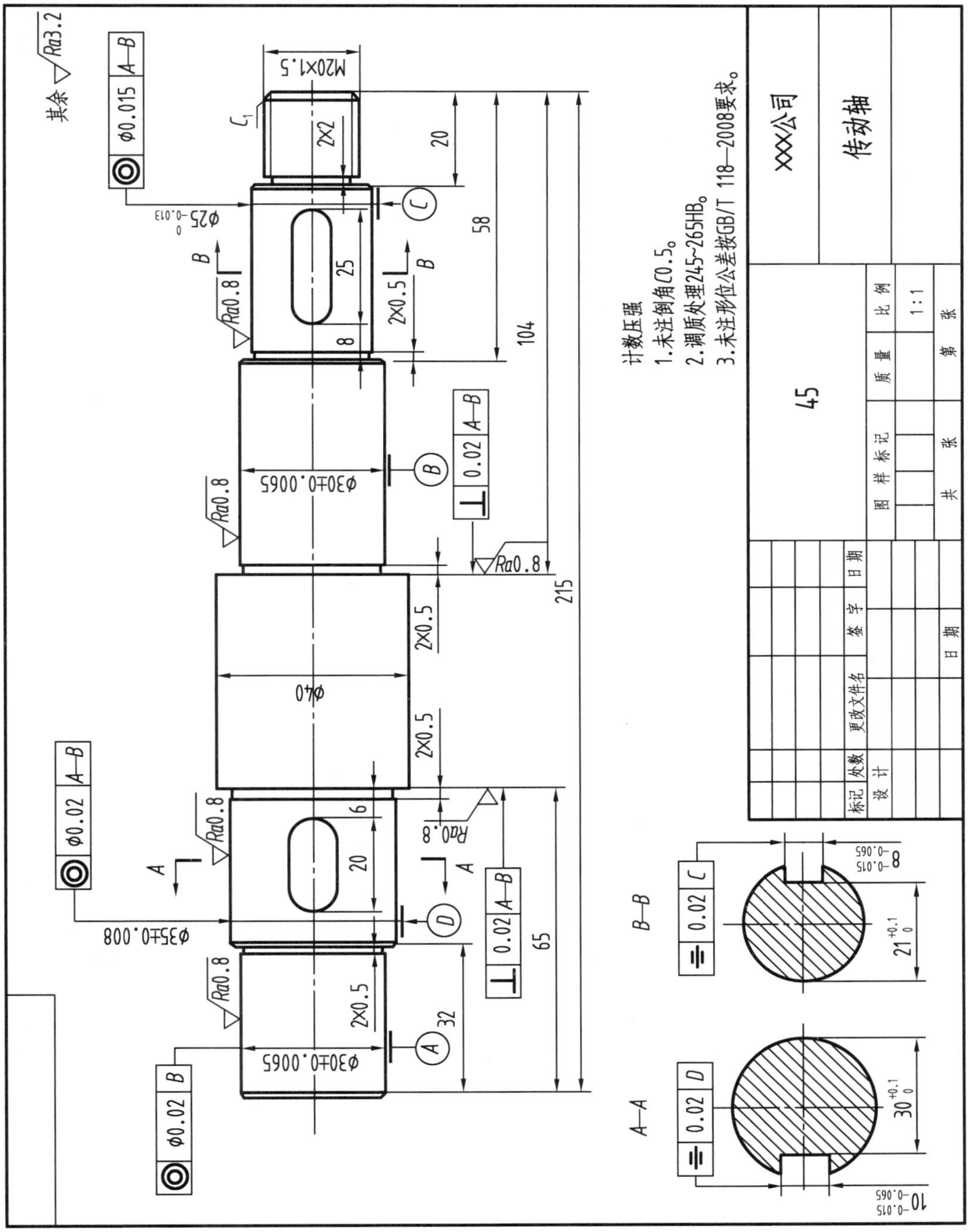

图 2.37　传动轴

表 2.12　传动轴的工艺规程卡片

		机械加工工艺过程卡片			产品型号		零件图号			共 1 页
					产品名称		零件名称	传动轴		第 1 页
材料牌号		毛坯种类	棒料	毛坯外形尺寸	ϕ42×1 200	每毛坯件数	5	每台件数	1	备注
工序号	工序名称	工序内容	车间	工段	设备	工艺装备			工时	
						夹具	辅具	刀具,量具	准终	单件
5	备料	ϕ42×1 200								
10	粗车大端	粗车左端端面及右端 ϕ40 mm,ϕ35 mm,ϕ30 mm 外圆	金工		车床 CA6140	自定心卡盘		外圆车刀	1.26	0.65
15	粗车小端	粗车右端端面及右端 ϕ30 mm,ϕ25 mm,ϕ20 mm 外圆	金工		车床 CA6140	自定心卡盘		外圆车刀	1.22	0.44
20	调质处理	调质处理 245～265HB								
25	半精车大端	半精车左端端面、外圆面、退刀槽,倒角	金工		车床 CA6140	自定心卡盘		外圆车刀	2.13	0.82
30	半精车小端	半精车右端面、外圆面、退刀槽、倒角与螺纹	金工		车床 CA6140	自定心卡盘		外圆车刀	2.17	0.94
35	铣键槽 10	铣键槽 10	金工		立铣 X53T	专用夹具		立铣刀	0.38	0.06
40	铣键槽 8	铣键槽 8	金工		立铣 X53T	专用夹具		立铣刀	0.38	0.09
45	去毛刺	去键槽毛刺	金工					锉刀	0.58	0.04
50	磨左端 ϕ35	磨左端 ϕ35 mm 外圆	金工		外圆磨床 M1331	顶尖、拨盘		外圆砂轮	0.58	0.04
55	磨左端 ϕ30	磨左端 ϕ30 mm 外圆	金工		外圆磨床 M1331	顶尖、拨盘		外圆砂轮	0.58	0.04
60	磨右端 ϕ30	磨右端 ϕ30 mm 外圆	金工		外圆磨床 M1331	顶尖、拨盘		外圆砂轮	0.58	0.06
65	磨右端 ϕ25	磨右端 ϕ25 mm 外圆	金工		外圆磨床 M1331	顶尖、拨盘		外圆砂轮	0.58	0.06
70	清洗,入库	清洗,入库								
							编制	审核	会签	
标记	处数	更改文件号	签字	日期	标记	处数	更改文件号	签字	日期	

机械加工工序卡片	产品型号		零件图号		共10页
	产品名称		零件名称	传动轴	第1页

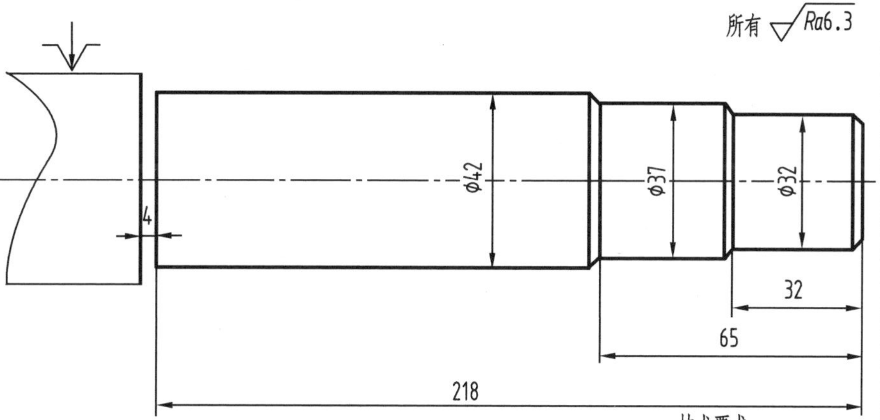

技术要求
未注倒角C1。

车间	工序号	工序名称	材料牌号
金工	10	粗车大端	45
毛坯种类	毛坯外形尺寸	每毛坯可制作数	每台件数
圆棒料	$\phi 42\times1\ 200$	5	1
设备名称	设备型号	设备编号	同时加工件数
普通卧式车床	CA6140		1

夹具编号	夹具名称	切削液	
	自定心卡盘		
工位器具编号	工位器具名称	工序工时/min	
		准终	单件
		1.91	

工步号	工步内容	工艺装备	主轴转速/(r·min^{-1})	切削速度/(m·min^{-1})	进给量/(mm·r^{-1})	切削深度/mm	进给次数	工步工时 机动	工步工时 辅助
1	粗车左端面	自定心卡盘	710	78.03	0.5	2	1	0.08	0.30
2	粗车左端 ϕ40 mm外圆	自定心卡盘	710	100.32	0.3	2	1	0.24	0.33
3	粗车左端 ϕ327 mm外圆	自定心卡盘	710	89.18	0.3	1.8	1	0.18	0.32
4	粗车左端 ϕ32 mm外圆	自定心卡盘	900	98.91	0.3	1.8	1	0.15	0.31
5	切断								

										设计（日 期）	校对（日 期）	审核（日 期）	标准化（日期）	会签（日期）
标记	处数	更改文件号	签字	日期	标记	处数	更改文件号	签字	日期					

机械加工工序卡片		产品型号		零件图号		共10页	
		产品名称		零件名称	传动轴	第2页	

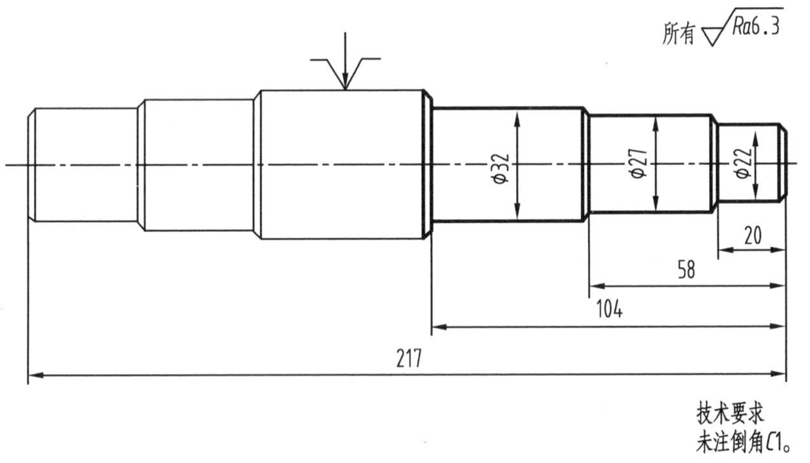

车间	工序号	工序名称	材料牌号
金工	15	粗车小端	45
毛坯种类	毛坯外形尺寸	每毛坯可制作数	每台件数
圆棒料	ϕ42×1 200	5	1
设备名称	设备型号	设备编号	同时加工件数
普通卧式车床	CA6140		1

夹具编号	夹具名称	切削液	
	自定心卡盘		
工位器具编号	工位器具名称	工序工时/min	
		准终	单件
		1.66	

工步号	工步内容	工艺装备	主轴转速/(r·min^{-1})	切削速度/(m·min^{-1})	进给量/(mm·r^{-1})	切削深度/mm	进给次数	工步工时	
								机动	辅助
1	粗车右端面	自定心卡盘	1 120	87.92	0.5	2	1	0.04	0.29
2	粗车右端 ϕ32 mm外圆	自定心卡盘	900	98.91	0.3	1.8	1	0.19	0.32
3	粗车右端 ϕ27 mm外圆	自定心卡盘	1 120	105.5	0.3	1.8	1	0.13	0.31
4	粗车左端 ϕ22 mm外圆	自定心卡盘	1 120	87.92	0.3	1.8	1	0.08	0.30

										设计（日期）	校对（日期）	审核（日期）	标准化（日期）	会签（日期）
标记	处数	更改文件号	签字	日期	标记	处数	更改文件号	签字	日期					

机械加工工序卡片	产品型号		零件图号		共10页
	产品名称		零件名称	传动轴	第3页

车间	工序号	工序名称	材料牌号
金工	25	半精车大端	45
毛坯种类	毛坯外形尺寸	每毛坯可制作数	每台件数
圆棒料	$\phi 42 \times 1\,200$	5	1
设备名称	设备型号	设备编号	同时加工件数
普通卧式车床	CA6140		1

夹具编号	夹具名称	切削液	
	自定心卡盘		
工位器具编号	工位器具名称	工序工时/min	
		准终	单件
		2.95	

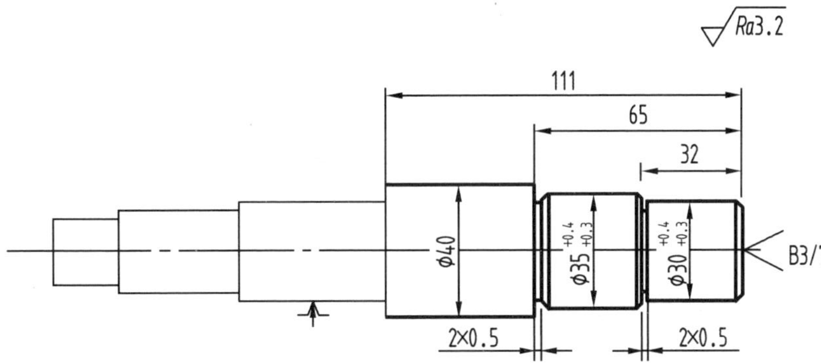

技术要求
未注倒角C0.7。

工步号	工步内容	工艺装备	主轴转速/(r·min^{-1})	切削速度/(m·min^{-1})	进给量/(mm·r^{-1})	切削深度/mm	进给次数	工步工时 机动	工步工时 辅助
1	半精车左端面	自定心卡盘	1 120	110.43	0.2	0.5	1	0.11	0.30
2	半精车 ϕ40 mm外圆面	自定心卡盘	1 120	144.19	0.2	0.5	1	0.23	0.33
3	半精车 ϕ35 mm外圆面	自定心卡盘	1 120	128.01	0.2	0.5	1	0.17	0.32
4	半精车 ϕ30 mm外圆面	自定心卡盘	1 120	110.43	0.2	0.5	1	0.16	0.31
5	车退刀槽	自定心卡盘	1 120	124.49	0.2	0.7	1	0.02	0.28
6	车倒角	自定心卡盘	1 120	124.49	0.2	0.7	1	0.03	0.29
7	打中心孔	自定心卡盘	1 120	10.55	0.06	7	1	0.10	0.30

										设计（日期）	校对（日期）	审核（日期）	标准化（日期）	会签（日期）
标记	处数	更改文件号	签字	日期	标记	处数	更改文件号	签字	日期					

机械加工工序卡片	产品型号		零件图号		共10页
	产品名称		零件名称	传动轴	第4页

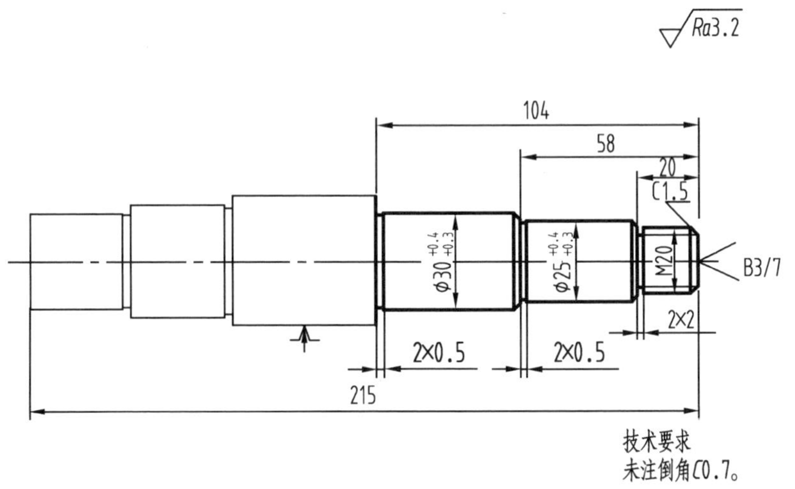

车间	工序号	工序名称	材料牌号
金工	30	半精车小端	45
毛坯种类	毛坯外形尺寸	每毛坯可制作数	每台件数
圆棒料	$\phi 42\times 1\ 200$	5	1
设备名称	设备型号	设备编号	同时加工件数
普通卧式车床	CA6140		1

夹具编号	夹具名称	切削液	
	自定心卡盘		
工TT位器具编号	工位器具名称	工序工时/min	
		准终	单件
		3.11	

工步号	工步内容	工艺装备	主轴转速/(r·min^{-1})	切削速度/(m·min^{-1})	进给量/(mm·r^{-1})	切削深度/mm	进给次数	工步工时 机动	工步工时 辅助
1	半精车右端面	自定心卡盘	1 400	94.07	0.2	0.5	1	0.08	0.30
2	半精车 $\phi 30$ mm外圆面	自定心卡盘	1 120	110.43	0.2	0.5	1	0.16	0.31
3	半精车 $\phi 25$ mm外圆面	自定心卡盘	1 400	116.05	0.2	0.5	1	0.30	0.35
4	半精车 $\phi 20$ mm外圆面，车M20螺纹	自定心卡盘	1 400	92.31	0.2	0.5	1	0.23	0.33
5	车退刀槽	自定心卡盘	1 400	87.92	0.2	2	1	0.04	0.29
6	车倒角	自定心卡盘	1 400	87.92	0.2	1.5	1	0.03	0.29
7	打中心孔	自定心卡盘	1 120	10.55	0.06	7	1	0.10	0.30

										设计（日期）	校对（日期）	审核（日期）	标准化（日期）	会签（日期）
标记	处数	更改文件号	签字	日期	标记	处数	更改文件号	签字	日期					

机械加工工序卡片	产品型号		零件图号		共10页
	产品名称		零件名称	传动轴	第5页

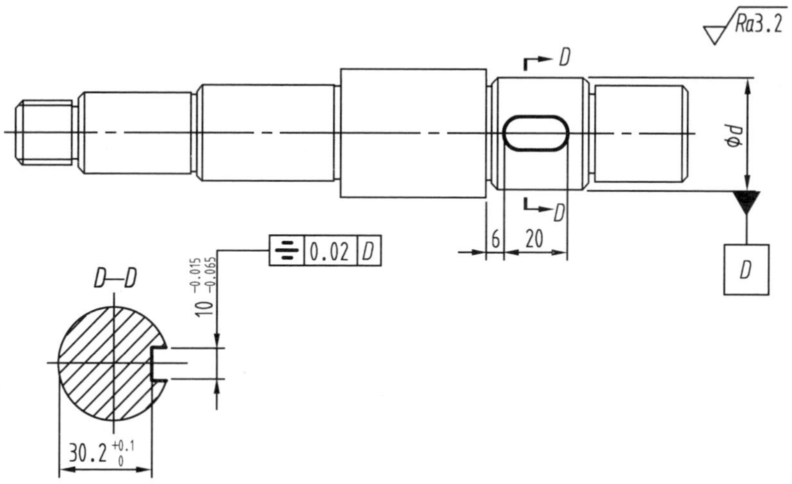

车间	工序号	工序名称	材料牌号
金工	35	铣键槽10	45
毛坯种类	毛坯外形尺寸	每毛坯可制作数	每台件数
圆棒料	$\phi 42\times 1\ 200$	5	1
设备名称	设备型号	设备编号	同时加工件数
铣床	X53T		1

夹具编号	夹具名称	切削液	
	专用夹具		
工位器具编号	工位器具名称	工序工时/min	
		准终	单件
		0.44	

工步号	工步内容	工艺装备	主轴转速/(r·min^{-1})	切削速度/(m·min^{-1})	进给量/(mm·r^{-1})	切削深度/mm	进给次数	工步工时 机动	工步工时 辅助
1	铣 $\phi 35$ mm外圆键槽	专用夹具	1 500	56.52	0.02	5.2	1	0.06	0.38

										设计（日期）	校对（日期）	审核（日期）	标准化（日期）	会签（日期）
标记	处数	更改文件号	签字	日期	标记	处数	更改文件号	签字	日期					

机械加工工序卡片	产品型号		零件图号		共10页
	产品名称		零件名称	传动轴	第6页

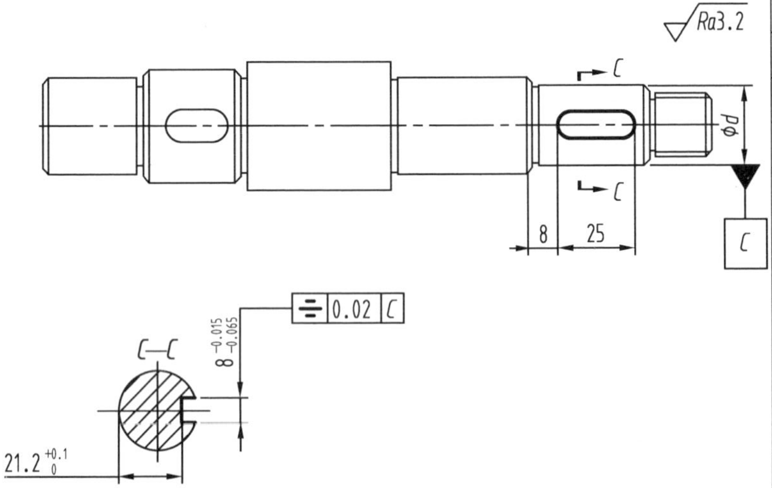

车间	工序号	工序名称	材料牌号
金工	40	铣键槽8	45
毛坯种类	毛坯外形尺寸	每毛坯可制作数	每台件数
圆棒料	ϕ42×1 200	5	1
设备名称	设备型号	设备编号	同时加工件数
铣床	X53T		1

夹具编号	夹具名称	切削液	
	专用夹具		
工位器具编号	工位器具名称	工序工时/min	
		准终	单件
		0.44	

工步号	工步内容	工艺装备	主轴转速/(r·min^{-1})	切削速度/(m·min^{-1})	进给量/(mm·r^{-1})	切削深度/mm	进给次数	工步工时	
								机动	辅助
1	铣 ϕ25 mm外圆键槽	专用夹具	1 500	56.52	0.02	4.8	1	0.09	0.38

										设计（日期）	校对（日期）	审核（日期）	标准化（日期）	会签（日期）
标记	处数	更改文件号	签字	日期	标记	处数	更改文件号	签字	日期					

	机械加工工序卡片	产品型号		零件图号		共10页
		产品名称		零件名称	传动轴	第7页

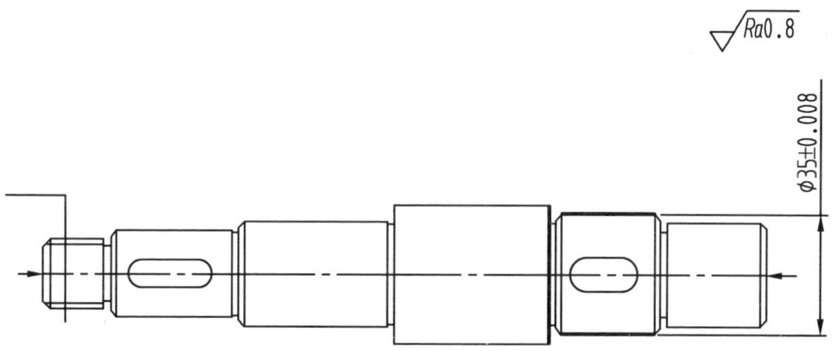

技术要求
端面靠磨见光即可。

车间	工序号	工序名称	材料牌号
金工	50	磨左端 ϕ35	45
毛坯种类	毛坯外形尺寸	每毛坯可制作数	每台件数
圆棒料	ϕ42×1 200	5	1
设备名称	设备型号	设备编号	同时加工件数
磨床	M1331		1

夹具编号	夹具名称	切削液	
	顶尖		
工位器具编号	工位器具名称	工序工时/min	
		准终	单件
		0.71	

工步号	工步内容	工艺装备	主轴转速/(r·min^{-1})	切削速度/(m·min^{-1})	进给量/(mm·r^{-1})	切削深度/mm	进给次数	工步工时	
								机动	辅助
1	磨左边 ϕ35外圆面	顶尖、拨盘	1 100	1.73	0.05	0.05	1	0.12	0.59

										设计（日期）	校对（日期）	审核（日期）	标准化（日期）	会签（日期）
标记	处数	更改文件号	签字	日期	标记	处数	更改文件号	签字	日期					

机械加工工序卡片	产品型号		零件图号		共10页
	产品名称		零件名称	传动轴	第8页

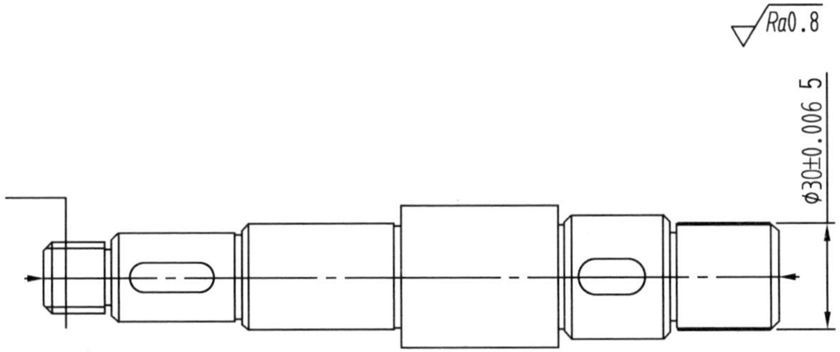

车间	工序号	工序名称	材料牌号
金工	55	磨左端φ30	45
毛坯种类	毛坯外形尺寸	每毛坯可制作数	每台件数
圆棒料	φ42×1 200	5	1
设备名称	设备型号	设备编号	同时加工件数
磨床	M1331		1

夹具编号	夹具名称	切削液	
	顶尖		
工位器具编号	工位器具名称	工序工时/min	
		准终	单件
		0.71	

工步号	工步内容	工艺装备	主轴转速 /(r·min^{-1})	切削速度 /(m·min^{-1})	进给量 /(mm·r^{-1})	切削深度 /mm	进给次数	工步工时 机动	工步工时 辅助
1	磨左边φ30外圆面	顶尖、拨盘	1 100	1.73	0.05	0.05	1	0.12	0.59

标记	处数	更改文件号	签字	日期	标记	处数	更改文件号	签字	日期	设计（日期）	校对（日期）	审核（日期）	标准化（日期）	会签（日期）

	机械加工工序卡片	产品型号		零件图号		共10页
		产品名称		零件名称	传动轴	第9页

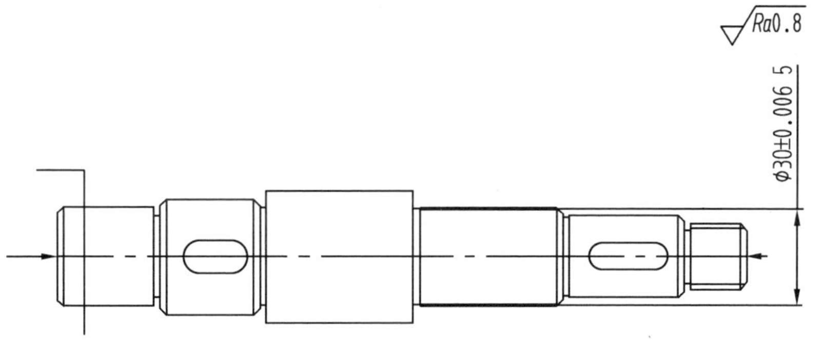

车间	工序号	工序名称	材料牌号
金工	60	磨右端 $\phi 30$	45
毛坯种类	毛坯外形尺寸	每毛坯可制作数	每台件数
圆棒料	$\phi 42\times 1\ 200$	5	1
设备名称	设备型号	设备编号	同时加工件数
磨床	M1331		1

夹具编号	夹具名称	切削液	
	顶尖		
工位器具编号	工位器具名称	工序工时/min	
		准终	单件
		0.77	

工步号	工步内容	工艺装备	主轴转速/(r·min^{-1})	切削速度/(m·min^{-1})	进给量/(mm·r^{-1})	切削深度/mm	进给次数	工步工时 机动	工步工时 辅助
1	磨右边 $\phi 30$外圆面	顶尖、拨盘	1 100	1.73	0.05	0.05	1	0.17	0.60

										设计（日期）	校对（日期）	审核（日期）	标准化（日期）	会签（日期）
标记	处数	更改文件号	签字	日期	标记	处数	更改文件号	签字	日期					

	机械加工工序卡片	产品型号		零件图号		共10页
		产品名称		零件名称	传动轴	第10页

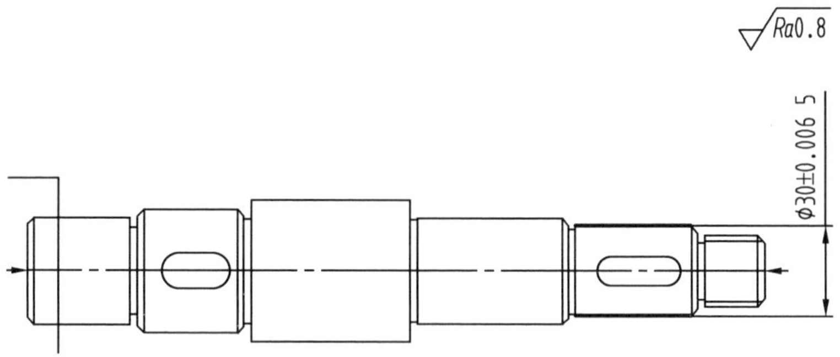

车间	工序号	工序名称	材料牌号
金工	65	磨右端 $\phi 25$	45
毛坯种类	毛坯外形尺寸	每毛坯可制作数	每台件数
圆棒料	$\phi 42 \times 1\ 200$	5	1
设备名称	设备型号	设备编号	同时加工件数
磨床	M1331		1

夹具编号	夹具名称	切削液	
	顶尖		
工位器具编号	工位器具名称	工序工时/min	
		准终	单件
		0.74	

工步号	工步内容	工艺装备	主轴转速 /(r · min^{-1})	切削速度 /(m · min^{-1})	进给量 /(mm · r^{-1})	切削深度 /mm	进给次数	工步工时 机动	工步工时 辅助
1	磨右边 $\phi 25$ 外圆面	顶尖、拨盘	1 100	1.73	0.05	0.05	1	0.14	0.60

										设计（日 期）	校对（日 期）	审核（日 期）	标准化（日期）	会签（日期）
标记	处数	更改文件号	签字	日期	标记	处数	更改文件号	签字	日期					

2.9.2　箱体类零件的加工

减速箱箱体零件，零件图如图 2.38 所示，现为中大批量生产。

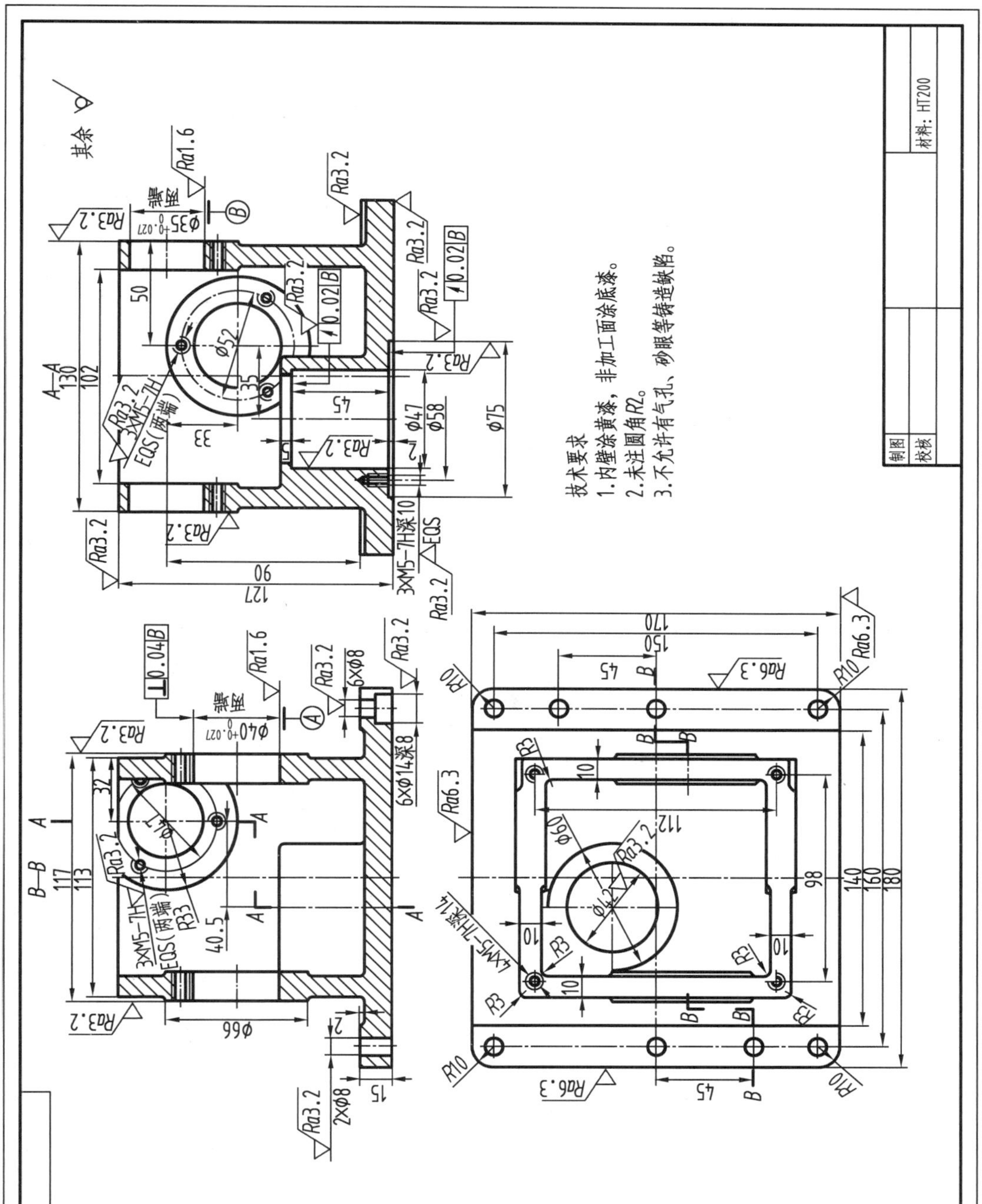

图 2.38　减速箱箱体

1)对零件进行工艺分析

减速箱箱体零件图样的视图正确、完整,尺寸、公差及技术要求齐全。加工面主要有箱体的底面、顶面、同轴孔系 $\phi35$ 为基准 B 的孔,两端面、同轴孔系 $\phi40$ 为基准 A 的孔,两端面、底面上的孔系及各个端面上的螺纹孔。

其中,A、B 基准孔及底面孔系的尺寸、形位精度高,表面质量也高,是本零件加工的重点和难点。结合零件的结构特点及大批量的生产类型,这 3 处孔系的加工需通过专用夹具来保证加工精度。

2)选择毛坯

由零件图样可知,箱体结构较复杂,零件材料为 HT200,零件毛坯选择砂型铸造成形。

毛坯尺寸及公差在《铸件　尺寸公差、几何公差与机械加工余量》(GB/T 6414—2017)中等级为 IT10 ~ IT8,可取 IT9;铸件机加工余量在《铸件重量工差》(GB/T 11351—2017)等级为 G;可获得铸件各加工表面的加工余量;铸造孔的最小尺寸为 30 mm;铸造斜度,一般砂型取 3°;圆角半径,按零件图 $R2$ 来取值。

3)拟定工艺过程

(1)定位基准的选择

①粗基准选择。箱体的 6 个面中,底面相对重要,为保证各个加工表面余量合理分配,选箱体底面为粗基准。

②精基准选择。前面分析过,A、B 基准孔及底面孔系的加工是本零件加工工艺的重点和难点。按基准统一原则,这 3 处孔系的加工统一选底面及底面上的两孔(对角线上两个 $\phi9$ 孔通过铰孔提高精度)为统一精基准,即一面两孔定位,设计对应的专用夹具时采用这个一面两孔作为统一的精定位基准面。

(2)零件表面加工方法选择

根据零件图样,加工表面主要有侧面、端面、孔系、内孔、螺纹孔。

①孔系。基准 B 的 $\phi35$ 孔,基准 A 的 $\phi40$ 孔及底面上的孔。在镗床上进行镗孔。

②箱体的 6 个平面及其他平面。采用铣床铣削平面。

③各个端面上的螺纹孔。在钻床上通过钻、扩、攻丝完成。

(3)工艺路线拟定

工艺路线的拟定总体原则要符合先粗后精、先面后孔、先主后次等原则,具体见工艺规程文件。

(4)填写机械加工工艺规程卡片

填写工艺过程卡片和工序卡片,见表 2.13。

表 2.13 减速箱箱体工艺规程卡片

机械加工工艺过程卡片	产品型号		零件图号		共 4 页
	产品名称	减速箱	零件名称	减速箱箱体	第 1 页

材料牌号	HT200	毛坯种类	铸件			毛坯件数	1	每台件数	1	备注	

工序号	工序名称	工序内容	车间	工段	设备	工艺装备			工时	
						夹具	辅具	刀具,量具	准终	单件
001	铸造	铸造								
005	清理	消除浇冒口、砂型、飞边、毛刺						锉刀		
010	热处理	时效处理								
015	涂漆	内壁涂黄漆,非加工表面涂底漆								
020	粗铣底面	粗铣箱体底面至尺寸 132 mm	机加工		XA5032 立式铣床			ϕ250 硬质合金端铣刀、游标卡尺	0.54	1.85
025	粗铣顶面	粗铣箱体顶面至尺寸 129 mm	机加工		XA5032 立式铣床			ϕ50 硬质合金端铣刀、游标卡尺	0.52	2.80
030	半精铣底面	半精铣箱体底面至尺寸 128 mm	机加工		XA5032 立式铣床			ϕ250 硬质合金端铣刀、游标卡尺	0.42	2.91
035	半精铣顶面	半精铣箱体顶面至尺寸 127 mm	机加工		XA5032 立式铣床			ϕ50 硬质合金端铣刀、游标卡尺	0.38	1.79
040	粗铣四侧面	铣箱体底座四侧面至尺寸	机加工		XA5032 立式铣床			ϕ50 高速钢圆柱铣刀、游标卡尺	0.69	3.35

										设计(日期)	校对(日期)	审核(日期)	标准化(日期)	会签(日期)
标记	处数	更改文件号	签字	日期	标记	处数	更改文件号	签字	日期					

机械加工工艺过程卡片	产品型号		零件图号		共 4 页
	产品名称	减速箱	零件名称	减速箱箱体	第 2 页

材料牌号	HT200	毛坯种类	铸件			毛坯件数	1	每台件数	1	备注	

工序号	工序名称	工序内容	车间	工段	设备	工艺装备			工时	
						夹具	辅具	刀具,量具	准终	单件
045	铣 ϕ40 圆右端面	铣左凸缘端面至尺寸 121 mm	机加工		XA6132 万能铣床			ϕ100 硬质合金端铣刀、游标卡尺	0.59	0.93
050	铣 ϕ40 圆左端面	铣右凸缘端面至尺寸 117 mm	机加工		XA6132 万能铣床			ϕ100 硬质合金端铣刀、游标卡尺	0.59	0.93
055	铣 ϕ35 圆右端面	铣前凸缘端面至尺寸 134 mm	机加工		XA6132 万能铣床			ϕ100 硬质合金端铣刀、游标卡尺	0.59	0.93
060	铣 ϕ35 圆左端面	铣后凸缘端面至尺寸 130 mm	机加工		XA6132 万能铣床			ϕ100 硬质合金端铣刀、游标卡尺	0.59	0.93
065	铣底座上表面	铣底座上表面至尺寸 15 mm	机加工		XA6132 万能铣床			ϕ50 高速钢圆柱铣刀、游标卡尺	1.26	8.51
070	钻底座 6 个螺栓孔	钻 2-ϕ8.8 孔,孔深 15 mm;铰 2-ϕ9 孔,孔深 15 mm;钻 4-ϕ9 孔,孔深 15 mm;锪 6-ϕ14 孔,孔深 8 mm	机加工		Z3025 摇臂钻床	专用夹具		高速钢麻花钻、高速钢铰刀、高速钢锪钻、游标卡尺、塞规	1.39	2.07
075	钻底座两个 ϕ8 孔	钻 ϕ8 孔,孔深 15 mm	机加工		Z3025 摇臂钻床	专用夹具		高速钢麻花钻、高速钢铰刀、高速钢锪钻、游标卡尺、塞规	0.63	0.56

										设计(日期)	校对(日期)	审核(日期)	标准化(日期)	会签(日期)
标记	处数	更改文件号	签字	日期	标记	处数	更改文件号	签字	日期					

		机械加工工艺过程卡片	产品型号		零件图号				共 4 页	
			产品名称	减速箱	零件名称	减速箱箱体			第 3 页	
材料牌号	HT200	毛坯种类	铸件		毛坯件数	1	每台件数	1	备注	
工序号	工序名称	工序内容	车间	工段	设备	工艺装备			工时	
						夹具	辅具	刀具，量具	准终	单件
080	镗底面孔	粗镗 $\phi447$ 孔至 $\phi46$，孔深 47 mm；精镗 $\phi47$ 孔至 $\phi_{0}^{+0.027}$，孔深 47 mm；粗镗 $\phi42$ 孔到尺寸，孔深 5 mm；粗镗孔 $\phi75$ 孔，孔深 2 mm	机加工		T68 卧式镗床	专用夹具		硬质合金镗刀、游标卡尺、塞规	1.15	0.95
085	镗 $\phi35$ 孔	镗 $\phi35$ 孔至指定尺寸	机加工		T68 卧式镗床	专用夹具		硬质合金镗刀、游标卡尺、塞规	1.60	0.69
090	镗 $\phi40$ 孔	镗 $\phi40$ 孔至指定尺寸	机加工		T68 卧式镗床	专用夹具		硬质合金镗刀、游标卡尺、塞规	0.67	0.69
095	钻、攻 $\phi35$ 右端面螺纹	钻、攻 端面 3-M5-7H 螺纹	机加工		Z3025 摇臂钻床	专用夹具		高速钢麻花钻、丝锥	0.57	0.66
100	钻、攻 $\phi35$ 左端面螺纹	钻、攻 端面 3-M5-7H 螺纹	机加工		Z3025 摇臂钻床	专用夹具		高速钢麻花钻、丝锥	0.57	0.66
105	钻、攻 $\phi40$ 左端面螺纹	钻、攻 端面 3-M5-7H 螺纹	机加工		Z3025 摇臂钻床	专用夹具		高速钢麻花钻、丝锥	0.57	0.66
110	钻、攻 $\phi40$ 左端面螺纹	钻、攻 端面 3-M5-7H 螺纹	机加工		Z3025 摇臂钻床	专用夹具		高速钢麻花钻、丝锥	0.57	0.66
115	钻、攻顶面螺纹	钻、攻 顶面 4-M5-7H 螺纹	机加工		Z3025 摇臂钻床	专用夹具		高速钢麻花钻、丝锥	0.62	0.83

										设计（日期）	校对（日期）	审核（日期）	标准化（日期）	会签（日期）
标记	处数	更改文件号	签字	日期	标记	处数	更改文件号	签字	日期					

<table>
<tr><td colspan="3"></td><td colspan="3">机械加工工艺过程卡片</td><td>产品型号</td><td></td><td>零件图号</td><td></td><td>共4页</td></tr>
<tr><td colspan="3"></td><td colspan="3"></td><td>产品名称</td><td>减速箱</td><td>零件名称</td><td>减速箱箱体</td><td>第4页</td></tr>
<tr><td>材料牌号</td><td>HT200</td><td>毛坯种类</td><td>铸件</td><td></td><td></td><td>毛坯件数</td><td>1</td><td>每台件数</td><td>1</td><td>备注</td></tr>
<tr><td rowspan="2">工序号</td><td rowspan="2">工序名称</td><td rowspan="2">工序内容</td><td rowspan="2">车间</td><td rowspan="2">工段</td><td rowspan="2">设备</td><td colspan="3">工艺装备</td><td colspan="2">工时</td></tr>
<tr><td>夹具</td><td>辅具</td><td>刀具,量具</td><td>准终</td><td>单件</td></tr>
<tr><td>120</td><td>钻、攻底面孔端面螺纹</td><td>钻、攻底面3×M5-7H螺纹</td><td>机加工</td><td></td><td>Z3025摇臂钻床</td><td>专用夹具</td><td></td><td>高速钢麻花钻、丝锥</td><td>0.47</td><td>0.63</td></tr>
<tr><td>125</td><td>去毛刺</td><td>去毛刺</td><td></td><td></td><td></td><td></td><td></td><td></td><td></td><td></td></tr>
<tr><td>130</td><td>检验</td><td>检验入库</td><td></td><td></td><td></td><td></td><td></td><td></td><td></td><td></td></tr>
<tr><td>135</td><td></td><td></td><td></td><td></td><td></td><td></td><td></td><td></td><td></td><td></td></tr>
<tr><td>140</td><td></td><td></td><td></td><td></td><td></td><td></td><td></td><td></td><td></td><td></td></tr>
<tr><td>145</td><td></td><td></td><td></td><td></td><td></td><td></td><td></td><td></td><td></td><td></td></tr>
<tr><td>150</td><td></td><td></td><td></td><td></td><td></td><td></td><td></td><td></td><td></td><td></td></tr>
<tr><td>155</td><td></td><td></td><td></td><td></td><td></td><td></td><td></td><td></td><td></td><td></td></tr>
<tr><td>160</td><td></td><td></td><td></td><td></td><td></td><td></td><td></td><td></td><td></td><td></td></tr>
</table>

标记	处数	更改文件号	签字	日期	标记	处数	更改文件号	签字	日期	设计(日期)	校对(日期)	审核(日期)	标准化(日期)	会签(日期)

机械加工工序卡片	产品型号		零件图号		共21页
	产品名称	减速箱	零件名称	减速箱箱体	第1页

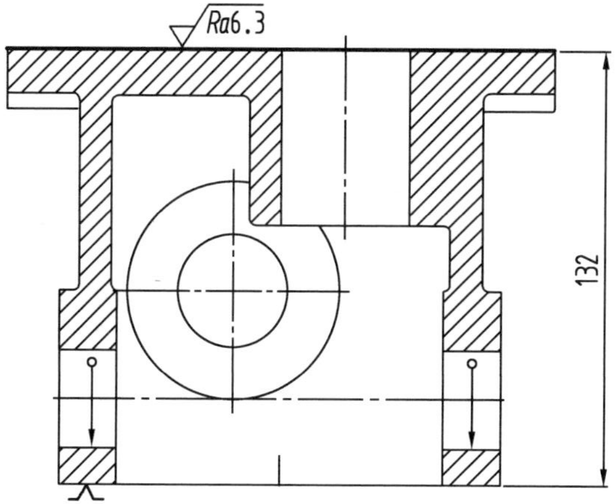

工序号	020	工序名称	粗铣底面
材料牌号	硬度	净重/kg	每台件数
HT200			1
机床名称	型号	资产编号	冷却液体
立式铣床	XA5032		
夹具名称		夹具编号	

工步号	工步内容	工艺装备	主轴转速/(r·min⁻¹)	切削速度/(m·min⁻¹)	进给量/(mm·r⁻¹)	进给次数	切削深度/mm	工步工时	
								机动	辅助
1	粗铣箱体底面	ϕ250硬质合金铣刀	75	58.90	1.57	1	3	1.85	0.54
2									
3									
4									
5									

										设计（日期）	校对（日期）	审核（日期）	标准化（日期）	会签（日期）
标记	处数	更改文件号	签字	日期	标记	处数	更改文件号	签字	日期					

机械加工工序卡片	产品型号		零件图号		共21页
	产品名称	减速箱	零件名称	减速箱箱体	第2页

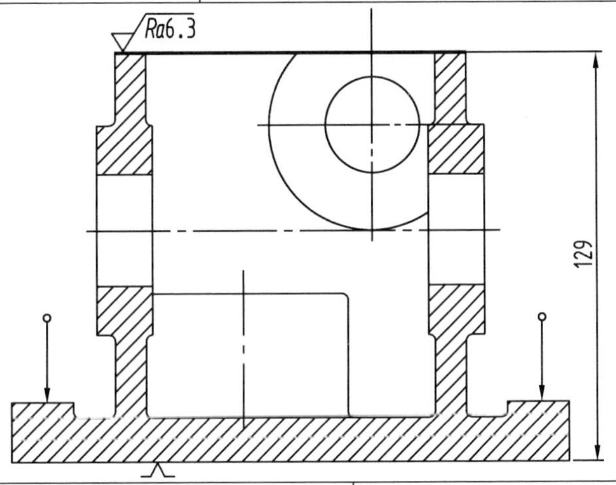

工序号	025	工序名称	粗铣顶面
材料牌号	硬度	净重/kg	每台件数
HT200			1
机床名称	型号	资产编号	冷却液体
立式铣床	XA5032		
夹具名称		夹具编号	

工步号	工步内容	工艺装备	主轴转速/(r·min^{-1})	切削速度/(m·min^{-1})	进给量/(mm·r^{-1})	进给次数	切削深度/mm	工步工时	
								机动	辅助
1	粗铣箱体顶面	ϕ50硬质合金铣刀	375	58.90	0.4	1	3	2.80	0.52
2									
3									
4									
5									

										设计（日期）	校对（日期）	审核（日期）	标准化（日期）	会签（日期）
标记	处数	更改文件号	签字	日期	标记	处数	更改文件号	签字	日期					

机械加工工序卡片	产品型号		零件图号		共21页
	产品名称	减速箱	零件名称	减速箱箱体	第3页

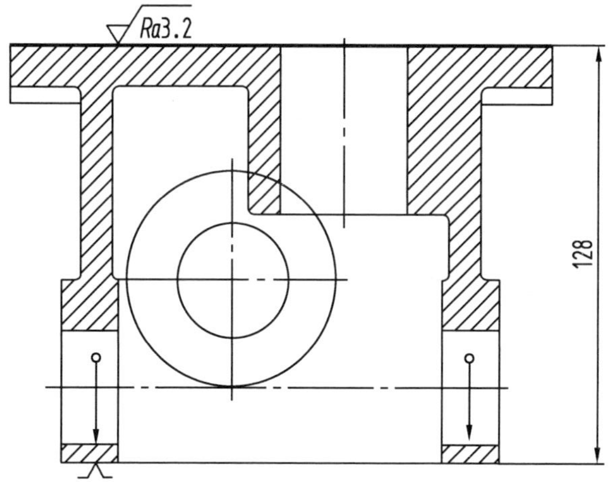

工序号	030	工序名称	半精铣底面
材料牌号	硬度	净重/kg	每台件数
HT200			1
机床名称	型号	资产编号	冷却液体
立式铣床	XA5032		
夹具名称		夹具编号	

工步号	工步内容	工艺装备	主轴转速 /(r · min^{-1})	切削速度 /(m · min^{-1})	进给量 /(mm · r^{-1})	进给次数	切削深度 /mm	工步工时	
								机动	辅助
1	半精铣箱体底面	ϕ250硬质合金铣刀	150	117.81	0.5	1	1	2.91	0.42
2									
3									
4									
5									

										设计（日期）	校对（日期）	审核（日期）	标准化（日期）	会签（日期）
标记	处数	更改文件号	签字	日期	标记	处数	更改文件号	签字	日期					

机械加工工序卡片	产品型号		零件图号		共21页
	产品名称	减速箱	零件名称	减速箱箱体	第4页

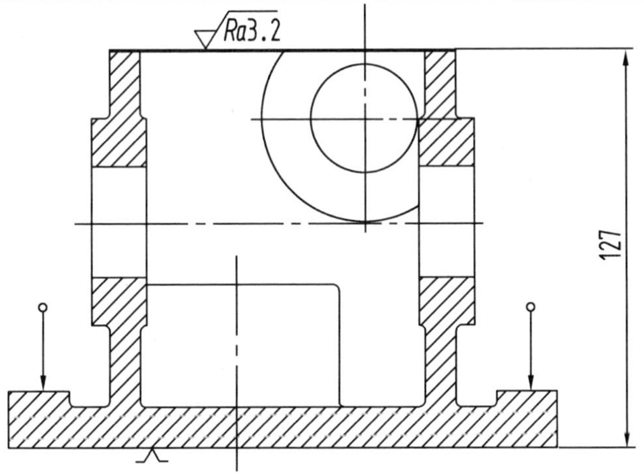

工序号	035	工序名称	半精铣顶面
材料牌号	硬度	净重/kg	每台件数
HT200			1
机床名称	型号	资产编号	冷却液体
立式铣床	XA5032		
夹具名称		夹具编号	

工步号	工步内容	工艺装备	主轴转速/(r · min^{-1})	切削速度/(m · min^{-1})	进给量/(mm · r^{-1})	进给次数	切削深度/mm	工步工时	
								机动	辅助
1	半精铣箱体顶面	ϕ50硬质合金铣刀	475	74.61	0.5	1	1	1.79	0.38
2									
3									
4									
5									

										设计（日期）	校对（日期）	审核（日期）	标准化（日期）	会签（日期）
标记	处数	更改文件号	签字	日期	标记	处数	更改文件号	签字	日期					

机械加工工序卡片	产品型号		零件图号		共21页
	产品名称	减速箱	零件名称	减速箱箱体	第5页

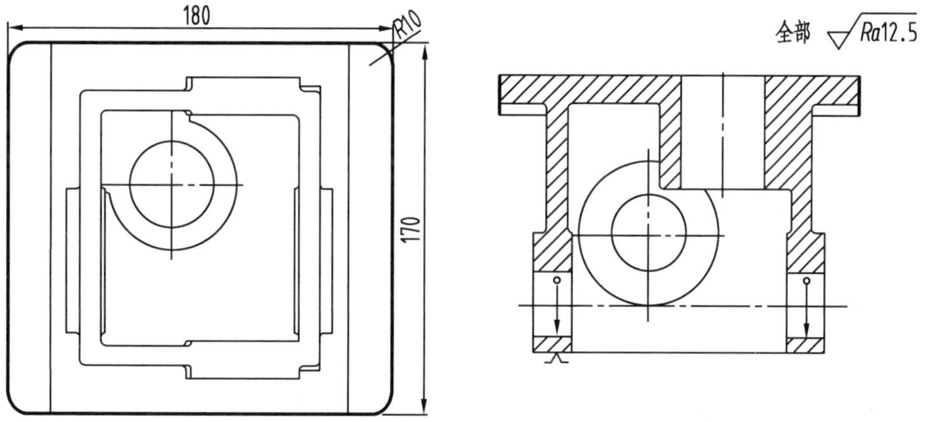

工序号	040	工序名称	粗铣四侧面
材料牌号	硬度	净重/kg	每台件数
HT200			1
机床名称	型号	资产编号	冷却液体
立式铣床	XA5032		
夹具名称		夹具编号	

工步号	工步内容	工艺装备	主轴转速/(r·min^{-1})	切削速度/(m·min^{-1})	进给量/(mm·r^{-1})	进给次数	切削深度/mm	工步工时	
								机动	辅助
1	粗铣底座四侧面	ϕ50高速钢圆柱铣刀	118	18.54	2	1	3	3.35	0.69
2									
3									
4									
5									

标记	处数	更改文件号	签字	日期	标记	处数	更改文件号	签字	日期	设计（日期）	校对（日期）	审核（日期）	标准化（日期）	会签（日期）

机械加工工序卡片	产品型号		零件图号		共21页
	产品名称	减速箱	零件名称	减速箱箱体	第6页

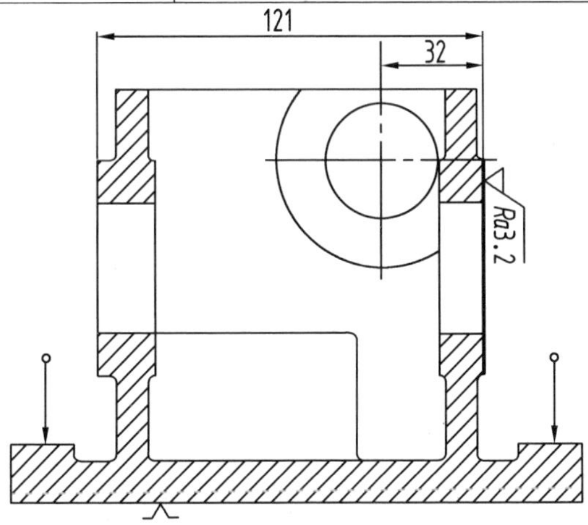

工序号	045	工序名称	铣 ϕ40圆右端面
材料牌号	硬度	净重/kg	每台件数
HT200			1
机床名称	型号	资产编号	冷却液体
万能铣床	XA6132		
夹具名称		夹具编号	

工步号	工步内容	工艺装备	主轴转速/(r·min^{-1})	切削速度/(m·min^{-1})	进给量/(mm·r^{-1})	进给次数	切削深度/mm	工步工时	
								机动	辅助
1	粗铣端面	ϕ100硬质合金端铣刀	190	59.69	0.8	1	3	0.52	0.34
2	精铣端面	ϕ100硬质合金端铣刀	375	117.81	0.5	1	1	0.41	0.25
3									
4									
5									

										设计（日期）	校对（日期）	审核（日期）	标准化（日期）	会签（日期）
标记	处数	更改文件号	签字	日期	标记	处数	更改文件号	签字	日期					

机械加工工序卡片	产品型号		零件图号		共21页
	产品名称	减速箱	零件名称	减速箱箱体	第7页

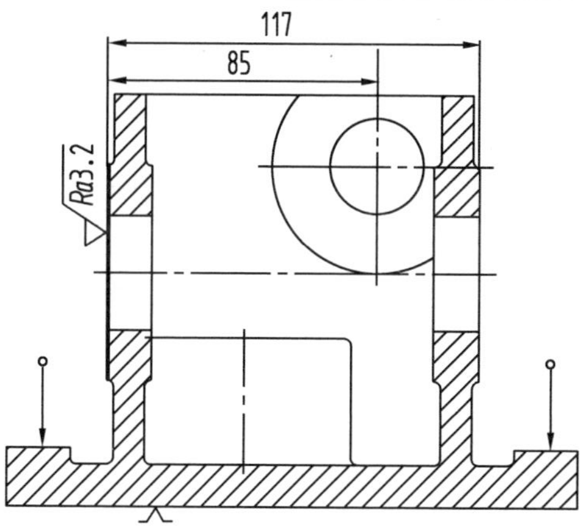

工序号	050	工序名称	铣 ϕ40圆左端面
材料牌号	硬度	净重/kg	每台件数
HT200			1
机床名称	型号	资产编号	冷却液体
万能铣床	XA6132		
夹具名称		夹具编号	

工步号	工步内容	工艺装备	主轴转速/(r·min^{-1})	切削速度/(m·min^{-1})	进给量/(mm·r^{-1})	进给次数	切削深度/mm	工步工时	
								机动	辅助
1	粗铣端面	ϕ100硬质合金端铣刀	190	59.69	0.8	1	3	0.52	0.34
2	精铣端面	ϕ100硬质合金端铣刀	375	117.81	0.5	1	1	0.41	0.25
3									
4									
5									

										设计（日期）	校对（日期）	审核（日期）	标准化（日期）	会签（日期）
标记	处数	更改文件号	签字	日期	标记	处数	更改文件号	签字	日期					

	机械加工工序卡片	产品型号		零件图号		共21页
		产品名称	减速箱	零件名称	减速箱箱体	第8页

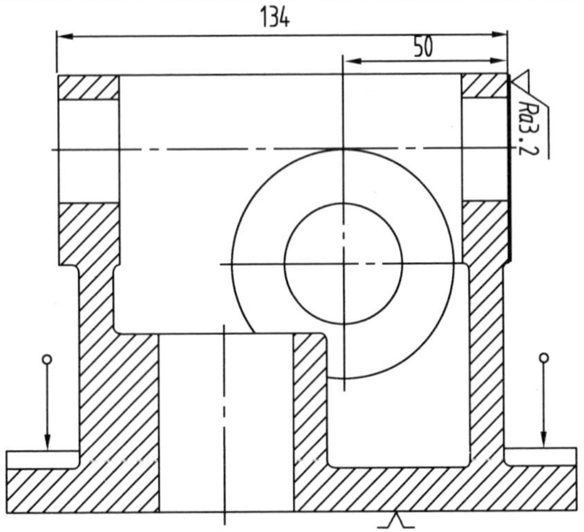

工序号	055	工序名称	铣 ϕ35圆右端面
材料牌号	硬度	净重/kg	每台件数
HT200			1
机床名称	型号	资产编号	冷却液体
万能铣床	XA6132		
夹具名称		夹具编号	
压板			

工步号	工步内容	工艺装备	主轴转速 /(r · min^{-1})	切削速度 /(m · min^{-1})	进给量 /(mm · r^{-1})	进给次数	切削深度 /mm	工步工时	
								机动	辅助
1	粗铣端面	ϕ100硬质合金端铣刀	190	59.69	0.8	1	3	0.52	0.34
2	精铣端面	ϕ100硬质合金端铣刀	375	117.81	0.5	1	1	0.41	0.25
3									
4									
5									

										设计（日期）	校对（日期）	审核（日期）	标准化（日期）	会签（日期）
标记	处数	更改文件号	签字	日期	标记	处数	更改文件号	签字	日期					

	机械加工工序卡片	产品型号		零件图号		共21页
		产品名称	减速箱	零件名称	减速箱箱体	第9页

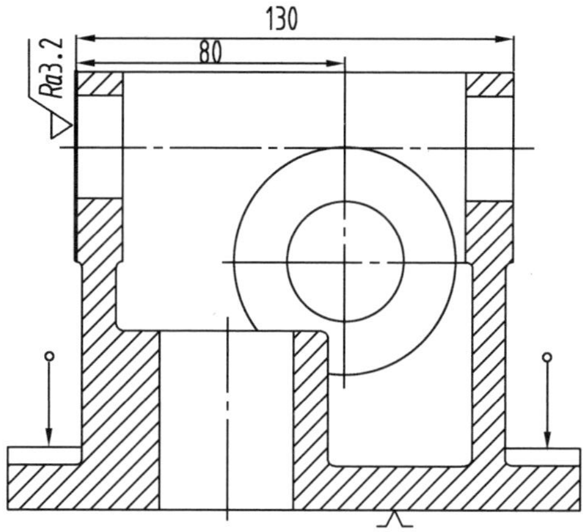

工序号	060	工序名称	ϕ35圆左端面
材料牌号	硬度	净重/kg	每台件数
HT200			1
机床名称	型号	资产编号	冷却液体
万能铣床	XA6132		
夹具名称		夹具编号	

工步号	工步内容	工艺装备	主轴转速/(r·min^{-1})	切削速度/(m·min^{-1})	进给量/(mm·r^{-1})	进给次数	切削深度/mm	工步工时 机动	工步工时 辅助
1	粗铣端面	ϕ100硬质合金端铣刀	190	59.69	0.8	1	3	0.52	0.34
2	精铣端面	ϕ100硬质合金端铣刀	375	117.81	0.5	1	1	0.41	0.25
3									
4									
5									

										设计（日期）	校对（日期）	审核（日期）	标准化（日期）	会签（日期）
标记	处数	更改文件号	签字	日期	标记	处数	更改文件号	签字	日期					

机械加工工序卡片	产品型号		零件图号		共21页
	产品名称	减速箱	零件名称	减速箱箱体	第10页

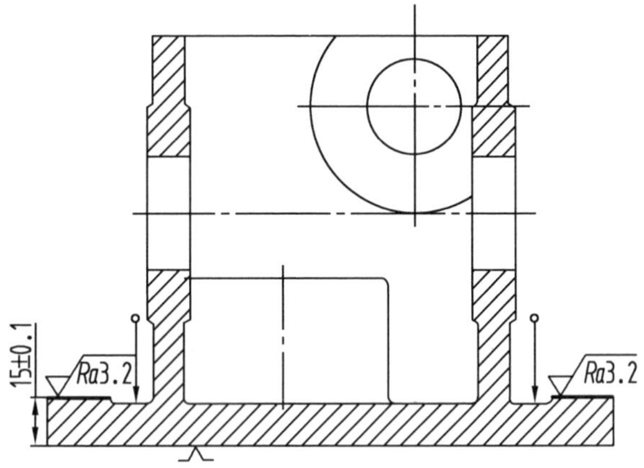

工序号	065	工序名称	铣底座上表面
材料牌号	硬度	净重/kg	每台件数
HT200			1
机床名称	型号	资产编号	冷却液体
万能铣床	XA6132		
夹具名称		夹具编号	

工步号	工步内容	工艺装备	主轴转速/(r·min⁻¹)	切削速度/(m·min⁻¹)	进给量/(mm·r⁻¹)	进给次数	切削深度/mm	工步工时 机动	工步工时 辅助
1	粗铣底座上表面	ϕ50高速钢圆柱铣刀	95	14.92	2	1	3	2.04	0.85
2	精铣底座上表面	ϕ50高速钢圆柱铣刀	118	18.54	1	1	1	6.46	0.41
3									
4									
5									

										设计（日期）	校对（日期）	审核（日期）	标准化（日期）	会签（日期）
标记	处数	更改文件号	签字	日期	标记	处数	更改文件号	签字	日期					

机械加工工序卡片	产品型号		零件图号		共21页
	产品名称	减速箱	零件名称	减速箱箱体	第11页

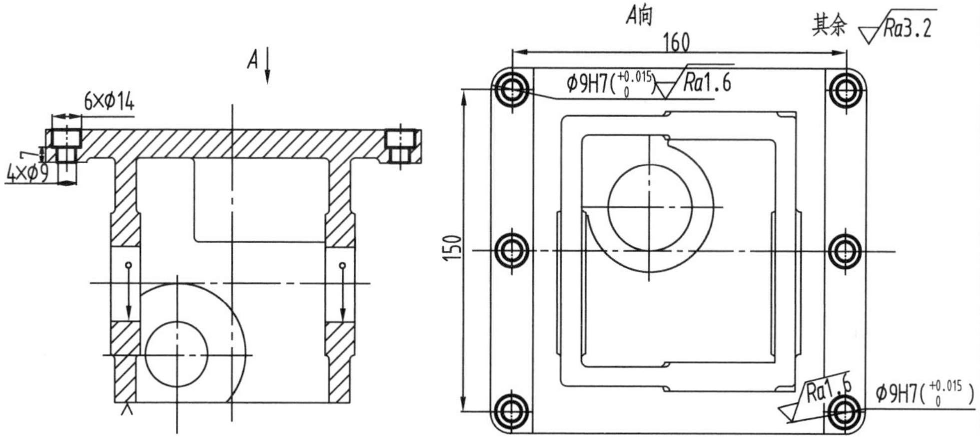

工序号	070	工序名称	钻底座6个螺栓孔
材料牌号	硬度	净重/kg	每台件数
HT200			1
机床名称	型号	资产编号	冷却液体
摇臂钻床	Z3025		
夹具名称		夹具编号	
专用夹具			

工步号	工步内容	工艺装备	主轴转速/(r·min^{-1})	切削速度/(m·min^{-1})	进给量/(mm·r^{-1})	进给次数	切削深度/mm	工步工时	
								机动	辅助
1	钻2-ϕ8.8孔，孔深15 mm	高速钢麻花钻	1 000	27.65	0.5	1	4.4	0.13	0.36
2	铰2-ϕ9孔，孔深15 mm	高速钢铰刀	250	7.07	1	1	0.1	0.47	0.41
3	钻4-ϕ9孔，孔深15 mm	高速钢麻花钻	1 000	27.65	0.5	1	4.5	0.2	0.38
4	锪6-ϕ14孔，孔深8 mm	高速工具钢锪钻	200	8.80	0.16	1	2.5	1.25	0.32

										设计（日期）	校对（日期）	审核（日期）	标准化（日期）	会签（日期）
标记	处数	更改文件号	签字	日期	标记	处数	更改文件号	签字	日期					

机械加工工序卡片	产品型号		零件图号		共21页
	产品名称	减速箱	零件名称	减速箱箱体	第12页

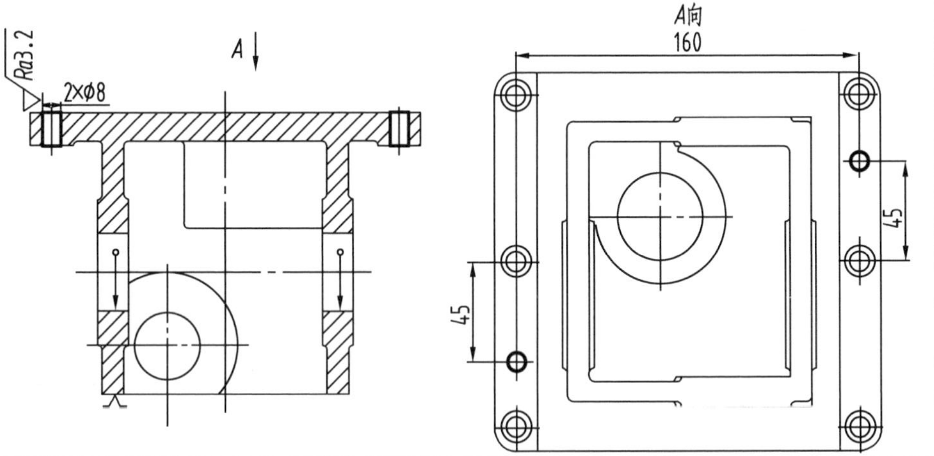

工序号	075	工序名称	钻底座2个 ϕ8孔
材料牌号	硬度	净重/kg	每台件数
HT200			1
机床名称	型号	资产编号	冷却液体
卧式镗床	T68		

夹具名称	夹具编号
专用夹具	

工步号	工步内容	工艺装备	主轴转速/(r·min^{-1})	切削速度/(m·min^{-1})	进给量/(mm·r^{-1})	进给次数	切削深度/mm	工步工时	
								机动	辅助
1	钻 ϕ8孔，孔深15 mm	高速钢麻花钻	1 000	22.62	0.4	1	4	0.18	0.28
2									
3									
4									
5									

										设计（日期）	校对（日期）	审核（日期）	标准化（日期）	会签（日期）
标记	处数	更改文件号	签字	日期	标记	处数	更改文件号	签字	日期					

	机械加工工序卡片	产品型号		零件图号		共21页
		产品名称	减速箱	零件名称	减速箱箱体	第13页

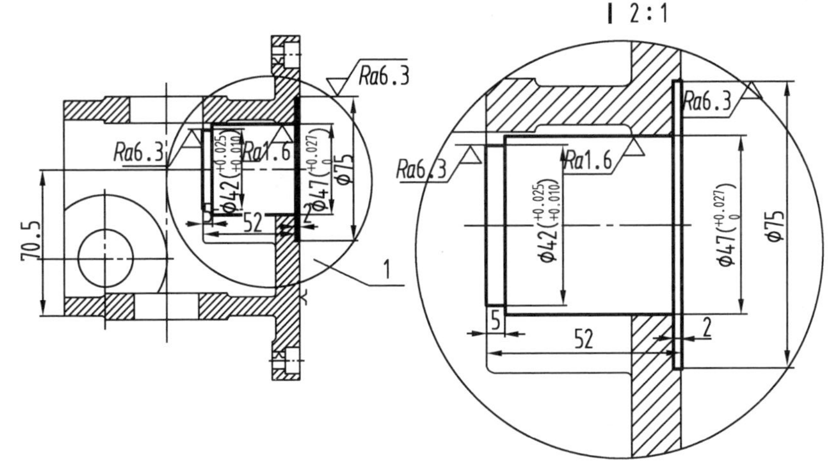

工序号	080	工序名称	镗底面孔
材料牌号	硬度	净重/kg	每台件数
HT200			1
机床名称	型号	资产编号	冷却液体
卧式镗床	T68		
夹具名称		夹具编号	
专用夹具			

工步号	工步内容	工艺装备	主轴转速/(r·min^{-1})	切削速度/(m·min^{-1})	进给量/(mm·r^{-1})	进给次数	切削深度/mm	工步工时	
								机动	辅助
1	粗镗 ϕ47孔至 ϕ46，孔深47 mm	硬质合金铣刀	250	36.13	0.52	1	3	0.42	0.33
2	精镗 ϕ47孔至 $\phi 47^{+0.024}_{0}$，孔深47 mm	硬质合金铣刀	400	59.06	0.37	1	0.5	0.38	0.46
3	粗镗 ϕ42孔到尺寸，孔深5 mm	硬质合金铣刀	400	52.78	0.74	1	1	0.04	0.20
4	粗镗孔 ϕ75孔，孔深2 mm	硬质合金铣刀	315	60.17	0.74	2	1	0.1	0.16

										设计（日期）	校对（日期）	审核（日期）	标准化（日期）	会签（日期）
标记	处数	更改文件号	签字	日期	标记	处数	更改文件号	签字	日期					

机械加工工序卡片	产品型号		零件图号		共21页
	产品名称	减速箱	零件名称	减速箱箱体	第14页

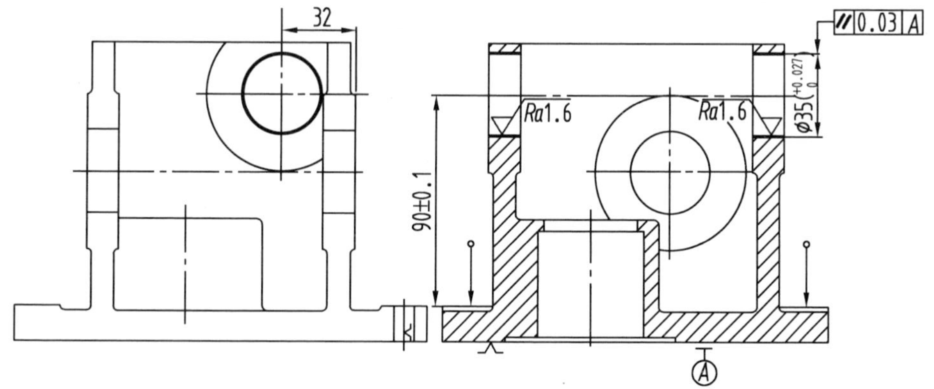

工序号	085	工序名称	镗φ35孔
材料牌号	硬度	净重/kg	每台件数
HT200			1
机床名称	型号	资产编号	冷却液体
卧式镗床	T68		
夹具名称		夹具编号	
专用夹具			

工步号	工步内容	工艺装备	主轴转速/(r·min^{-1})	切削速度/(m·min^{-1})	进给量/(mm·r^{-1})	进给次数	切削深度/mm	工步工时 机动	工步工时 辅助
1	粗镗φ35孔至φ34	硬质合金镗刀	400	42.73	0.74	1	2	0.16	0.24
2	精镗φ35孔到尺寸	硬质合金镗刀	500	54.98	0.19	1	0.5	0.47	0.36
3									
4									
5									

标记	处数	更改文件号	签字	日期	标记	处数	更改文件号	签字	日期	设计（日期）	校对（日期）	审核（日期）	标准化（日期）	会签（日期）

机械加工工序卡片	产品型号		零件图号		共21页	
	产品名称	减速箱	零件名称	减速箱箱体	第15页	

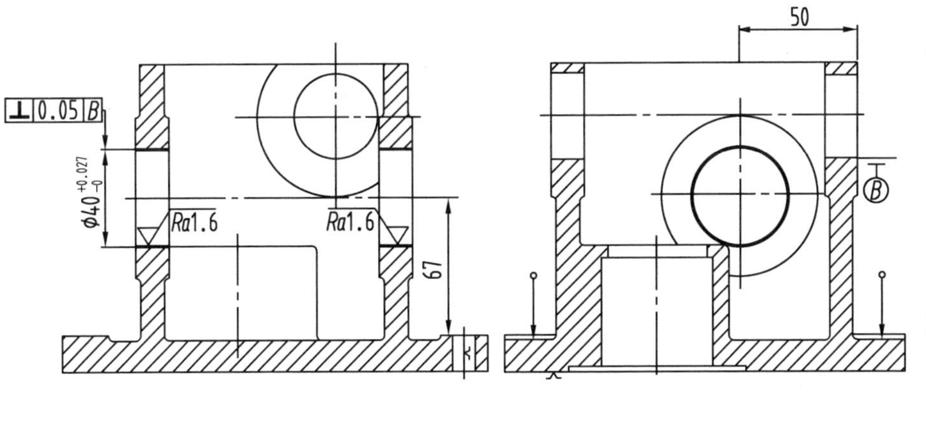

工序号	090	工序名称	镗 ϕ40孔
材料牌号	硬度	净重/kg	每台件数
HT200			1
机床名称	型号	资产编号	冷却液体
卧式镗床	T68		
夹具名称		夹具编号	
专用夹具			

工步号	工步内容	工艺装备	主轴转速 /($r \cdot min^{-1}$)	切削速度 /($m \cdot min^{-1}$)	进给量 /($mm \cdot r^{-1}$)	进给次数	切削深度 /mm	工步工时 机动	工步工时 辅助
1	粗镗 ϕ40孔至 ϕ39	硬质合金镗刀	315	38.59	0.74	1	2	0.20	0.35
2	精镗 ϕ40孔到尺寸	硬质合金镗刀	500	62.83	0.19	1	0.5	0.49	0.32
3									
4									
5									

										设计（日期）	校对（日期）	审核（日期）	标准化（日期）	会签（日期）
标记	处数	更改文件号	签字	日期	标记	处数	更改文件号	签字	日期					

机械加工工序卡片	产品型号		零件图号		共21页
	产品名称	减速箱	零件名称	减速箱箱体	第16页

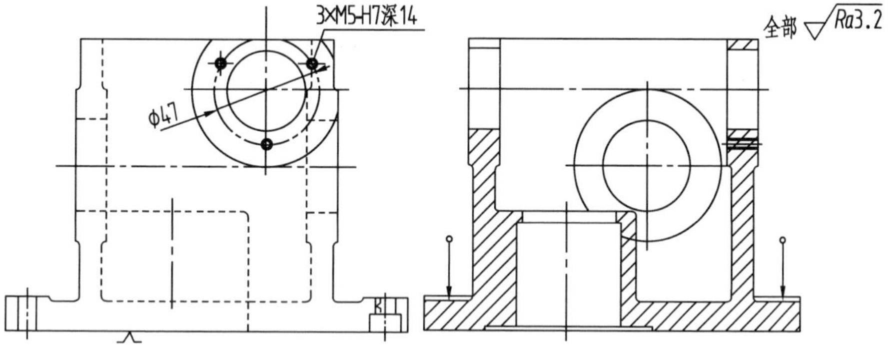

工序号	095	工序名称	钻、攻ϕ35右端面螺纹
材料牌号	硬度	净重/kg	每台件数
HT200			1
机床名称	型号	资产编号	冷却液体
摇臂钻床	Z3025		
夹具名称		夹具编号	
专用夹具			

工步号	工步内容	工艺装备	主轴转速 /(r · min^{-1})	切削速度 /(m · min^{-1})	进给量 /(mm · r^{-1})	进给次数	切削深度 /mm	工步工时	
								机动	辅助
1	钻3-ϕ4，孔深14 mm	高速钢钻头	1 000	12.88	0.3	1	2	0.22	0.32
2	攻3-M5-7H螺纹	丝锥	200	3.14	1	1	0.5	0.44	0.25
3									
4									
5									

										设计（日期）	校对（日期）	审核（日期）	标准化（日期）	会签（日期）
标记	处数	更改文件号	签字	日期	标记	处数	更改文件号	签字	日期					

机械加工工序卡片	产品型号		零件图号		共21页
	产品名称	减速箱	零件名称	减速箱箱体	第17页

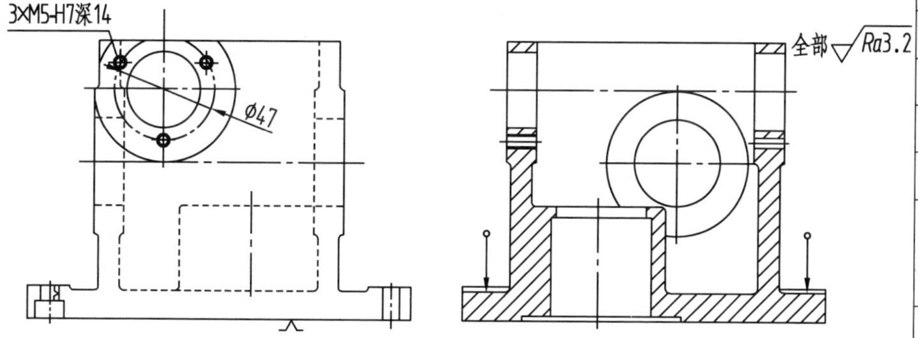

工序号	100	工序名称	钻、攻 ϕ35左端面螺纹
材料牌号	硬度	净重/kg	每台件数
HT200			1
机床名称	型号	资产编号	冷却液体
摇臂钻床	Z3025		
夹具名称		夹具编号	
专用夹具			

工步号	工步内容	工艺装备	主轴转速/(r·min^{-1})	切削速度/(m·min^{-1})	进给量/(mm·r^{-1})	进给次数	切削深度/mm	工步工时	
								机动	辅助
1	钻3- ϕ4，孔深14 mm	高速钢钻头	1 000	12.88	0.3	1	2	0.22	0.32
2	攻3-M5-7H螺纹	丝锥	200	3.14	1	1	0.5	0.44	0.25
3									
4									
5									

										设计（日期）	校对（日期）	审核（日期）	标准化（日期）	会签（日期）
标记	处数	更改文件号	签字	日期	标记	处数	更改文件号	签字	日期					

机械加工工序卡片	产品型号		零件图号		共21页
	产品名称	减速箱	零件名称	减速箱箱体	第18页

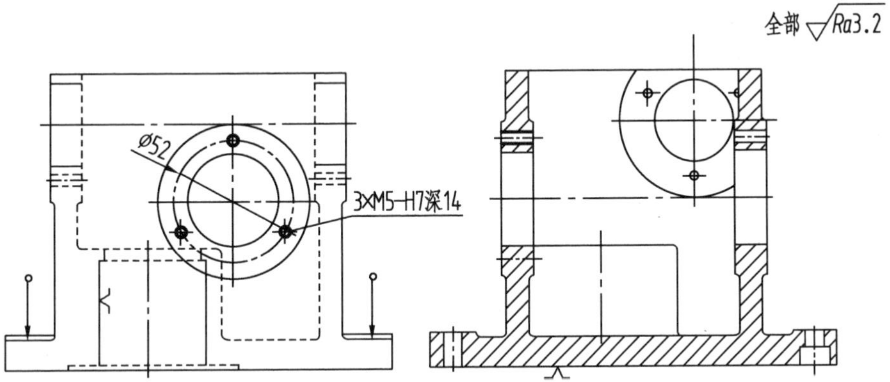

工序号	105	工序名称	钻、攻 ϕ40左端面螺纹
材料牌号	硬度	净重/kg	每台件数
HT200			1
机床名称	型号	资产编号	冷却液体
摇臂钻床	Z3025		
夹具名称		夹具编号	
专用夹具			

工步号	工步内容	工艺装备	主轴转速 /(r·min^{-1})	切削速度 /(m·min^{-1})	进给量 /(mm·r^{-1})	进给次数	切削深度 /mm	工步工时 机动	工步工时 辅助
1	钻3-ϕ4，孔深14 mm	高速钢钻头	1 000	12.88	0.3	1	2	0.22	0.32
2	攻3-M5-7H螺纹	丝锥	200	3.14	1	1	0.5	0.44	0.25
3									
4									
5									

										设计（日期）	校对（日期）	审核（日期）	标准化（日期）	会签（日期）
标记	处数	更改文件号	签字	日期	标记	处数	更改文件号	签字	日期					

	机械加工工序卡片	产品型号		零件图号		共21页
		产品名称	减速箱	零件名称	减速箱箱体	第19页

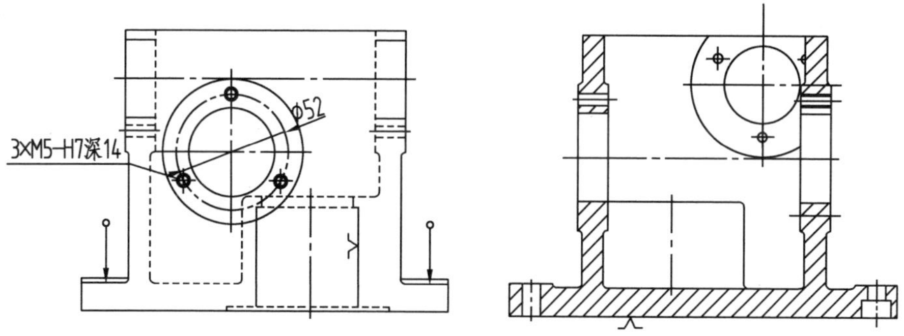

工序号	110	工序名称	钻、攻 ϕ40右端面螺纹
材料牌号	硬度	净重/kg	每台件数
HT200			1
机床名称	型号	资产编号	冷却液体
摇臂钻床	Z3025		
夹具名称		夹具编号	
专用夹具			

工步号	工步内容	工艺装备	主轴转速/($r \cdot min^{-1}$)	切削速度/($m \cdot min^{-1}$)	进给量/($mm \cdot r^{-1}$)	进给次数	切削深度/mm	工步工时	
								机动	辅助
1	钻3-ϕ4，孔深14 mm	高速钢钻头	1 000	12.88	0.3	1	2	0.22	0.32
2	攻3-M5-7H螺纹	丝锥	200	3.14	1	1	0.5	0.44	0.25
3									
4									
5									

										设计（日期）	校对（日期）	审核（日期）	标准化（日期）	会签（日期）
标记	处数	更改文件号	签字	日期	标记	处数	更改文件号	签字	日期					

机械加工工序卡片	产品型号		零件图号		共21页
	产品名称	减速箱	零件名称	减速箱箱体	第20页

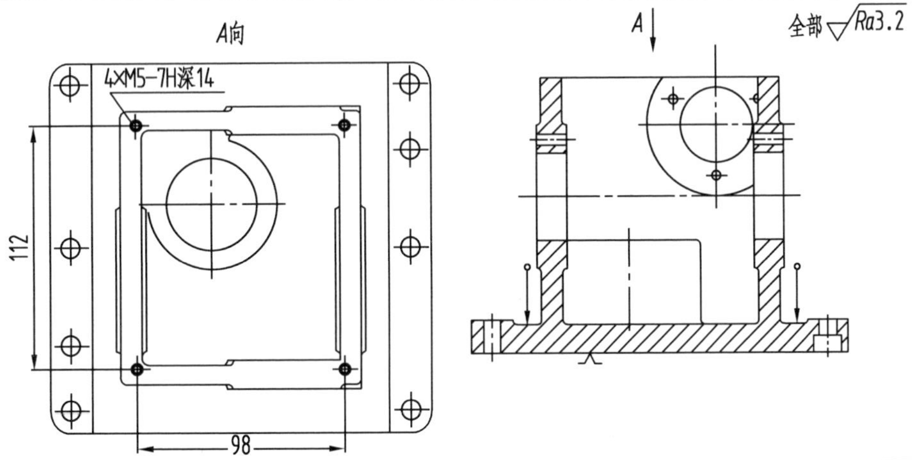

工序号	115	工序名称	钻、攻顶面螺纹
材料牌号	硬度	净重/kg	每台件数
HT200			1
机床名称	型号	资产编号	冷却液体
摇臂钻床	Z3025		
夹具名称		夹具编号	
专用夹具			

工步号	工步内容	工艺装备	主轴转速 /(r·min^{-1})	切削速度 /(m·min^{-1})	进给量 /(mm·r^{-1})	进给次数	切削深度 /mm	工步工时	
								机动	辅助
1	钻4-ϕ4，孔深14 mm	高速钢钻头	1 000	12.88	0.3	1	2	0.25	0.36
2	攻4-M5-7H螺纹	丝锥	200	3.14	1	1	0.5	0.58	0.28
3									
4									
5									

										设计（日期）	校对（日期）	审核（日期）	标准化（日期）	会签（日期）
标记	处数	更改文件号	签字	日期	标记	处数	更改文件号	签字	日期					

机械加工工序卡片	产品型号		零件图号		共21页
	产品名称	减速箱	零件名称	减速箱箱体	第21页

全部 $\sqrt{Ra3.2}$

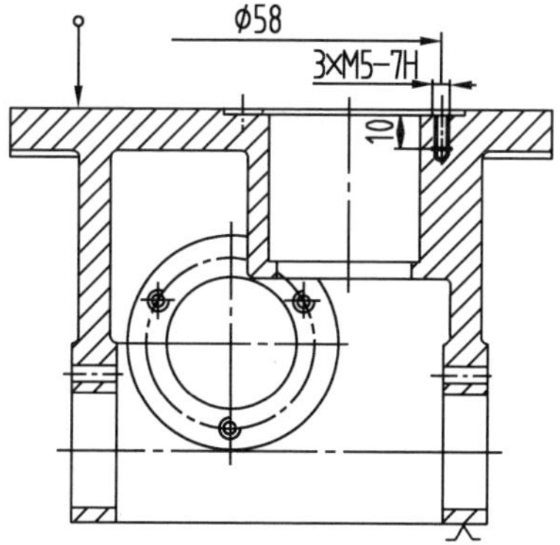

工序号	120	工序名称	钻、攻底面孔端面螺纹
材料牌号	硬度	净重/kg	每台件数
HT200			1
机床名称	型号	资产编号	冷却液体
摇臂钻床	Z3025		
夹具名称		夹具编号	
专用夹具			

工步号	工步内容	工艺装备	主轴转速/(r·min^{-1})	切削速度/(m·min^{-1})	进给量/(mm·r^{-1})	进给次数	切削深度/mm	工步工时	
								机动	辅助
1	钻3-ϕ4，孔深14 mm	高速钢钻头	1 000	12.88	0.3	1	2	0.18	0.31
2	攻3-M5-7H	丝锥	200	3.14	0.3	1	0.5	0.45	0.16
3									
4									
5									

										设计（日期）	校对（日期）	审核（日期）	标准化（日期）	会签（日期）
标记	处数	更改文件号	签字	日期	标记	处数	更改文件号	签字	日期					

思考与练习题

1. 何谓机械加工工艺规程？工艺规程在生产中起何作用？

2. 简述机械加工工艺过程卡和工序卡的主要区别及应用场合。

3. 简述机械加工工艺过程的设计原则、步骤和内容。

4. 试分辨如图 2.39 所示零件有哪些结构工艺性问题，并提出正确的改进意见。

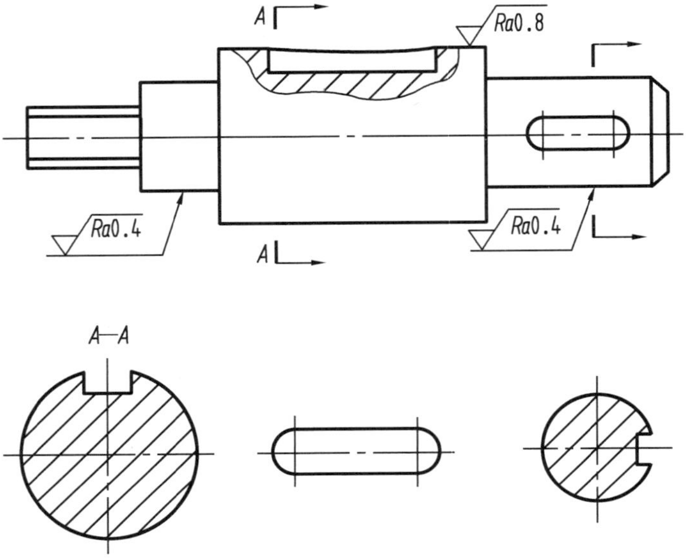

图 2.39　题 4 图

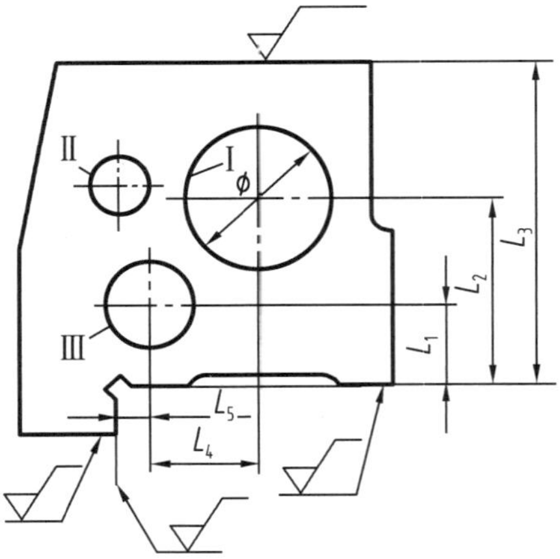

图 2.40　题 5 图

5. 如图 2.40 所示为机床主轴箱体的一个视图，其中 I 孔为主轴孔，是重要孔，加工时希望余量均匀。试选择加工主轴孔的基准、精基准。

6. 试选择如图 2.41 所示各零件的粗、精基准。如图 2.41(a)所示为齿轮零件简图，毛坯为磨锻件；如图 2.41(b)所示为液压缸体零件简图，毛坯为铸件；如图 2.41(c)所示为飞轮简图，毛坯为铸件。

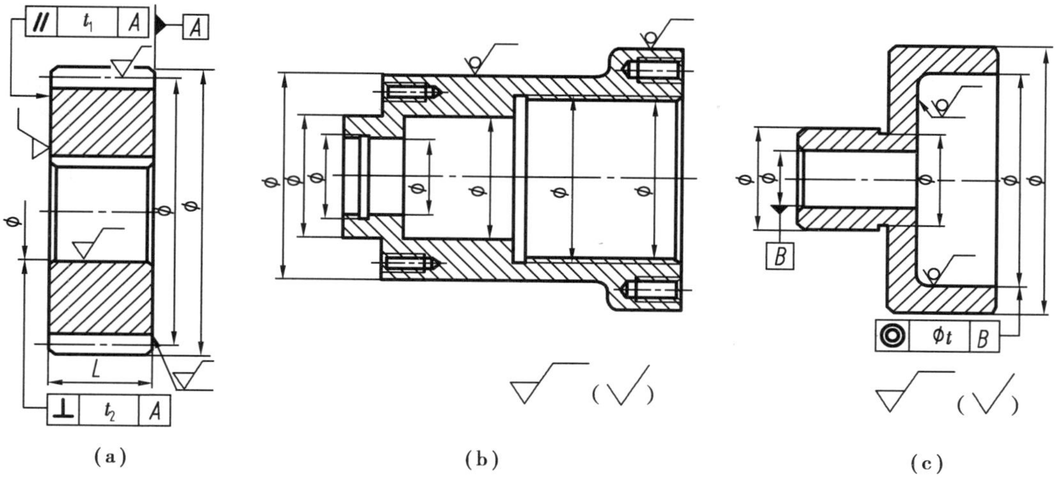

图 2.41　题 6 图

7. 何谓加工经济精度？选择加工方法时应考虑的主要问题有哪些？

8. 在大批量生产条件下，加工一批直径为 $\phi 25_{-0.009}^{\ 0}$ mm、长度为 58 mm 的光轴，其表面粗糙度 $Ra<0.16$ μm，材料为 45#钢，试安排其加工路线。

9. 如图 2.42 所示箱体零件的两种工艺安排如下：

①在加工中心上加工。粗、精铣底面；粗、精铣顶面；粗镗、半精镗、精镗 ϕ80H7 孔和 ϕ60H7 孔；粗、精铣两端面。

②在流水线上加工。粗刨、半精刨底面，留精刨余量；粗、精铣两端面；粗镗、半精镗 ϕ80H7 孔和 ϕ60H7 孔，留精镗余量；粗刨、半精刨、精刨顶面；精镗 ϕ80H7 孔和 ϕ60H7 孔；精刨底面。

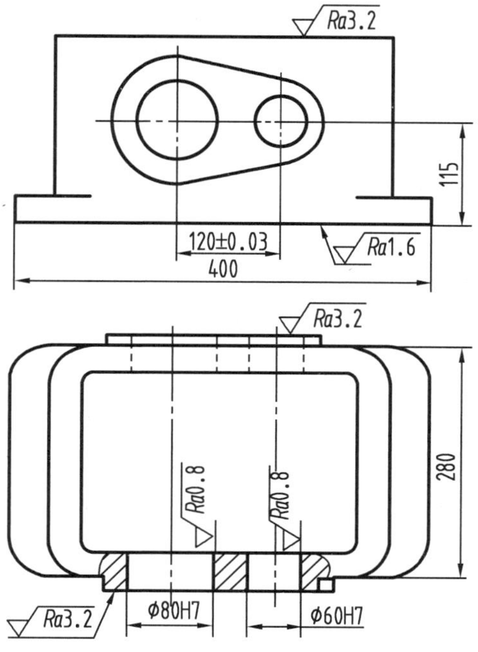

图 2.42　题 9 图

试分别分析上述两种工艺安排有无问题，若有问题需提出改进意见。

10. 何谓毛坯余量？何谓工序余量？影响工序余量的因素有哪些？

11. 如图 2.43 所示小轴系大量生产，毛坯为热轧棒料，经过粗车、精车、淬火、粗磨、精磨后达到图样要求。现给出各工序的加工余量及工序尺寸公差，见表 2.14。毛坯的尺寸公差为±1.5 mm。试计算工序尺寸，标注工序尺寸公差，计算精磨工序的最大余量和最小余量。

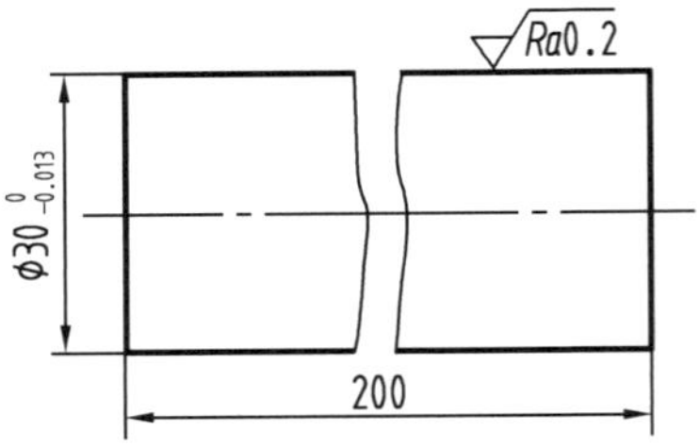

图 2.43　题 11 图

表 2.14　加工余量及工序尺寸

单位：mm

工序名称	加工余量	工序尺寸公差
粗车	3.00	0.210
精车	1.10	0.052
粗磨	0.40	0.033
精磨	0.10	0.013

12. 欲在某工件上加工 $\phi72.5^{+0.03}_{0}$ mm 孔，其材料为 45#钢，加工工序包括扩孔，精镗孔，半精镗、精镗孔，精磨孔。已知各工序尺寸及公差如下：

精磨——$\phi72.5^{+0.03}_{0}$ mm；粗镗—$\phi68^{+0.3}_{0}$ mm；

精镗——$\phi71.8^{+0.046}_{0}$ mm；扩孔—$\phi64^{+0.46}_{0}$ mm；

半精镗——$\phi70.5^{+0.19}_{0}$ mm；模锻孔—$\phi59^{+1}_{-2}$ mm。

试计算各工序加工余量及余量公差。

13. 在如图 2.44 所示工件中，$L_1=70^{-0.025}_{-0.050}$ mm，$L_2=60^{0}_{-0.025}$ mm，$L_3=20^{+0.15}_{0}$ mm，L_3 不便直接测量，试重新给出测量尺寸，并标注该测量尺寸的公差。

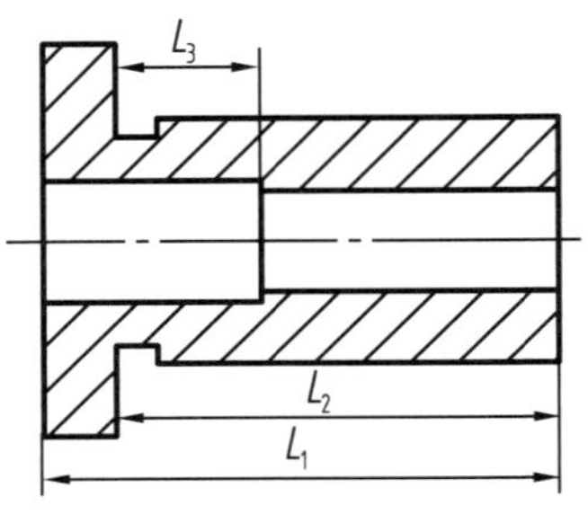

图 2.44　题 13 图

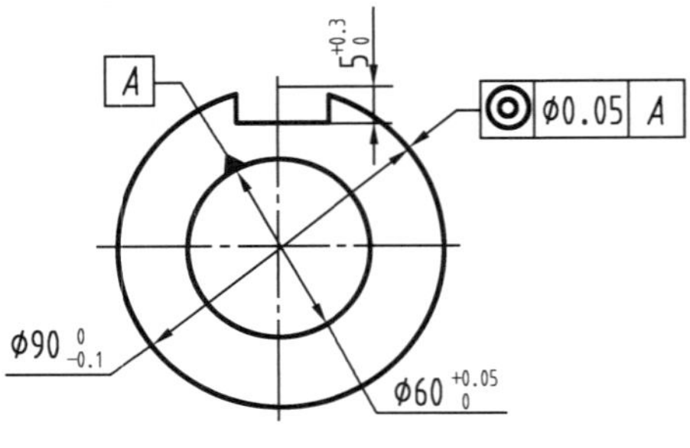

图 2.45　题 12 图

14. 如图 2.45 所示为某零件的一个视图，其中槽深为 $5^{+0.3}_{0}$ mm，该尺寸不便直接测量，为检验槽深是否合格，可直接测量哪些尺寸？试标出它们的尺寸及公差。

15. 某齿轮零件，其轴向设计尺寸如图 2.46 所示，试根据下述工艺方案标注各工序尺寸的公差：

①车端面 1 和端面 4。

②以端面 1 为轴向定位基准车端面 3；直接测量端面 4 和端面 3 之间的距离。

③以端面 4 为轴向定位基准车端面 2，直接测量端面 1 和端面 2 之间的距离（提示：属公差分配问题）。

16. 如图 2.47 所示小轴的部分工艺过程：车外圆至 $\phi30.5_{-0.1}^{0}$ mm，铣键槽深度为 H_{0}^{+T}，热处理，磨外圆至 $\phi30_{+0.015}^{+0.036}$ mm。设磨后外圆与车后外圆的同轴度公差为 $\phi0.05$ mm，求保证键槽深度为 $4_{0}^{+0.2}$ mm 的铣槽深度 H_{0}^{+T}。

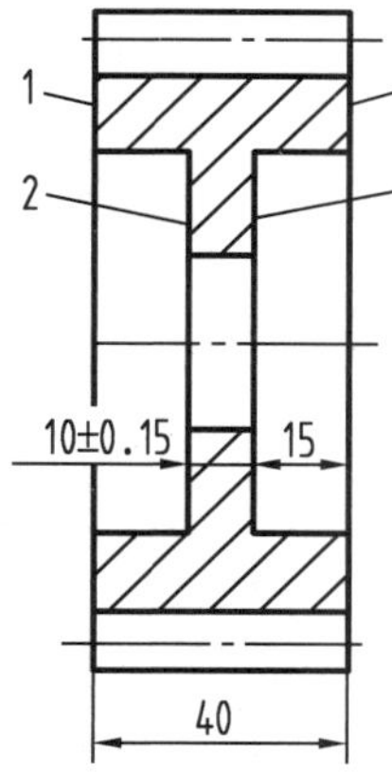

图 2.46　题 15 图

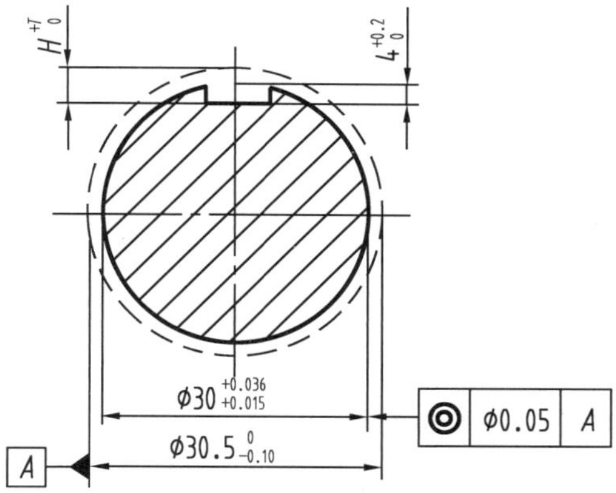

图 2.47　题 16 图

17. 一批小轴的部分工艺过程：车外圆至 $\phi20.6_{-0.04}^{0}$ mm，渗碳淬火，磨外圆至 $\phi20_{-0.02}^{0}$ mm。试计算保证淬火层深度为 0.7～1.0 mm 的渗碳工序渗入深度 t。

18. 如图 2.48(a)所示为某零件轴向设计尺寸简图，其部分工序如图 2.48(b)、(c)、(d)所示。试校核工序图上所标注的工序尺寸及公差是否正确，若有误，应如何改正？

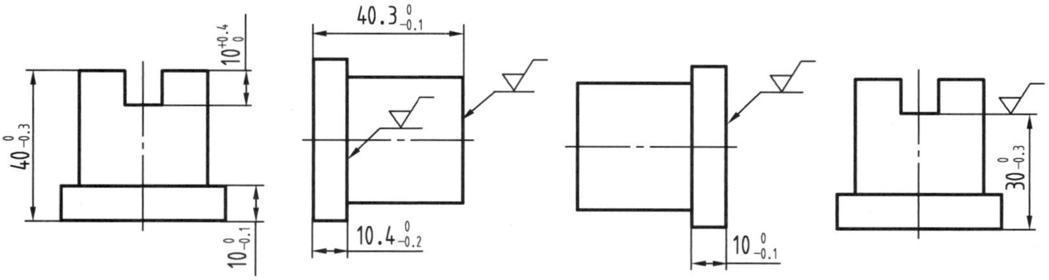

(a)　(b)　(c)　(d)

图 2.48　题 18 图

19. 何谓劳动生产率？提高机械加工劳动生产率的工艺措施有哪些？

20. 何谓时间定额？何谓单件时间？如何计算单件时间？

21. 何谓生产成本与工艺成本？两者有何区别？比较不同工艺方案的经济性时，需要考虑哪些因素？

第3章
机床夹具设计

3.1 概述

3.1.1 机床夹具的组成和功能

1)机床夹具的组成

机床夹具是在机床上装夹工件的一种装置,其作用是使工件相对于机床和刀具保持一个正确的位置,并在加工过程中保持这个位置不变。

如图3.1所示为一个在铣床上使用的夹具。如图3.1(a)所示为在该夹具上加工的连杆零件工序图,如图3.1(b)所示为夹具三维模型图,如图3.1(c)所示为夹具二维装配视图。工序要求工件以一面两孔定位,分4次安装铣削大头孔两端面处的8个槽。工件以端面安放在夹具底板4的定位面N上,大、小孔分别套在圆柱销5和菱形销1上,并用两个压板7压紧。夹具通过两个定向键3在铣床工作台上定位,并通过夹具底板4上的两个U形槽,用T形槽螺栓和螺母紧固在工作台上。铣刀相对于夹具的位置用对刀块2调整。为防止夹紧工件时压板转动,在压板的一侧设置了止动销11。

结合图3.1进行归纳总结,机床夹具主要有以下几个基本组成部分:

①定位元件或装置。用于确定工件在夹具上的位置,如图3.1所示的夹具底板4(顶面N)、圆柱销5和菱形销1。

②刀具导向元件或装置。用于引导刀具或调整刀具相对于夹具定位元件的位置,如图3.1所示的对刀块2。

③夹紧元件或装置。用于夹紧工件,如图3.1所示的压板7、螺母9、螺栓10等。

④连接元件。用于确定夹具在机床上的位置并与机床相连接,如图3.1所示的定位键3、夹具底板4上的U形槽等。

⑤夹具体。用于接夹具各元件或装置,使之成为一个整体,并通过它将夹具安装在机床上,如图3.1所示的夹具底板4。

⑥其他元件或装置。除上述①~⑤以外的元件或装置,如某些夹具上的分度装置、防错(防止工件错误安装)装置、安全保护装置,以及为便于卸下工件而设置的顶出器等。如图3.1所示的止动销11也属于此类元件。

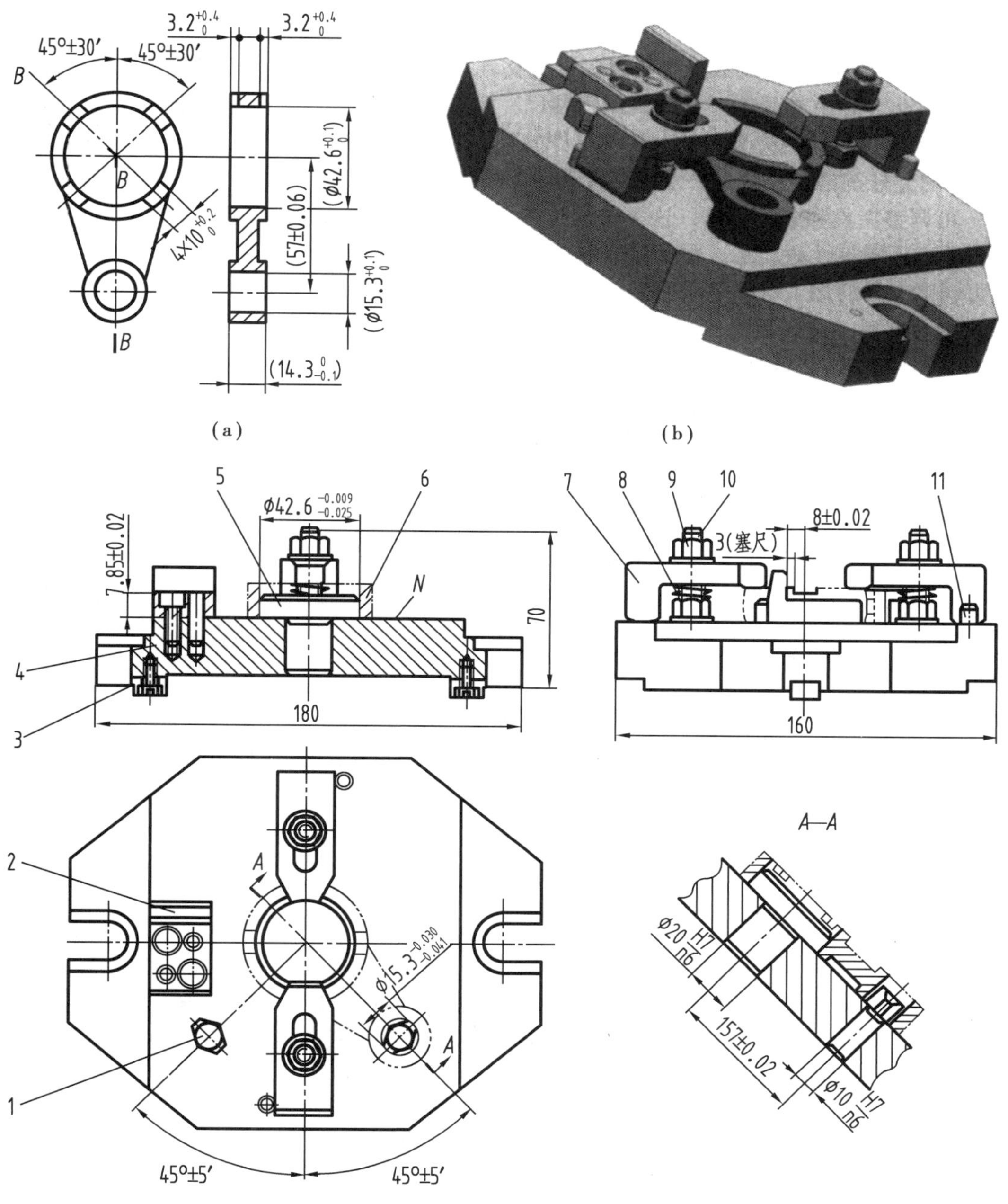

(c)

图 3.1　连杆铣槽夹具

1—菱形销;2—对刀块;3—定向键;4—夹具底板;5—圆柱销;6—工件;7—压板;

8—弹簧;9—螺母;10—螺栓;11—止动销

2)机床夹具的功能

机床夹具的主要功能如下:

①保证加工质量。使用机床夹具的首要任务是保证加工精度,特别是保证被加工工件加工面与定位面之间的位置精度,以及待加工表面相互之间的位置精度。在使用

机床夹具后，这种精度主要依靠夹具和机床来保证，而不再依赖于工人的技术水平。

②提高生产效率，降低生产成本。使用夹具后可减少划线、找正等辅助时间，更易实现多件、多工位加工。在现代机床夹具中，广泛采用了气动、液动等机动夹紧装置，可进一步减少辅助时间。

③扩大机床工艺范围。在机床上使用夹具可使加工变得更方便，并可扩大机床的工艺范围。如在车床或钻床上使用镗模，可以代替镗床镗孔；使用靠模夹具，可在车床或铣床上进行仿形加工。

④减轻工人劳动强度，保证安全生产。

3.1.2 机床夹具的分类

机床夹具可以有多种分类方法。通常按机床夹具的使用范围可分为以下 5 种类型。

(1)通用夹具

如在车床上常用的自定心卡盘、单动卡盘、顶尖等，铣床上常用的机用平口钳、分度头、回转工作台等均属通用夹具。该类夹具具有较大的通用性，故得其名。通用夹具一般已标准化，并由专业工厂(如机床附件厂)生产，常作为机床的标准附件提供给用户。

(2)专用夹具

专用夹具是针对某一工件的某一工序而专门设计的，因其用途专一而得名。如图 3.1 所示的连杆铣槽夹具就是一种专用夹具。专用夹具广泛应用于批量生产中。

(3)可调整夹具和成组夹具

可调整夹具的特点是夹具的部分元件可以更换，部分装置可以调整，可以适应不同零件的加工。用于相似零件成组加工的夹具，通常称为成组夹具。与成组夹具相比，可调整夹具的加工对象不是很明确，但适用范围更广。

(4)组合夹具

组合夹具由一套标准化的夹具元件，根据零件的加工要求拼装而成。就好像搭积木一样，不同元件的不同组合和连接可构成不同结构和用途的夹具。夹具用完以后，元件可以拆卸重复使用。这类夹具特别适合于新产品试制和小批量生产。

(5)随行夹具

随行夹具是一种在自动线或柔性制造系统中使用的夹具。工件安装在随行夹具上，除完成对工件的定位和夹紧外，还载着工件从输送装置送往各机床，并在各机床上被定位和夹紧。

机床夹具也可以根据加工类型和在何种机床上的使用来分类，可分为车床夹具、铣床夹具、钻床夹具、镗床夹具、磨床夹具和数控机床夹具等。机床夹具还可以按其夹紧装置的动力源来分类，可分为手动夹具、气动夹具、液动夹具、电磁夹具和真空夹具等。

3.2 工件在夹具上的定位

关于定位原理已在第一章中作了介绍，本节主要讨论具体的定位方法、常用的定位元件及定位误差的分析和计算。

3.2.1 常用的定位方法和定位元件

1)对定位元件的要求

工件在夹具上的定位是通过夹具上定位元件的工作面和工件定位基准面接触(配合)形成工作副,从而确定工件在夹具上的位置。工件的定位基准面简称定位面。结合夹具使用情况,定位元件应满足以下要求:

①足够的精度。由于工件的定位是通过定位副的接触(或配合)实现的,且定位元件的工作面的精度会直接影响工件的定位精度,因此定位元件应具备足够的精度,以适应加工精度要求。

②足够的强度和刚度。定位元件不仅通过限制工件的自由度来实现定位,还可能支承工件、承受夹紧力和切削力。因此,定位元件应有足够的强度和刚度,以免在使用中变形或损坏。

③耐磨性好。在批量加工中,工件的频繁装卸会磨损定位元件的工作面,导致定位精度下降。为了提高定位精度,定位元件应具有较好的耐磨性。

④工艺性好。定位元件的结构应力求简单、合理,以便于加工、装配和更换。

定位元件的精度对工件的加工精度影响很大。定位元件的工作面与工件的定位面或与夹具体接触或配合的表面,一般尺寸精度不低于 IT8,常选 IT7 甚至 IT6 制造。定位元件工作面的表面粗糙度值一般不应大于 1.6 μm,常用 Ra0.8 μm 和 Ra0.4 μm,可采用调整法和修配法来提高装配精度。

夹具中常用的定位元件有支承钉、支承板、可调支承、定位销、定位心轴、定位套、V 形块等。

2)定位方式及其定位元件

工件的定位面常见形式有平面、圆柱孔、外圆柱面、其他成形面及其组合,夹具上采用对应结构形式的定位元件以实现对工件的定位。

(1)工件以平面定位

工件以平面作为定位基准是生产中广泛选用的定位方式。如箱体、机座、支架、盘盖等类工件。分析定位时,可根据基准平面与定位元件工作表面接触面的大小或长短,来判断定位元件所相当的支承点数目及其所限制工件的自由度。当接触面较大时,相当于 3 个支承点,限制 3 个自由度;窄长的接触面相当于两个支承点,限制两个自由度;当接触面较小时,只相当于一个支承点,限制工件一个自由度。工件以 3 个互成 90°的平面作定位基准在夹具中定位时,其中起主导作用的平面称为第一定位基准或主要定位基准;起次要作用,消除工件两个自由度的平面,称为第二基准或导向基准;消除一个自由度的平面,称为第三定位基准或止推基准。

根据基准表面状况的不同,定位方法和定位元件也不同。如:

①工件以粗基准平面定位。

该平面通常指锻、铸后经清理的毛坯平面,其表面较粗糙,且存在较大的平面度误差。此面与定位元件的支承面接触时必为随机分布的 3 个点。对每一个工件而言，此面又各不相同。通常采用支承点接触的定位元件才能获得较为圆满的定位。粗基准平面常用的定位元件为 B 型支承钉[图 3.2(b)]和可调支承钉(图 3.3)等，C 型支承钉[图 3.2(c)]多用于工件侧面定位。

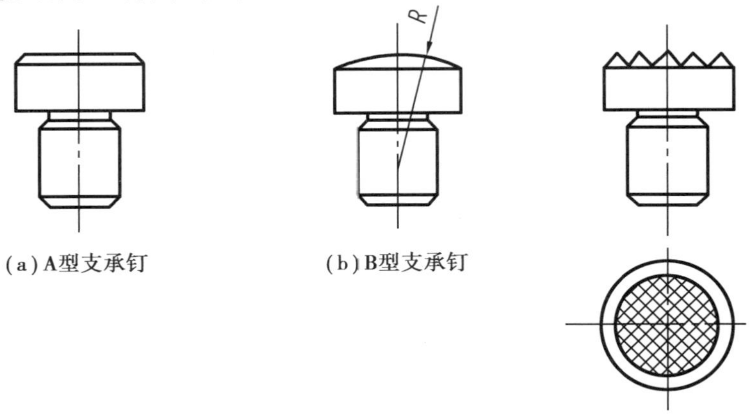

(a) A型支承钉　(b) B型支承钉　(c) C型支承钉

图 3.2　支承钉

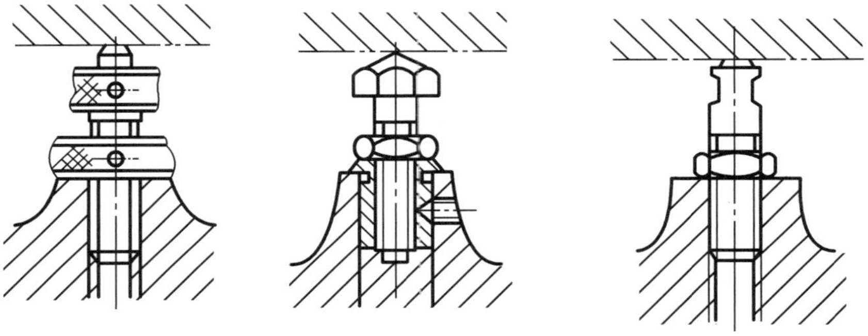

(a)　(b)　(c)

图 3.3　可调支承钉

②工件以精基准平面定位。

工件的基准平面经切削加工后可直接放在平面上定位。此平面具有较小的表面粗糙度值和平面度误差，故可获得较精确的定位。常用的定位元件有支承板(图 3.4)和 A 型的平头支承钉[图 3.2(a)]等。

(2) 工件以圆柱孔定位

工件以圆柱孔内表面为定位基准，是生产中常见的定位方式。常见的定位元件有定位销和定位心轴等。

①定位销。

定位销的结构形式如图 3.5 所示。其中图 3.5(a) ~ (d)是将定位销以 H7/r6(过盈配合)或 H7/n6(过渡配合)与夹具体孔配合。图 3.5(e)用螺栓经与中间衬套以 H7/n6 配合，以便更换。定位销头部做 15°倒角，以便工件内孔装入。定位销与工件内孔配合定位的工作面部分的轴颈 d，一般按 g6、f6、g7、f7 确定公差。定位销所定位的工件孔直径一般小于 50 mm。直径小于 16 mm 的定位销，常用 T7A 材质，直径大于 16 mm 的定位销，一般用20钢，定位销一般都淬火到53～58 HRC。

圆柱孔、销配合定位，限制了工件半径方向的两个平移自由度。当只需要限制一个自由度时，可将圆柱销改成削边销[图3.5(f)]或菱形销[图3.5(g)]。

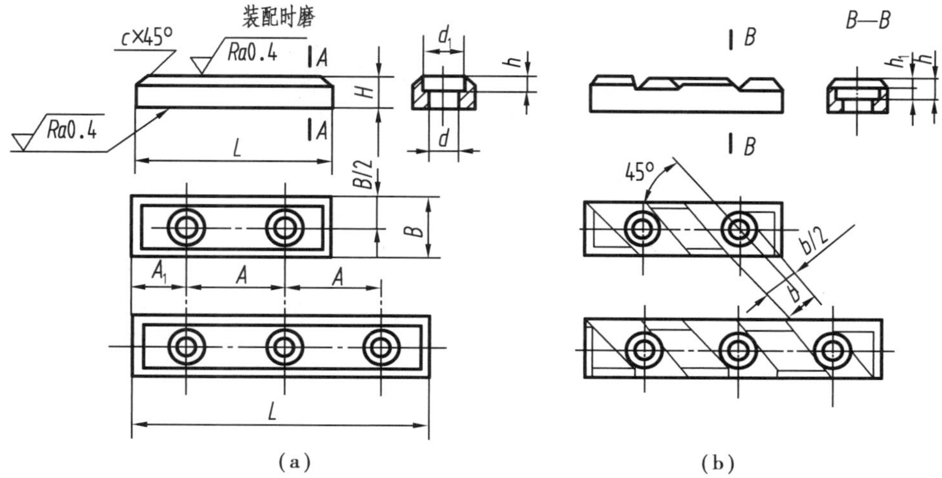

图3.4　支承板

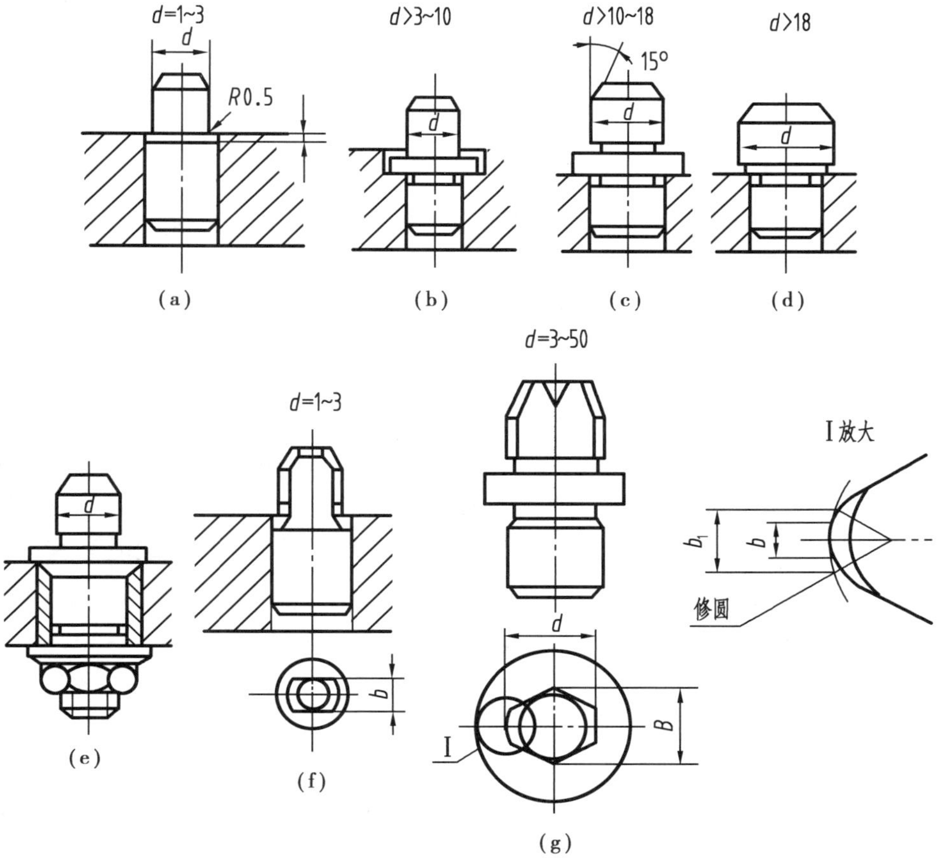

图3.5　定位销

圆锥销是与工件孔口接触定位的。如图 3.6 所示为工件孔口在圆锥销上定位的状况。圆锥销限制了工件的 3 个平移自由度。如图 3.6(a)所示为圆锥销用于精定位面；如图 3.6(b)所示为削边销,用于粗定位面。

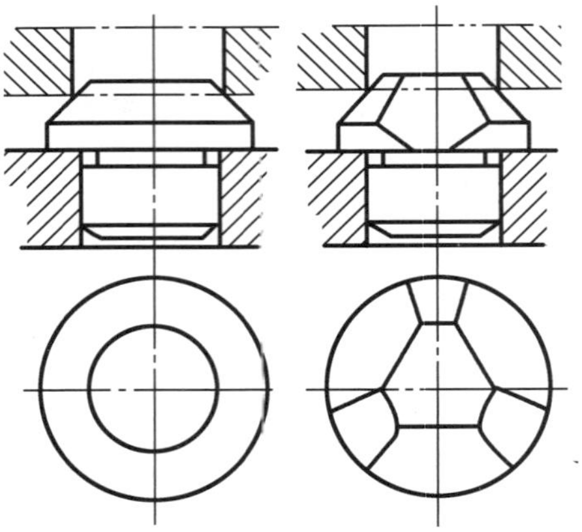

(a)　　　　(b)

图 3.6　圆锥销

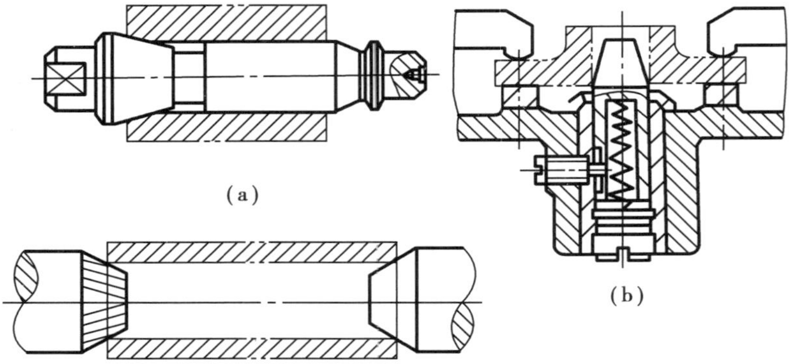

(a)

(b)

(c)

图 3.7　圆锥销组合定位

工件在单个圆锥销上的定位容易倾斜,因此,圆锥销一般与其他定位元件组合定位。如图3.7(a)所示为圆锥—圆柱组合心轴,加圆锥部分使工件准确定心,圆柱部分可减少工件倾斜。如图 3.7(b)所示,以工件底面作为主要定位基面,圆锥销是活动的,即使工件的孔径变化量较大,也能准确定位,避免了过定位。如图 3.7(c)所示为工件在双圆锥销上定位。以上 3 种定位方式均限制了工件的 5 个自由度。

定位销的结构已经标准化。

②定位心轴。

心轴的形式很多,如图 3.8 所示为常见的刚性心轴,如图 3.8(a)所示为与工件过盈配合,如图 3.8(b)所示为间隙配合,如图 3.8(c)所示为小锥度心轴,锥度一般为 1 ∶ 5 000 ~ 1 ∶ 1 000,工件安装时轻轻敲入,通过孔和心轴的接触表面的弹性变形来夹紧工件。使用小锥度心轴可获得较高的定位精度。

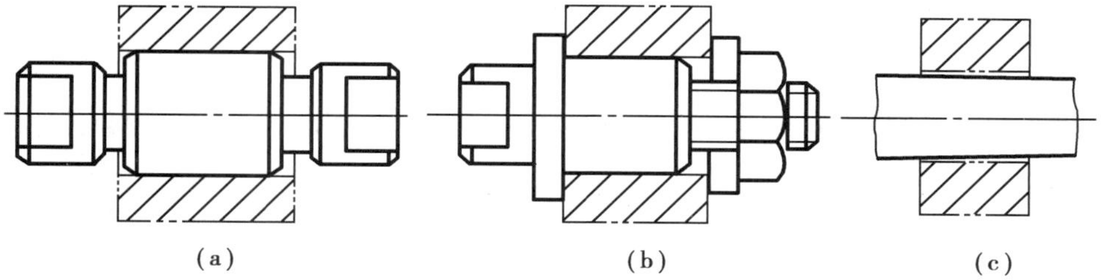

图 3.8　刚性心轴

除了刚性心轴外,在生产中还常用到弹性心轴、液塑心轴、自动定心心轴等。刚性心轴在对工件定位的同时还可进行夹紧。

分析定位心轴所限制工件的自由度可知,对于锥度心轴,除了沿轴线移动自由度没被限制外,其余 5 个自由度均被限制。对于无锥度心轴,绕轴线旋转自由度和沿绕轴线移动的自由度没有限制,其余 4 个自由度均已被限制。

(3)工件以外圆柱表面定位

工件以外圆柱面作为定位基准也是生产中常见的定位方式。常采用 V 形块、定位套等。

①V 形块。

V 形块是定位工件外圆最广泛的定位方式,V 形块最常见的形式如图 3.9 所示。

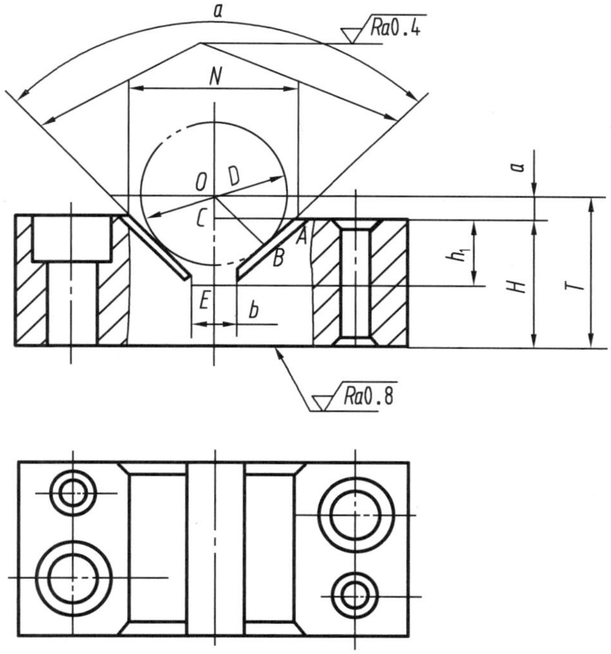

图 3.9　V 形块

V 形块两工作斜面的夹角 α 通常有 60°、90°、120°,其中 90°使用最多,其结构已经标准化。设计非标 V 形块时,可参照如图 3.9 所示的相关尺寸进行计算,相关尺寸主要有:

D——所定位的工件外圆的标准直径,mm。

α——V 形块两工作面的夹角,(°)。

H——V 形块的高度,mm(对于大直径工件,$H\leqslant 0.5D$;对于小直径工件,$H\leqslant 1.2D$)。

N——V 形块的开口尺寸,mm。当 $\alpha=90°$时,$N=(1.09\sim1.13)D$;当 $\alpha=120°$时,$N=(1.45\sim1.52)D$;

T——工件外圆标准直径时 V 形块的标准高度,mm(通常可作为检验用)。

设计 V 形块时,应根据所定位的外圆直径 D 进行计算,先设定 α、N 和 H 值,再根据式(3.1)求 T 值。T 值必须标注,以便加工和检验。

$$T=H+\frac{1}{2}\left[\frac{D}{\sin(\alpha/2)}-\frac{N}{\tan(\alpha/2)}\right] \tag{3.1}$$

V 形块定位时,对工件具有自动对中作用。V 形块常用材质 20 钢,渗碳淬火 60~64HRC,渗碳深度 0.8~1.2 mm。

②定位套筒。

定位套筒的结构形式如图 3.10 所示。夹具上的定位套筒的内孔用于定位支承工件外圆。这种定位方式的特点是定位元件结构简单,但定位精度相对较低。当工件外圆和套筒内孔配合的间隙较大时,易使工件偏斜。因此,常采用套筒内孔和端面共同定位,以免偏斜。若端面面积较大时,为避免过定位,定位孔的长度应适当缩短。

(4)工件以其他表面定位

如图 3.11 所示,工件的内锥孔采用了外锥度心轴定位。除了绕轴线旋转自由外,其余 5 个自由度全部限制。

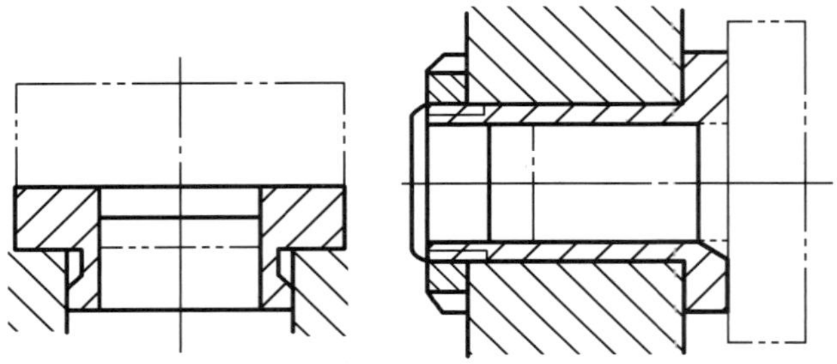

图 3.10　定位套筒定位工件外圆

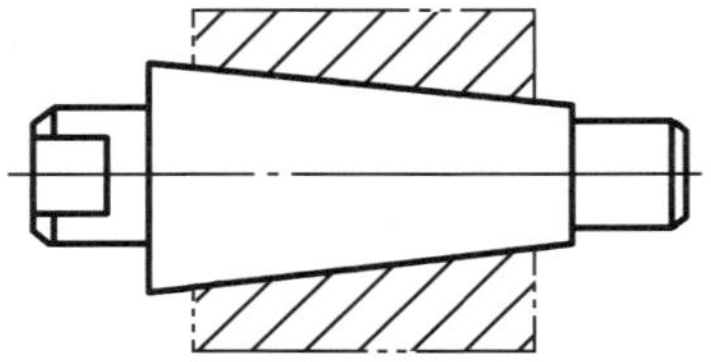

图 3.11　锥度心轴定位工件内锥孔

如图 3.12 所示,以工件(齿轮)的齿面定位。3 个节圆柱 6 均布插入齿槽,实现对分度圆定位。在推杆 1 的作用下,弹性薄膜盘 2 向外突出,带动 3 个卡爪 4 张开,工件安放就位,推杆 1 收回,弹性薄膜盘 2 在自身弹性回复力作用下,带动卡爪 4 收缩,将工件夹紧。该夹具用于对齿轮内孔加工工序中,保证了齿轮分度圆对内孔的同轴度。

(5)工件以组合表面定位

在实践生产中,单一表面定位往往无法满足工件加工的定位需求。因此,需要多个定位面组合定位。常见的组合定位有平面与平面的组合定位、平面与孔的组合定位、平面与外圆柱面的组合定位,以及平面与其他表面组合定位。

图 3.12　工件以渐开线齿面定位

1—推杆;2—弹性薄膜盘;3—保持架;4—卡爪;5—螺钉;6—节圆柱;7—工件(齿轮)

多个表面同时参与定位时,各表面在定位中所起的作用有主次之分。如图 3.1 所示的连杆铣槽夹具,连杆底部大端面定位于夹具体的大端面上,平面定位限制了 3 个自由度,连杆的端面是第一定位面。连杆的大头孔定位在圆柱销中,限制了两个自由度,大头孔是第二定位面,小头孔定位在菱形销中,限制了一个绕孔轴线旋转的自由度,小头孔是第三定位面。

表面组合定位常见的 3 种形式:

①一面两孔定位。

大部分箱体类零件在表面加工时,一般统一以较大的平面及与该面垂直的两个孔定位,夹具上用一面两销对其定位,俗称“一面两孔”定位。两个销为了避免过定位,一个为圆柱销另一个为菱形销(削边销)。

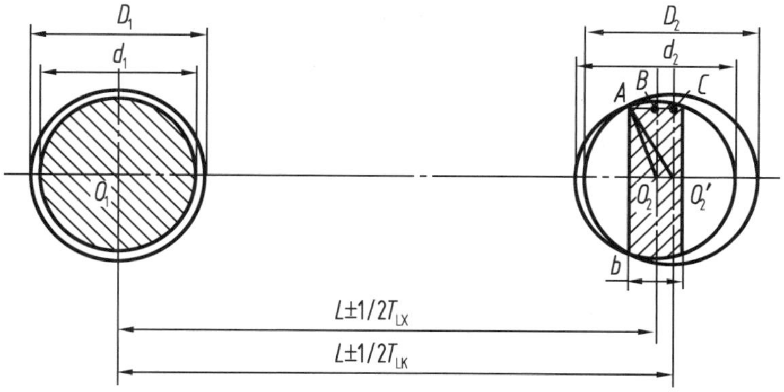

图 3.13　削边销宽度计算

如图 3.13 所示的一面两孔定位,一面为纸面,孔、销轴线垂直于纸面。孔径尺寸为 $D^{+\Delta_D}_{0}$、销直径为 $d^{0}_{-\Delta_d}$。Δ_{min} 表示孔、销配合的最小间隙,T_{LK}、T_{LX} 分别表示两孔、销中心距尺寸公差,b 表示菱形销的宽度。根据图中 $\triangle AO_2B$ 和 $\triangle AO_2'C$ 可得,

$$\overline{AO'^2_2}-\overline{AC^2}=\overline{AO^2_2}-\overline{AB^2}$$

即
$$\left(\frac{D_2}{2}\right)^2-\left[\frac{b}{2}+\frac{1}{2}(T_{LK}+T_{LX})\right]^2=\left(\frac{D_2-\Delta_{2min}}{2}\right)^2-\left(\frac{b}{2}\right)^2$$

整理后得
$$b=\frac{D_2\Delta_{2min}}{T_{LK}+T_{LX}}$$

考虑到孔 1 和销 1 之间的间隙补偿作用,上式变为:

$$b=\frac{D_2\Delta_{2min}}{T_{LK}+T_{LX}-\Delta_{1min}} \tag{3.2}$$

一面两孔定位中,两个销的设计尺寸一般按照以下步骤进行。

a. 确定两销中心距尺寸及公差。取工件上两孔中心距的公称尺寸为两销中心距公称尺寸,其公差取工件孔中心距公差的 1/5 ~ 1/3。即 $T_{LX}=(1/5\sim1/3)T_{LK}$。

b. 确定圆柱销直径及公差。取相应孔的最小直径作为圆柱销直径的公称尺寸,其公差一般取 g6 或 f7。

c. 确定菱形销宽度、直径及其公差。首先按表 3.1 选取菱形销的宽度 b;然后根据式 3.2 计算与菱形销配合的孔的最小间隙 Δ_{2min};最后再计算菱形销直径的公称尺寸 $d_2=D_2-\Delta_{2min}$。菱形销直径公差按 h6 或 h7 取值。

表 3.1　菱形销的结构尺寸表

单位:mm

d	>3 ~ 6	>6 ~ 8	>8 ~ 20	>20 ~ 25	>25 ~ 32	>32 ~ 40	>40 ~ 50
B	d-0.5	d-1	d-2	d-3	d-4	d-5	d-6
b	1	2	3	3	3	4	5
b_1	2	3	4	5	5	6	8

注:d、B、b、b_1 的含义如图 3.5 所示。

【例 3.1】　如图 3.1 所示为一面两孔的夹具定位方案,试计算两个销的相关尺寸。

【解】　a. 取两销中心距公称尺寸及公差为 57±0.02 mm。

b. 取圆柱直径 $d_1=\phi42.6\text{g}6=\phi42.6^{-0.009}_{-0.025}$ mm。

c. 按表 3.1 选取菱形销的宽度 $b=3$ mm。

d. 按式 3.2 计算菱形销与孔配合的最小间隙。

$$\Delta_{2min}=\frac{(T_{LK}+T_{LX}-\Delta_{1min})b}{D_2}=\frac{(0.12+0.04-0.009)\times3}{15.3}=0.03\text{ mm}$$

e. 按 h6 确定菱形销的直径公差,则

$$d_2=\phi(15.3-0.03)\text{h}6=\phi(15.3-0.03)^{\ 0}_{-0.011}=\phi15.3^{-0.030}_{-0.041}\text{ mm}$$

②轴套类零件以两端中心孔定位。

轴套类零件为保证不同外圆的同轴度等形位误差,遵循统一基准原则,这些不同的外圆统一以两端的中心孔定位来间接保证外圆之间的形位误差。如轴类零件两端的中心孔分别以一端的固定顶尖和另一端的活动顶尖组合定位,固定顶尖限制工件 3 个平

移自由度，活动顶尖与固定顶尖的组合定位限制了工件半径方向的两个旋转自由度，两个顶尖组合共限制了除绕轴线旋转的自由度外的5个自由度，为不完全定位。这类定位方式在普通车床及外圆磨床的使用较多。

③孔和外圆的组合定位。

如图3.14所示的连杆工件，欲加工右端的孔，左端孔用圆柱销定位，限制了 $\vec{x}$、$\vec{y}$ 自由度，右端用活动的V形块定位工件右端的外圆，原本所限制的 $\vec{y}$ 自由度，与圆柱销组合定位后转变为 $\widehat{z}$ 自由度。

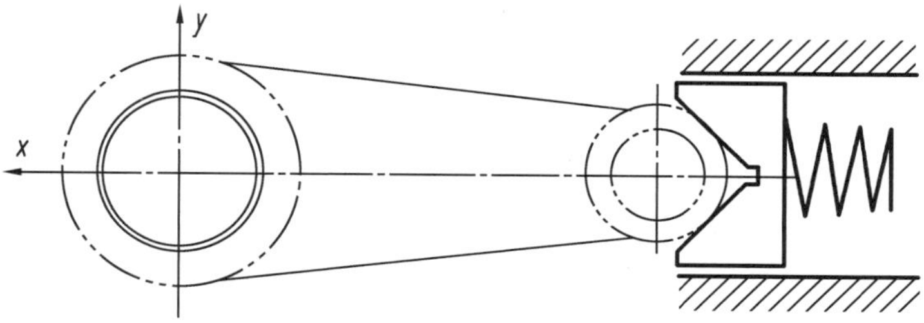

图3.14　孔与外圆的组合定位

3.2.2　定位误差的计算

1）定位误差的概念及来源

定位误差是由于工件在夹具上的定位不准确而引起的加工误差，用 Δ_{DW} 表示。

如图3.15所示，用键槽铣刀对定位在V形块的轴外圆加工键槽。在批量加工前，调整好刀具底部距离工件轴心的距离 H。因为批量工件存在直接误差，工件轴心在 $O_1 \sim O_2$ 范围内波动，刀具底部位置是固定不变的，所以工序尺寸 H 就会产生变动，误差为 O_1O_2，这种由于工件在夹具上定位不准确引起的工序尺寸误差被称为定位误差。

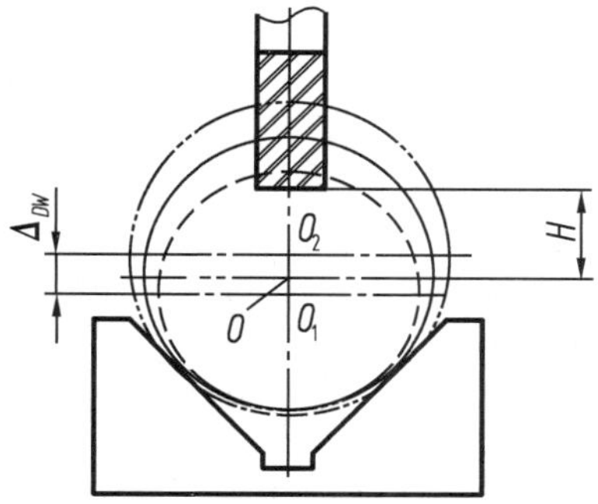

图3.15　定位误差

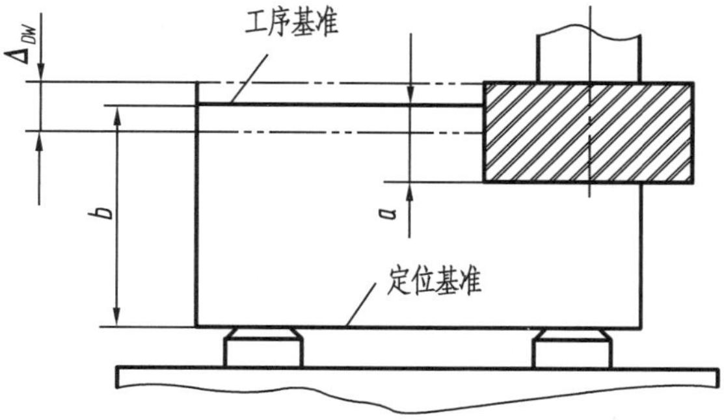

图3.16　基准不重合误差

定位误差的来源有两方面：

①由于工序基准和定位基准不重合引起的定位误差，称为基准不重合误差，常用 Δ_{JB} 表示。如图3.16所示，工件以底面定位铣削台阶面，要求保证工序尺寸 a，工件顶面为工序基准。在用调整法批量加工时，刀具底部位置恒定不变，由于批量工件的尺寸 b 存在公差，在定位元件所定位的底面位置恒定的情况下，b 尺寸公差表现在工件顶面的

变动,导致工序尺寸 a 产生误差。引起本工序误差的原因是定位基准的底面和工序基准的顶面不重合。基准不重合误差的大小为工序基准和定位基准的间距尺寸误差。

②由定位副制造不准确产生的误差称为基准位移误差。在批量加工中,工件定位面在夹具定位元件工作面上接触定位,形成定位副,工件定位面作为定位基准,定位元件工作面作为调刀基准,由于工件定位面及定位元件工作面都可能存在误差,会造成定位基准和调刀基准的不重合,由此产生的工序尺寸误差称为基准位移误差,常用 Δ_{JW} 表示。

如图 3.17 所示,套筒零件外圆柱面上需铣削平面,用夹具上的圆柱销对套筒的圆柱孔进行定位,定位基准为孔心 O_1,工序尺寸 H 的基准也为孔心 O_1,定位基准和工序基准重合,基准不重合误差 $\Delta_{JB}=0$。销、孔最理想的定位是孔、销之间无间隙,销中心 O 和孔心 O_1 重合,如图 3.17(a)所示,那么以销中心 O 点为基准的调刀尺寸 C 和以孔心 O_1 点为基准的工序尺寸 H 是相同的,就不会产生加工误差。

在实践加工中,销、孔不可能正好无间隙配合定位,为了计算定位误差,定位销直径取最小值 d_{min},孔径取最大值 D_{max},假设轴线方向水平(垂直纸面),工件因重力原因,销、孔定位始终保持最高母线接触,如图 3.17(b)所示。这时的调刀尺寸 C 和工序尺寸 H 就不同,产生误差,误差大小为调刀基准 O 点到定位基准孔心 O_1 的间距,也就是基准位移误差 Δ_{JW}。

根据图示几何关系,可得

$$\Delta_{JW}=OO_1=O_1A-OA=\frac{1}{2}(D_{max}-d_{min})=\frac{1}{2}(\delta_D+\delta_d+X_{min}) \tag{3.3}$$

式中 δ_D——孔径公差;

δ_d——销径公差;

X_{min}——孔、销配合的最小间隙,供定位配合时参考使用,一般是一个不变的常量。如果调整刀具时预先考虑这一数值,则其对定位误差的影响可不考虑。

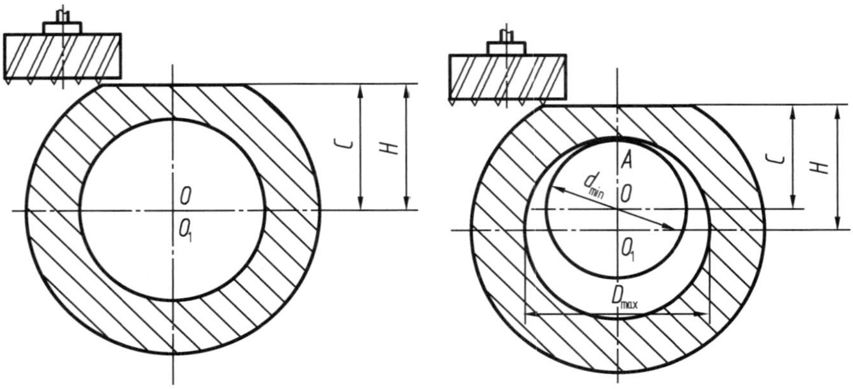

(a)孔销同心　　(b)孔销不同心

图 3.17　销、孔轴线水平配合定位的基准位移误差

如图 3.17 所示的孔、销轴线是水平的，如图 3.17（b）所示，孔、销保持最高母线接触。如果孔、销定位的轴线垂直，那么孔、销配合间隙在整个圆周的任一方向上都以相同概率随机存在。以孔心为定位基准的工序尺寸在圆周所有方向计算的定位误差是一样的。现以工序尺寸水平方向为例进行说明，如图 3.18 所示（以孔心为定位基准的水平方向的工序尺寸图中未画出），为了计算定位误差，孔径取最大值 D_{max}，销直径取最小值 d_{min}，最理想的定位是定位基准的孔心和调刀基准的轴心重合在 O 点处，如图中虚线孔位置处，这样定位基准和调刀基准重合，不产生基准位移误差。但实际定位时，工件孔径相对于轴颈在水平方向移动产生间隙，定位基准的孔心和调刀基准的轴心不重合，以孔心作为工序基准的工序尺寸就会产生误差。孔心相对轴心左右移动的两个极限位置，如图中的最左、最右的两个大实心圆，对应的孔心位置分别为 O_1 和 O_2 处，即在左、右两个相反方向的基准位移误差分别为间距 OO_1 和间距 OO_2，则总的基准位移误差为间距 O_1O_2，根据图中几何关系，得出：

$$\Delta_{DW} = \Delta_{JW} = D_{max} - d_{min} = \delta_D + \delta_d + X_{min} \tag{3.4}$$

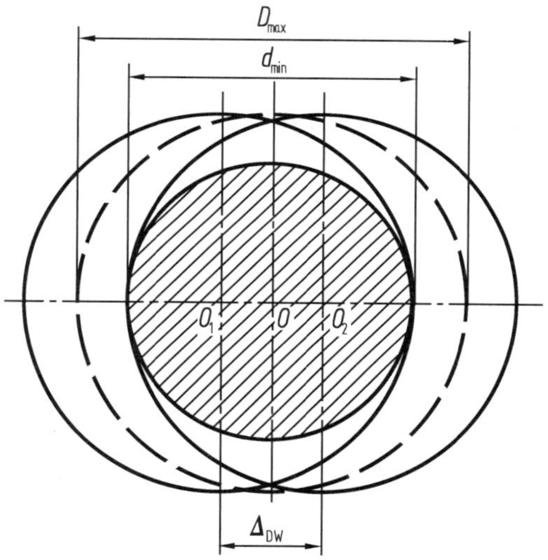

图 3.18　销、孔轴线垂直配合定位的基准位移误差

2）定位误差的计算

根据以上分析定位误差来源有基准不重合误差和基准位移误差。可用图 3.19 来表示。

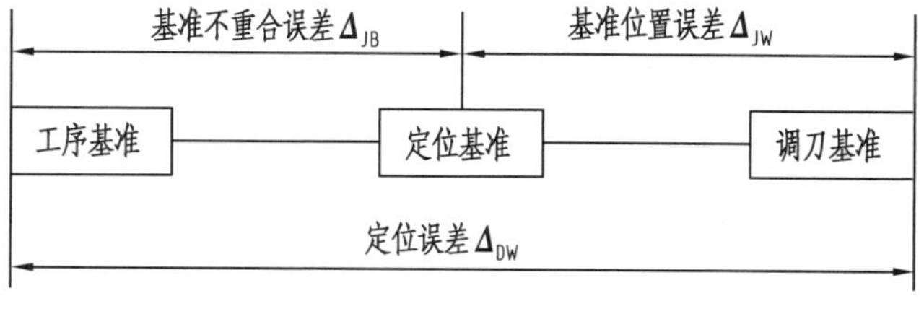

图 3.19　定位误差及产生的原因

所以计算定位误差时，应分别分析计算基准不重合误差和基准位置误差。计算各误差时需注意：

①按极限位置、尺寸来计算。如图3.17、图3.18所示的轴径、孔径分别按最小、最大的极值来计算,图3.18孔相对轴在水平方向按极左、极右的位置计算。

②计算的各误差要投影到工序尺寸方向上。

③计算基准不重合误差和基准位置误差时,要注意工序基准和调刀基准相对于定位基准位于同侧还是异侧。如果异侧,则定位误差取基准不重合误差和基准位置误差之和;如果同侧,则定位误差取基准不重合误差和基准位置误差之差。

【例3.2】 如图3.20所示的套筒工件,外圆 $\phi50h6(^{0}_{-0.016})$ mm 和内孔 $\phi30h7(^{+0.021}_{0})$ mm 及两端面都已加工合格,外圆和内孔的同轴度误差 $T(e)=\phi0.015$ mm。现用轴径为 $\phi30g6(^{-0.007}_{-0.020})$ mm 的心轴对工件内孔定位,套筒左端面在轴肩定位,右端用螺母及垫圈轴向压紧工件,实现对工件的装夹。在立式铣床工作平台上,用顶尖对心轴两端中心孔定位,心轴水平放置,现对工件外圆上铣削键槽,键槽相关尺寸如下:

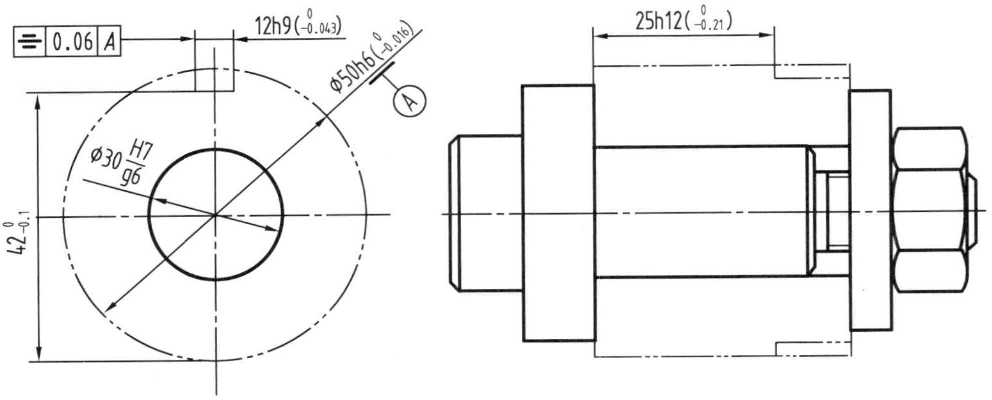

图3.20 心轴定位工件孔铣键槽工序定位误差分析

①键槽轴向尺寸 $L=25h12(^{0}_{-0.21})$ mm。

②键槽深度尺寸 $H=42(^{0}_{-0.10})$ mm。

③键槽两侧对外圆基准 A 的对称度 $T(A)=0.06$ mm。

试分析各尺寸的定位误差。

【解】 ①对于键槽轴向尺寸 L,工序基准为工件左端面,定位时是用心轴轴肩对工件左端面定位的,定位基准也是左端面,工序基准和定位基准重合,所以 $\Delta_{JB}=0$。

用轴肩端面对工件左端面定位,轴肩端面是调刀基准,工件左端面是工序基准。假设不考虑两个端面的形状误差,那么认为轴肩端面和工件左端面是重合的,没有偏差。那么基准位移误差 $\Delta_{JW}=0$。

故轴向尺寸 L 的定位误差 $\Delta_{DW}=\Delta_{JB}+\Delta_{JW}=0$。

②键槽深度尺寸 H,其工序基准为工件外圆下母线,而工件定位是对内孔定位的,定位基准为孔心。工序基准和定位基准不重合,定位基准孔心到外圆下母线的间距为外圆的半径,半径公差为 $T(d)/2$,同时外圆和内孔由同轴度误差 $T(e)$。故基准不重合误差

$$\Delta_{JB}=T(d)/2+T(e)=0.016/2+0.015=0.023(\text{mm})$$

用心轴对工件内孔定位，心轴轴心为调刀基准，工件孔心为定位基准。因为是间隙配合定位，所以认为间隙在整个圆周方向是随机存在的。根据式(3.4)，得出基准位移误差

$$\Delta_{JW}=D_{max}-d_{min}=\delta_D+\delta_d+X_{min}=0.021+(0.020-0.007)+0.007=0.041(mm)$$

故键槽深度尺寸 H 的定位误差　$\Delta_{DW}=\Delta_{JB}+\Delta_{JW}=0.023+0.041=0.064(mm)$

③对于键槽两侧对外圆基准 A 的对称度误差，其工序基准为外圆所确定的轴心 A，而工件的定位基准为孔心，已知外圆和内孔有不同轴度误差 $T(e)$，工序基准和定位基准不重合，基准不重合误差

$$\Delta_{JB}=T(e)=0.015\ mm$$

心轴对工件内孔间隙配合定位，由②计算得基准位移误差　$\Delta_{JW}=0.041(mm)$

故键槽对称度的定位误差为　$\Delta_{DW}=\Delta_{JB}+\Delta_{JW}=0.015+0.041=0.056(mm)$

【例3.3】　如图3.21(a)所示，对定位在V形块的轴外圆铣平面，图中V形块的两工作面的夹角为 α，工作面延长线交点为 A 点。d_1、d_2 分别表示工件外圆的最小、最大值，工件直径误差 $\delta_d=d_2-d_1$。工序尺寸有如图3.21(b)、(c)、(d)所示的3种标注方法，试分别计算其定位误差。

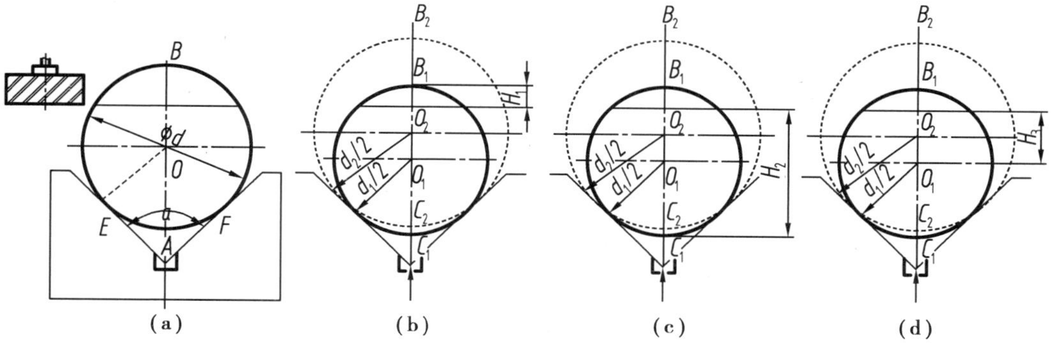

图3.21　V形块定位误差分析

【解】　用V形块对工件外圆定位，定位基准为工件圆心。批量加工之前进行调刀，调刀基准为圆平均直径在V形块定位所确定的圆心(图中未画出平均直径圆及圆心)。由于工件直径存在误差，那么工件圆心位置就会发生变化，如图3.21所示，圆心在 O_1 ~ O_2 之间变化。调刀基准和定位基准位置有偏差，基准位移误差为

$$\Delta_{JW}=O_1O_2=O_2A-O_1A=\frac{d_2}{2\sin\left(\frac{\alpha}{2}\right)}-\frac{d_1}{2\sin\left(\frac{\alpha}{2}\right)}=\frac{\delta_d}{2\sin\left(\frac{\alpha}{2}\right)}$$

实际调刀时，常用V形块上的固定点 A 作为调刀基准。

在(b)图中，工序尺寸 H_1 以工件上母线为工序基准。工序基准和定位基准(圆心)不重合，两基准的间距为工件半径尺寸，则基准不重合误差为半径尺寸误差，$\Delta_{JB}=\frac{\delta_d}{2}$。

因为工序基准和调刀基准分别位于定位基准(圆心)的上下两侧，所以总的定位误差为基准不重合误差和基准位移误差的代数和

$$\Delta_{DW}=\Delta_{JW}+\Delta_{JB}=\frac{\delta_d}{2\sin\left(\frac{\alpha}{2}\right)}+\frac{\delta_d}{2}=\frac{\delta_d}{2}\left[\frac{1}{\sin\left(\frac{\alpha}{2}\right)}+1\right] \tag{3.5}$$

在(c)图中,工序尺寸 H_2 以工件下母线为工序基准。工序基准和定位基准(圆心)不重合,两基准的间距为工件半径尺寸,则基准不重合误差为半径尺寸误差,$\Delta_{JB}=\frac{\delta_d}{2}$。

因为工序基准和调刀基准分别位于定位基准(圆心)的同侧,所以总的定位误差为基准不重合误差和基准位移误差的差值。

$$\Delta_{DW}=\Delta_{JW}-\Delta_{JB}=\frac{\delta_d}{2\sin\left(\frac{\alpha}{2}\right)}-\frac{\delta_d}{2}=\frac{\delta_d}{2}\left[\frac{1}{\sin\left(\frac{\alpha}{2}\right)}-1\right] \tag{3.6}$$

在(d)图中,工序尺寸 H_3 以工件圆心为工序基准。工序基准和定位基准(圆心)重合,则基准不重合误差 $\Delta_{JB}=0$。

总定位误差

$$\Delta_{DW}=\Delta_{JW}+\Delta_{JB}=\frac{\delta_d}{2\sin\left(\frac{\alpha}{2}\right)}+0=\frac{\delta_d}{2\sin\left(\frac{\alpha}{2}\right)} \tag{3.7}$$

以上计算定位误差的方法是几何法,还可以用微分法计算。

现以图 3.21(d)为例进行说明。

由图 3.21(a)知

$$OA=\frac{d}{2\sin\left(\frac{\alpha}{2}\right)}$$

因为 A 点位置固定,所以圆心 O 点的变化量 O_1O_2 可以用 OA 的变化量即微分 $d(OA)$ 表示。

$$O_1O_2=d(OA)=\frac{1}{2\sin\left(\frac{\alpha}{2}\right)}d(d)-\frac{d\cos\left(\frac{\alpha}{2}\right)}{4\sin^2\left(\frac{\alpha}{2}\right)}d(\alpha)$$

将直径尺寸误差和角度尺寸误差视为微小增量,误差取绝对值,用微小增量代替微分。

由以上分析知,(d)图中的定位误差只由基准位移误差 Δ_{JW} 构成,

$$\Delta_{DW}=\Delta_{JW}=O_1O_2=d(OA)=\frac{\delta_d}{2\sin\left(\frac{\alpha}{2}\right)}-\frac{d\cos\left(\frac{\alpha}{2}\right)}{4\sin^2\left(\frac{\alpha}{2}\right)}\delta_\alpha$$

式中　δ_α——V 形块的角度公差。

如果忽略 V 形块的角度公差 δ_α(实际定位时,包括角度公差在内的定位元件的误差可以在进行调刀时予以补偿考虑),则上式变为

$$\Delta_{DW}=\frac{\delta_d}{2\sin\left(\frac{\alpha}{2}\right)}$$

这与上例中几何法的结果是一样的。

采用同样的微分法，可以计算出图 3.21(b)(c)定位误差分别为

$$\Delta_{\mathrm{DW}}=\frac{\delta_{\mathrm{d}}}{2}\left[\frac{1}{2\sin\left(\frac{\alpha}{2}\right)}+1\right] \text{及} \ \Delta_{\mathrm{DW}}=\frac{\delta_{\mathrm{d}}}{2}\left[\frac{1}{2\sin\left(\frac{\alpha}{2}\right)}-1\right]$$

与上例中几何法计算的结果相同。

定位误差的分析计算，是进行定位方案选择的重要依据。以例 3.2 中的 $H=42_{-0.10}^{\ 0}$ 及对称度公差 $T(A)=0.06(\mathrm{mm})$ 进行说明。本例中，采用心轴对工件内孔定位，工序尺寸 $H=42_{-0.10}^{\ 0}$ 计算的定位误差为 $\Delta_{\mathrm{DW}}=\Delta_{\mathrm{JB}}+\Delta_{\mathrm{JW}}=0.023+0.041=0.064(\mathrm{mm})$，与工序尺寸公差的比值 0.064/0.10=64%，占比较大。现若采用夹角为 90°的 V 形块对工件外圆 ϕ50h6 进行定位，可根据式(3.6)分析计算定位误差。

$$\Delta_{\mathrm{DW}}=\frac{\delta_{\mathrm{d}}}{2}\left[\frac{1}{2\sin\left(\frac{\alpha}{2}\right)}-1\right]=\frac{0.016}{2}\left[\frac{1}{2\sin 45}-1\right]=0.003(\mathrm{mm})$$

对于对称度 $T(A)=0.06(\mathrm{mm})$，心轴定位时的定位误差为 $\Delta_{\mathrm{DW}}=\Delta_{\mathrm{JB}}+\Delta_{\mathrm{JW}}=0.015+0.041=0.056(\mathrm{mm})$。与工序尺寸公差的比值 0.056/0.06×100%=93%，占比较大。采用 V 形块定位工件外圆，对称度公差的工序基准为工件圆心，V 形块定位外圆的定位基准也是工件圆心，工序基准和定位基准重合，$\Delta_{\mathrm{JB}}=0$。若不考虑工件外圆的圆度误差及 V 形块两工作面的对称度误差，那么可认为调刀基准和定位基准都在 V 形块的对称面上。在水平方向上，定位基准和调刀基准重合，$\Delta_{\mathrm{JW}}=0$。故对于对称度，定位误差 $\Delta_{\mathrm{DW}}=\Delta_{\mathrm{JB}}+\Delta_{\mathrm{JW}}=0$。

可以看出 V 形块的定位误差比心轴方案的定位误差要小很多，有利于保证加工精度。

最后需要指出，定位误差一般是针对批量生产时采用调整法加工的。如果在单件生产时也采用调整法，同样存在定位误差。若采用试切法，一般不考虑定位误差。

3.3　工件在夹具上的夹紧

3.3.1　夹紧装置的基本要求和夹紧力的确定

1)对夹紧装置的要求

夹紧装置是夹具的重要组成部分。在设计夹紧装置时，应满足以下要求：

①夹紧过程中，应确保工件保持定位时的正确位置不变。

②夹紧力应适当。夹紧机构应能保证在加工过程中工件不产生松动或振动，同时还要避免工件产生不适当的变形和表面损伤。夹紧机构一般应具备自锁功能。

③夹紧装置应操作方便、省力和安全。

④夹紧装置的复杂程度和自动化程度应与生产批量和生产方式相适应。结构设计应简单紧凑，并应优先采用标准化元件。

2)夹紧力的确定

夹紧力包括大小、方向和作用点 3 个要素，下面分别予以讨论。

(1)夹紧力方向的选择

夹紧力方向的选择一般应遵循以下原则:

①夹紧力的作用方向应有利于工件的准确定位,以避免造成定位误差。一般要求主要夹紧力应垂直并指向主要定位面。如图3.22所示,在直角支座零件上镗孔时,若要求保证孔与端面的垂直度,则应以端面 A 作为第一定位基准面,此时夹紧力的作用方向应垂直于端面 A,如图3.22中的 F_{j1} 所示。若要求保证孔的轴线与支座底面平行,则应以底面 S 作为第一定位基准面,此时夹紧力的作用方向应垂直于端面B,如图3.22中的 F_{j2} 所示。否则,由于端面 A 与端面 B 的垂直度误差,将会引起孔轴线相对于端面 A(或端面 B)的位置误差。实际上,若夹紧力的作用方向不当,将会导致工件的主要定位基准面发生转换,从而产生定位误差。

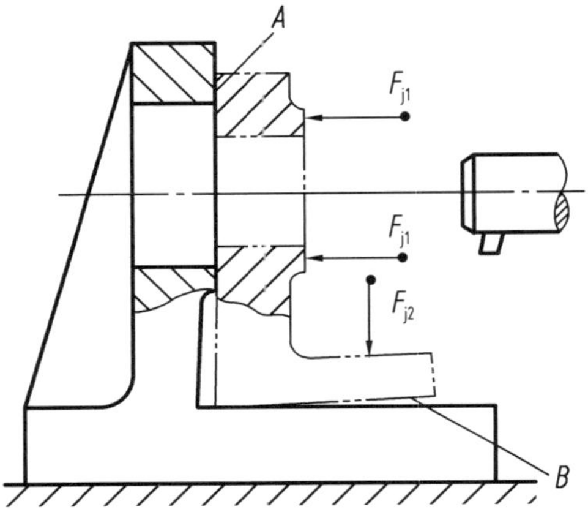

图3.22 夹紧力的作用方向选择

②夹紧力的作用方向应尽量与工件刚度大的方向保持一致,以减小工件夹紧而产生的变形。如图3.23所示的薄壁套筒的夹紧,其轴向刚度比径向刚度大。如图3.23(a)所示,用自定心卡盘夹紧套筒,将会导致工件产生很大的变形。若改变成如图3.23(b)所示的形式,用螺母轴向夹紧工件,则不易产生变形。

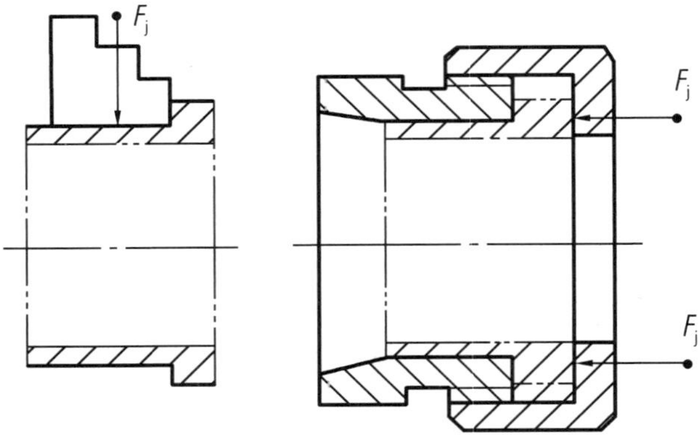

(a) (b)

图3.23 薄壁套筒的夹紧

③夹紧力的作用方向应尽量与切削力、工件重力方向一致，以减小所需的夹紧力。如图 3.24(a)所示，夹紧力 F_{j1} 与主切削力方向一致，切削力由夹具固定支承承受，此时所需的夹紧力较小。若采用如图 3.24(b)所示方式，则夹紧力至少要大于切削力。

(2)夹紧力作用点的选择

夹紧力作用点的选择是指在夹紧力作用方向已确定的情况下，确定夹紧元件与工件接触点的位置和接触点的数目。一般应注意以下几点。

①夹紧力作用点应正对支承元件或位于支承元件所形成的支承面内，以保证工件已获得的定位不变。如图 3.25 所示，夹紧力作用点不正对支承元件，产生了使工件翻转的力矩，有可能破坏工件的定位。夹紧力的正确位置应为如图 3.25 所示的虚线箭头。

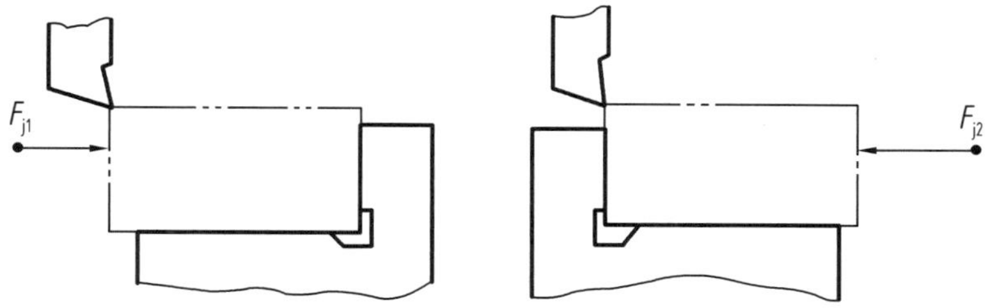

(a)　　(b)

图 3.24　夹紧力与切削力方向

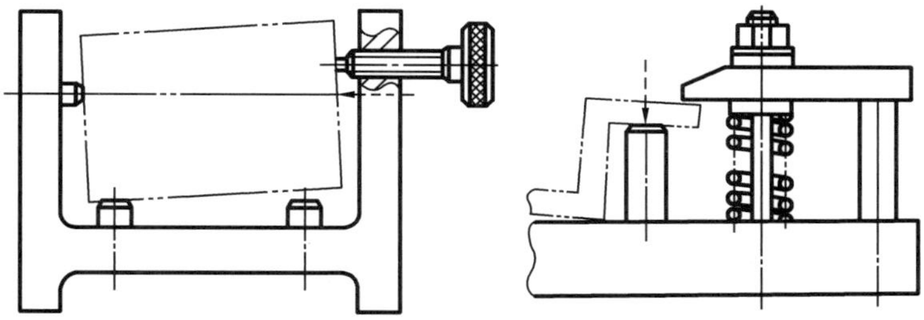

(a)　　(b)

图 3.25　夹紧力作用点的位置

②夹紧力作用点应处于工件刚度较好的部位，以减小工件夹紧变形。如图 3.26(a)所示，夹紧力作用点在工件刚度较差的部位，易使工件产生变形。若改为如图 3.26(b)所示的情况，不但作用点处工件刚度较好，而且夹紧力均匀分布在环形接触面上，可使工件整体和局部变形都很小。对于薄壁零件，增加均布作用点的数目是减小工件夹紧变形的有效方法。如图 3.26(c)所示，夹紧力通过一厚度较大的锥面垫圈作用在工件的薄壁上，使夹紧力均匀分布，防止了工件的局部压陷。

③夹紧力作用点应尽量靠近加工面，以减小切削力对工件造成的翻转力矩。必要时应在工件刚度较差的部位增加辅助支承并施加夹紧力，以减小切削过程中的振动和变形。如图 3.27 所示，对于加工部位刚度较差的零件，在靠近切削部位增加辅助支承并施加夹紧力，可有效防止切削过程中的振动和变形。

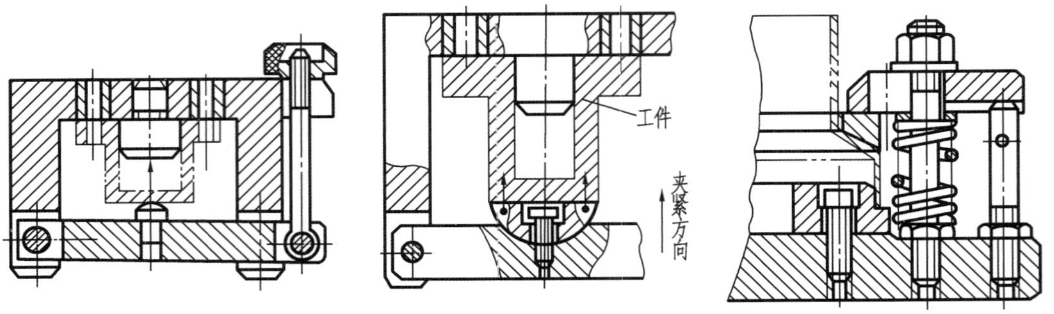

(a)　　(b)　　(c)

图 3.26　夹紧力作用点与工件变形

(3)夹紧力大小的估算

夹紧力大小的估算一般是先将工件视为分离体，并分析作用在工件上的各种力，再根据力系平衡条件，确定保持工件平衡所需的最小夹紧力，最后将最小夹紧力乘以适当的安全系数，即得所需的夹紧力。

如图 3.28 所示为在车床上用自定心卡盘装夹工件车外圆的情况。加工部位的直径为 d，装夹部位的直径为 d_0。取工件为分离体，忽略次要因素，只考虑主切削力 F_c 所产生的力矩与卡爪夹紧力 F_j 所产生的力矩相平衡，可列出如下关系式

$$F_c \cdot \frac{d}{2} = 3F_{j\,min} \cdot \mu \cdot \frac{d_0}{2}$$

式中　μ——卡爪与工件之间的摩擦系数；

$F_{j\,min}$——所需的最小夹紧力，N。

由上式可得

$$F_{j\,min} = \frac{F_c d}{3\mu d_0}$$

将最小夹紧力乘以安全系数 k 得到所需的夹紧力，即

$$F_j = k\frac{F_c d}{3\mu d_0} \tag{3.8}$$

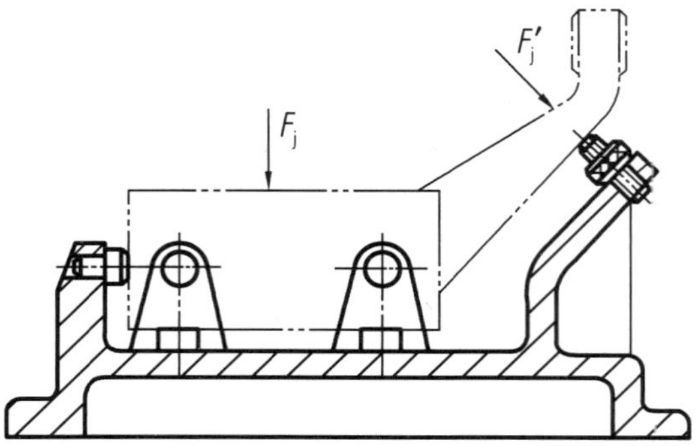

图 3.27　辅助支承与辅助夹紧

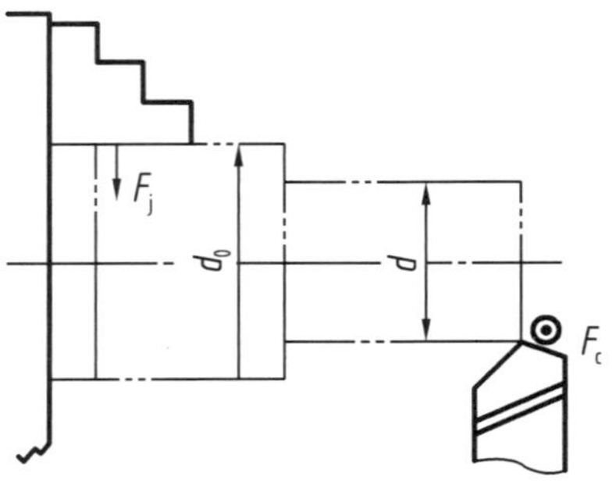

图 3.28　车削时夹紧力的估算

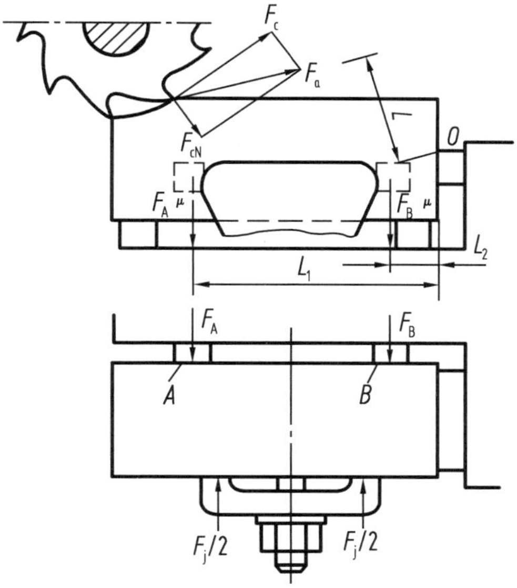

图 3.29　铣削时夹紧力估算

如图 3.29 所示为工件铣削加工示意图，在开始铣削时的受力情况最为不利。此时在力矩的作用下有使工件绕 O 点转动的趋势，与之相平衡的是作用在 A、B 点上的夹紧力的反力所构成的摩擦力矩。根据力矩平衡条件有

$$\frac{1}{2}F_{j\min}\mu(L_1+L_2)=F_aL$$

由此可求出最小夹紧力为

$$F_{j\min}=\frac{2F_aL}{\mu(L_1+L_2)}$$

考虑安全系数，最后有

$$F_j=\frac{2kF_aL}{\mu(L_1+L_2)} \tag{3.9}$$

式中　F_j——所需夹紧力，N；

F_a——作用力（总切削力在工件平面上的投影），N；

μ——夹具支承面与工件之间的摩擦系数；

k——安全系数；

L_1，L_2，L_3——力臂尺寸，mm。

安全系数通常取 1.5～2.5。精加工和连续切削时取最小值，粗加工或断续切削时取最大值，当夹紧力与切削力方向相反时，可取 2.5～3。

摩擦系数主要取决于工件与夹具支承件或夹紧件之间的接触形式，具体数值见表 3.2。

表 3.2　不同表面的摩擦系数

接触表面特征	摩擦系数	接触表面特征	摩擦系数
光滑表面	0.15～0.25	直沟槽，方向与切削方向垂直	0.4～0.5
直沟槽，方向与切削方向一致	0.25～0.35	交错网状沟槽	0.6～0.8

由上述两个例子可以看出夹紧力的估算是很粗略的。这是因为切削力大小的估算本身较粗略,且摩擦系数的取值也是近似的。因此,在需要准确确定夹紧力时,通常采用实验方法。

3.3.2 典型夹紧机构

1)斜楔夹紧机构

如图 3.30 所示为采用斜楔夹紧的翻转式钻模。取斜楔为分离体,分析其所受作用力,并根据力平衡条件,可得到直接采用斜楔夹紧时的夹紧力为

$$F_{\mathrm{j}}=\frac{F_{x}}{\tan\varphi_{1}+\tan(\alpha+\varphi_{2})} \tag{3.10}$$

式中 F_{j}——可获得的夹紧力,N;

F_x——作用在斜楔上的原始力,N;

φ_1——斜楔与工件之间的摩擦角,(°);

φ_2——斜楔与夹具之间的摩擦角,(°);

α——斜楔的楔角,(°)。

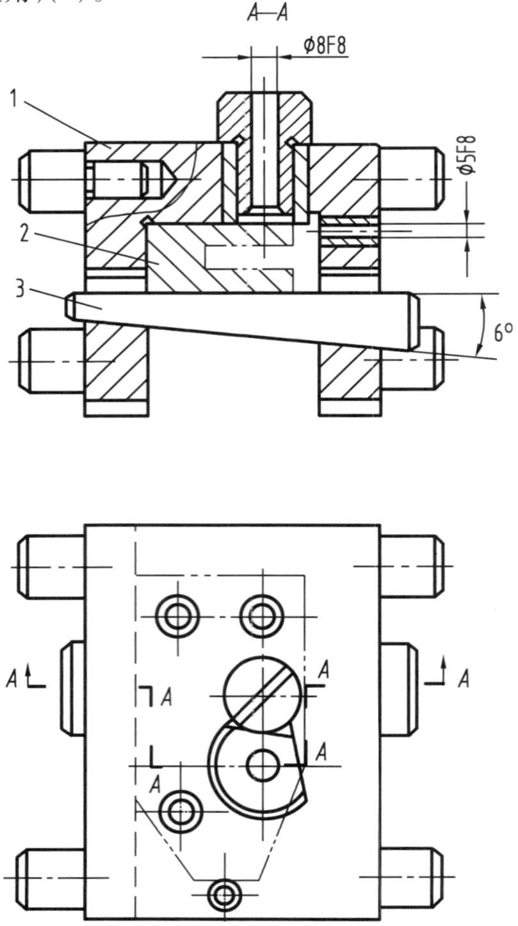

图 3.30 斜楔夹紧的翻转式钻模

斜楔自锁条件为

$$\alpha \leqslant \varphi_1 + \varphi_2 \tag{3.11}$$

2）螺旋夹紧机构

如图3.31所示为4种简单的螺旋夹紧机构。

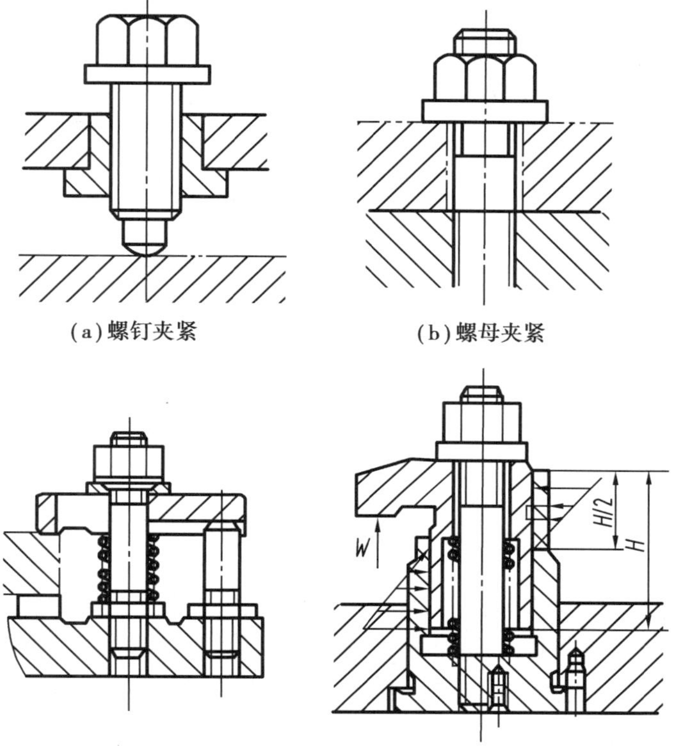

（a）螺钉夹紧　（b）螺母夹紧

（c）螺旋杠杆夹紧　（d）钩形压板夹紧

图3.31　螺旋夹紧机构

螺旋可以视为绕在圆柱体上的斜楔，因此可以从斜楔夹紧力计算公式直接导出螺旋夹紧力的计算式

$$F_{\mathrm{j}} = \frac{F_x \cdot L}{\dfrac{d_0}{2}\tan(\alpha + \varphi_1') + r'\tan \varphi_2} \tag{3.12}$$

式中　F_{j}——沿螺旋轴向作用的夹紧力，N；

F_x——作用在扳手上的力，N；

L——作用力的力臂，mm；

d_0——螺纹中径，mm；

α——螺纹升角，（°）；

φ_1'——螺纹副的当量摩擦角，（°）；

φ_2——螺杆（或螺母）端部与工件（或压板）之间的当量摩擦角，（°）；

r'——螺杆（或螺母）端部与工件（或压板）之间的当量摩擦半径，mm。

φ_1'和r'的计算方法见表3.3、表3.4。

表 3.3　当量摩擦角计算公式

	管螺纹	梯形螺纹	矩形螺纹
螺纹形状	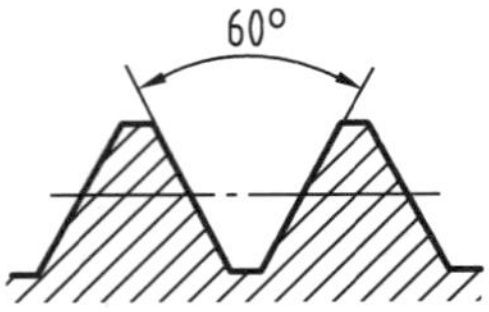	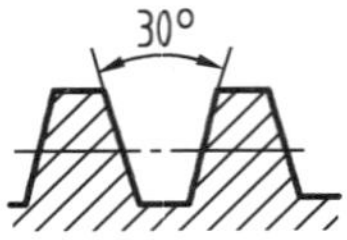	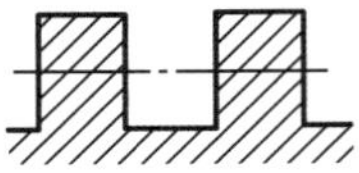
φ_1'	$\varphi_1'=\tan^{-1}(1.15\ \tan\varphi_1)$	$\varphi_1'=\tan^{-1}(1.03\ \tan\varphi_1)$	$\varphi_1'=\varphi_1$

表 3.4　当量摩擦半径计算公式

	Ⅰ	Ⅱ	Ⅲ
压块形状	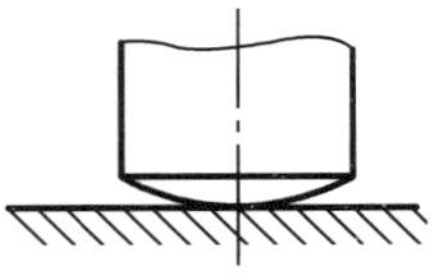	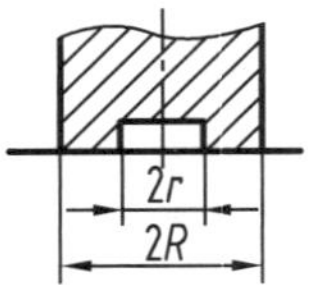	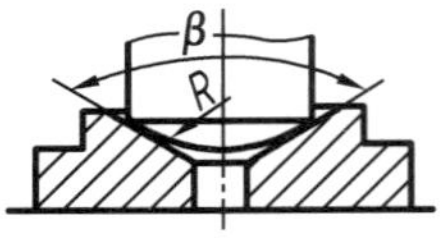
r'	$r'=0$	$r'=\dfrac{2(R^3-r^3)}{3(R^2-r^2)}$	$r'=R\cdot\dfrac{1}{\tan\dfrac{\beta}{2}}$

在使用公式计算螺旋夹紧力时，由于 φ_1' 与 φ_2 的数值在一个很大的范围内变化，要获得准确的结果很困难。目前许多设计手册提供的有关夹紧力的数值，大多是以摩擦系数 $\mu=0.1$ 为依据计算的，这与实际情况存在较大差异。当需要准确地确定螺旋夹紧力时，通常采用实验方法。

如图 3.32(a)所示为组装的螺旋夹紧实验装置，为确定作用在螺栓上的力矩与夹紧力之间的关系所进行的实验。作用在螺母上的力矩由力矩扳手控制，螺栓夹紧力通过粘贴在螺栓上的应变片测定。对于不同的螺栓、螺母、支承组合所做的 160 次实验结果表明，力矩 T_s 和夹紧力 F_j 之间存在着明显的线性关系，其回归方程为

$$F_j = k_t \times T_s \tag{3.13}$$

式中　F_j——螺栓夹紧力，N；

k_t——力矩系数，mm；

T_s——作用在螺母上的力矩，N·mm。

如图 3.32(b)所示为 k_t 值的实验分布。在上述实验中，k_t 的平均值为 0.4 mm，标准差 $S_k=0.024$ mm。若取 95% 的置信度，在该实验条件下，当力矩一定时，夹紧力的变化范围为±20%。

螺旋夹紧机构的优点是结构简单、易于制造、增力比大、自锁性能好，是手动夹紧中应用最广泛的夹紧机构；螺旋夹紧机构的缺点是动作较慢。为了提高其工作效率，常采用一些快撤装置。如图 3.33 所示为两种快撤螺旋夹紧装置，如图 3.33(a)所示为带开口垫圈的螺母夹紧装置。如图 3.33(b)所示的螺杆有直槽，转动手柄松开工件后，将螺杆上的直槽对准螺栓，即可迅速拉出螺杆。

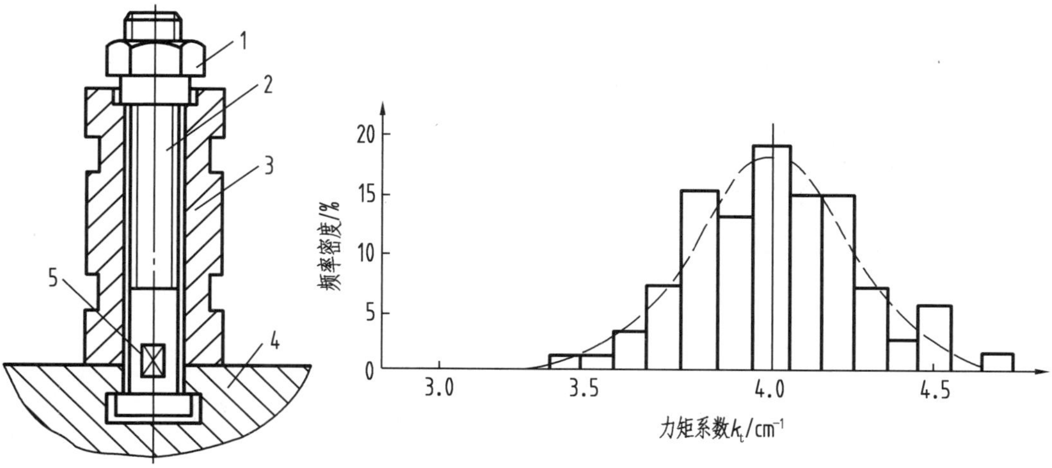

(a)实验装置　　(b)k_t值实验分布

图3.32　力矩与夹紧力的关系

1—螺母;2—螺栓;3—支承;4—基础板;5—应变片

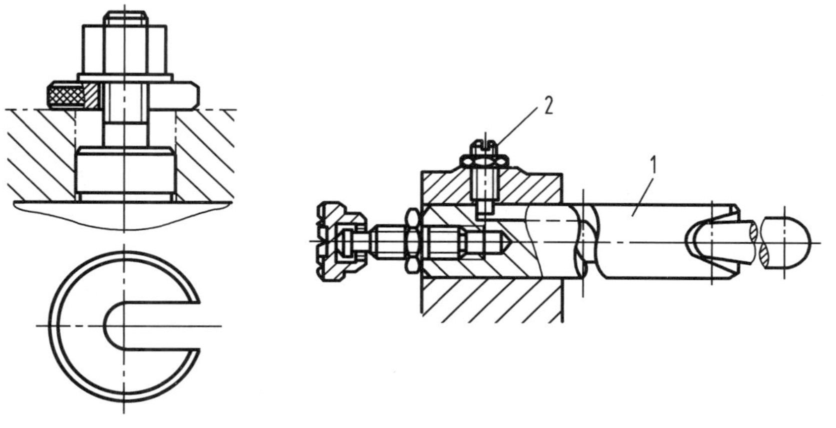

(a)用开口垫圈实现快撤　　(b)螺杆上开直槽实现快撤

图3.33　快撤螺旋夹紧装置

1—螺杆;2—螺钉

3)偏心夹紧机构

如图3.34所示为3种偏心夹紧机构。

偏心夹紧机构靠偏心轮回转时回转半径变大而产生夹紧作用,其原理和斜楔工作时斜面高度由小变大所产生的斜楔作用相同。实际上,可将偏心轮视为一楔角变化的斜楔,将如图3.35(a)所示的圆偏心轮展开,可得到如图3.35(b)所示的图形。其楔角可用下式求出

$$\alpha = \arctan\left(\frac{e \sin \gamma}{R - e \cos \gamma}\right) \tag{3.14}$$

式中　α——偏心轮的楔角,(°);

e——偏心轮的偏心量,mm;

R——偏心轮的半径,mm;

γ——偏心轮的作用点[图 3.35(a)中的 X 点]与起始点[图 3.35(a)中的 O 点]之间的圆弧所对应的圆心角,(°)。

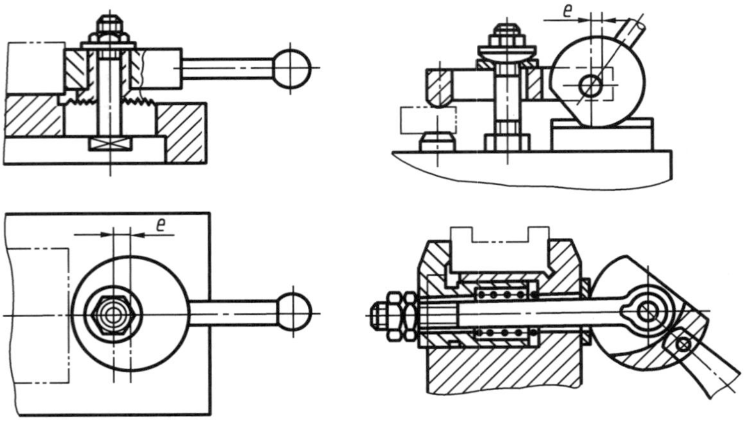

(a)直接利用偏心轮夹紧工件　　(b)偏心压板夹紧机构

图 3.34　偏心夹紧机构

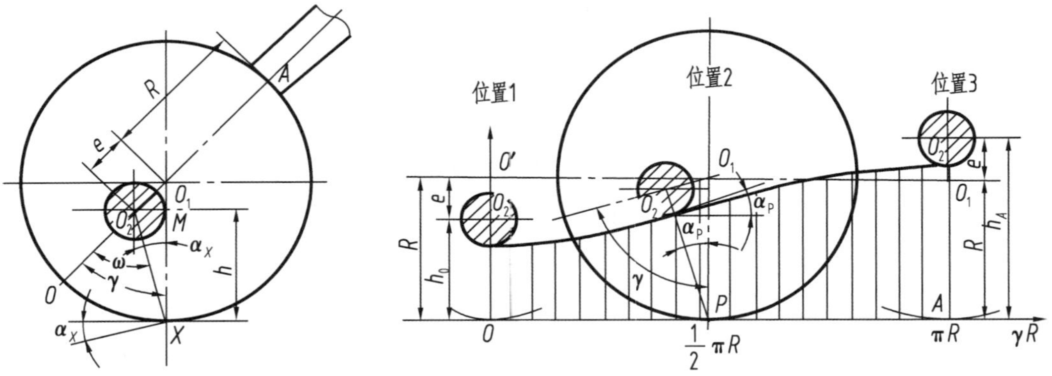

(a)圆偏心轮　　(b)圆偏心轮展开图

图 3.35　偏心夹紧工作原理

当 $\gamma=90°$时,α 接近最大值,即

$$\alpha_{\max} \approx \arctan\left(\frac{e}{R}\right) \tag{3.15}$$

根据斜楔自锁条件:$\alpha \leqslant \varphi_1+\varphi_2$,此处的 φ_1、φ_2(图中未注)分别为轮轴作用点处与转轴处的摩擦角。忽略转轴处的摩擦,并考虑最不利的情况,可得到圆偏心夹紧的自锁条件为

$$\frac{e}{R} \leqslant \tan \varphi_1 = \mu_1 \tag{3.16}$$

式中　μ_1——轮轴作用点处的摩擦系数。

偏心夹紧的夹紧力可用下式进行估算

$$F_{\mathrm{j}} = \frac{F_{\mathrm{s}}L}{\rho[\tan(\alpha+\varphi_2)+\tan\varphi_1]} \tag{3.17}$$

式中　F_{j}——夹紧力,N;

F_s——作用在手柄上的原始力,N;

L——作用力的力臂,mm;

ρ——偏心转动中心到作用点之间的距离,mm;

α——偏心轮楔角,参考式(3.14),(°);

φ_1——轮轴作用点处的摩擦角,(°);

φ_2——转轴处的摩擦角,(°)。

偏心夹紧机构的优点是结构简单、操作方便、动作迅速,缺点是自锁性能较差、增力比较小。这种机构常用于切削平稳且切削力不大的场合。

4)铰链夹紧机构

如图 3.36(a)所示为铰链夹紧机构。其夹紧力可用如下公式计算[图 3.36(b)]

$$F_j = \frac{F_s}{\tan(\alpha_j + \varphi') + \tan\varphi_1'} \tag{3.18}$$

式中　F_j——夹紧力,N;

F_s——原始作用力,N;

α_j——夹紧的铰链臂(连杆)的倾斜角,(°);

φ'——铰链臂两端铰链处的当量摩擦角,(°);

φ_1'——滚子支承面当量摩擦角,(°)。

其中

$$\varphi' = \arctan\left(\frac{2r}{l}\tan\varphi_1\right)$$

$$\varphi_1' = \arctan\left(\frac{r}{R}\tan\varphi_1\right)$$

式中　r——铰链和滚子轴承半径,mm;

l——臂上两铰链孔中心距,mm;

R——滚子半径,mm;

φ_1——铰链轴承和滚子轴承的摩擦角,(°)。

铰链夹紧机构的优点是动作迅速、增力比大,并易于改变力的作用方向;缺点是自锁性能差。这种机构多用于机动夹紧机构中。

5)定心夹紧机构

定心夹紧机构是一种能够同时实现对工件定心、定位和夹紧的夹紧机构,即在夹紧过程中,能使工件相对于某一轴线或某一对称面保持对称性。定心夹紧机构按其工作原理可分为两大类:

①以等速移动原理工作的定心夹紧机构。如斜楔定心夹紧机构、杠杆定心夹紧机构等。如图 3.37 所示为斜楔定心夹紧心轴。拧动螺母时,由于斜面 A、B 的作用,两组活块同时等距外伸,直至每组 3 个活块与工件孔壁接触,使工件得到定心夹紧。反向拧动螺母,活块在弹簧的作用下缩回,工件被松开。

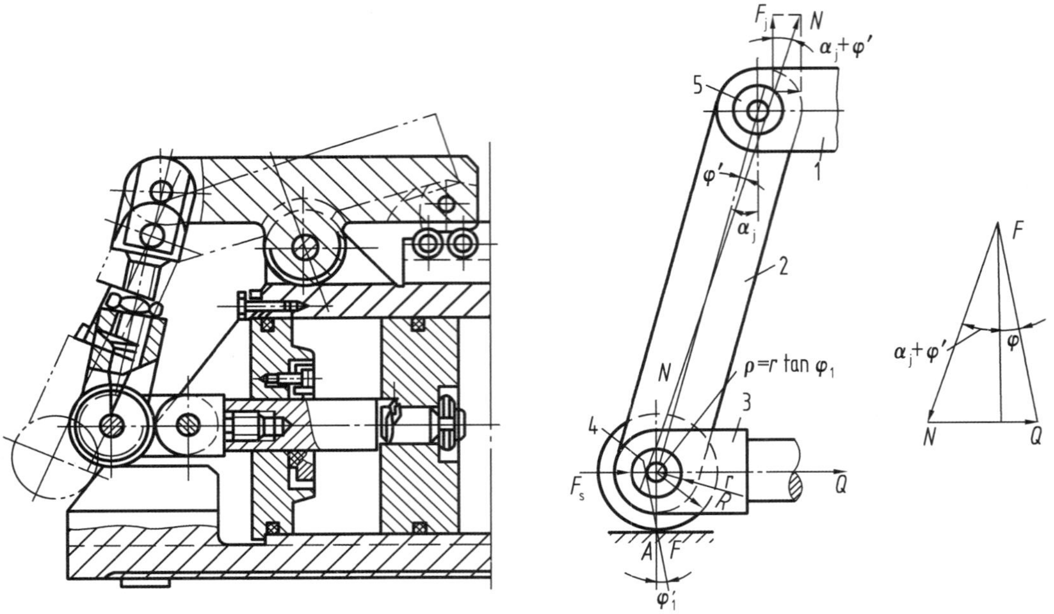

(a)　　　　　　　　　　　　(b)

图 3.36　铰链夹紧机构及其受力分析

1—连杆;2—压板;3—拉杆;4,5—销轴

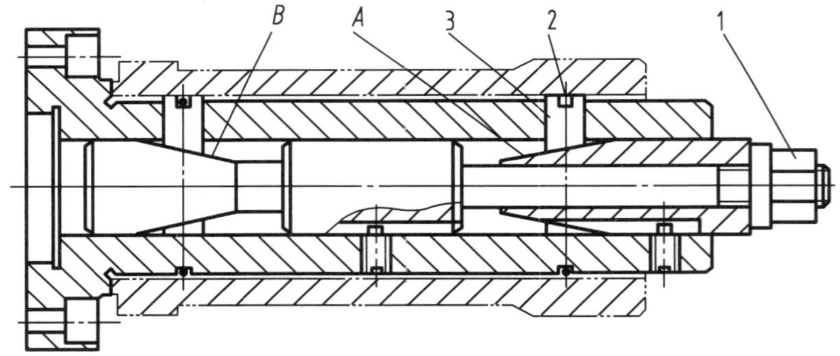

图 3.37　斜楔定心夹紧心轴

1—螺母;2—弹簧;3—活块

如图 3.38 所示为一螺旋定心夹紧机构。螺杆的两端分别有螺距相等的左、右旋螺纹,转动螺杆,通过左、右旋螺纹带动两个 V 形块 1 和 2 同步向中心移动,从而实现工件的定心夹紧。叉形件可用来调整对称中心的位置。

②以均匀弹性变形原理工作的定心夹紧机构。如弹簧夹头、弹性薄膜盘、液塑定心夹紧机构、碟形弹簧定心夹紧机构、折纹薄壁套定心夹紧机构等。如图 3.39 所示为一种常见的弹簧夹头结构。其中夹紧元件(弹簧套筒)是一个带锥面的薄壁弹性套,带锥面的一端开有 3 ~4 个轴向槽。弹簧套筒由卡爪、弹性部分(称为簧瓣)和导向部分组成。拧紧螺母,在斜面的作用下,卡爪收缩,将工件定心并夹紧。松开螺母,卡爪弹性回复,工件被松开。弹簧夹头结构简单,定心精度可达 0.04 ~0.1 mm。由于弹簧套筒变形量不宜过大,故对工件的定位基准有较高的要求,其公差一般应控制在 0 ~0.5 mm。

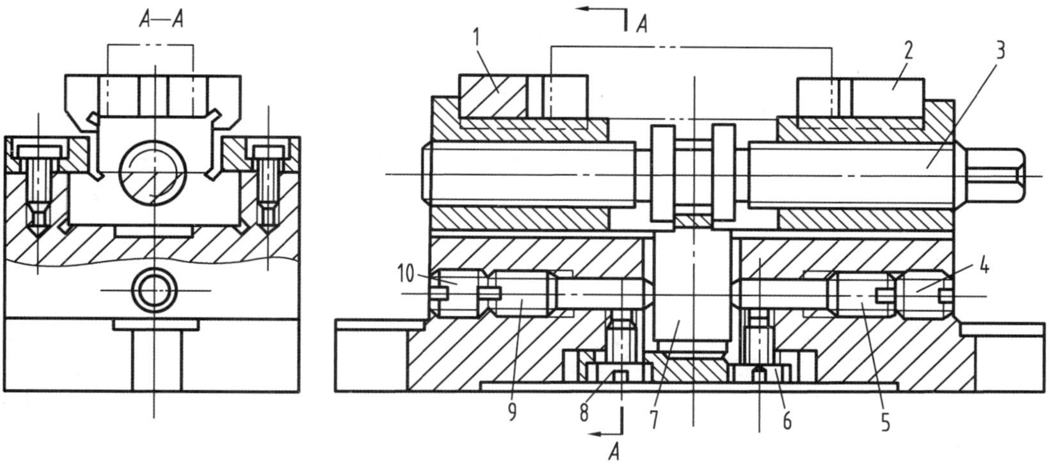

图 3.38　螺旋定心夹紧机构

1,2—V 形块;3—螺杆;4,5,6—螺钉;7—叉形件;8,9,10—螺钉

如图 3.40 所示为一种利用夹紧元件均匀变形来实现自动定心夹紧的心轴(液塑心轴)。转动螺钉,推动柱销,挤压液体塑料,使薄壁套扩张,将工件定心并夹紧。这种心轴有较好的定心精度,但由于薄壁套扩张量有限,故要求工件定位孔精度在 8 级以上。

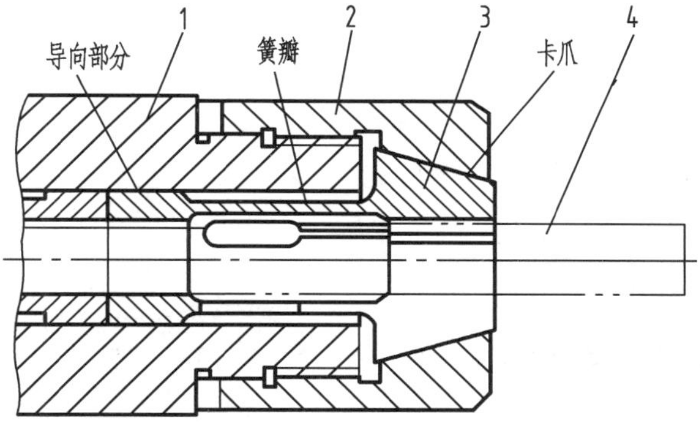

图 3.39　弹簧夹头

1—夹具体;2—螺母;3—弹簧套筒;4—工件

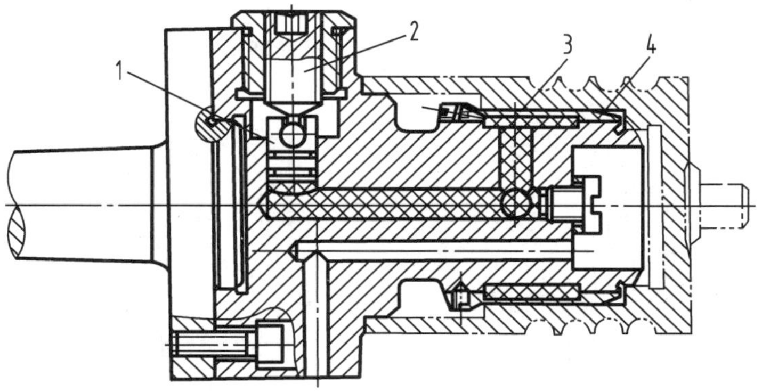

图 3.40　液塑心轴

1—柱销;2—螺母;3—液体塑料;4—薄壁套

6)联动夹紧机构

当需要对一个工件上的几个点或需要对多个工件同时进行夹紧时,为减少装夹时间、简化机构,常采用各种联动夹紧机构。这种机构要求从一处施力,可同时在几处对一个或几个工件进行夹紧。

如图 3.41(a)所示为联动夹紧机构,夹紧力作用在两个相互垂直的方向上,称为双向联动夹紧;如图 3.41(b)所示为联动夹紧机构,两个夹紧点的夹紧力方向相同,称为平行联动夹紧。在以上两例中,两夹紧点上夹紧力的大小可通过改变杠杆臂 L_1 和 L_2 的长度来调整。

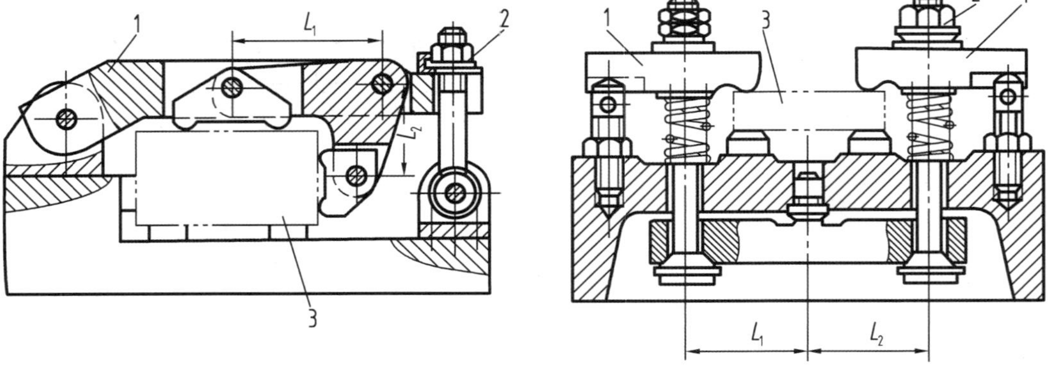

(a)双向联动夹紧　　(b)平行联动夹紧

图 3.41　联动夹紧机构

1—压板;2—螺母;3—工件

如图 3.42 所示为多件联动夹紧机构。如图 3.42(a)所示为串联形式,称为连续式;如图 3.42(b)所示为并联形式,称为平行式。

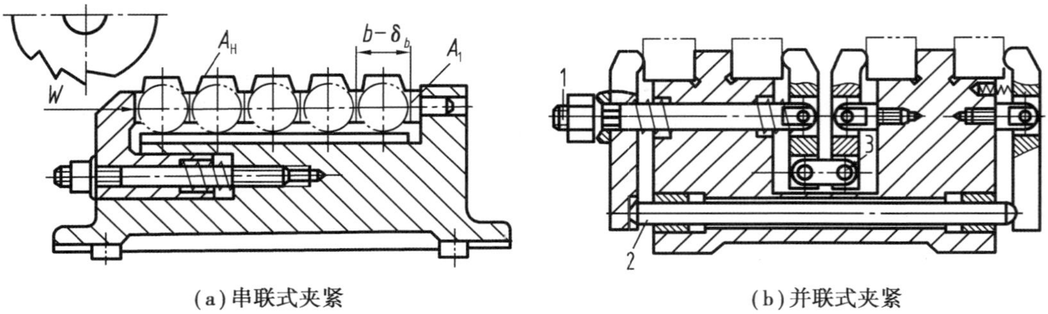

(a)串联式夹紧　　(b)并联式夹紧

图 3.42　多件联动夹紧机构

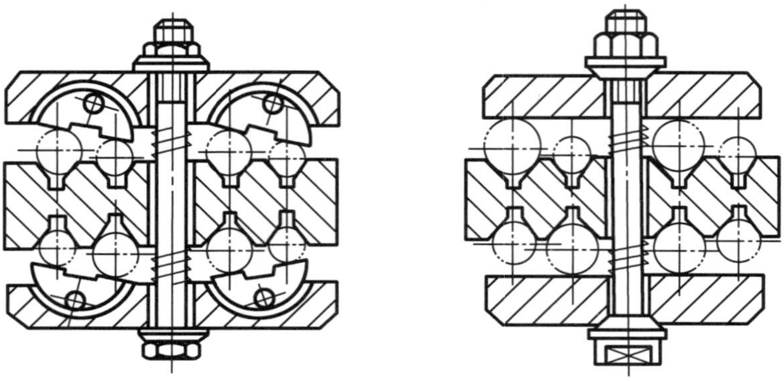

(a)正确　　(b)错误

图 3.43　多件联动夹紧正误对比

在设计联动夹紧机构时，一般应设置浮动环节，使各夹紧点获得均匀一致的夹紧力，这在多件夹紧时尤为重要。采用刚性夹紧机构时，因工件外径存在制造误差，会使各工件受力不均，严重时甚至会出现如图3.43(b)所示的情况。若采用如图3.43(a)所示的浮动压板，工件将得到均匀夹紧。

3.4 各类机床夹具

3.4.1 车床与圆磨床夹具

车床与圆磨床夹具主要用于加工零件的内外圆柱面、圆锥面、回转成形面、螺纹及端平面等。

1)车床夹具的类型与典型结构

根据工件的定位基准和夹具本身的结构特点，车床夹具可分为以下4类：

①以工件外圆表面定位的车床夹具，如各类卡盘和夹头。

②以工件内圆表面定位的车床夹具，如各种心轴。

③以工件顶尖孔定位的车床夹具，如顶尖、拨盘等。

④用于加工非回转体的车床夹具，如各种弯板式、花盘式车床夹具。

当工件定位表面为单一圆柱表面或与待加工表面相垂直的平面时，可采用各种通用车床夹具，如自定心卡盘、单动卡盘、顶尖或花盘等。当工件定位表面较为复杂或有其他特殊要求时，应设计专用车床夹具。

如图3.44所示为一弯板式车床夹具，用于加工轴承座零件的孔和端面。工件以底面和两孔在弯板上定位，用两个压板夹紧。为了控制端面尺寸，在夹具上设置了测量基准(测量圆柱的端面)。同时设置了平衡块，用于平衡弯板及工件引起的偏重。

如图3.45所示为一花盘式车床夹具，用于加工连杆零件的小头孔。工件以已加工好的大头孔、端面和小头外圆定位，夹具上相应的定位元件是弹性胀套、夹具体上的定位凸台和活动V形块。工件安装时，首先使连杆大头孔与弹性胀套配合，大头孔端面与夹具体定位凸台接触；然后转动调节螺杆，移动V形块，使其与工件小头孔外圆对中；最后拧紧螺钉，使锥套向夹具体方向移动，弹性胀套胀开，对工件大头孔定位并同时夹紧。

2)车床夹具设计要点

(1)车床夹具总体结构

车床夹具大多安装在机床主轴上，并与主轴一起做回转运动。为保证夹具工作平稳，夹具结构应尽量紧凑，重心应尽量靠近主轴端，且夹具(连同工件)轴向尺寸不宜过大，一般应小于其径向尺寸。对于弯板式车床夹具和偏重的车床夹具，应进行良好的平衡处理。通常可采用添加平衡块(配重)的方法进行平衡(图3.44件1)。为保证安全，夹具上所有元件或机构不应超出夹具体的外廓，必要时可加防护罩。此外，要求车床夹具的夹紧机构能提供足够的夹紧力，且有可靠的自锁性，以确保工件在切削过程中不会松动。

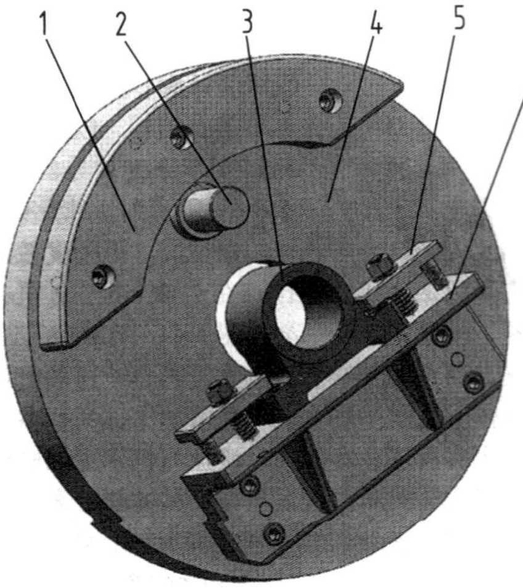

图 3.44 弯板式车床夹具

1—平衡块;2—测量圆柱;3—工件;4—夹具体;5—压板;6—弯板

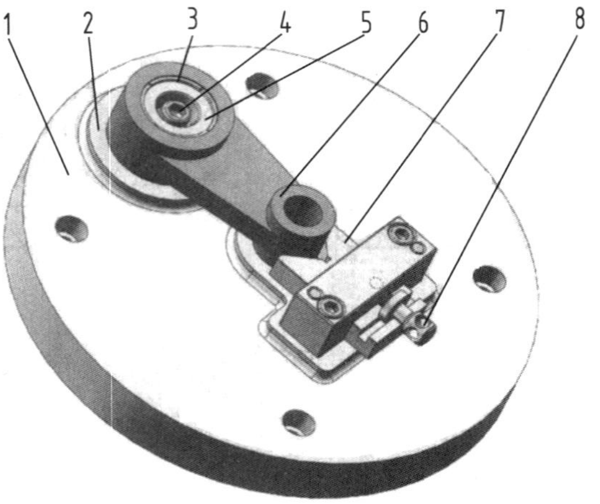

图 3.45 花盘式车床夹具

1—夹具体;2—定位凸台;3—弹性胀套;4—锥套;5—螺钉;6—工件;7—活动 V 形块;8—调节螺杆

(2)夹具与机床的联接

车床夹具与机床主轴的联接方式取决于机床主轴轴端的结构及夹具的体积和精度要求。如图 3.46 所示为几种常见的联接方式。如图 3.46(a)所示的夹具以长锥柄安装在主轴孔内,这种方式定位精度高,但刚度较差,多用于小型车床夹具与主轴的联接。如图 3.46(b)所示的夹具以端面 *A* 和圆孔 *D* 在主轴上定位,孔与主轴轴颈的配合一般用 H7/h6。这种联接方式制造容易,但定位精度不高。如图 3.46(c)所示的夹具以端面 *T* 和短锥面 *K* 定位,这种安装方式不但定心精度高,而且刚度好。需要注意的是,这种定位方式属于过定位。故要求制造精度很高,通常要对夹具体上的端面和孔进行配磨加工。

车床夹具还常使用过渡盘与机床主轴联接。过渡盘与机床的联接与上面介绍的夹具体与主轴的联接方法相同。过渡盘与夹具的联接大都采用止口(即一个大平面加一短圆柱面)联接方式。当车床上使用的夹具需要频繁更换,或同一套夹具需要在不同机床上使用时,采用过渡盘联接是很方便的。为减小由增加过渡盘而造成的夹具安装误差,在安装夹具时,可对夹具定位面(或在夹具上专门作出的找正环面)进行找正。

3)圆磨床夹具

圆磨床夹具与车床夹具相似,车床夹具的设计要点同样适用于外圆磨床和内圆磨床夹具,但夹具精度要求更高。如图 3.12 所示的薄膜卡盘是一个在内圆磨床上使用的夹具。该夹具通过弹性薄膜盘带动卡爪,并经过 3 个等分(或近似等分)的节圆柱将工件定心并夹紧。卡爪的径向位置可以调整,以适应不同直径的工件。卡爪的调整方法是:松开紧固螺钉,使卡爪背面的齿纹在齿槽上移动几个齿,再重新旋紧螺钉将其紧固。卡爪每次调整后,需在机床上就地修磨卡爪的工作面,以保证卡爪工作面与机床同轴。3 个节圆柱装在保持器内,组成一个卡环,使节圆柱不致掉落。节圆柱直径及其分布圆大小需根据被加工齿轮的模数和齿数确定,其计算可参考相关设计手册。

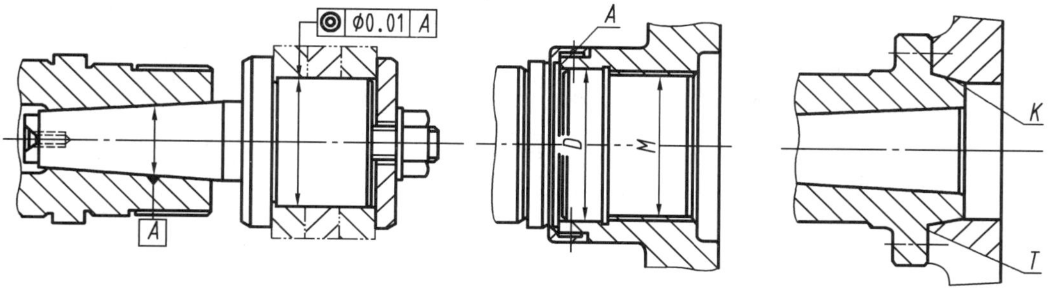

(a)　　(b)　　(c)

图3.46　夹具在车床主轴上的安装

3.4.2　钻镗床夹具

由于钻床夹具大多数具有刀具导向装置,故又称为钻模,主要用于孔加工。在机床夹具中,钻模占有很大的比例。

1)钻模类型与典型结构

钻模根据其结构特点可分为固定式钻模、回转式钻模、翻转式钻模、盖板式钻模和滑柱式钻模等。

(1)固定式钻模

固定式钻模在加工中相对于工件的位置保持不变。如图3.47所示的套筒零件加工径向孔的钻模,在整个加工过程中,钻模相对于工件的位置保持不变。这类钻模多在立式钻床、摇臂钻床和多轴钻床上使用。

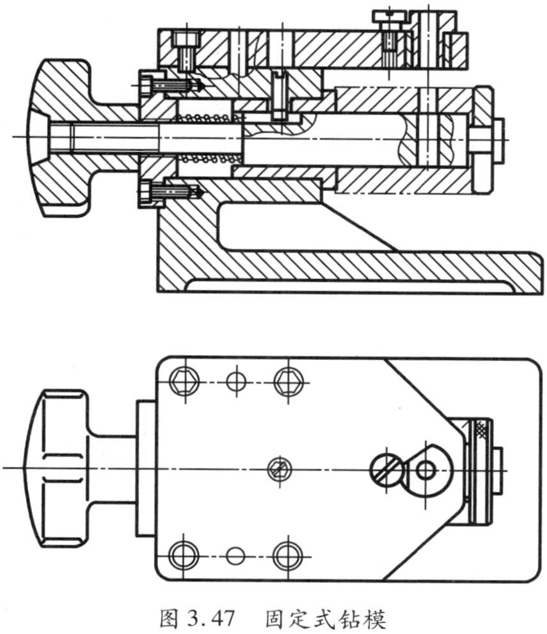

图3.47　固定式钻模

图3.48　回转式钻模

(2)回转式钻模

如图3.48所示为一回转式钻模,用于加工扇形工件上3个有角度关系的径向孔。如图3.49所示是其结构分解图。工件在定位心轴上定位,拧紧螺母,通过开口垫圈将工件夹紧。转动手柄,可将分度盘松开。此时用捏手将定位销从分度盘的定位套中拔出,使分度盘连同工件一起回转 20°,将定位销重新插入定位套 1a 或 1b,即可实现分度。再将手柄转回,锁紧分度盘,即可进行加工。

回转式钻模的结构特点是夹具具有分度装置,某些分度装置已标准化(如立轴或卧轴回转工作台),设计回转式钻模时可以充分利用这些装置。如图 3.50 所示为利用立轴式通用回转工作台构成回转式钻模的一个实例。此处立轴式通用回转工作台既是夹具的分度装置,也是夹具体。

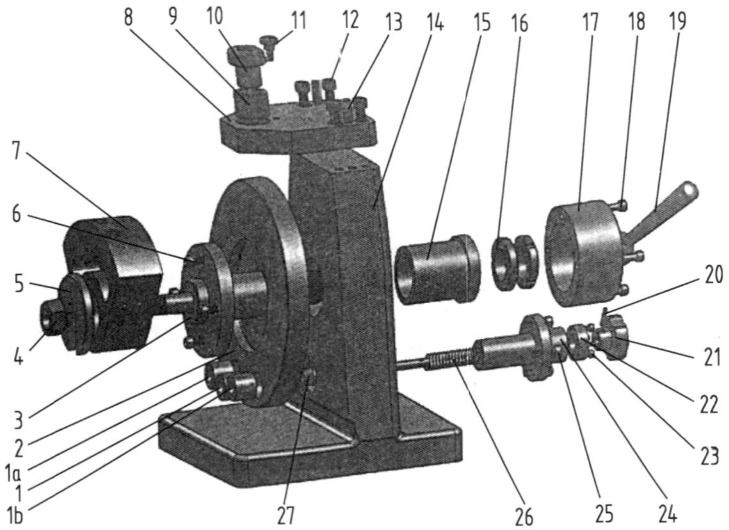

图 3.49　回转式钻模分解图

1,1a,1b—定位套;2—分度盘;3—定位心轴;4—螺母;5—开口垫圈;
6,13,18,23,25—螺钉;7—工件;8—钻模板;9—钻套衬套;10—可换钻套;11—钻套螺钉;
12—圆柱销;14—夹具体;15—心轴衬套;16—圆螺母;17—端盖;19—手柄;20—连接;
21—捏手;22—小盖;24—滑套;26—弹簧;27—定位销

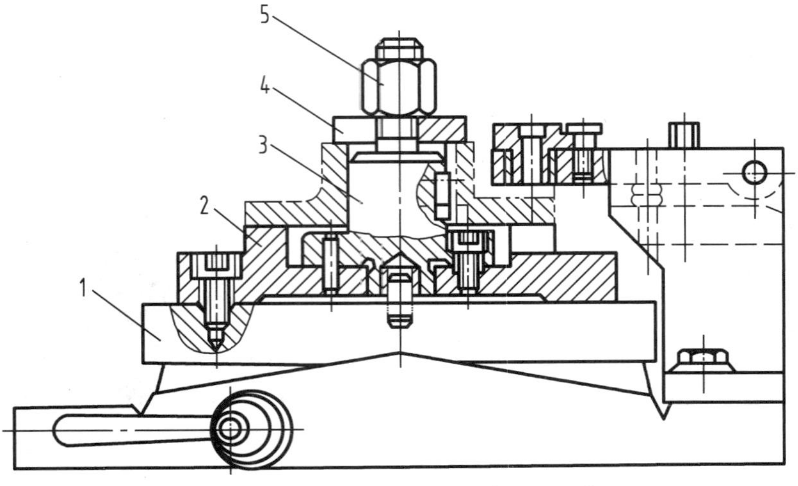

图 3.50　立轴式通用回转工作台应用实例

1—立轴式通用回转工作台;2—定位盘;3—心轴;
4—开口垫圈;5—螺母

(3)翻转式钻模

如图3.51所示为对套环零件圆周方向均布的4个径向孔钻削的翻转式钻模,夹具体上有4个方向均布的钻套,在钻削过程中,工件和钻模一起翻转,实现4个孔加工切换。对需要在多个方向上钻孔的工件,使用这种钻模非常方便。但在加工过程中由于需要人工进行翻转,故夹具连同工件一起的质量不能过大。

(4)盖板式钻模

盖板式钻模的特点是没有夹具体。如图3.52所示为加工车床溜板箱上多个小孔的盖板式钻模,它用圆柱销和菱形销在工件两孔中定位,并通过4个支承钉安放在工件上。盖板式钻模的优点是结构简单,多用于加工大型工件上的小孔。

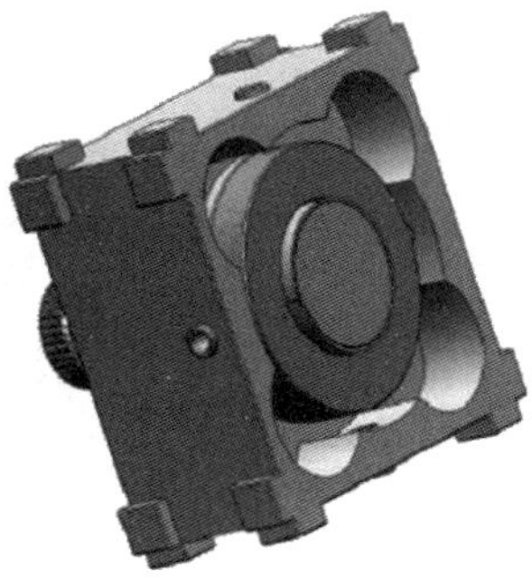

图3.51　翻转式钻模

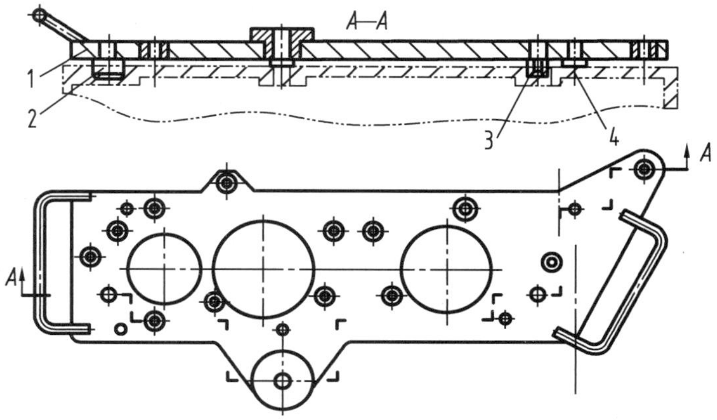

图3.52　盖板式钻模

1—钻模板;2—圆柱销;3—菱形销;4—支承

(5)滑柱式钻模

滑柱式钻模是一种具有升降钻模板的通用可调整钻模。如图3.53所示为手动滑柱式钻模结构,它由钻模板、滑柱、夹具体、传动和锁紧机构组成,这些结构已标准化并形成系列。使用时,只需根据工件的形状、尺寸和定位夹紧要求,设计、制造与之相配的专用定位、夹紧装置和钻套,并将其安装在夹具基体上即可。如图3.54所示为其应用实例。

滑柱式钻模的钻模板上升到一定高度时或压紧工件后应能自锁。在手动滑柱式钻模中多采用锥面锁紧机构。如图3.53所示,压紧工件后,作用在斜齿轮上的反作用力在齿轮轴上引起轴向力,使锥体 A 在夹具体的内锥孔中楔紧,从而锁紧钻模板。当加工完毕后,将钻模板升到一定高度,此时钻模板的自重作用使齿轮轴产生反向轴向力,使锥体 A 与锥套的锥孔揳紧,钻模板被锁死。

2)钻模设计要点

(1)钻套

钻套是引导刀具的元件,用于保证被加工孔的位置,并防止加工过程中刀具的偏斜。

钻套按其结构特点可分为固定钻套、可换钻套、快换钻套和特殊钻套4种类型。

①固定钻套[图3.55(a)]。固定钻套与钻模板或夹具体的孔过盈配合,位置精度高;但磨损后不易拆卸,多用于中小批量生产。

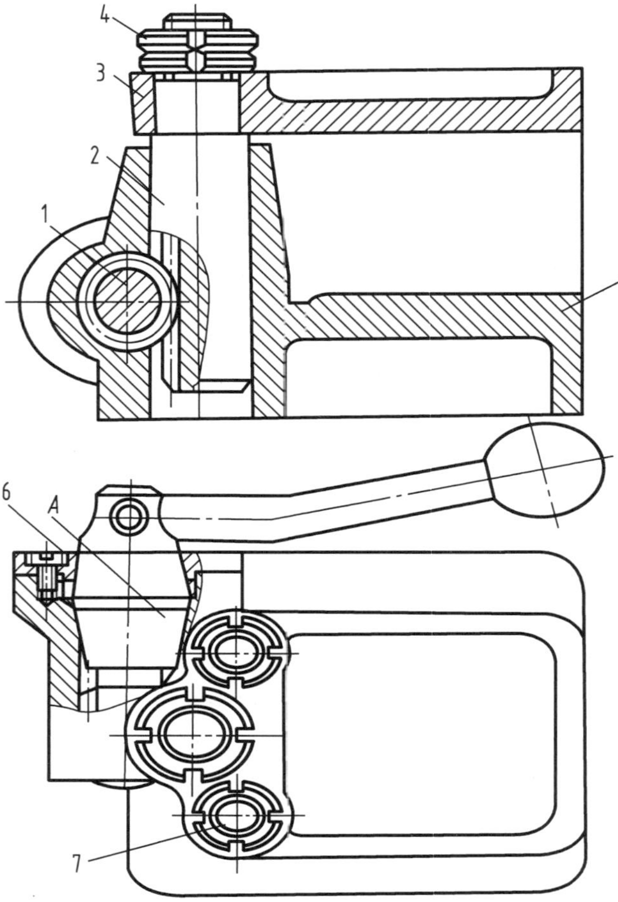

图3.53　手动滑柱式钻模

1—斜齿轮轴;2—齿条轴;3—钻模板;

4—螺母;5—夹具体;6—锥套;7—滑柱

②可换钻套[图3.55(b)]。可换钻套以间隙配合安装在衬套中,而衬套则与钻模板或夹具体的孔过盈配合。为防止钻套在衬套中转动,可加一固定螺钉。可换钻套磨损后可以更换,故多用于大批量生产。

③快换钻套[图3.55(c)]。与可换钻套相比结构类似,快换钻套具有快速更换的特点,更换时无须拧动螺钉,只需将钻套逆时针方向转动一个角度,使螺钉头对准钻套缺口,即可取下钻套。快换钻套多用于同一孔需要多个工步(如钻、扩、铰等)加工的情况。

上述3种钻套均已标准化,其规格参数可查阅夹具设计手册。

④特殊钻套(图3.56)。特殊钻套用于特殊加工场合,如在斜面上钻孔,在工件凹陷处钻孔,钻多个小间距孔等。此时无法使用标准钻套,可根据特殊要求设计专用钻套。

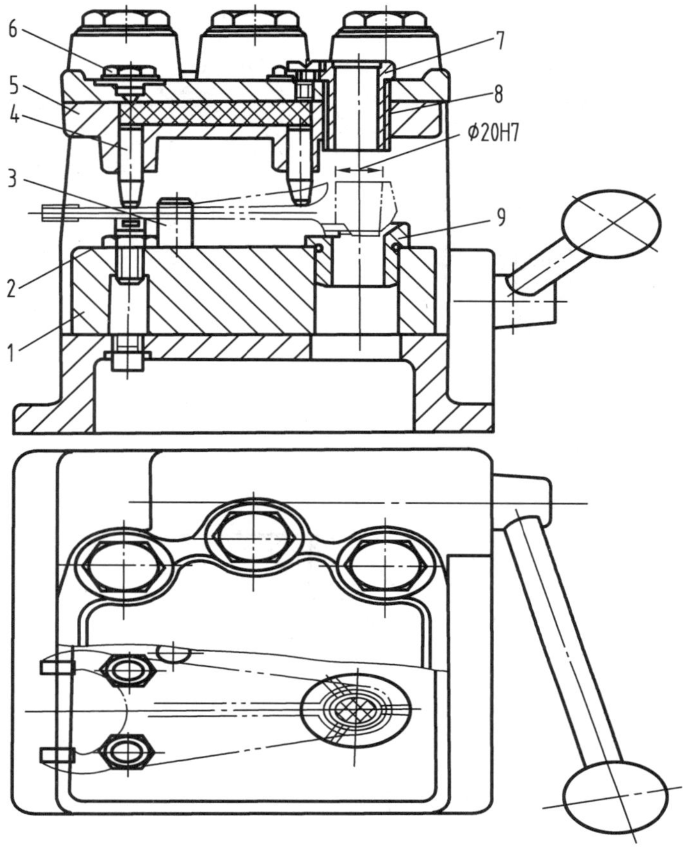

图 3.54　滑柱式钻模实例

1—底座;2—可调支承;3—挡销;4—压柱;5—压柱体;

6—螺塞;7—钻套;8—衬套;9—定位

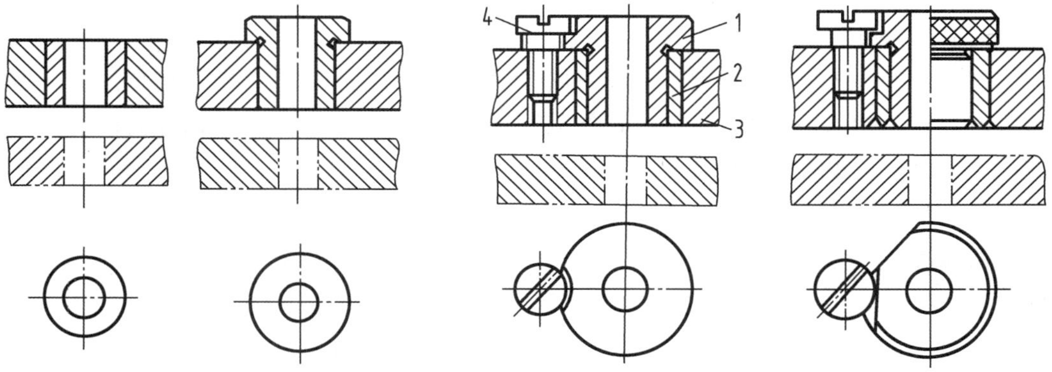

(a)固定钻套　　(b)可换钻套　　(c)快换钻套

图 3.55　钻套

1—钻套;2—衬套;3—钻模板;4—螺钉

钻套中导向孔的孔径及其偏差应根据所引导的刀具尺寸来确定。通常取刀具的上极限尺寸作为引导孔的公称尺寸,孔径公差依加工精度确定。钻孔和扩孔时通常取F7,粗铰时取G7,精铰时取G6。若钻套引导的不是刀具的切削部分而是导向部分,常取配合 H7/f7、H7/g6 或 H6/g5。

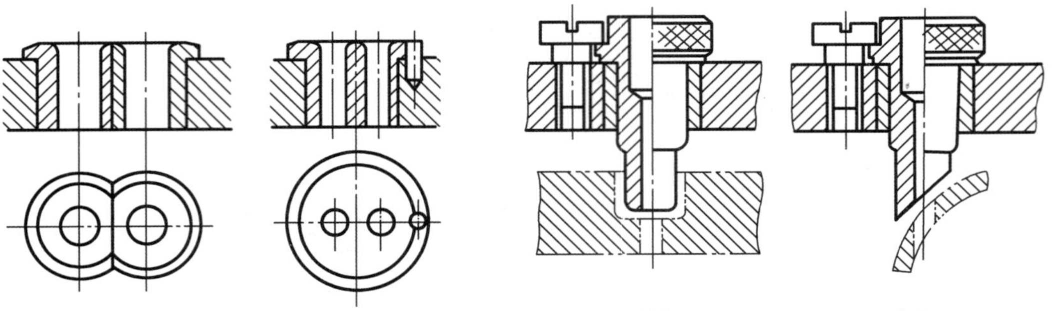

(a)　　　　(b)　　　　(c)

图 3.56　特殊钻套

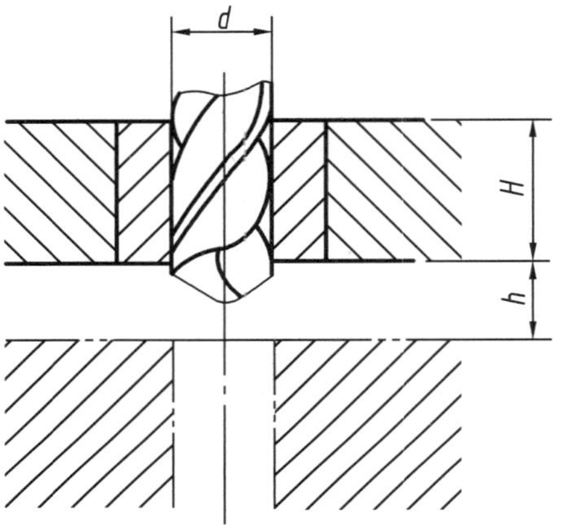

图 3.57　钻套高度与容屑间隙

如图 3.57 所示，钻套高度 H 直接影响钻套的导向性能，以及刀具与钻套之间的摩擦情况，通常取 $H=(1\sim2.5)d$。对于精度要求较高的孔、直径较小的孔和刀具刚性较差时应取较大值。

钻套与工件之间一般应留有排屑间隙，此间隙不宜过大，以免影响导向作用。一般可取 $H=(0.3\sim1.2)d$。加工铸铁、黄铜等脆性材料时可取小值；加工钢等韧性材料时应取较大值。当孔的位置精度要求很高时，也可取 $H=0$。

(2)钻模板

钻模板用于安装钻套。钻模板与夹具体的连接方式有固定式、铰链式、分离式和悬挂式等。

如图 3.47、图 3.48 所示钻模中的钻模板和夹具体通过螺钉固定连接，是固定式。这种钻模板直接固定在夹具体上，结构简单、精度较高。当使用固定式钻模板装卸工件有困难时，可采用铰链式钻模板。如图 3.50 所示钻模即采用了铰链式钻模板。这种钻模板通过铰链与夹具体连接，由于铰链处存在间隙，因而精度不高。

如图 3.58 所示为分离式钻模板，这种钻模板可以拆卸，工件每装卸一次，钻模板也要装卸一次。与铰链式钻模板相似，分离式钻模板是为了装卸工件方便而设计的，但精度可以高一些。

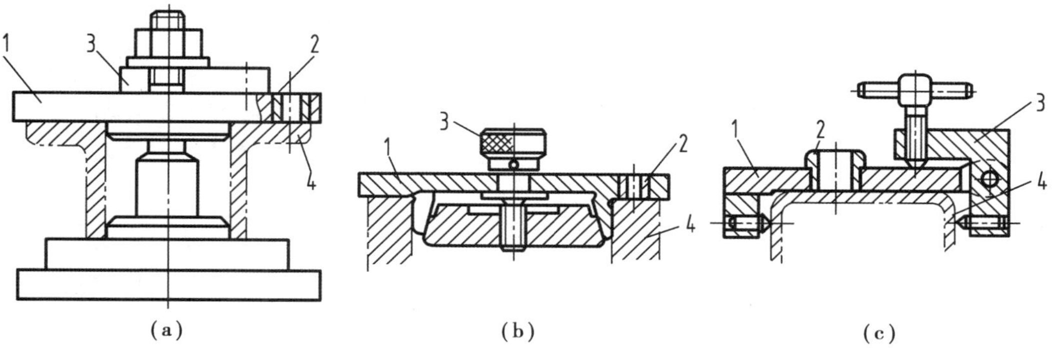

图 3.58　分离式钻模板

1—钻模板;2—钻套;3—夹紧元件;4—工件

如图 3.59 所示为悬挂式钻模板,这种钻模板悬挂在机床主轴上,并随主轴一起靠近或离开工件,它与夹具体的相对位置通过滑柱来保证。这种钻模板多与组合机床的多轴头连用。

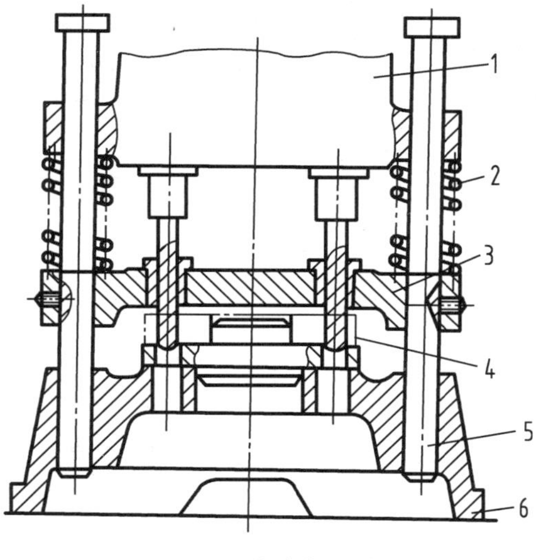

图 3.59　悬挂式钻模板

1—横梁;2—弹簧;3—钻模板;4—工件;5—滑柱;6—夹具体

(3) 夹具体

钻模的夹具体一般不设定位或导向装置,夹具通过夹具体底面安放在钻床工作台上,可直接用钻套找正并用压板夹紧(或在夹具体上设置耳座用螺栓夹紧)。对于翻转式钻模,通常要求在相当于钻头送进方向设置支脚,如图 3.51 所示。支脚可以直接在夹具体上做出,也可以做成装配式。支脚一般应有 4 个,以检查夹具安放是否歪斜。支脚的宽度(或直径)一般应大于机床工作台 T 形槽的宽度。

3) 镗床夹具

具有刀具导向的镗床夹具,习惯上又称为镗模,镗模与钻模有很多相似之处。

如图 3.60 所示为双面导向镗模,用于镗削箱体零件端面上两组同轴孔。工件的底面 A 及底面上两孔与夹具底板支承面 B 及 B 面上的两销(圆柱销和菱形销)配合,实现完全定位,并用压板夹紧。压板的一端做成开口形式,以实现快速夹紧。关节螺柱可以绕铰链支座回转,以便于装卸工件。安装镗刀的镗杆由镗套支承并导向,4 个镗套分别安装在镗模支架上。镗模支架安放在工件的两侧,这种导向方式称为双面导向。在双面导向的情况下,要求镗杆与机床主轴浮动联接。此时,镗杆的回转精度完全取决于两镗套的精度,与机床主轴回转精度无关。

为便于夹具在机床上安装,镗模底座上设有耳座,在镗模底座侧面还加工出了细长的找正基面(如图 3.60 所示的 G 面),用以找正夹具定位元件或导向元件的位置以及夹具在机床上安装的位置。

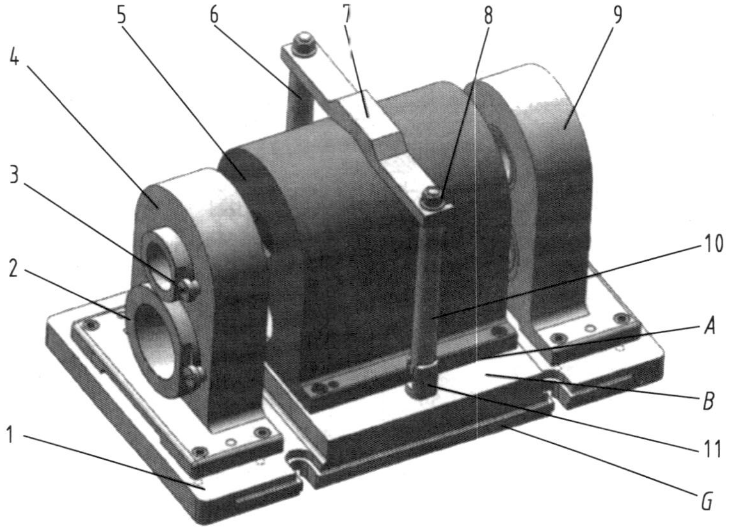

图 3.60 双面导向镗模

1—底板;2—镗套;3—镗套螺钉;4,9—镗模支架;5—工件(箱体)端面;6—螺柱;7—压板;8—螺母;10—关节螺柱;11—铰链支座;A—工件底面;B—夹具支承面;G—找正基面

3.4.3 铣床夹具

铣床夹具主要用于加工零件上的平面、键槽、缺口及成形表面等。

1)铣床夹具的类型与典型结构

由于在铣削过程中,夹具大多与工作台一起做进给运动,而铣床夹具的整体结构又与铣削加工的进给方式密切相关,故铣床夹具常按铣削的进给方式分类,一般可分为直线进给式、圆周进给式和仿形进给式 3 种。

其中,直线进给式铣床夹具的应用更为广泛,根据夹具上同时安装工件的数量,又可分为单件铣夹具和多件铣夹具。如图 3.61 所示为铣工件斜面的单件铣夹具。工件以一面两孔定位,为保证夹紧力作用方向指向主要定位面,压板的前端做成球面。联动机构既使操作简便,也使两个压板夹紧力均衡。为了确定对刀圆柱及圆柱定位销与菱形销的位置,在夹具上设置了工艺孔 O。

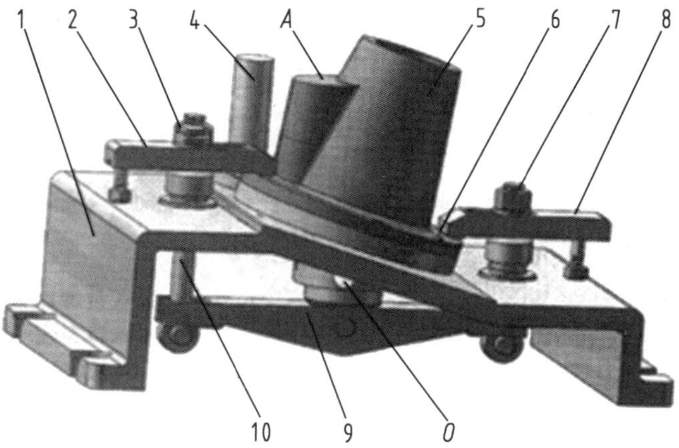

(a) 夹具模型图

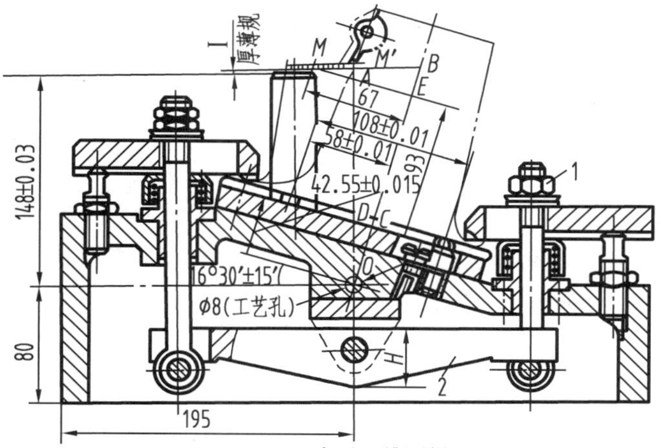

(b) 夹具二维图样

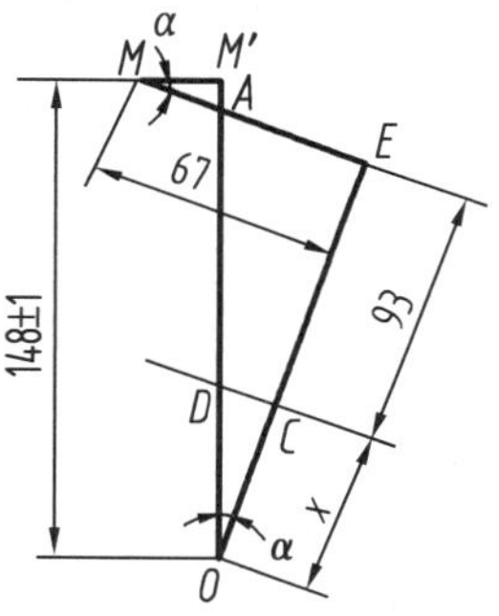

(c) 工艺尺寸计算简图

图 3.61　铣斜面夹具

1—夹具体；2，8—压板；3—圆螺母；4—对刀圆柱；5—工件；6—菱形销；

7—夹紧螺母；9—杠杆；10—螺柱；*A*—加工面；*O*—工艺孔

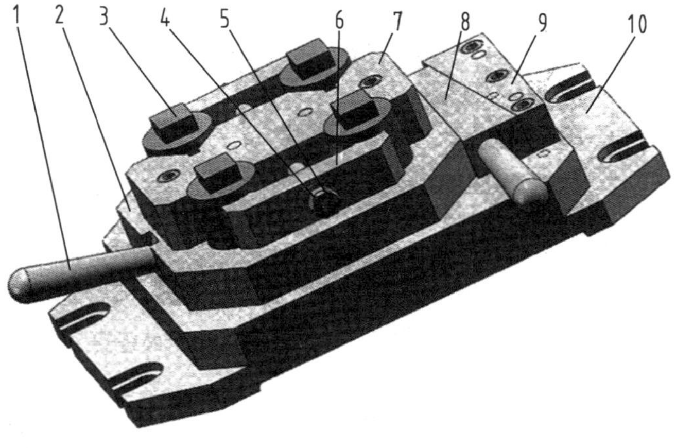

图 3.62　铣轴端方头夹具

1—手柄；2—回转座；3—工件；4—球面垫圈；5—夹紧螺母；6—压板；

7—V 形定位块；8—楔铁；9—固定楔块；10—夹具体

如图3.62所示为铣轴端方头的多件铣夹具,一次安装4个工件同时进行加工。为了提高生产率,并保证各工件获得均匀一致的夹紧力,夹具采用了联动夹紧机构并设置了相应浮动环节(球面垫圈与压板)。

加工时采用4把三面刃铣刀同时铣削4个工件方头的两个侧面,铣削完成后,取下楔铁,将回转座转过90°,再用楔铁将回转座定位并夹紧,即可铣削工件的另外两个侧面,即实现了一次安装完成两个工位的加工。

2)铣床夹具设计要点

(1)铣床夹具总体结构

由于铣削加工的切削力较大,又是断续切削,在加工中易引起振动,故要求铣床夹具受力元件要有足够的强度和刚度。夹紧机构所提供的夹紧力应足够大,且具有较好的自锁性能。为了提高夹具工作效率,应尽量采用机动夹紧或联动夹紧机构,并在可能的情况下,采用多件夹紧和多件加工。

(2)对刀装置

对刀装置用于确定夹具相对于刀具的位置。铣床夹具的对刀装置主要由对刀块和塞尺构成。如图3.63所示为几种常用的对刀块。其中,图3.63(a)所示为高度对刀块,用于加工平面时对刀;图3.63(b)所示为直角对刀块,用于加工键槽或台阶面时对刀;图3.63(c)所示为成形对刀块,当采用成形铣刀加工成形表面时,可用此种对刀块对刀。

塞尺用于检查刀具与对刀块之间的间隙,以避免刀具与对刀块直接接触而造成刀具或对刀块的损伤。

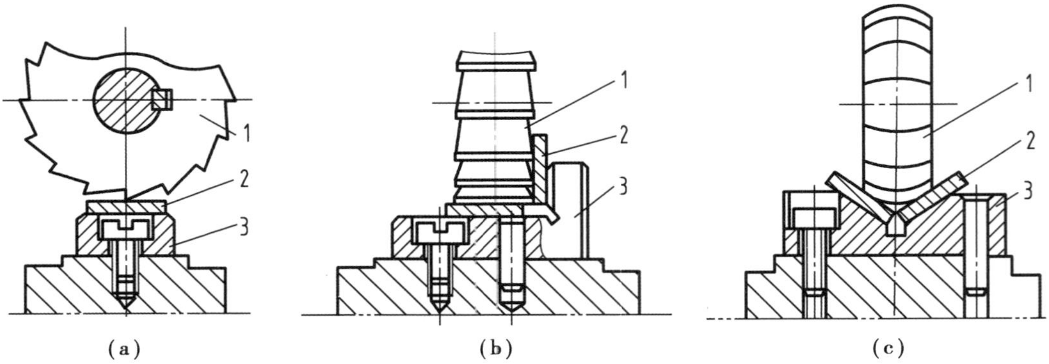

图3.63 对刀块

1—铣刀;2—塞尺;3—对刀块

(3)夹具体

由于铣床夹具的夹具体要承受较大的切削力,故要求有足够的强度、刚度和稳定性。通常在夹具体上要适当地布置筋板,夹具体的安装面要足够大,且尽可能地采用周边接触形式。

铣床夹具通常通过定向键与铣床工作台T形槽的配合来确定夹具在铣床工作台上的方位。如图3.64所示为定向键的结构及应用情况。定向键与夹具体的配合多采用H7/h6。为了提高夹具的安装精度,定向键的下部(与工作台T形槽的配合部分)可留有余量以进行修配，或在安装夹具上时使定向键一侧与工作台 T 形槽靠紧，以消除配合间隙的影响。铣床夹具大多在夹具体上设计有耳座，并通过 T 形槽螺栓将夹具紧固在工作台上。

铣床夹具的设计要点同样适合刨床夹具，其中主要方面也适用于平面磨床夹具。

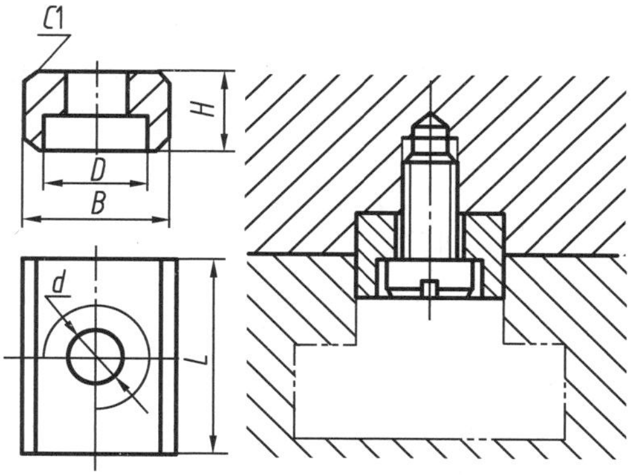

图 3.64　定向键

3.4.4　加工中心夹具

1）加工中心机床夹具的特点

加工中心是一种带有刀库和自动换刀功能的数控镗铣床。加工中心机床夹具与一般铣床或镗床夹具相比，具有以下特点：

（1）功能简化

一般铣床或镗床夹具有 4 种功能，即定位、夹紧、导向和对刀。由于加工中心机床具有数控系统的准确控制，且机床本身具有的高精度和高刚性，刀具位置可以得到很好的保证。因此，加工中心机床使用的夹具只需具备“定位”和“夹紧”两种功能，就可以满足加工要求，使夹具结构得到简化。

（2）完全定位

一般铣床或镗床夹具在机床上的安装只需要“定向”，常采用定向键（如图 3.1 所示的件 3）或找正基面（如图 3.60 所示的 *G* 面）确定夹具在机床上的角向位置。而加工中心机床夹具在机床上不仅要确定其角向位置，还要确定其坐标位置（即实现完全定位）。这是因为加工中心机床夹具定位面与机床原点之间有严格的坐标尺寸要求，以保证刀位的准确性（相对于夹具和工件）。

（3）开敞结构

加工中心机床的加工工作属于典型的工序集中，工件一次装夹就可以完成多个表面的加工。因此，夹具通常采用开敞式结构，以免夹具各部分（特别是夹紧部分）与刀具或机床运动部件发生干涉和碰撞。有些定位元件可以在工件定位时参与，而当工件夹紧后被卸去，以满足多面加工的要求。

（4）快速重调

为尽量减少机床加工对象转换时间，加工中心机床使用的夹具通常要求能够快速更换或快速重调。因此,夹具安装时一般采用无校正定位方式。对于相似工件的加工,常采用可调整夹具,通过快速调整(或快速更换元件),使一套夹具可以同时适应多种零件的加工。

2)加工中心机床夹具的类型

加工中心机床可使用的夹具类型有多种,如专用夹具、通用夹具、可调整夹具等。由于加工中心机床多用于多品种和中小批量生产,故应优先选用通用夹具、组合夹具和通用可调整夹具。

加工中心机床使用的通用夹具与普通机床使用的通用夹具基本结构相同,但精度要求较高,且一般要求能在机床上准确定位。如图 3.65 所示为在加工中心机床上使用的正弦平口钳。该夹具利用正弦规原理,通过调整高度规的高度,可以使工件获得准确的角度位置。夹具底板设置了 12 个定位销孔,孔的位置度误差不大于 0.005 mm,通过孔与专用 T 形槽定位销的配合,可以实现夹具在机床工作台上的完全定位。为保证工件在夹具上的准确定位,平口钳的钳口以及夹具上其他基准面的位置精度要求达到 0.003%。

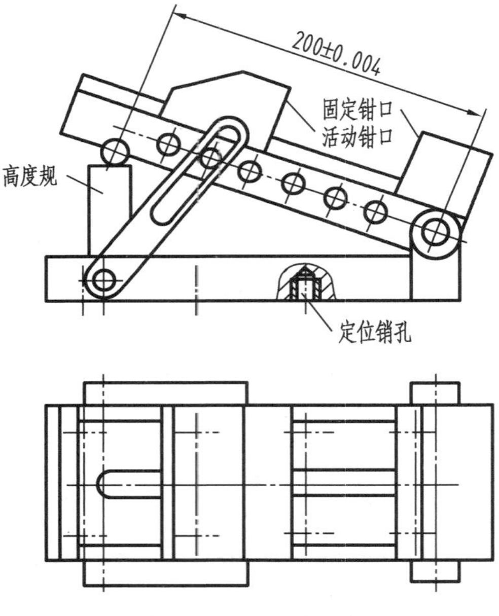

图 3.65　正弦平口钳

如图 3.66 所示为专门为加工中心机床设计的通用可调整夹具系统,该系统由图示的基础件和另一套定位、夹紧调整件组成。基础板内装立式油缸和卧式油缸,通过从上面或侧面把双头螺栓(或螺杆)旋入油缸活塞杆,可以将夹紧元件与油缸活塞连接起来,以实现对工件的夹紧。基础板上表面还分布有定位孔和螺孔,并开有 T 形槽,可以方便地安装定位元件。基础板通过底面的定位销,与机床工作台的槽或孔配合,实现夹具在机床上的定位。工件加工时,对不用的孔(包括定位孔和螺孔),需用螺塞封盖,以防切屑或其他杂物进入。

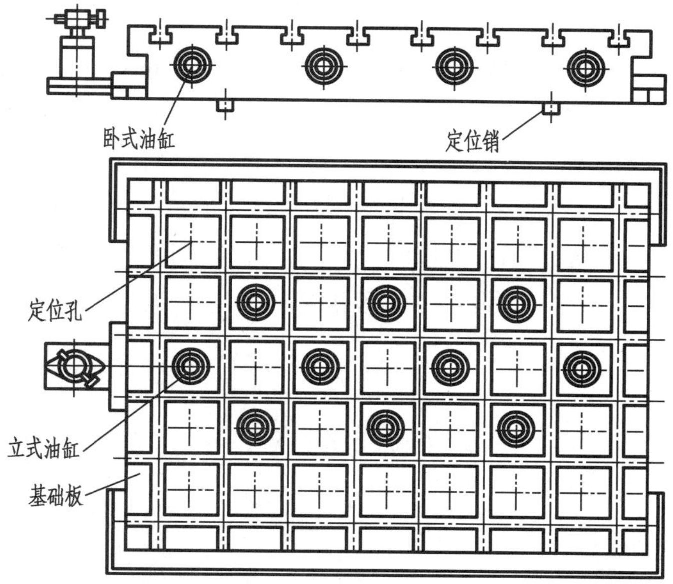

图3.66　通用可调整夹具系统

作为重要工艺装备的各类机床夹具，尤其是专用夹具，在产品的大批量生产时发挥了重要作用。随着科学技术的高速发展和社会需求的多样化，多品种、中小批量生产逐渐展现其优势，传统大批量生产类型下的专用夹具逐渐暴露不足，因此为适应多品种、中小批量生产的特点发展了各类柔性夹具，如组合夹具、通用可调夹具和成组夹具。近年来，还发展了多种形式的其他柔性夹具，如适应性夹具、仿生式夹具、模块化程序控制夹具以及相变夹具等。这里不再展开论述。

3.5　机床专用夹具的设计

本节着重介绍专用夹具的设计步骤和方法，并讨论与此有关的一些问题。

3.5.1　专用夹具设计的基本要求和步骤

1）专用夹具设计的基本要求

（1）保证工件加工精度

保证工件加工精度是夹具设计的最基本要求，其关键是正确地确定定位方案、夹紧方案、刀具导向方式及合理确定夹具的技术要求，必要时应进行误差分析与计算。

（2）夹具结构方案应与生产纲领相适应

在大批量生产时，应尽量采用快速、高效夹具结构，如多件夹紧、联动夹紧等，以缩短辅助时间；对于中、小批量生产，则要求在满足夹具功能的前提下，尽量使夹具结构简单、制造方便，以降低夹具的制造成本。

(3)操作方便、安全、省力

采用气动、液压等夹紧装置,以减轻工人劳动强度,并可较好地控制夹紧力。夹具操作位置应符合工人操作习惯,必要时应有安全防护装置,以确保使用安全。

(4)便于排屑

切屑积聚在夹具中会破坏工件的正确定位;切屑带来的大量热量会引起夹具和工件的热变形;切屑的清理又会增加辅助时间。切屑积聚严重时,还会损伤刀具甚至引发工伤事故。故排屑问题在夹具设计中必须给予充分注意,在设计高效机床和自动线夹具时尤为重要。

(5)有良好的结构工艺性

设计的夹具要便于制造、检验、装配、调整和维修等。

2)专用夹具设计的一般步骤

(1)研究原始资料,明确设计要求

在接到夹具设计任务书后,首先应仔细阅读被加工零件的零件图和装配图,清楚地了解零件的作用、结构特点、所用材料及技术要求;其次要认真研究零件的工艺规程,充分了解本工序的加工内容和要求;必要时还应了解同类零件加工所用过的夹具及其使用情况,作为设计时的参考。

(2)拟定夹具结构方案,绘制夹具结构草图

拟定夹具结构方案应主要考虑以下问题:根据零件加工工艺所给的定位基准和六点定位原理,确定工件的定位方法并选择相应的定位元件;确定刀具的引导方式,设计引导装置或对刀装置;确定工件的夹紧方法,并设计夹紧机构;确定其他元件或装置的结构形式;考虑各种元件或装置的布局,确定夹具的总体结构。为使设计的夹具先进、合理,常需拟定几种结构方案并进行比较,从中择优。在构思夹具结构方案时,应绘制夹具结构草图,以帮助构思,并检查方案的合理性和可行性,同时也为进一步绘制夹具总图做好准备。

(3)绘制夹具总图,标注有关尺寸及技术要求

夹具总图应按照装配图的相关标准绘制,根据图样的复杂程度确定绘图比例及图幅大小,以视图表达清晰为原则。夹具总图在清楚地表达夹具工作原理和结构前提下,视图应尽可能少,主视图应取操作者实际工作位置。

绘制夹具总图可参考如下顺序进行:

①用假想线(双点画线)绘制工件轮廓(注意将工件视为透明体,不挡夹具),以及定位面、夹紧面和加工面。

②绘制定位元件及刀具引导元件。

③按夹紧状态绘制夹紧元件及夹紧机构(必要时用假想线绘制夹紧元件的松开位置)。

④绘制夹具体和其他元件，将夹具各部分连成一体。

⑤标注必要的尺寸和形位公差等、配合和相关技术要求。

⑥对零件编号，填写零件明细表和标题栏。

(4)绘制零件图

夹具总图明细表中的非标准件均需绘制零件图。零件图主视图的选择应尽可能与零件在总图上的工作位置保持一致。

现举例说明专用夹具设计过程。如图 3.67(a)所示为连杆零件的工序简图。零件材料为 45#钢，毛坯为模锻件，年产量为 500 件，所用机床为 Z525 立式钻床，现需设计该工序的专用夹具。主要设计过程如下：

①精度与批量分析。本工序有一定的位置精度要求，属于批量生产，使用夹具加工是适当的。考虑生产批量不是很大，因此夹具结构应尽可能简单，以降低成本(具体分析从略)。

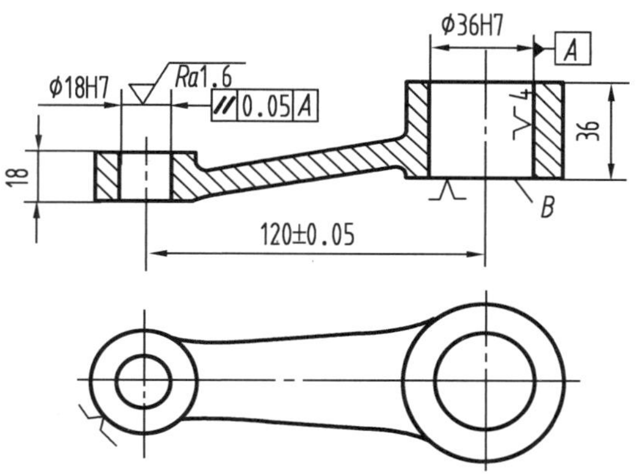

(a)连杆零件加工小头孔工序图

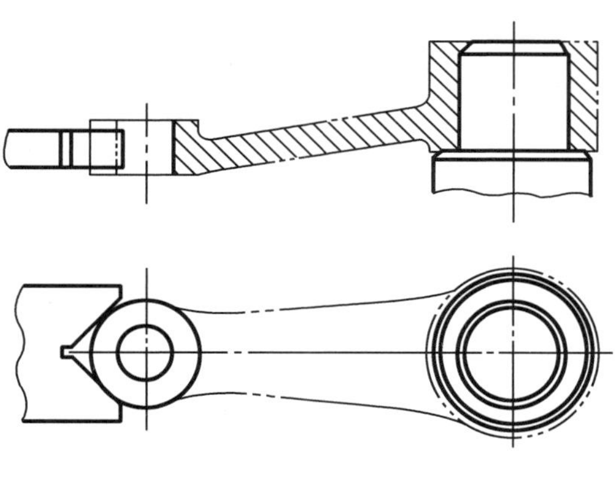

(b)定位方案

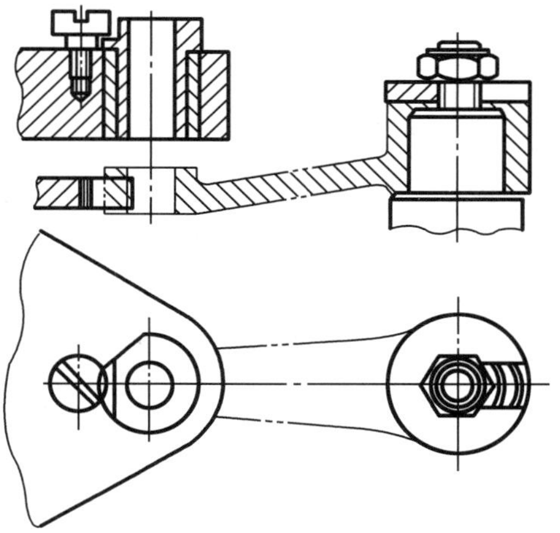

(c)导向及夹紧装置

图 3.67　连杆零件小头孔专用夹具设计过程

②确定夹具结构方案。

a. 确定定位方案,选择定位元件。本工序加工要求保证的位置精度主要是中心距(120±0.05)mm 及平行度公差 0.05 mm。根据基准重合原则,应选 ϕ36H7 孔为主要定位基准,即工序简图中规定的定位基准是恰当的。为使夹具结构简单,采用间隙配合的刚性心轴加小端面的定位方式(若端面 B 与孔 A 垂直度误差较大,则端面处应加球面垫圈)。同时为保证小头孔处壁厚均匀,应采用活动 V 形块来确定工件的角向位置,如图 3.67(b)所示。

b. 确定导向装置。本工序小头孔的精度要求较高,一次装夹要完成钻—扩—粗铰—精铰 4 个工步,故采用快换钻套(机床上相应地采用快换夹头);又考虑到要求结构简单,且能保证精度,故采用固定钻模板,如图 3.67(c)所示。

c. 确定夹紧机构。理想的夹紧方式应使夹紧力作用在主要定位面上,本例中可采用膨胀心轴、液塑心轴等,但这样做会使夹具结构复杂,成本较高。为简化结构,确定采用螺纹夹紧,即在心轴上直接做出一段螺纹,并用螺母和开口垫圈锁紧,如图 3.67(c)所示。

d. 确定其他装置和夹具体。为了保证加工时工艺系统的刚度和减小工件变形,应在靠近工件加工部位增加辅助支承。夹具体的设计应通盘考虑,使上述各部分通过夹具体联系起来,形成一套完整的夹具。此外,还应考虑夹具与机床的连接。因为是在立式钻床上使用,夹具安装在工作台上可直接用钻套找正并用压板固定,故只需在夹具体上留出压板压紧的位置即可,如图 3.68 所示。

③在绘制夹具草图的基础上绘制夹具总图,标注尺寸和形位公差、配合公差,如图 3.68 所示。

④对零件进行编号,填写明细表和标题栏,绘制零件图,如图 3.68 所示。

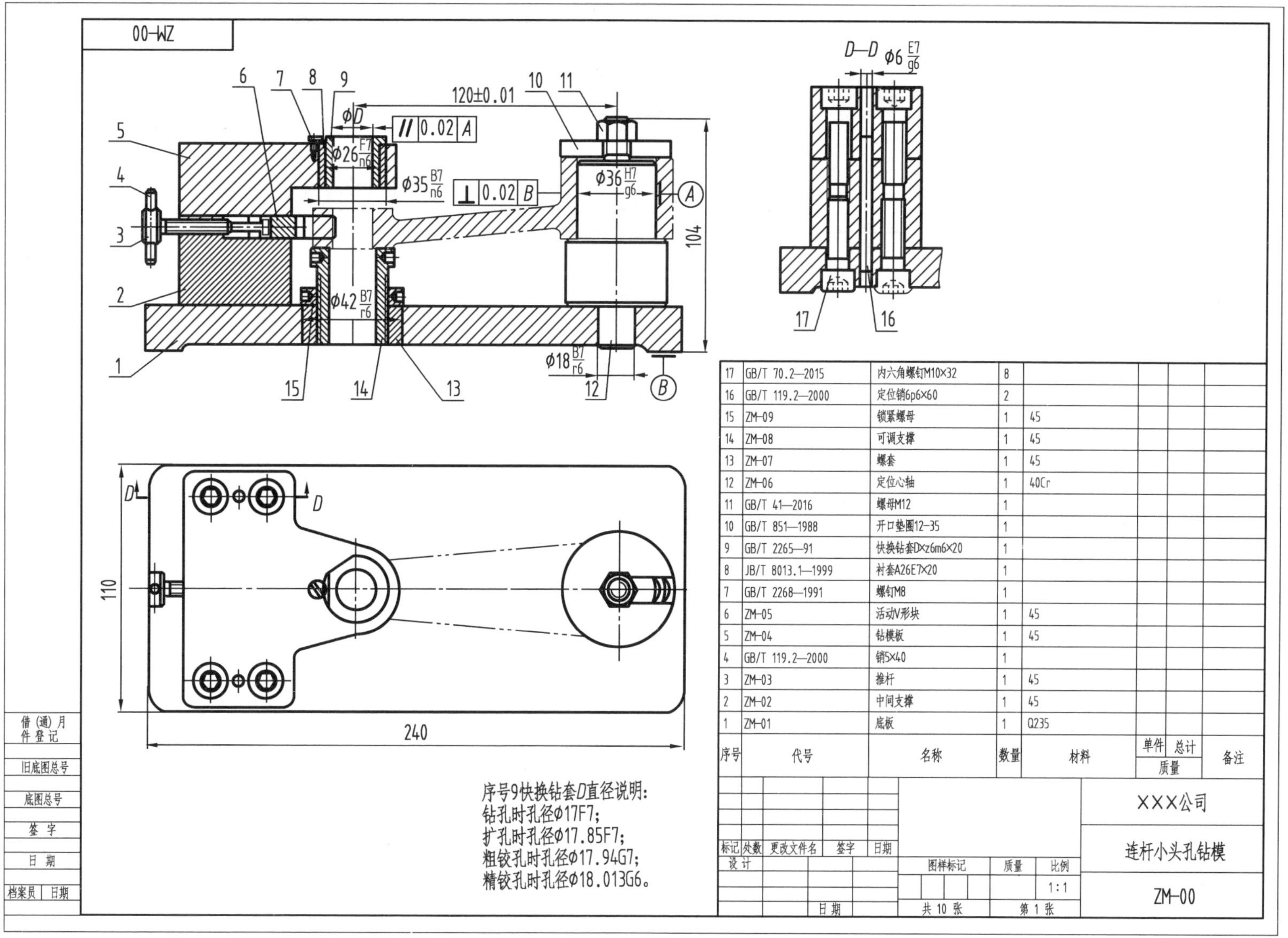
ZM-00
D—D φ6 E7/g6
120±0.01
104
φD
φ26 F7/n6
φ35 B7/n6
φ36 H7/g6
φ42 B7/r6
φ18 B7/r6
0.02 A
0.02 B
110
240
序号9快换钻套D直径说明:
钻孔时孔径φ17F7;
扩孔时孔径φ17.85F7;
粗铰孔时孔径φ17.94G7;
精铰孔时孔径φ18.013G6。
17 GB/T 70.2—2015 内六角螺钉M10×32 8
16 GB/T 119.2—2000 定位销6p6×60 2
15 ZM-09 锁紧螺母 1 45
14 ZM-08 可调支撑 1 45
13 ZM-07 螺套 1 45
12 ZM-06 定位心轴 1 40Cr
11 GB/T 41—2016 螺母M12 1
10 GB/T 851—1988 开口垫圈12-35 1
9 GB/T 2265—91 快换钻套D×26m6×20 1
8 JB/T 8013.1—1999 衬套A26E7×20 1
7 GB/T 2268—1991 螺钉M8 1
6 ZM-05 活动V形块 1 45
5 ZM-04 钻模板 1 45
4 GB/T 119.2—2000 销5×40 1
3 ZM-03 推杆 1 45
2 ZM-02 中间支撑 1 45
1 ZM-01 底板 1 Q235
序号 代号 名称 数量 材料 单件 总计 质量 备注
XXX公司
连杆小头孔钻模
ZM-00
比例 1:1
共 10 张 第 1 张

图3.68　连杆小头孔钻模

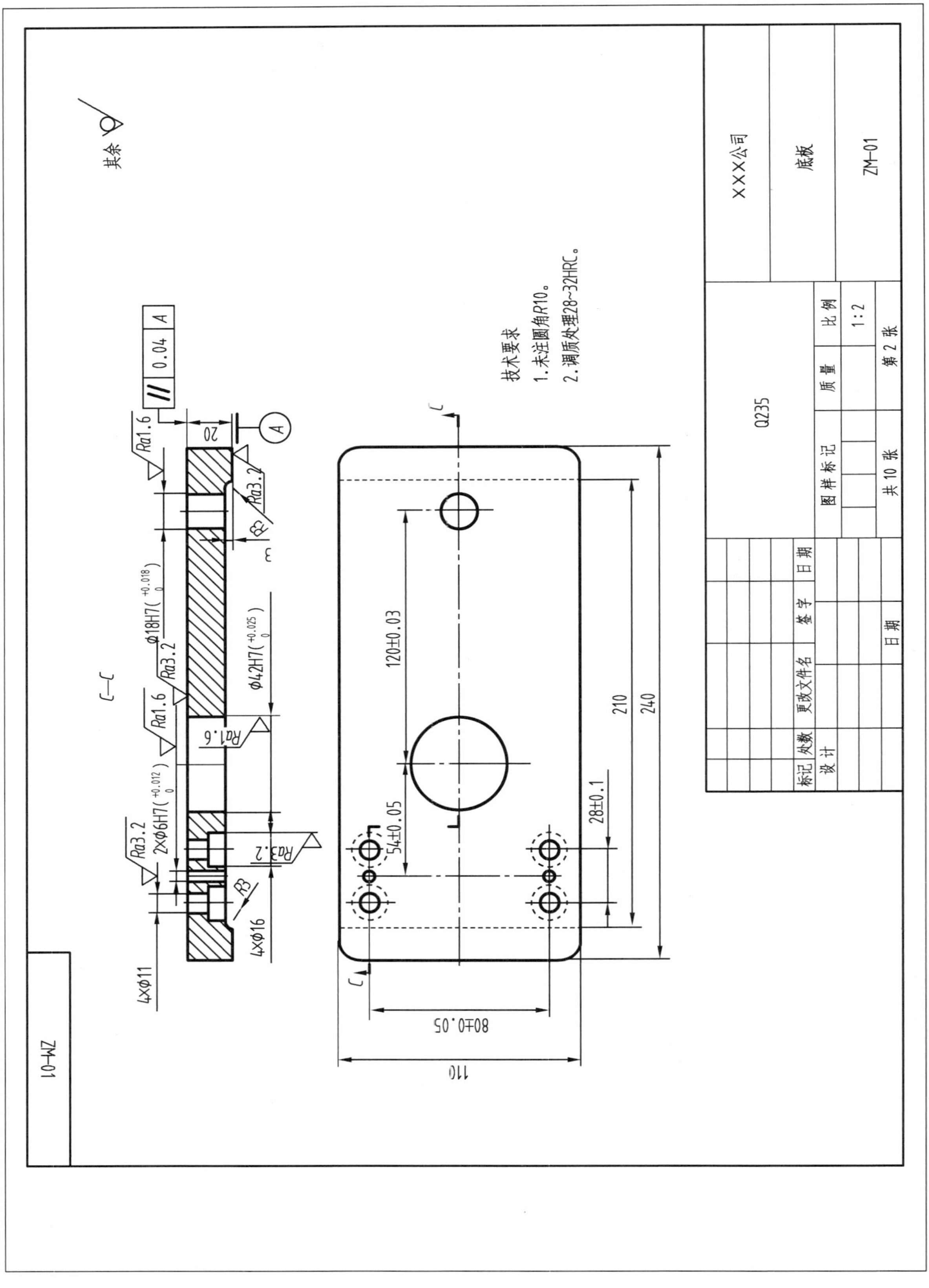

其余
C—C
技术要求
1.未注圆角R10。
2.调质处理28~32HRC。
XXX公司
底板
ZM-01
Q235
图样标记
质量
比例
1:2
共10张
第2张
标记
处数
更改文件名
签字
日期
设计
日期
120±0.03
54±0.05
28±0.1
210
240
80±0.05
110
4×Φ11
4×Φ16
2×Φ6H7(+0.012 0)
Φ18H7(+0.018 0)
Φ42H7(+0.025 0)
0.04
A
20
Ra1.6
Ra3.2
R3

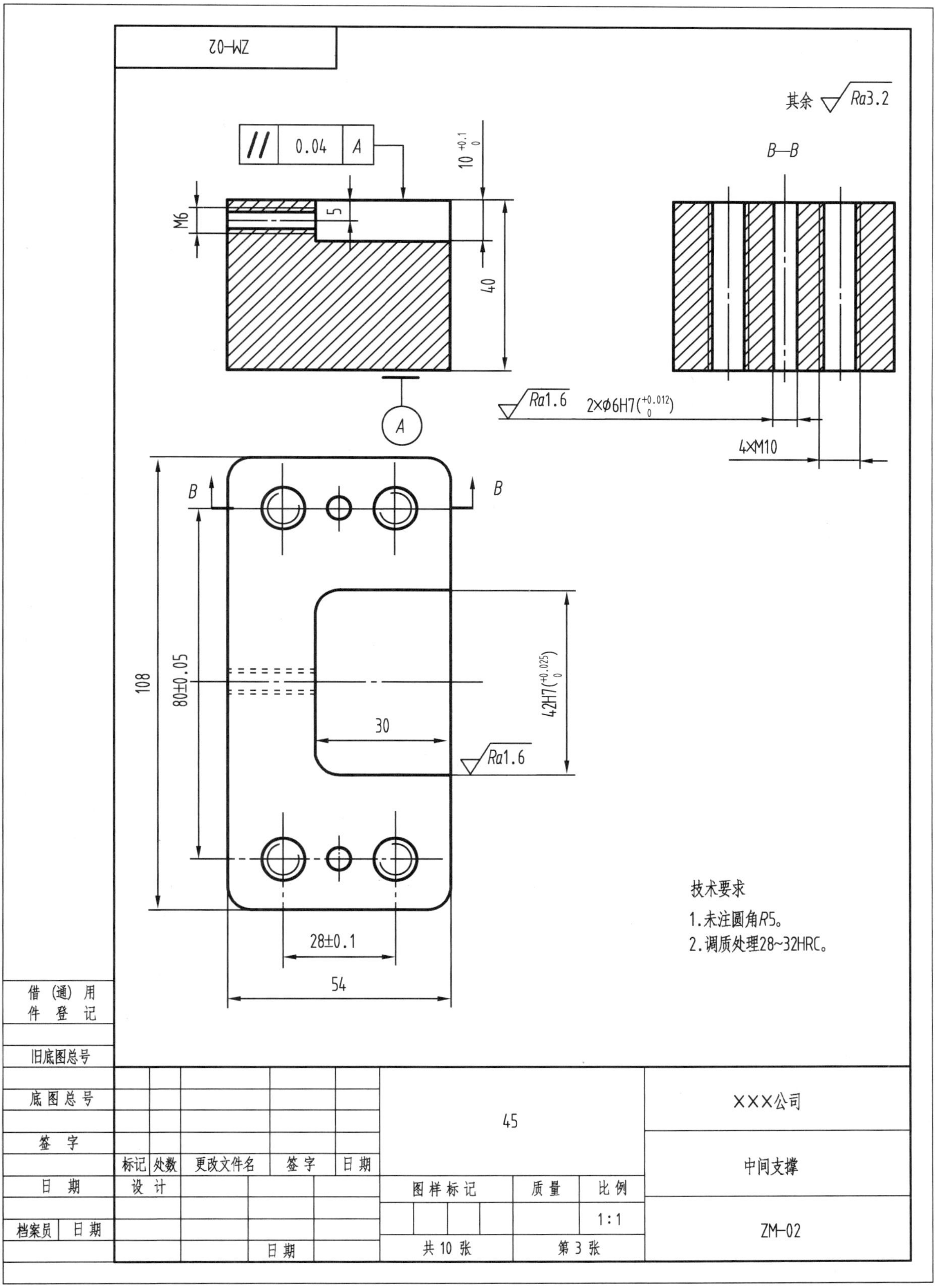
ZM-02
其余 Ra3.2
B—B
0.04 A
10 +0.1 0
M6
5
40
A
Ra1.6
2×Φ6H7(+0.012 0)
4×M10
B
B
108
80±0.05
42H7(+0.025 0)
30
Ra1.6
28±0.1
54
技术要求
1.未注圆角R5。
2.调质处理28~32HRC。
借（通）用件登记
旧底图总号
底图总号
签字
日期
档案员 日期
标记 处数 更改文件名 签字 日期
设计
日期
45
XXX公司
中间支撑
ZM-02
图样标记 质量 比例
1:1
共 10 张 第 3 张

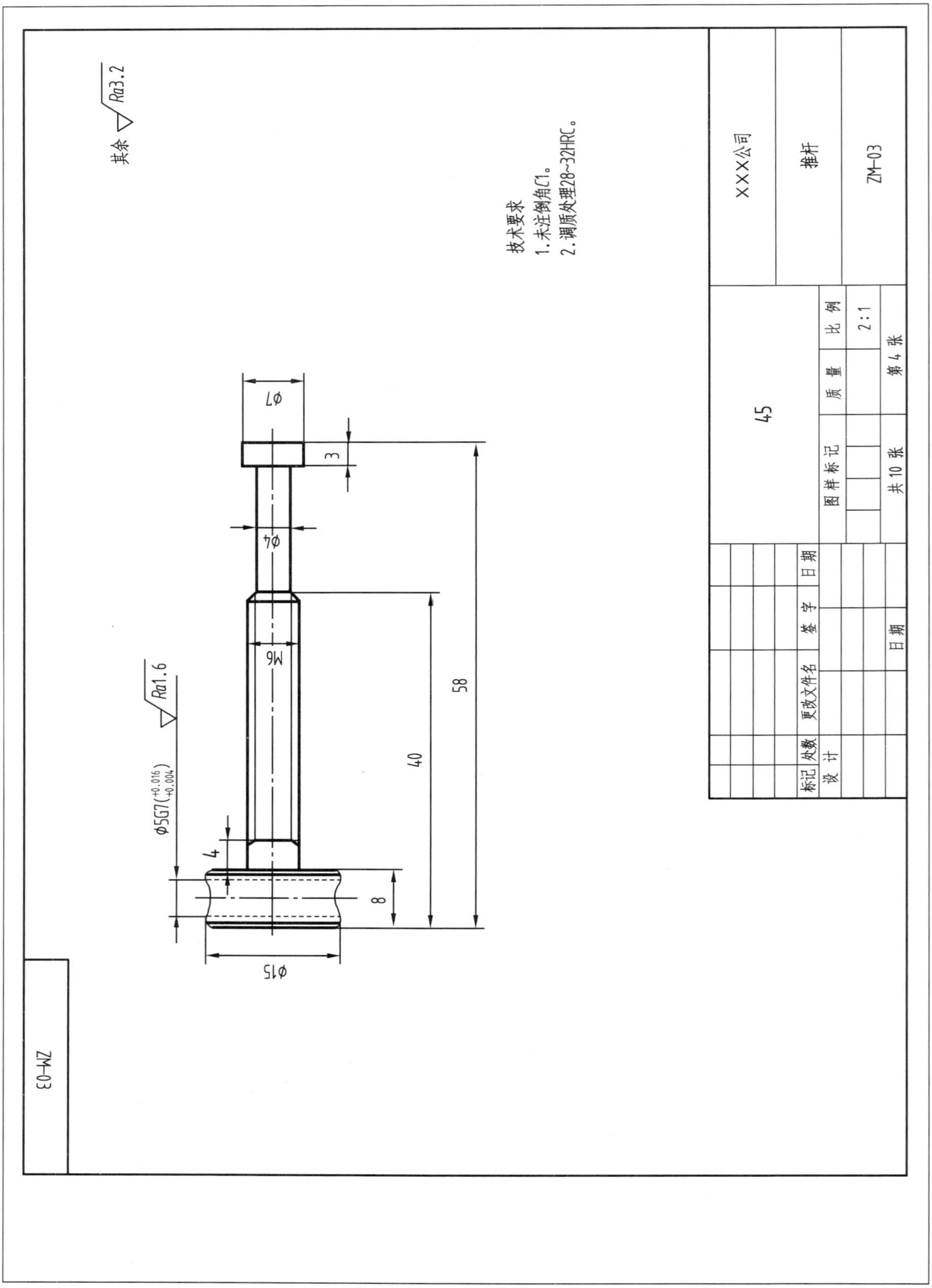
其余 Ra3.2
技术要求
1.未注倒角C1。
2.调质处理28~32HRC。
XXX公司
推杆
ZM-03
45
图样标记
质量
比例
2:1
共10张
第4张
标记
处数
更改文件名
签字
日期
设计
日期
φ7
3
φ4
M6
58
40
Ra1.6
φ5G7(+0.016 +0.004)
4
8
φ15
ZM-03

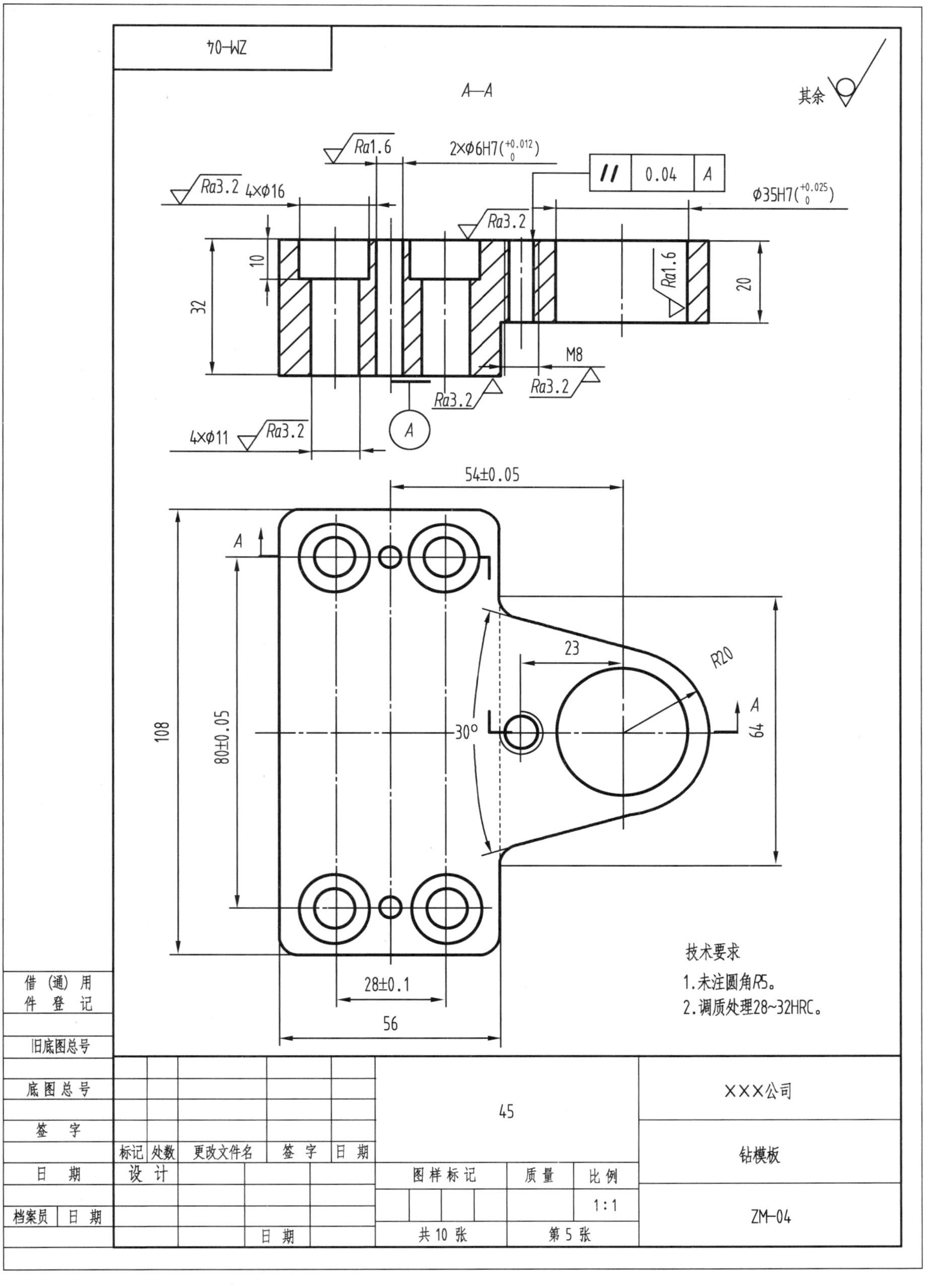
ZM-04
A—A
其余
Ra1.6
2×Φ6H7($^{+0.012}_{0}$)
Ra3.2
4×Φ16
// 0.04 A
Φ35H7($^{+0.025}_{0}$)
Ra3.2
10
32
Ra1.6
20
M8
Ra3.2
Ra3.2
4×Φ11
Ra3.2
A
54±0.05
A
23
R20
108
80±0.05
30°
A
64
28±0.1
56
技术要求
1.未注圆角R5。
2.调质处理28~32HRC。
借(通)用件登记
旧底图总号
底图总号
签字
日期
档案员 日期
标记 处数 更改文件名 签字 日期
设计
日期
45
图样标记 质量 比例
1:1
共 10 张 第 5 张
XXX公司
钻模板
ZM-04

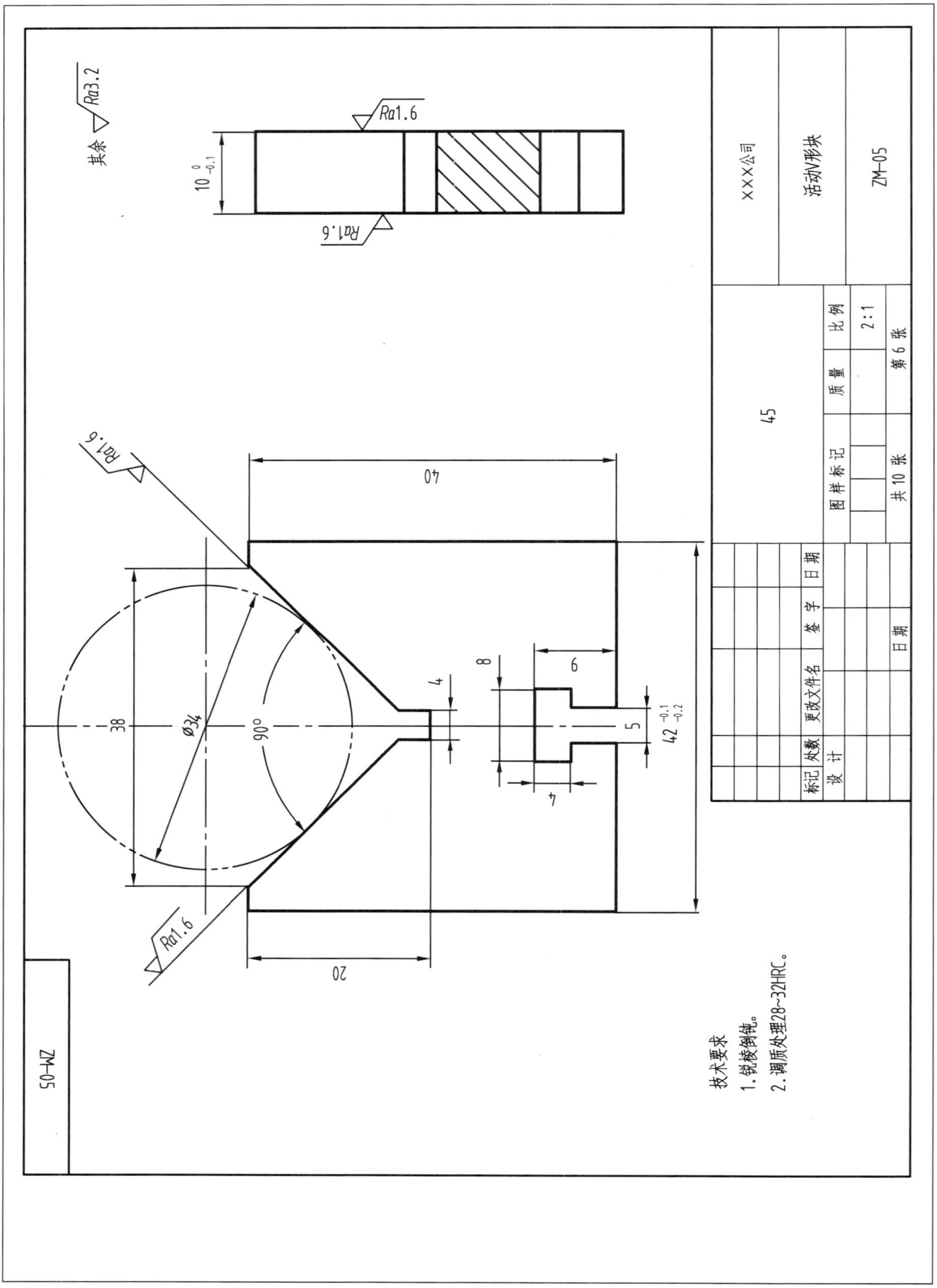
其余 Ra3.2
Ra1.6
XXX公司
活动V形块
ZM-05
45
图样标记
质量
比例
2:1
共10张
第6张
标记
处数
更改文件名
签字
日期
设计
日期
技术要求
1.锐棱倒钝。
2.调质处理28~32HRC。
ZM-05

ZM-06

其余 $\sqrt{Ra3.2}$

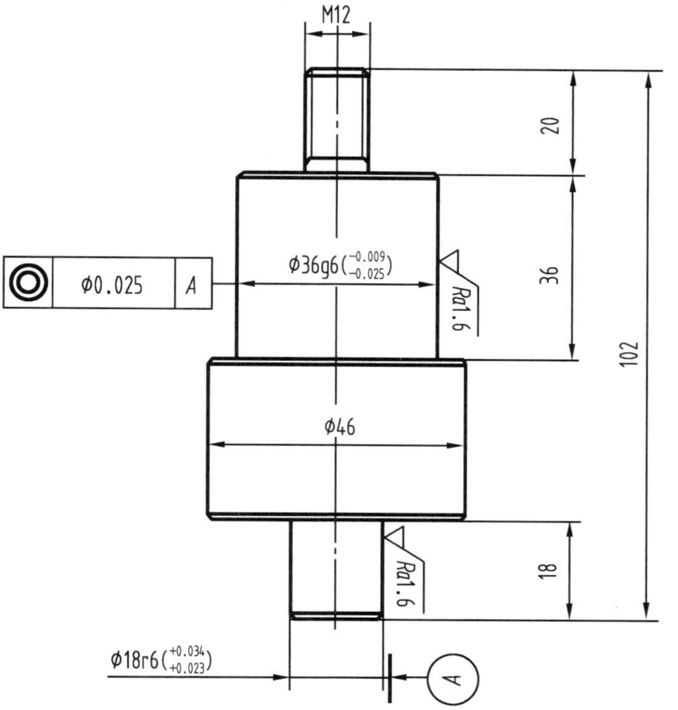

技术要求

1.未注圆角C1。

2.淬火48~52HRC。

借（通）用件登记					
旧底图总号					
底图总号	40Cr			XXX公司	
签字	标记 处数 更改文件名 签字 日期			定位心轴	
日期	设计	图样标记	质量	比例	
档案员 日期				1:1	ZM-06
	日期	共 10 张	第 7 张		

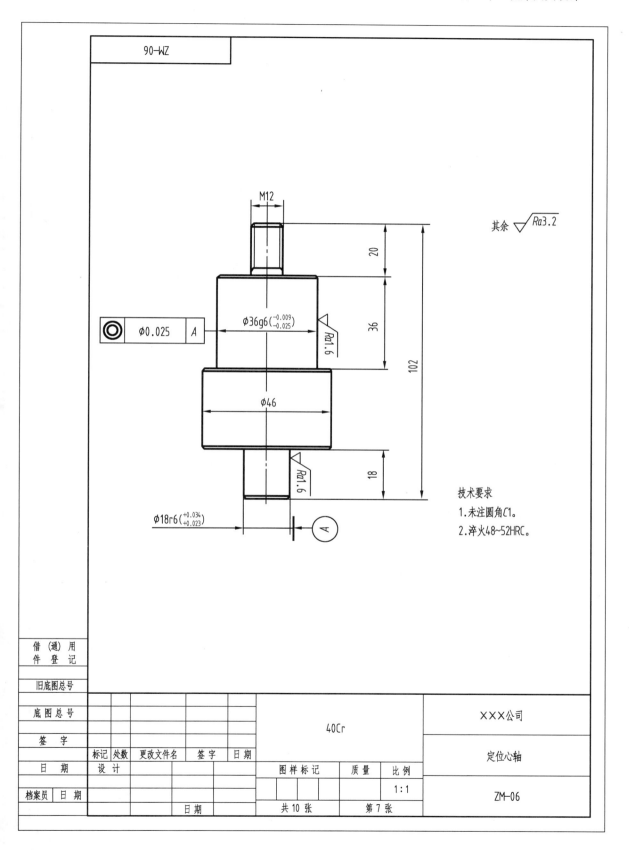

ZM-07

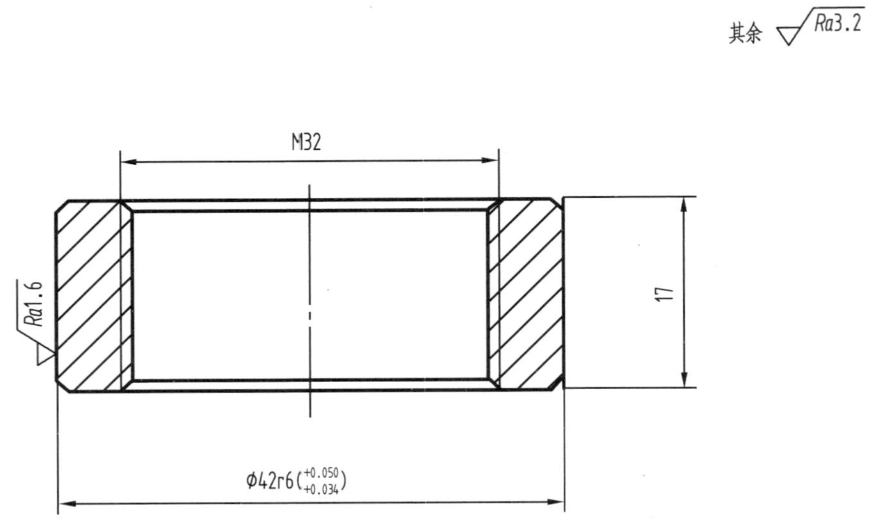

技术要求

1.未注倒角C1。

2.调质处理28~32HRC。

借（通）用件登记					
旧底图总号					
底图总号				45	XXX公司
签字	标记	处数	更改文件名	签字	日期
日期	设计		图样标记	质量	比例
档案员 日期					2:1
		日期	共10张	第8张	

名称	螺套
图号	ZM-07

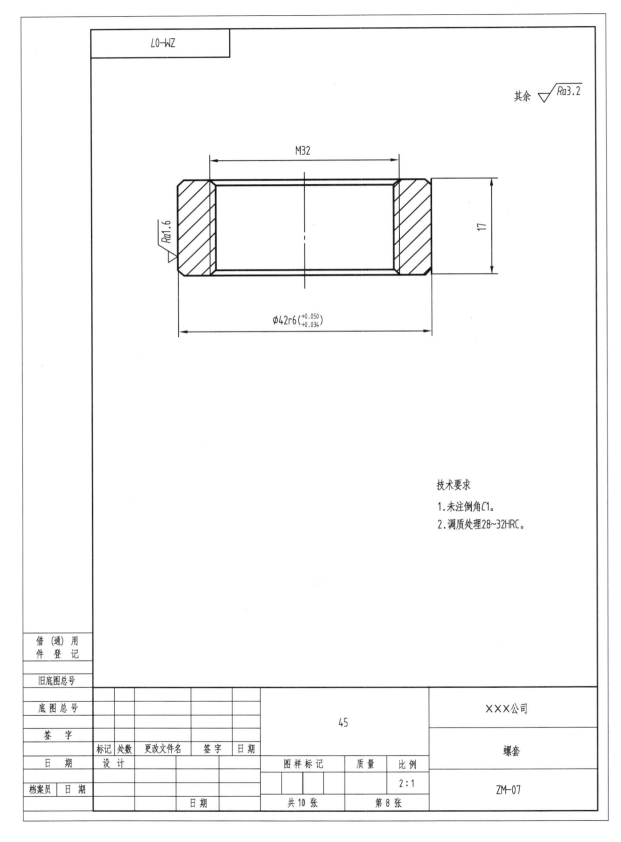

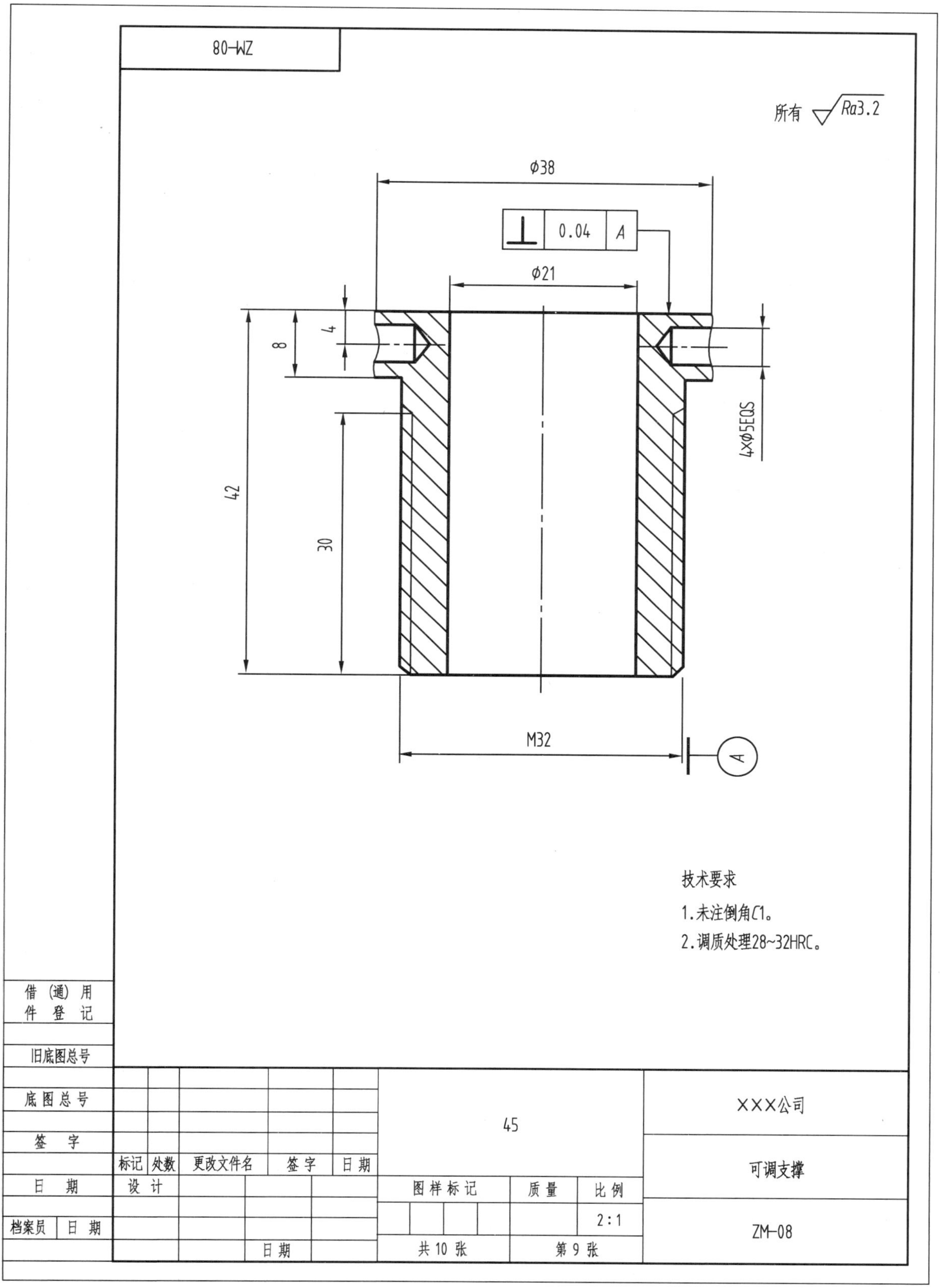
ZM-08
所有 Ra3.2
Φ38
0.04 A
Φ21
4
8
42
30
4×Φ5EQS
M32
A
技术要求
1. 未注倒角C1。
2. 调质处理28~32HRC。
借（通）用件登记
旧底图总号
底图总号
签 字
日 期
档案员 日 期
标记 处数 更改文件名 签 字 日 期
设 计
日期
45
图样标记 质量 比例
2:1
共 10 张 第 9 张
XXX公司
可调支撑
ZM-08

60-WZ

所有 $\sqrt{Ra3.2}$

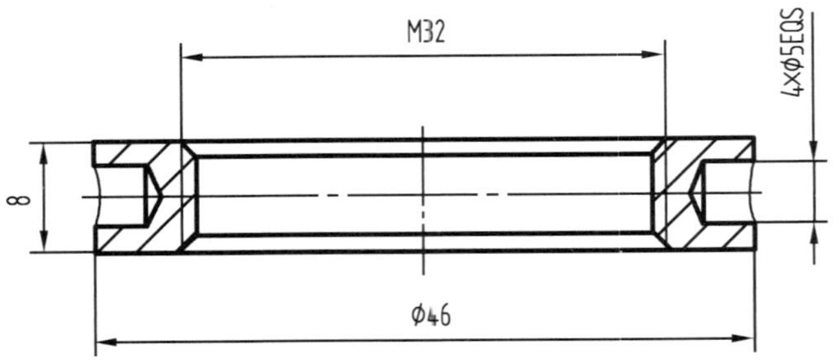

技术要求

1.未注倒角C0.5。

2.调质处理28~32HRC。

借（通）用件登记						
旧底图总号						
底图总号					45	XXX公司
签字						
	标记	处数	更改文件名	签字	日期	锁紧螺母
日期	设计				图样标记 / 质量 / 比例	
档案员 / 日期					2:1	ZM-09
			日期		共10张 / 第10张	

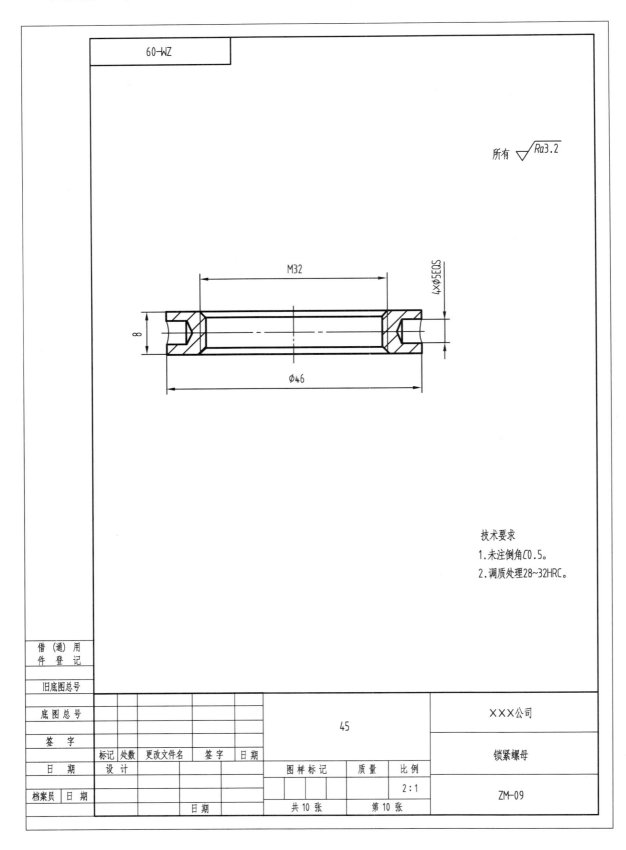

3.5.2　设计中需要考虑的问题

1) 夹具设计的经济性分析

在零件加工的某一道工序时，需要慎重考虑是否使用夹具，以及使用什么类型的夹具(如通用夹具、专用夹具、可调整夹具、组合夹具等)。在确定使用专用夹具或可调整夹具的情况下，还需进一步确定设计什么档次的夹具。除从保证加工质量的角度考虑外，还应作经济性分析，以确保所设计的夹具在经济上具有合理性。

2) 成组设计思想的采用

以相似性原理为基础的成组技术在设计、制造、管理等领域均有广泛应用，夹具设计也不例外。在夹具设计中应用成组技术的主要方法是根据夹具的名称、类别、所用机床、服务对象、结构形式、尺寸规格、精度等级等特征，对夹具及夹具零部件进行分类编码，并将设计图样及有关资料分类存放。当设计新夹具时，首先要对已有的夹具进行检索，找出编码相同或相近的夹具，或对其进行小幅修改，或利用其部分结构，或仅供设计时参考。在设计夹具零部件时，也可采用相同的方法，或直接采用已有的夹具零部件，或在原有图样的基础上进行小的改动。无论采用哪种方式，均可减轻设计工作量，加快设计进度。

在夹具设计中采用成组技术原理，有利于夹具设计的标准化和通用化。

3) 夹具总图上尺寸及形位公差的标注

夹具总图上标注尺寸及形位公差的目的主要是便于拆装零件、夹具装配和检验。为此，应有选择地标注尺寸和形位公差。

通常在夹具总图上尺寸标注以下内容：

①夹具外形轮廓尺寸。

②与夹具定位元件、导向元件及夹具安装基准面有关的配合尺寸、位置尺寸及公差。

③夹具定位元件与工件的配合尺寸。

④夹具导向元件与刀具的配合尺寸。

⑤夹具与机床的联接尺寸及配合。

⑥其他重要的配合尺寸。

夹具上的有关尺寸公差和形位公差通常取工件上相应公差的1/5 ~ 1/2。当生产批量较大时，考虑到夹具磨损，应取较小值；当工件本身精度较高时，为降低夹具制造难度，可取较大值。当工件上相应的公差为自由公差时，夹具的有关尺寸公差常取±0.1 mm或±0.05 mm，角度公差(包括位置公差)常取±10′或±5′。确定夹具公差带时，还应注意保证夹具的平均尺寸与工件上相应的平均尺寸一致，即保证夹具上有关尺寸的公差带刚好落在工件上相应尺寸公差带的中间。

夹具总图上形位公差通常有以下几个方面：

①定位元件与定位元件定位表面之间的相互位置精度要求。

②定位元件的定位表面与夹具安装面之间的相互位置精度要求。

③定位元件的定位表面与引导元件工作表面之间的相互位置精度要求。

④引导元件与引导元件工作表面之间的相互位置精度要求。

⑤定位元件的定位表面或引导元件的工作表面对夹具找正基准面的位置精度要求。

⑥与保证夹具装配精度有关的或与检验方法有关的特殊技术要求。

4）夹具结构工艺性分析

在分析夹具结构工艺性时，应重点考虑以下问题。

（1）夹具零件结构工艺性

夹具零件结构工艺性与一般零件结构工艺性相同，首先要尽量选用标准件和通用件，以降低设计和制造费用；其次要考虑加工的工艺性和经济性，详见第2章相关内容。

（2）夹具最终精度保证方法

由于专用夹具制造精度要求较高，又属于单件生产，因此大多采用调整、修配、装配后加工，以及在机床上就地加工等工艺方法来达到最终精度要求。在设计夹具时，必须充分考虑这一工艺特点，以便于夹具的制造、装配、检验和维修。

如图3.69所示的镗模，要求保证工件定位面 A 与夹具底面 L 平行。若直接通过加工后的装配来保证这一需求，那么根据尺寸链原理，支承板的高度及上下表面的平行度、夹具底板上下表面的平行度均需严格控制，这将给加工带来困难。若将支承板安装在夹具底板上，再加工 A 面，更容易保证 A 面对 L 面的平行度要求，并能降低夹具制造费用。又如，该夹具中轴线 C 与支承面 A 的距离尺寸 H 及平行度要求，均可通过对镗模支架的调整及修配来实现。这样做既给加工带来方便，也使夹具最终精度容易得到保证。

（3）夹具的测量与检验

在确定夹具结构尺寸及公差时，应同时考虑夹具的有关尺寸及几何公差的检验方法。夹具上有关位置尺寸及其误差的测量方法通常有3种，即直接测量法、间接测量法和辅助测量法。如图3.69所示，测量轴线 C 与支承面 A 的位置尺寸 H 时，可以在两镗模支架孔中插入一根检验棒，然后测量检验棒上母线至 A 面的距离，再减去检验棒的半径尺寸，即得到尺寸 H 数值。这种方法属于直接测量法。当采用直接测量法有困难时，可采用间接测量法。如要测量图中 B 面与轴线 C 的平行度，可利用夹具底板上的找正基面 D 进行间接测量，即首先测出 B 面对 D 面的平行度误差，再测出轴线 C 对 D 面的平行度误差，最后经计算可得到 B 面与轴线 C 的平行度误差。

当采用上述两种方法均有困难时，还可采用辅助测量法。在使用夹具加工工件上的斜面或斜孔时，经常会出现零件图上所给的尺寸在夹具上无法测量的情况。此时，需在夹具上设置辅助测量基准进行辅助测量。如图3.61(a)所示的铣斜面夹具，用于加工工件上与定位面成16°30′的斜面，并保证斜面上 M 点的坐标尺寸为67 mm和93 mm。与这两个尺寸相对应的夹具尺寸无法测量。为此在夹具上设置了一个直径为8 mm的

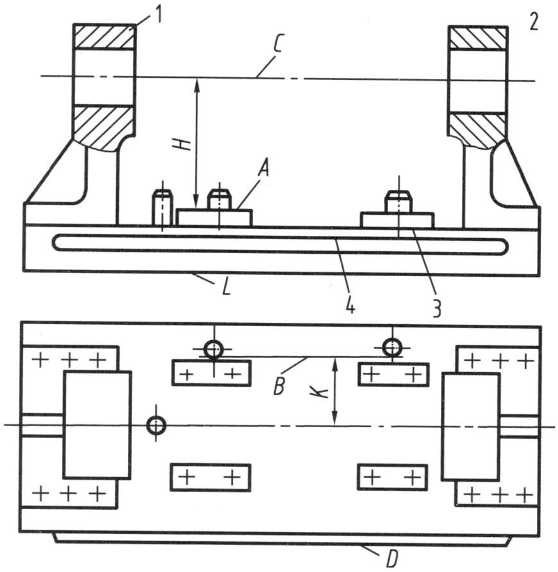

图 3.69 夹具装配精度的保证

1,2—镗模支架;3—支承板;4—支承底板

工艺孔。此工艺孔设在工件主轴线的延长线上,并与定位面保持一定的距离 x。若对刀块顶面至工艺孔中心 O 点的距离已经确定,则通过简单的几何关系,可求出 x 的数值。如图 3.61(b)所示,可列出方程为

$$M'O=(ME-AE)\sin\alpha+\frac{EO}{\cos\alpha}$$

将有关数值代入得

$$148+1=[67-(93+x)\tan 16°30']\sin 16°30'+\frac{93+x}{\cos 16°30'}$$

解上述方程可求出

$$x=42.55$$

按此值在夹具体上做出工艺孔,再按该工艺孔来调整对刀块的高度尺寸至 148 mm,并使圆柱销至工艺孔的距离为 58 mm,即可使夹具达到设计要求。上述测量方法属于辅助测量法。在加工空间斜面(加工面和定位面在两个投影面上均有角度关系)或空间斜孔(孔的轴线在两个投影面上均与定位面构成角度关系)时,情况更为复杂,此时需使用测量球作为辅助测量基准,并需进行空间角度和坐标计算,这里不再赘述。

5)夹具精度分析

夹具的主要功能是用于保证零件加工的精度。使用夹具加工时,影响被加工零件精度的误差因素主要有 3 个方面。

(1)定位误差

工件安装在夹具上位置不准确或不一致性,用 Δ_{DW} 表示,具体见本章第 2 节所述。

(2)夹具制造与装夹误差

夹具制造与装夹误差包括夹具制造误差(定位元件与导向元件的位置误差、导向元

件本身的制造误差、导向元件之间的位置误差、定位面与夹具安装面的位置误差等)、夹紧误差(夹紧时夹具或工件变形所产生的误差)、导向误差(对刀误差、刀具与引导元件偏斜误差等)。该项误差用 Δ_{ZZ} 表示。

(3)加工过程误差

在加工过程中工艺系统(除夹具外)产生的几何误差、受力变形、热变形、磨损以及各种随机因素所造成的加工误差,用 Δ_{GC} 表示。

上述各项误差中,第一项和第二项与夹具有关,第三项与夹具无关。显然,为保证零件的加工精度,应使

$$\Delta_{DW} + \Delta_{ZZ} + \Delta_{GC} \leqslant T \tag{3.19}$$

式中　T——零件公差。

式(3.19)为确定和检验夹具精度的基本公式。通常要求给 Δ_{GC} 留 1/3 的零件公差,即应使夹具有关误差限定在零件公差 2/3 的范围内。当零件生产批量较大时,为保证夹具的使用寿命,在制定夹具公差时,还应考虑留有一定的夹具磨损公差。

【例 3.4】　对如图 3.68 所示夹具的精度进行验算。

【解】　首先考虑工件两孔中心距(120±0.05)mm 的要求,影响该项精度的与夹具有关的误差因素主要如下。

(1)定位误差。该夹具的定位基准与设计基准一致,基准不重合误差 $\Delta_{JB}=0$。基准位置误差取决于心轴与工件大头孔的配合间隙。定位心轴与工件定位孔配合为 ϕ36H7/g6。

根据公式(3.4),$\Delta_{JW}=D_{max}-d_{min}=0.025-(-0.025)=0.05$(mm)

所以定位误差 $\Delta_{DW}=\Delta_{JW}+\Delta_{JB}=0+0.05=0.05$(mm)

(2)夹具制造与安装误差。该项误差包括:①钻模板衬套轴线与定位心轴轴线的距离误差,此值为±0.01 mm。②钻套与衬套的配合间隙,由配合尺寸 ϕ26F7/m6 可确定其最大间隙为 0.033 mm。③钻套孔与外圆的同轴度误差,按标准钻套取值为 0.012 mm。

(4)刀具引偏量

如图 3.70 所示,采用钻套引导刀具时,刀具引偏量可按下式计算

$$e=\left(\frac{H}{2}+h+B\right)\cdot\frac{\Delta_{max}}{H} \tag{3.20}$$

式中　e——刀具引偏量;

H——钻套高度;

h——排屑间隙;

B——钻孔深度;

Δ_{max}——刀具与钻套之间的最大间隙。

本例中,钻套孔径为 ϕ18.013G6,精铰刀直径尺寸为 $\phi18^{+0.013}_{+0.002}$,可确定 $\Delta_{max}=0.028$ mm。将 $H=48$ mm,$h=12$ mm,$B=18$ mm 代入式(3.20),可求得 $e=0.031\ 5$ mm。

上述各项误差都是按最大值计算的。实际上各项误差不可能都出现最大值,而且各项误差方向也不可能都一样。考虑到上述各项误差的随机性,采用概率算法计算总

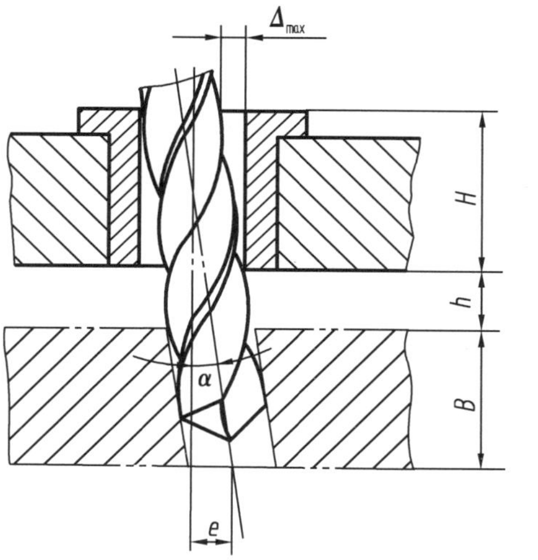

图 3.70　刀具引偏量计算

误差是恰当的,即有

$$\Delta_C = \sqrt{0.05^2 + 0.02^2 + 0.033^2 + 0.012^2 + 0.031\ 5^2} \approx 0.072\ (\text{mm})$$

式中　Δ_C——与夹具有关的加工误差总和。

该误差已大于零件上孔距公差(0.1 mm)的 2/3,留给加工过程的误差不足 1/3,因而不尽合理。为使 Δ_C 控制在零件孔距公差的 2/3 之内,可适当提高夹具元件的制造精度。例如,将定位心轴直径改为 ϕ36g5 ,则定位误差变为 0.045 mm,将钻套与衬套的配合尺寸改为 ϕ26F6/m6,则最大配合间隙变为 0.025 mm。此时求得出 Δ_C =0.065 mm,符合要求。

实际上,在上述计算中,定位误差、引偏量、最大间隙等考虑的都是极端情况,但同时出现极端情况的可能性极小。一套夹具能否达到预期的设计要求,最终还要通过实测来确定。

影响两孔平行度精度的夹具的有关误差因素主要如下:

①定位误差。本例中定位基准与设计基准重合,因此只有基准位置误差,其值为工件大头孔轴线对夹具心轴轴线的最大偏转角

$$\alpha_1 = \frac{\Delta_{1\max}}{H_1} = \frac{0.045}{36}$$

式中　α_1——孔轴间隙配合时,轴线最大偏转角,(°);

$\Delta_{1\max}$——工件大头孔与夹具心轴的最大配合间隙,mm;

H_1——夹具心轴长度,mm。

②夹具制造与安装误差。该项误差主要包括两项:一是钻套轴线对定位心轴轴线的平行度误差,由夹具标注的技术要求可知,该项误差为 α_2 =0.02/48。二是刀具引偏量,如图 3.82 所示求出刀具最大偏斜角为 α,令 $\alpha_3 = \alpha$,则有

$$\alpha_3 = \frac{\Delta_{\max}}{H} = \frac{0.028}{48}$$

上述各项误差同样具有随机性,仍按概率算法计算,可求得影响平行度要求的与夹

具有关的误差总和为

$$\alpha_C = \sqrt{\alpha_1^2 + \alpha_2^2 + \alpha_3^3} = 0.001\ 44 \approx 0.026/18$$

该项误差小于零件相应公差(0.05/18)的2/3,因此,夹具设计没有问题。

应该说明的是,上述精度分析方法只是近似的,可供设计时参考。要得到更准确的结果,需要通过实验获得。

思考与练习题

1.分析如图3.71所示定位方案,指出各定位元件所限制的自由度;判断有无欠定位或过定位;并对不合理的定位方案提出改进意见。

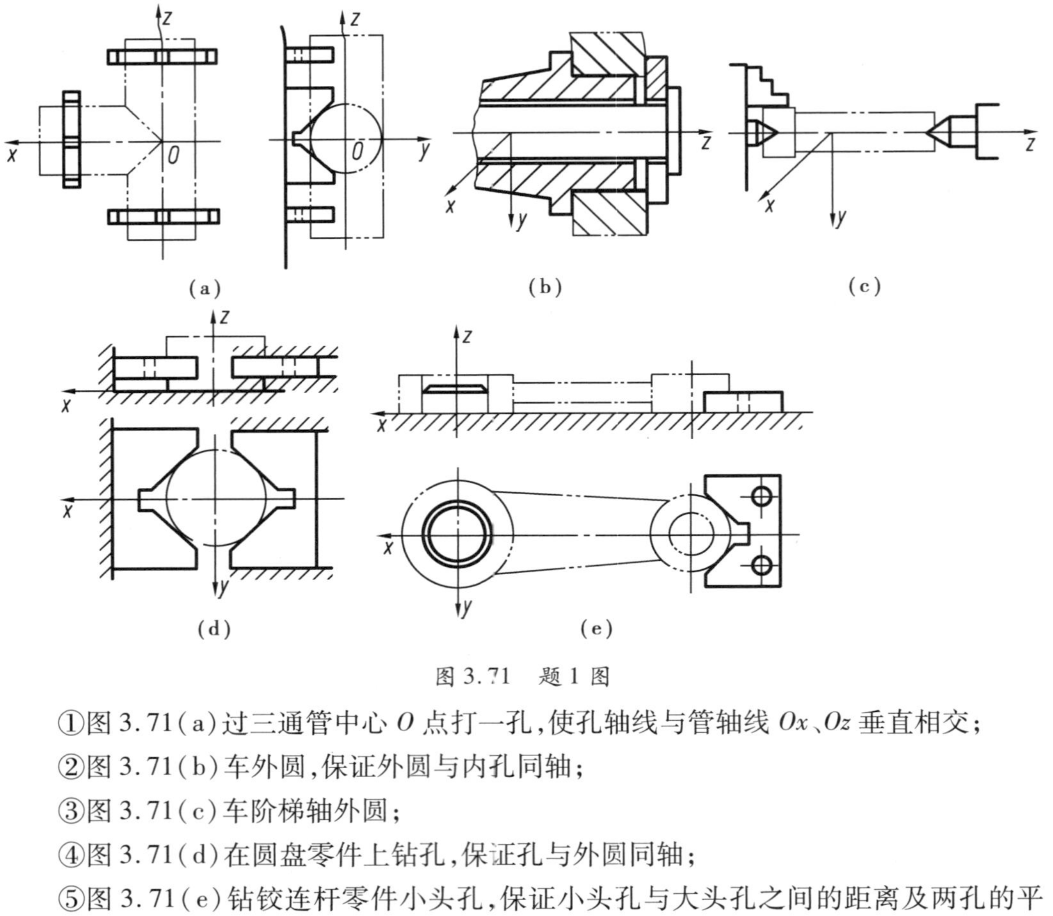

图3.71　题1图

①图3.71(a)过三通管中心 O 点打一孔,使孔轴线与管轴线 Ox、Oz 垂直相交;

②图3.71(b)车外圆,保证外圆与内孔同轴;

③图3.71(c)车阶梯轴外圆;

④图3.71(d)在圆盘零件上钻孔,保证孔与外圆同轴;

⑤图3.71(e)钻铰连杆零件小头孔,保证小头孔与大头孔之间的距离及两孔的平行度。

2.分析如图3.72所示的加工中零件必须限制的自由度,选择定位基准和定位元件,并在图中画出;确定夹紧力作用点的位置和作用方向,并用规定的符号在图中标出。

①图3.72(a)过球心打一孔;

②图3.72(b)加工齿轮坯两端面,保证尺寸 A 及两端面与内孔的垂直度;

③图3.72(c)在小轴上铣槽,保证尺寸 H 和 L;

④图3.72(d)过轴心打通孔,保证尺寸 L;

⑤图3.72(e)在支承座零件上加工两通孔,保证尺寸 A 和 H。

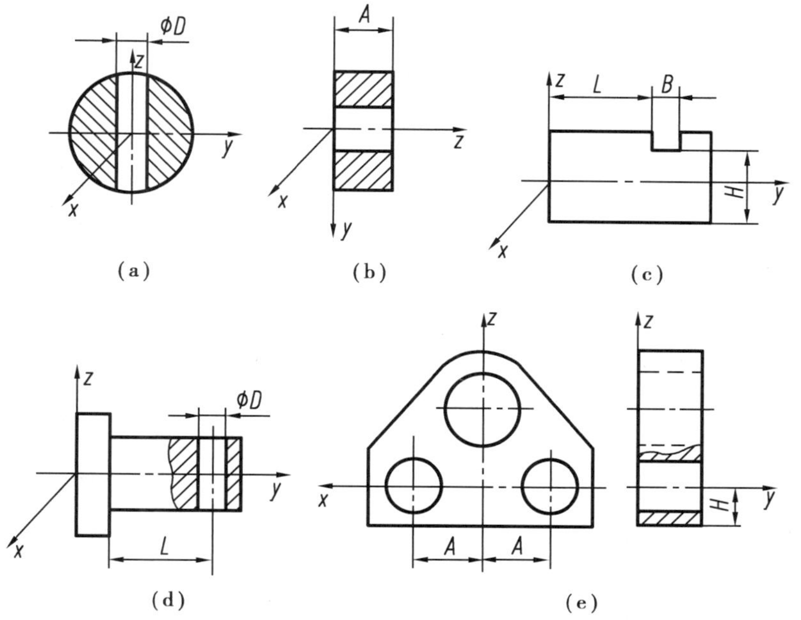

图3.72　题2图

3.在如图3.73所示套筒零件上铣键槽,要求保证尺寸 $54_{-0.14}^{\ 0}$ mm。现有3种定位方案,如图3.73(b)、(c)、(d)所示。试计算3种不同定位方案的定位误差,并从中选择最优方案(已知内孔与外圆的同轴度公差不大于0.02 mm)。

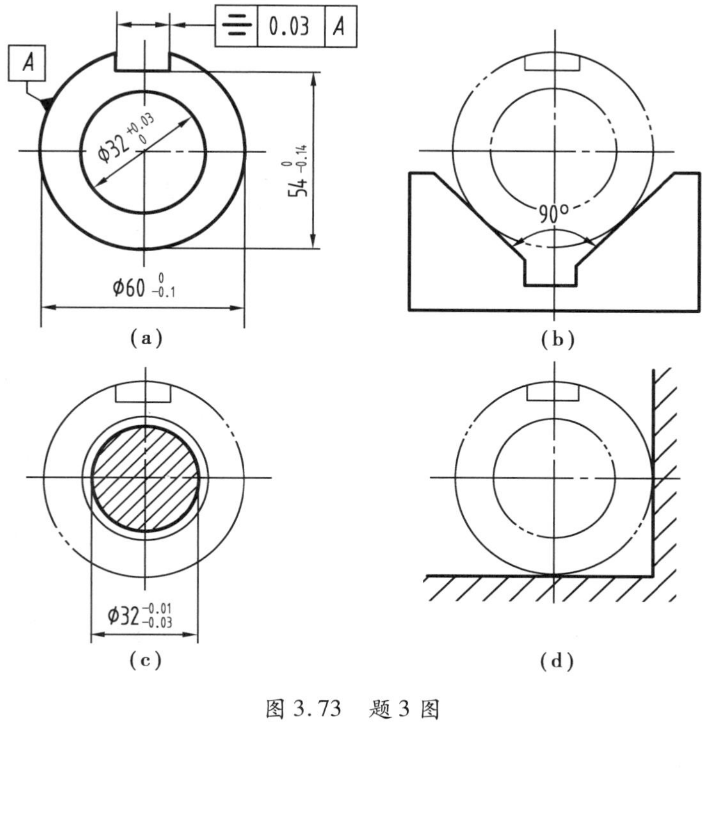

图3.73　题3图

4. 如图 3.74 所示为齿轮坯,内孔与外圆已加工合格($d=80_{-0.14}^{\ 0}$ mm,$D=35_{\ 0}^{+0.025}$ mm),现在插床上用调整法加工内键槽,要求保证尺寸 $H=38.5_{\ 0}^{+0.2}$ mm。试分析采用图示定位方法能否满足加工要求(要求定位误差不大于工件尺寸公差的 1/3),若不满足,应如何改进?(忽略外圆与内孔的同轴度误差)

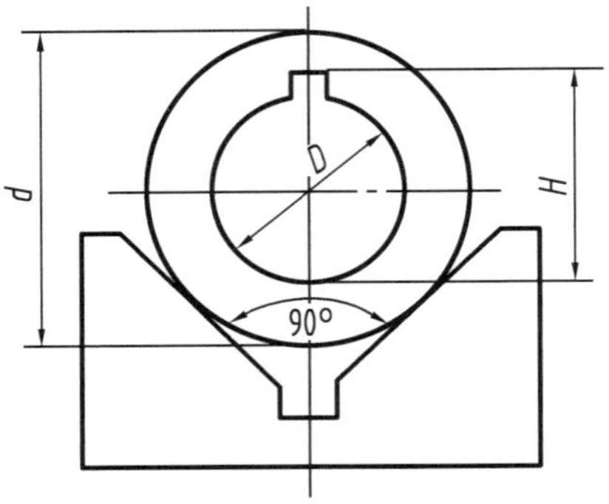

图 3.74 题 4 图

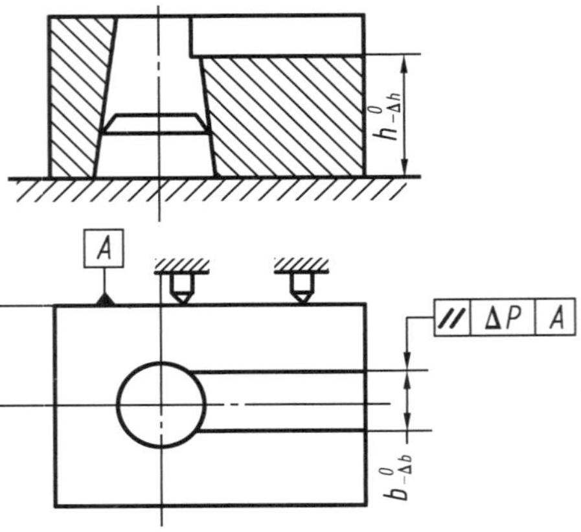

图 3.75 题 5 图

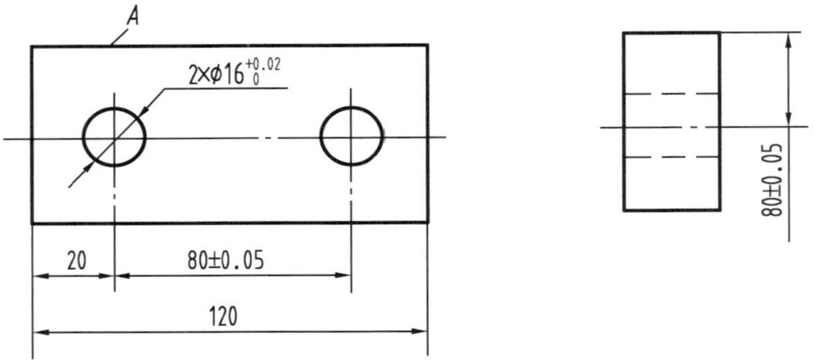

图 3.76 题 6 图

5. 如图 3.75 所示零件,锥孔和各平面均已加工完成,现在铣床上铣键宽为 $b_{-\Delta b}^{0}$ 的键槽,要求保证槽的对称线与锥孔轴线相交,且与 A 面平行,并保证尺寸 $h_{-\Delta h}^{0}$。试问图示定位方案是否合理?若不合理,应如何改进?

6. 如图 3.76 所示零件,用一面两孔定位加工 A 面,要求保证尺寸(18+0.05) mm。若两销直径为 $\phi16_{-0.02}^{-0.01}$ mm,试分析该设计能否满足要求(要求工件安装无干涉,且定位误差不大于工件加工尺寸公差的 1/2)。若不能满足,请提出改进办法。

7. 指出如图 3.77 所示各定位、夹紧方案及结构设计中不正确的地方,并提出改进意见。

8. 用鸡心夹头夹持工件车削外圆,如图 3.78 所示。已知工件直径 $d=69$ mm(装夹部分与车削部分直径相同),工件材料为 45#钢,切削用量为 $a_p=2$ mm,$f=0.5$ mm/r。摩擦系数取 $\mu=0.2$,安全系数取 $k=1.8$,$\alpha=90°$。试计算鸡心夹头上夹紧螺栓所需作用的力矩是多少?

9. 如图 3.79 所示为一斜孔钻模，工件上斜孔的位置由尺寸 A、B 及角度 α 确定。若钻模上工艺孔中心至定位面的距离为 H，试确定夹具上调整尺寸 x 的数值。

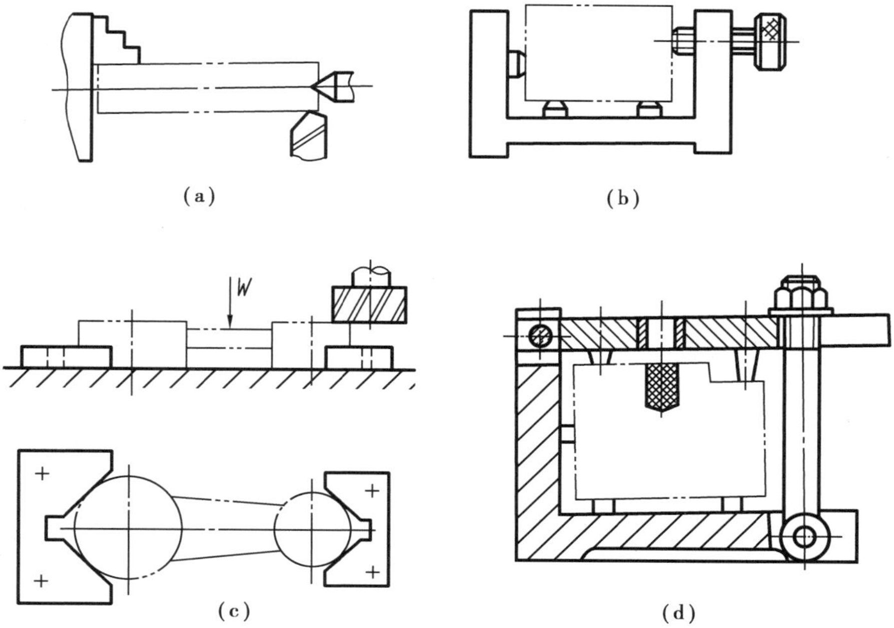

图 3.77　题 7 图

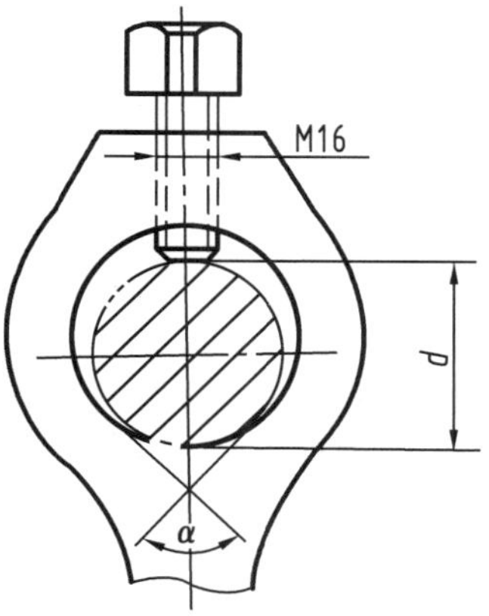

图 3.78　题 8 图

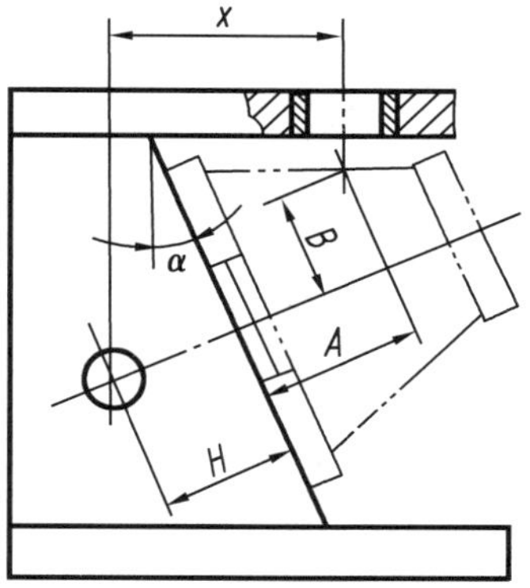

图 3.79　题 9 图

10. 如图 3.80 所示钻模用于加工图 3.80(a) 所示工件上的两 $\phi 8^{+0.036}_{0}$ mm 孔，试指出该钻模设计不当之处，如图 3.80(b) 所示。

11. 如图 3.81 所示拨叉零件，材料为 QT400-18L。毛坯为精铸件，生产批量为 200 件。试设计铣削叉口两侧面的铣夹具和钻 M8-6H 螺纹底孔的钻床夹具（工件上 ϕ24H7 孔及两端面已加工好）。

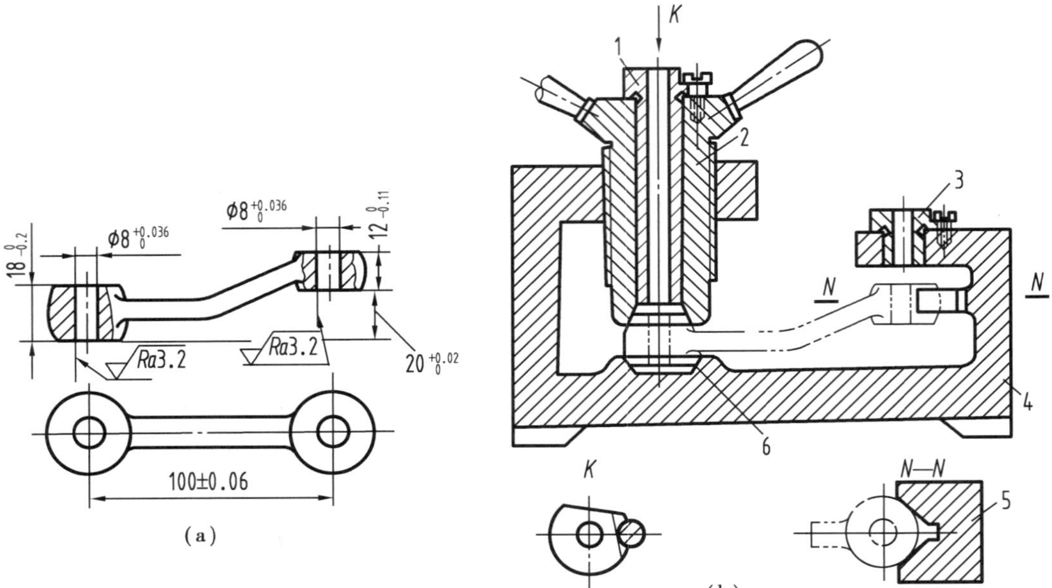

(a) (b)

图 3.80　题 10 图

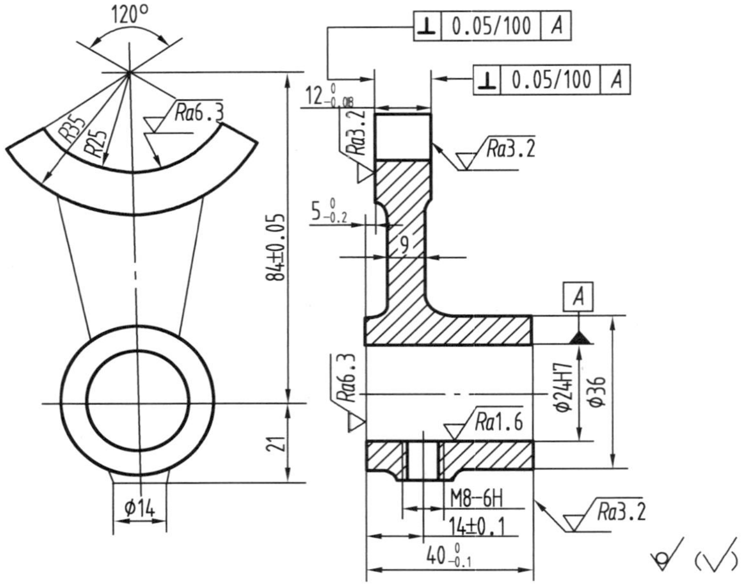

图 3.81　题 11 图

第4章 机械加工质量分析与控制

质量分析与控制是机械制造过程中的重要环节，贯穿了整个制造加工过程。实现优质、高产、低消耗是对每一个机械制造企业的基本要求。不断提高产品质量与使用效能，延长使用寿命，最大限度地减少废品，降低次品率，提高产品合格率，同时最大限度地节约材料和人力消耗，是机械制造行业必须遵循的原则。每一种机械产品都是由许多互相关联的零件装配而成的，因此，机器的最终制造质量和零件的加工质量直接相关。机器零件的加工质量是整台机器质量的基础。

零件的加工质量主要通过两种指标来衡量：一是加工精度，二是加工表面质量。本章研究的是加工精度及表面质量的分析与控制问题。

4.1 加工精度的基本概念及影响因素

4.1.1 加工精度与加工误差

加工精度是指零件在加工以后的几何参数(尺寸、形状和位置)与图样规定的理想零件的几何参数符合的程度。符合程度越高，加工精度就越高。理想零件的表面应为绝对正确的圆柱面、平面、锥面等；表面位置应为绝对的平行、垂直、同轴和一定的角度等；而尺寸则应为零件尺寸的公差带中心。

由于加工过程中的各种因素，实际上无法将零件做得与理想的完全相符，总会产生一些偏离。这种偏离就是加工误差。从实际出发，考虑经济效益和实用性，无须将各个零件都做得绝对精确。只要能保证零件在机器中的功能，将零件的加工精度保持在一定范围内是完全允许的。因此，国家规定了机械工业各级精度和相应的公差标准。只要零件的加工误差不超过零件图上按零件的设计要求和公差标准所规定的偏差，就可以认为满足了零件加工精度的要求。

由此可见，"加工精度"和"加工误差"这两个概念是从正反两个方面对同一事物进行评价的。

加工精度的高低是通过加工误差的大小来体现的。保证和提高加工精度的问题，实际上就是限制和降低加工误差的问题。

4.1.2 零件获得加工精度的方法

零件的加工精度包括尺寸精度、形状精度和位置精度。这三者之间是相互关联的，通常形状公差应限制在位置公差内，位置公差应限制在尺寸公差内，即形状误差≤位置公差≤尺寸公差。当尺寸精度要求较高时，相应的位置精度和形状精度要求也较高。但形状精度要求较高时，相应的位置精度和尺寸精度不一定要求较高，各公差具体大小由该零件的功能要求来决定。在零件的设计图样中，应按此原则标注相应的公差。

形状精度的获得，可概括为以下 3 种方法：

(1)轨迹法

利用切削运动中刀具刀尖的运动轨迹形成被加工表面的形状。这种加工方法所能达到的精度主要取决于成形运动的精度。

(2)成形法

利用成形刀具切削刃的几何形状切出工件的形状。这种方法所能达到的精度主要取决于切削刃的形状精度和刀具的装夹精度。

(3)展成法

利用刀具和工件做展成切削运动，切削刃在被加工面上的包络面形成的成形表面。这种加工方法所能达到的精度主要取决于机床展成运动的传动链精度与刀具的制造精度。

位置精度(如平行度、垂直度、同轴度等)的获取与工件的装夹方式和加工方法有关。当需要多次装夹加工时，有关表面的位置精度依赖于夹具的正确定位；如果工件一次装夹加工多个表面，则各表面的位置精度需依靠机床的精度来保证，如在数控加工中，主要靠机床的精度来保证工件各表面之间的位置精度。

尺寸精度的获得方法有以下 4 种：

(1)试切法

先试切出很小一部分加工表面，测量试切后所得的尺寸，按照加工要求适当调整刀具切削刃相对工件的位置，再试切，再测量，如此反复两三次试切和测量，直至加工尺寸达到要求后，再切削整个待加工面。

(2)定尺寸刀具法

使用具有一定尺寸精度的刀具(如铰刀、扩孔钻、钻头等)来保证被加工工件尺寸精度的方法(如钻孔)。

(3)调整法

利用机床上的定程装置、对刀装置或预先调整好的刀架，使刀具相对机床或夹具满足一定的位置精度要求，然后加工一批工件。这种方法需要采用夹具来实现装夹，加工后工件精度的一致性较好。

在机床上按照刻度盘进刀然后切削，也是调整法的一种。这种方法需要先按试切法决定刻度盘上的刻度。大批量生产中，多用定程挡块、样板、样件等对刀装置进行调整。

(4)自动控制法

使用一定的装置，在工件达到要求的尺寸时自动停止加工。这种方法可分为自动测量和数字控制两种。自动测量机床上具有自动测量工件尺寸的装置，在达到要求时，停止进刀；数字控制是根据预先编制好的机床数控程序实现进刀控制的。

4.1.3　影响加工精度的因素

在机械加工中，零件的尺寸、几何形状和表面间相对位置的形成，取决于工件和刀具在切削运动过程中相互位置的关系。而工件和刀具又安装在夹具和机床上，并受到夹具和机床的约束。因此，在机械加工时，机床、夹具、刀具和工件就构成了一个完整的系统，称为机械加工工艺系统。加工精度问题涉及整个工艺系统的精度问题。工艺系统中的各种误差，在不同的具体条件下，会以不同的程度复映到工件上，形成工件的加工误差。工艺系统的误差是“因”，是根源；加工误差是“果”，是表现。因此，将工艺系统的误差称为原始误差。

研究零件的机械加工精度就是研究工艺系统原始误差的物理和力学的本质，掌握其基本规律，分析原始误差和加工误差之间的定性与定量关系，就是保证和提高零件加工精度必要的理论基础。

以某工厂活塞精镗销孔工序为例，在加工时以止口定位、顶部夹紧，通过分析可能影响工件和刀具间相互位置的各种因素，就可以对工艺系统的原始误差有一个较为全面的了解，如图 4.1 所示。

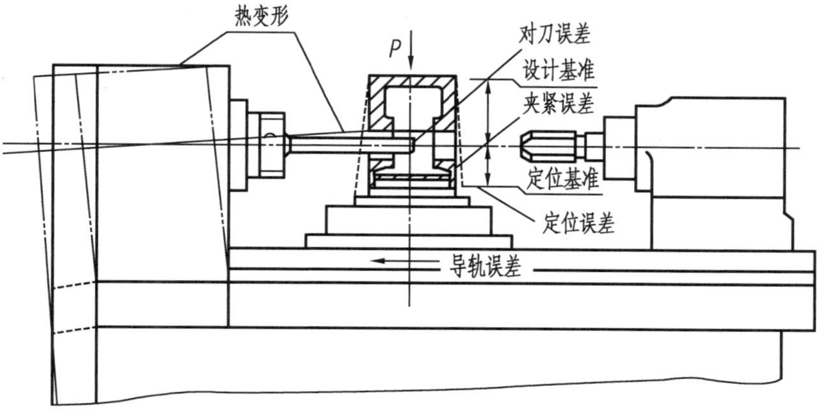

图 4.1　活塞销孔精镗销孔工序中的原始误差

(1)装夹

活塞以止口部分装夹到机床溜板上的定位凸台上，在活塞顶部用手动螺杆夹紧。此时产生了设计基准(顶面)与定位基准(止口端面)不重合而引起的定位误差，还存在因夹紧力过大而引起的夹紧变形造成的误差。

(2)调整

调整包括在装夹工件前后对机床部件的调整、传动链的调整和夹具在机床上位置的调整以及对刀等。调整的作用是使工件和切削刃之间保持正确的相对位置。每当更换一种型号的活塞时，都需要对夹具、刀具、量具进行调换和调整。然后试切几个工件，进行局部重新调整(如镗刀的伸长长度)。这时就产生了调整误差。另外，机床、刀具、夹具本身的制造误差在加工前就已经存在，我们把这类原始误差称为工艺系统的几何误差。

(3)加工

由于在加工过程中产生了切削力、切削热、摩擦等因素,工艺系统就产生了受力变形、热变形、刀具磨损等原始误差,这些误差会影响已调整好的工件、刀具间的相对位置,从而引起工件的种种加工误差。这类在加工过程中产生的原始误差称为工艺系统的动误差。在活塞加工中,某厂精镗活塞销孔的机床用电加热主轴箱中的油液,温升在70 ℃以上产生了很大的热变形;销孔的精度要求很高,对刀具磨损很敏感。因此,这两项原始误差比较突出。

有些工件在毛坯制造(如铸、锻、焊、轧制)和切削加工的力和热的作用下,会产生内应力,导致工件变形。这种原始误差也被列入动误差中。

(4)测量

销孔中心线到顶面的距离是在加工过程中通过测量而得到的。因此,测量方法和量具本身的误差自然就加入度量的读数中,称为测量误差。

(5)原理误差

在某些表面加工中,如果采用了近似的成形方法进行加工,那么就可能会造成原理误差。

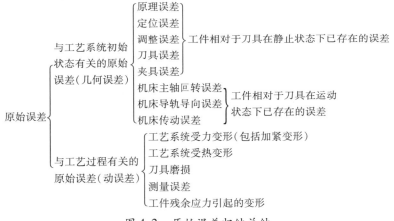

综上所述,对加工过程中可能出现的各种原始误差进行归纳总结,如图4.2所示。

- 原始误差
  - 与工艺系统初始状态有关的原始误差(几何误差)
    - 工件相对于刀具在静止状态下已存在的误差
      - 原理误差
      - 定位误差
      - 调整误差
      - 刀具误差
      - 夹具误差
    - 工件相对于刀具在运动状态下已存在的误差
      - 机床主轴叵转误差
      - 机床导轨导向误差
      - 机床传动误差
  - 与工艺过程有关的原始误差(动误差)
    - 工艺系统受力变形(包括加紧变形)
    - 工艺系统受热变形
    - 刀具磨损
    - 测量误差
    - 工件残余应力引起的变形

图4.2　原始误差归纳总结

4.1.4　误差的敏感方向

在切削加工过程中,由于各种原始误差的影响,刀具和工件之间的正确位置关系会遭到破坏,引起加工误差。各种原始误差的大小和方向各不相同,而加工误差必须在工序尺寸方向上度量。因此,不同原始误差对加工精度影响不同。当原始误差方向和工序尺寸方向一致时,对加工精度影响最大。下面以外圆车削为例进行说明。

如图4.3所示,普通车床上车削工件的回转中心为 O,刀尖的正确位置点为 A。现因为各种原始误差的影响,使刀尖位置移到了 A'点。$\overline{AA'}$即为原始误差,用 δ 表示,它与 OA 的夹角为 φ。由此引起工件加工的半径由 $R_0=\overline{OA}$ 变为 $R=\overline{OA'}$,故半径上(工序尺寸方向上)加工误差 ΔR 为

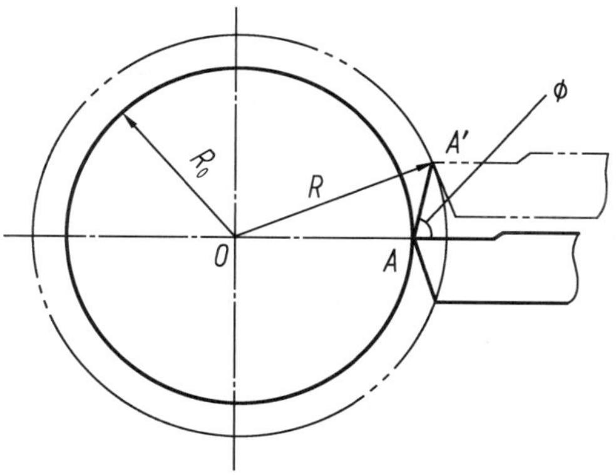

图 4.3　误差的敏感方向

$$\Delta R=\overline{OA'}-\overline{OA}=\sqrt{R_0^2+\delta^2+2R_0\delta\cos\varphi}-R_0\approx\delta\cos\varphi+\frac{\delta^2}{2R_0}$$

当 $\varphi=0$ 时，$\Delta R\approx\delta+\dfrac{\delta^2}{2R_0}\approx\delta\left(忽略\dfrac{\delta^2}{2R_0}项\right)$。

当 $\varphi=90°$ 时，$\Delta R\approx\dfrac{\delta^2}{2R_0}$，该值较小，通常可以忽略。

可以看出，随着方向 φ 值的不同，当原始误差方向恰为加工表面的法线方向时（$\varphi=0$），引起的加工误差 ΔR 最大为 δ；原始误差方向为加工表面的切线方向时（$\varphi=90°$），引起的加工误差 ΔR 最小为 $\dfrac{\delta^2}{2R_0}$，通常可以忽略。为便于分析原始误差对加工精度的影响，把对加工精度影响最大的那个方向（通过切削刃的加工表面的法线方向）称为误差的敏感方向。

4.2　工艺系统的几何误差对加工精度的影响

4.2.1　原理误差

原理误差是由于采用了近似的成形运动或者近似的刀具轮廓而产生的加工误差。在很多场合下，为了得到规定的零件表面，都必须在工件和刀具的运动之间建立一定的运动关系。例如，车削螺纹时，必须使工件和车刀之间有准确的螺旋运动联系；滚切齿轮时，必须使工件和滚刀之间有准确的展成运动。在活塞裙部椭圆磨削时，就要求工件在每一个旋转中对刀具做相应的径向运动，两个运动之间的联系必须满足椭圆截面形状的要求。机械加工中的这种运动联系一般称为加工原理，它经常出现在加工成形表面的场合。这种运动联系一般都是由机床的机构来保证的，也有很多场合是用夹具来保证的。前者如螺纹加工、齿轮加工等，后者如活塞裙部椭圆的靠模磨削等。此外，还有用成形刀具直接加工出成形表面的方法。从理论上讲，应采用符合理想的加工原理，完全准确的运动联系，以求获得完全准确的成形表面。但是，采用理论上完全正确的加工原理有时会使机床或夹具的结构极为复杂，造成制造上的困难；或者由于环节过多，增加了机构运动中的误差,反而得不到高的加工精度。在生产实际中也常采用近似的加工原理以获得实效。采用近似的加工原理往往还可以提高生产率和使工艺过程更为经济。因此,绝不能认为有了原理误差就不是一种完善的加工方法。

当用成形刀具加工复杂的曲线表面时,要使刀具刃口做出完全符合理论曲线的轮廓,有时非常困难,往往采用圆弧、直线等简单、近似的型线。例如,齿轮模数铣刀的成形面轮廓不是纯粹的渐开线,故存在一定的原理误差。此外,对于每种模数,只用一套(8～26 把)模数铣刀来分别加工在一定齿数范围内的所有齿轮。由于每把铣刀是按照一种模数的一种齿数而设计和制造的,因此,加工其他齿数的齿轮时,齿形会出现偏差,这也是一种原理误差。误差的大小可以从刀具设计的相关资料中查得。

滚刀同样存在两种原理误差:一种是由所谓的“近似造型法”发展而来的原理误差,这是由于在制造过程中存在困难,因此,采用阿基米德基本蜗杆或法向直廓基本蜗杆来代替渐开线基本蜗杆而产生的误差;另一种是由于滚刀切削刃数有限,所切成的齿轮的齿形实际上是一根折线。与理论上的光滑渐开线相比,滚切齿轮是一种近似的加工方法。

4.2.2 调整误差

在活塞加工中,存在着许多工艺系统的调整问题。例如:

1)机床的调整

在磨削裙部的椭圆外圆时,每更换一种活塞型号,就要按照椭圆度的数值对主轴上的偏心盘进行调整,以获得准确的工件长短轴的摆动量。此外,还要按照裙部的锥度,调整工作台在水平面内的角度。

2)夹具的调整

在磨削裙部的椭圆外圆时,需要调整连接在主轴端部的定位圆盘的角度方位,使圆盘上带动活塞销支座的拨杆处于准确的位置,以确保加工出的椭圆短轴刚好通过活塞销孔的轴线。

3)刀具的调整

在半精车和精车环槽时,由于各个环槽的深度不同,需使用专用样件将一组切槽刀调整到准确的伸长量。在采用多刀切削止口时,同样要求将刀具调整到准确的相互位置。如在镗销孔、车顶面等其他工序中,也需要将刀具调整到准确的位置。

总之,在机械加工的每一个工序中,都需要进行各种调整工作。由于调整不可能绝对准确,就会带来一项原始误差,即调整误差。

不同的调整方式,有不同的误差来源:

(1)试切法调整

试切法调整广泛应用于单件、小批生产中。这种调整方式产生的调整误差来源有以下 3 个方面:

①测量误差。量具本身的误差和使用条件(如温度影响、使用者的细致程度)导致的误差会掺入测量所得的读数之中,无形中扩大了加工误差。

②加工余量的影响。在切削加工中，切削刃所能切掉的最小切屑厚度有限。锐利的切削刃可达 5 μm，已钝化的切削刃只能达到 20～50 μm。当切屑厚度过小时，切削刃就会因“咬”不住金属而打滑，只起挤压作用。在精加工场合下，试切的最后一刀往往很薄。这时，如果认为试切尺寸已经合格，就合上纵走刀机构切削下去，则新切到部分的切深可能比已试切的部分大，切削刃不打滑，因此会多切下一些材料，导致最后所得的工件尺寸要比试切部分的尺寸小（镗孔时则相反）。而粗加工试切时情况相反，由于粗加工的余量比试切层大得多，受力变形也更大，因此粗加工所得的尺寸要比试切部分的尺寸大，如图 4.4 所示。

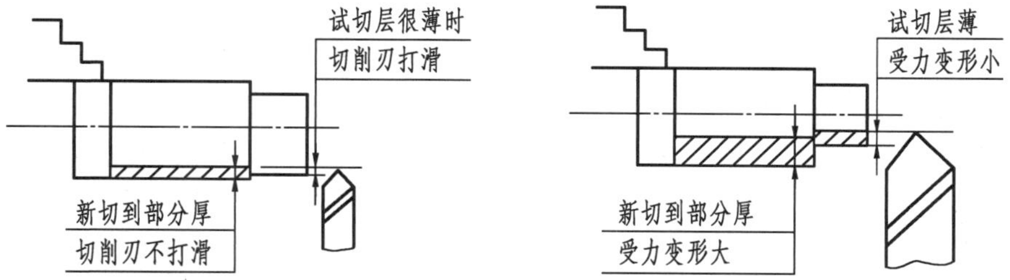

(a)精加工　　(b)粗加工

图 4.4　试切调整

③微进给误差。在试切最后一刀时，通常需要微量调整车刀（或砂轮）的径向进给量。这时会出现进给机构的“爬行”现象，导致刀具的实际径向移动比手轮上转动的刻度数有偏差，难以控制尺寸的精度，从而造成加工误差。操作工人深知爬行现象是在极低的进给速度下才产生的，因此常采用两种措施：一种是在微量进给以前先退出刀具，然后再快速引进刀具到新的手轮刻度值，中间不间断，使进给机构滑动面间不产生静摩擦；另一种是轻轻敲击手轮，用振动消除静摩擦。这时调整误差就取决于操作者的操作水平。

(2)按定程机构调整

在大批量生产中广泛采用行程挡块、靠模、凸轮等机构保证加工精度。此时，这些机构的制造精度和调整，以及与它们配合使用的离合器、电气开关、控制阀等的灵敏度就成了影响误差的主要因素。

(3)按样件或样板调整

在大批量生产中，用多刀加工时，常用专门样件来调整切削刃间的相对位置，如活塞槽的半精车和精车过程。

当工件形状复杂，且尺寸和质量都较大时，利用样件进行调整就显得笨重且不经济。这时可以采用样板对刀。例如，在龙门刨床上刨床身导轨时，可安装一块轮廓和导轨横截面相同的样板来对刀。在一些铣床夹具上，也常装有专门供铣刀对刀之用的对刀块。这时，样板本身的误差（包括制造误差和安装误差）和对刀误差就成了调整误差的主要因素。

4.2.3 刀具误差

刀具误差对加工精度的影响因刀具的种类不同而不同。

①采用定尺寸刀具（如钻头、铰刀、铣刀、拉刀等）加工时，刀具的尺寸精度直接影响工件的尺寸精度。

②采用成形刀具（如成形切槽刀、成形铣刀等）加工时，刀具的形状精度将直接影响工件的形状精度。

③采用展成刀具（如齿轮滚刀、插齿刀等）的切削刃形状应是加工表面的共轭曲线，其形状误差直接影响加工表面的形状精度。

④对于一般类刀具（如车刀、镗刀、铣刀等），其制造精度对加工精度无直接影响，但这类刀具使用寿命较低，刀具容易磨损。

在切削过程中，任何刀具都不可避免地会产生磨损，从而引起工件尺寸和形状误差。如使用成形刀具加工时，刀具刃口的不均匀磨损会直接复映在工件上，造成形状误差；在加工较大表面时，由于一次进给走刀的时间较长，刀具的磨损会影响零件的形状精度；采用调整法加工一批工件时，刀具的磨损会扩大工件尺寸的分散范围。

刀具的尺寸磨损是指切削刃在加工表面的法线方向（误差敏感方向）上的磨损量，它直接影响工件尺寸精度，如图 4.5 所示外圆车刀的磨损量 μ，使得工件的半径尺寸由原来的 R' 变为 R。

刀具的磨损过程分 3 个阶段，如图 4.6 所示：初期磨损阶段（$<l_0$）、正常磨损阶段（$l_0 \sim l'$）和急剧磨损阶段（$>l'$）。初期磨损阶段，新刃磨的刀具表面不平整，存在裂纹、氧化或脱碳层等缺陷，且刀具较锋利，刀具表面和工件接触面较小，压应力较大，所以磨损较快。正常磨损阶段，磨损缓慢均匀，刀具尺寸磨损和切削路程成正比。急剧磨损阶段，工件加工表面粗糙，切削力和温度显著提高，磨损速度加快，刀具损坏而失去切削能力，已不能正常工作。因此，在到达急剧磨损阶段前必须重新磨刀。

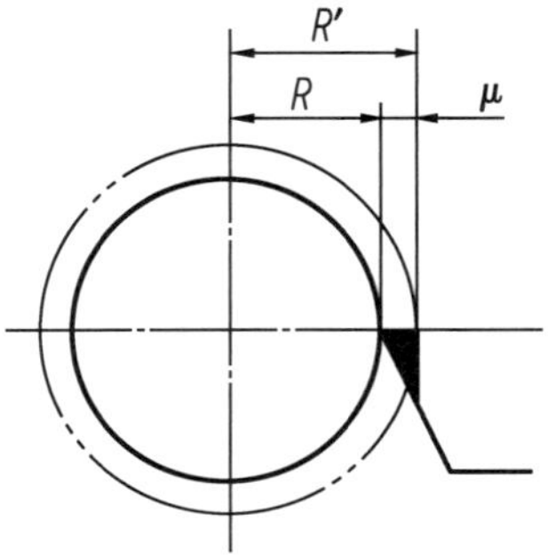

图 4.5　车刀的尺寸磨损

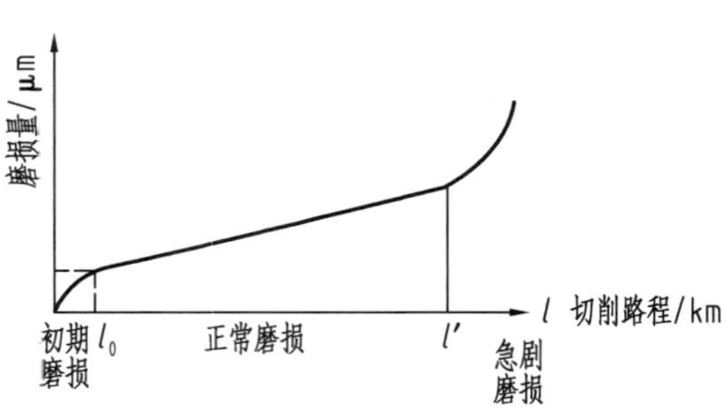

图 4.6　车刀磨损过程

4.2.4 夹具误差

夹具误差主要是指夹具元件制造及装配造成夹具本身的误差。具体包含：

①定位元件、刀具导向元件、分度机构、夹具体等的制造误差。

②夹具装配后，各种元件工作表面间的相对尺寸误差、位置误差，如定位元件与刀具导向元件之间的距离、尺寸及公差。

③夹具在使用过程中的磨损造成的误差。

夹具误差将直接影响工件加工表面的位置精度或尺寸精度。

一般来说，夹具误差对加工表面的误差影响最大。在夹具设计时，凡是影响工件精度的尺寸应严格控制其制造误差。夹具的公差一般取工件上相应尺寸或位置公差的 1/5 ~ 1/3。

4.2.5　机床误差

机床误差包括 3 个方面：机床本身的制造、磨损和安装。

根据我国机床行业要求，机床在出厂前都必须通过机床精度检验。检验的内容包括机床主要零、部件本身的形状和位置误差，要求这些误差不超过规定的数值。以车床为例，主要检验项目有：

①床身导轨在垂直面和水平面内的直线度和平行度。

②主轴轴线对床身导轨的平行度。

③主轴的回转精度。

④传动链精度。

⑤刀架各溜板移动时，对主轴轴线的平行度和垂直度。

以上各项检验都是在无切削载荷的情况下进行的，其反映的各项误差为机床初始状态下的原始误差。机床误差主要包括机床的几何误差和传动链误差。

若机床在出厂检查中产生了超差，工艺人员就要进行分析，找出原因，并采取措施解决问题。

另外，合格机床经过一段较长时期的使用后，由于磨损、地基变动等原因，原有的精度会有不同程度的降低，并可能引发各种加工精度问题。要解决这种问题，往往需要对机床的误差进行某些项目的测量和分析。

当然，评价一台机床精度的高低，不能只看它在静态下的情况，还应考虑其在切削载荷下的动态情况。在研究和解决实际生产中加工精度问题时，必须全面考虑和分析问题。然而，认识事物总是要经过一个从简单到复杂、从表面到本质、从局部到整体的过程。因此，在本节中先研究和分析机床的初始状态下的静误差对加工精度的影响，然后在下一节中再研究和分析机床的动误差。另外，机床在静态下的精度是保证其加工精度的基础。没有良好的静态精度，也就谈不上机床的动态精度。

在本节中，我们着重分析机床静误差中对加工精度影响较大的导轨误差、主轴误差和传动链误差。

1）导轨误差

导轨是机床中确定主要部件的相对位置的基准，也是运动的基准，它的各项误差直接影响被加工工件的精度。例如，车床的床身导轨在水平面内发生弯曲时，在纵向切削过程中，刀尖的运动轨迹相对于工件轴心线之间就不能保持平行，当导轨向后凸出时，工件上就会产生鞍形加工误差。当导轨向前凸出时,则产生鼓形加工误差。

导轨在垂直方向的弯曲对加工精度的影响相对较小,甚至可以忽略不计。我们可以通过如图4.7所示的内容来说明这一点。如图4.7(a)所示,由导轨在垂直方向的弯曲而使刀尖在垂直方向位移量为δ_z,引起工件上的半径误差ΔR,由4.1.1节误差敏感方向推导出的公式为

$$\Delta R \approx \frac{\delta_z^2}{2R}$$

即工件上的直径误差为

$$\Delta D \approx \frac{\delta_z^2}{R} \tag{4.1}$$

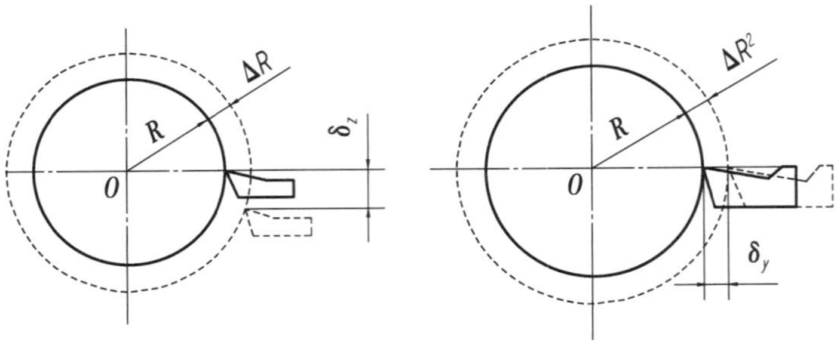

(a)垂直方向　　(b)水平方向

图4.7　刀具在不同方向上的位移量对工件直径的影响

如图4.7(b)所示,导轨在水平方向的弯曲使刀尖在水平方向位移δ_y,引起工件在半径上的误差$\Delta R'$。因为$\Delta R'=\delta_y$,所以在工件直径上的加工误差将为$\Delta D=2\delta_y$。

现假设$\delta_y=\delta_z=0.1$ mm;$D=40$ mm,则

$$\Delta R=0.1^2/40=0.000\ 25(\text{mm}) \qquad \Delta R'=0.1\ \text{mm}=400\Delta R$$

可见,$\Delta R'$比ΔR大400倍。也就是说,在垂直方向导轨的弯曲对加工精度的影响很小,可以忽略不计;而在水平方向同样大小的导轨弯曲则不能忽视,因为水平方向是误差的敏感方向。

那么,对各种机床的导轨是否只要考虑在水平面内的弯曲就行呢?实际上不是这样的。

例如,在转塔车床上加工时,往往将刀具垂直安装,如图4.8所示。在这种情况下,导轨在垂直方向内的误差直接影响工件的直径尺寸。因此,原始误差所引起的切削刃与工件间的相对位移,如果产生在加工表面的法线方向,则对加工精度就有直接的影响;如果产生在切线方向,就可以忽略不计。这是因为不同的机床,误差的敏感方向不同,要具体问题具体分析。

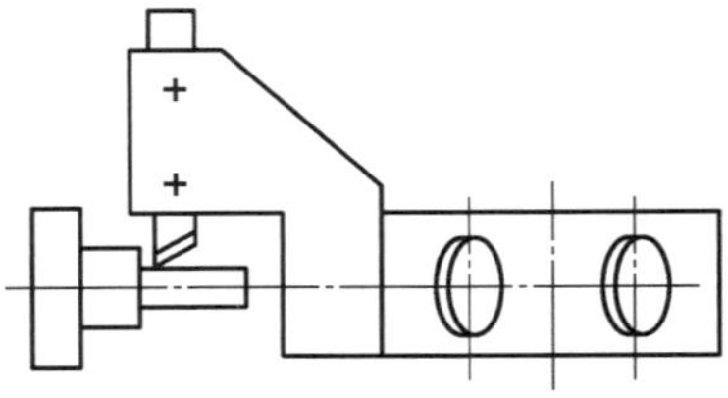

图4.8　转塔车床刀具的安装图

车床和磨床的床身导轨误差(根据国标的检验标准)共有3个项目:

①在垂直方向的直线度误差(弯曲),如图4.9(a)所示。

②在水平方向的直线度误差（弯曲），如图 4.9(b)所示。

③前后导轨的平行度误差（扭曲），如图 4.10 所示。

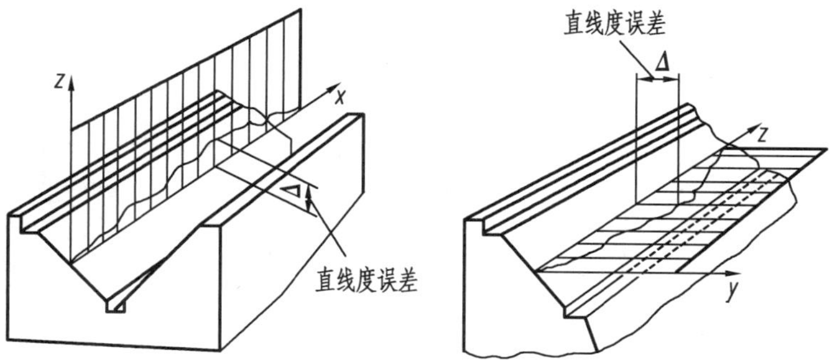

(a)垂直方向的直线度误差　　(b)水平方向的直线度误差

图 4.9　导轨的直线度误差

三项误差中前两项对加工精度的影响，在上面已经作了初步分析。而床身导轨间产生扭曲后，刀架和工件之间的相对位置也发生了变化，从而引起了工件的形状误差（如鼓形、鞍形、锥度等）。如图 4.10 所示，车床的 V 形导轨相对于平导轨有了平行度误差 Δ 以后，引起了加工误差 Δy，由几何关系可知

$$\Delta y : H \approx \Delta : A$$

即

$$\Delta y \approx \frac{H\Delta}{A} \tag{4.2}$$

一般车床 $H \approx 2A/3$，外圆磨床 $H \approx A$，因此这项原始误差对精度的影响很大。

机床导轨的几何精度不仅取决于它的制造精度和使用的磨损情况，还和机床的安装情况有很大的关系。在生产实践中，安装机床这项工作被称为“安装水平调整”。安装水平调整不当，就会破坏导轨的制造精度，影响导轨在机床工作时所起的基准作用。因此，无论新机床出厂检验或在用户现场安装，都要先按照国家标准或制造厂的机床说明书中的规定，检验安装水平。特别是长度较长的龙门刨床、龙门铣床和导轨磨床等，它们的床身导轨是一种细长的结构，刚性较差，在本身自重的作用下就容易变形。如果安装得不正确，或者地基处理不当，经过一段时间就会发生下沉，使床身弯曲，形成上述各种原始误差。

导轨 3 项误差的常规检查方法有：

①垂直方向的直线度误差。采用与导轨相配合的桥板、水平仪，在导轨纵向上分段检测，记下水平仪的读数，画出曲线图，再计算其误差大小和判断凹凸程度。

②前后导轨的平行度误差。采用桥板和水平仪，在导轨的几个横向上检测，取其最大代数差。

③水平方向的直线度误差。采用桥板和准直仪。以上 3 种检查方法都较费工时。对于车床而言，导轨垂直方向的原始误差既然对加工误差的影响可以忽略不计，可否采用更简便的办法呢？只要检测出上列后两项（平行度和水平方向直线度误差）综合形成

的水平方向的原始误差即可。

如图4.11所示的检测方法，在床身之外平行于导轨面放置一桥形平尺，将磁力表座固定在桥板上，千分表表头抵在桥形平尺的工作表面上，在导轨的全长上推拉桥板，千分表读数的最大代数差就是导轨的综合原始误差。

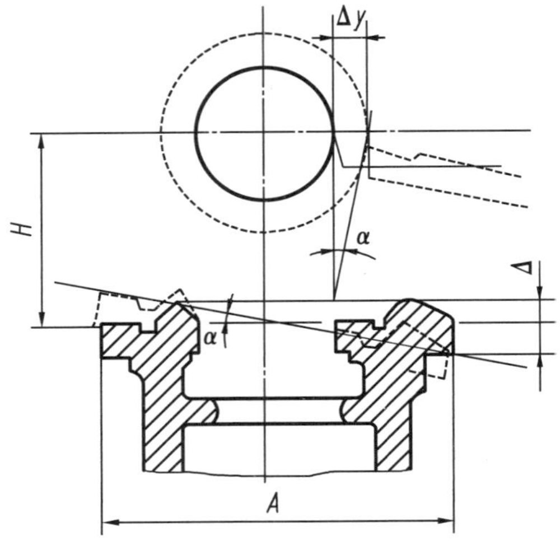

图4.10　导轨扭曲所形成的加工误差

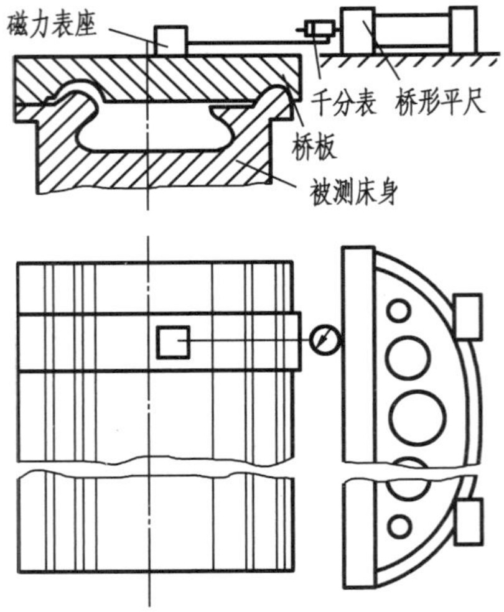

图4.11　导轨原始误差的检测

2)主轴误差

(1)主轴回转精度

机床主轴是工件或刀具的位置基准和运动基准，其误差直接影响工件的加工精度。对于主轴的要求，关键就是在运转的情况下，它能保持轴心线的位置稳定不变，即所谓的回转精度。主轴的回转精度不仅和制造精度(包括加工精度和装配精度)有关，还和受力后的变形有关。此外，随着主轴转速的增加，还需解决主轴的散热问题。主轴部件的制造精度是主轴回转精度的基础。

在主轴部件中，由于存在着主轴轴颈的圆度误差、轴颈的同轴度误差、轴承本身的各种误差、轴承之间的同轴度误差、主轴的挠度和支承端面对轴颈轴线的垂直度误差等原因，主轴在每一瞬时回转轴线的空间位置都是变动的，即存在回转误差。

根据国际生产工程学会(College Institute Research Production，CIRP)的统一规定，回转轴线的定义：回转物体绕之而转动的线段，此线段和回转体固接，并相对于另一条叫作轴线平均线的线段做轴向的、径向的和倾角运动。轴线平均线的线段是固定在不回转的物体上回转轴线的平均位置上的线段。为了更清晰地讨论主轴回转精度，需要建立主轴轴心、主轴几何轴线、主轴理想回转轴线和转轴平均轴线等有关的概念。以双支承滑动主轴系统为例，当主轴轴心是支承处轴颈截面的轮廓曲线为一理想圆时，该圆心就是主轴轴心。将前后两个支承处轴颈截面的基圆圆心连成直线并使其延伸，即是主轴的几何轴线，也就是CIRP文件中规定的“回转物体绕之而转动的线段，此线段和回转体固接”。主轴理想回转轴线是假定的一条在空间位置不变的回转轴线。对于任何一种结构形式的轴系，其主轴理想回转轴线都是唯一的。如果主轴的几何轴线和它重合，那就不存在回转误差。由于前述的各种误差因素的影响，主轴几何轴线的位置在主轴回转中经常变化，而且在回转中也不重复(例如，在滚动轴承支承的主轴上，其几何轴线主要由内环的外滚道截面轮廓曲线所决定，但在回转中受到滚动体和外环内滚道接触表面的影响)。因此，可以认为在任何瞬间，一方面主轴绕自己的几何轴线旋转，另一方面这根几何轴线还相对于主轴的理想回转轴线做相对运动，这种相对运动可分解为如图4.12所示的3种独立的运动形式：纯轴向窜动 Δx、纯径向移动 Δr 和纯角度摆动 $\Delta\gamma$，这些量都是指主轴几何轴线变动的极限位置。

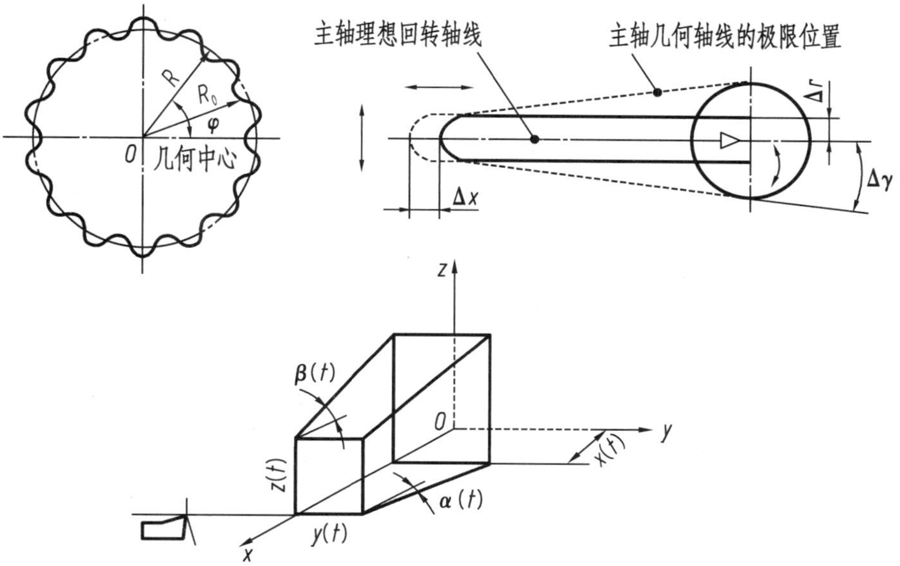

图4.12　主轴轴心和几何轴线的位置变动

不同的加工方法，主轴回转误差所引起的加工误差也不同，见表4.1。

表4.1　机床主轴回转误差产生的加工误差

主轴回转误差的基本形式	车床上车削			镗床上镗削	
	内、外圆	端面	螺纹	孔	端面
径向圆跳动	近似真圆(理论上为心脏线形)	无影响		椭圆孔(每转跳动一次时)	无影响
纯轴向窜动	无影响	平面度、垂直度(端面凸轮形)	螺距误差	无影响	平面度垂直度
纯角度摆动	近似圆柱(理论上为锥形)	影响极小		椭圆柱孔(每转摆动一次时)	平面度(马鞍形)

在车床上加工外圆或内孔时，主轴径向回转误差可以引起工件的圆度和圆柱度误差，但对加工工件端面则无直接影响。主轴轴向回转误差对加工外圆或内孔的影响不大，但对所加工端面的垂直度及平面度则有较大的影响。在车螺纹时，主轴轴向回转误差可使被加工螺纹的导程产生周期性误差。

适当提高主轴及箱体的制造精度，选用高精度的轴承，提高主轴部件的装配精度，对高速主轴部件进行平衡，对滚动轴承进行预紧等，均可提高机床主轴的回转精度。在实际生产中，从工艺方面采取转移主轴回转误差的措施，消除主轴回转误差对加工精度的影响，是十分有效的。例如，在外圆磨床上用两端死顶尖定位工件磨削外圆、在内圆磨床上用 V 形块装夹磨主轴锥孔、在卧式镗床上采用镗模和镗杆镗孔等。

以上仅举一些简单的特例分析了 3 种纯误差运动对加工精度的影响，但在实际的轴系结构中，问题要复杂得多。主轴几何轴线的误差运动往往是这 3 种纯误差运动的综合。

下面结合上述 3 种纯误差和更为复杂的轴心飘移现象来分析来自主轴部件缺陷的根源。

在主轴用滑动轴承的结构中，主轴是以轴颈在轴套内旋转的。在车床一类机床上主轴的受力方向是一定的（切削力方向基本上不变），主轴轴颈被压向轴套表面的一定地方，孔表面接触点几乎不变。这时主轴轴颈的圆度误差将传给工件，如图 4.13（a）所示，而轴套孔的误差则对加工精度的影响较小。在镗床一类机床上，作用在主轴上的切削力是随镗刀而旋转的，轴表面接触点几乎不变，因此，轴套孔的圆度误差将传给工件，而与轴颈圆度误差的关系不大，如图 4.13（b）所示。

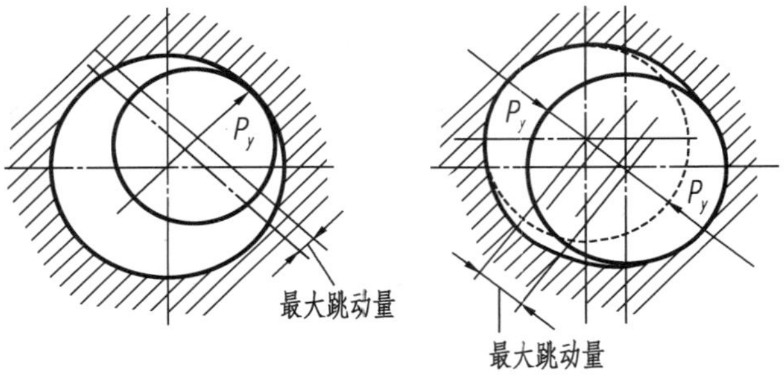

（a）车床类机床　　（b）镗床类机床

图 4.13　轴颈与轴套孔圆度误差引起的径向跳动

在主轴用滚动轴承的结构中，主轴的回转精度不但取决于滚动轴承本身的精度，而且还在很大程度上和配合件（对于内环而言是主轴轴颈，对于外环而言是箱体上的轴座孔）的精度有关。滚动轴承本身的回转精度由以下因素决定：内外环滚道的圆度误差，内环的壁厚差以及滚动体的尺寸差和圆度误差，如图 4.14 所示。在前后支承处这些误差综合起来造成了主轴轴心线的移动和摆动，在主轴每一转中都是变化的。这是因为滚动体的自转和公转的周期并不和主轴（连同内环）一样。主轴轴线的随机性移动传给工件就形成了工件加工表面的圆度误差和波度误差。推力轴承滚道端面误差会造成主轴的轴向窜动。滚锥、向心推力轴承的内外滚道的倾斜既会造成主轴的轴向窜动，又会引起径向移动和摆动，从而产生加工面的圆度误差和端面不平。

主轴轴颈的精度，初看起来与主轴回转精度关系不大，这是因为主轴轴颈是和滚动轴承的内环装成一体而旋转的，只要保证滚动轴承的回转精度即可。实际上，如果忽视了主轴轴颈精度，无论滚动轴承制造得再精密，也无法保证其性能得到充分发挥。因为

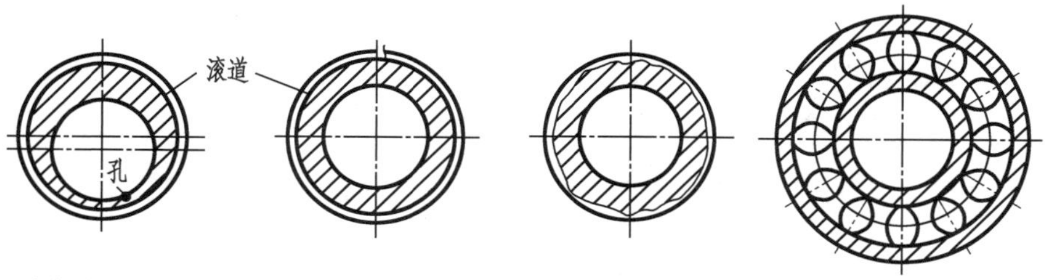

(a)孔与滚道不同轴
(b)滚道不圆
(c)滚道有波度
(d)滚动体的不同与尺寸差

图4.14　轴承内环及滚动体的形状误差

轴承内外环是一种薄壁零件,受力后很容易变形,它安装到主轴轴颈上时又有一定的过盈量。因此,轴颈如果不圆,内环就会变形,使内环的滚道也变得不圆。这样就破坏了滚动轴承原来的精度,导致主轴回转精度下降。如图4.15所示为滚动轴承内环在装上有圆度误差的轴颈之前和装上以后,在圆度仪上测得的圆度误差。同样,轴承外环装到箱体的内孔中时,若内孔不圆也将引起外环滚道的变形。由此可见,滚动轴承的配合件表面精度对保证主轴回转精度是很重要的因素。

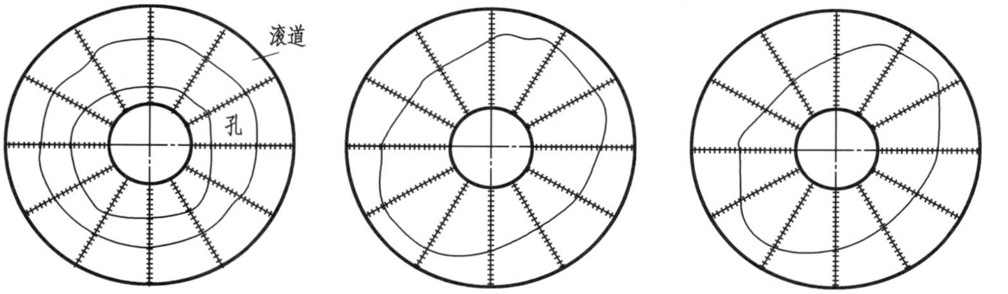

(a)安装前内环的孔和滚道的形状误差
(b)主轴轴颈的形状误差
(c)装上轴颈后的内环滚道的形状误差

图4.15　在安装前后轴承内环滚道的形状误差(用圆度仪测量)

目前,绝大部分机床的主轴部件结构都采用滚动轴承。因其在很大的转速和载荷范围内,能够满足主轴的回转精度、振动状况和工作温度方面的要求,而且在润滑方面的费用比滑动轴承少,因此得到广泛的应用。但是随着高精度机床的发展,与之相应的高精度滚动轴承的供应仍然是一个问题。对于加工公差等级IT5级的中等尺寸工件,直径公差只有10 μm左右,工件的形状误差(若按直径误差的1/2计)就只有5 μm左右。而高精度车床的主轴和内圆磨床工件头架主轴的回转精度一般为5~8 μm。由此可见,要保证这样的加工精度是很困难的。加工精度要求特别高的机床(坐标镗床、精密镗床、量具制造中的外圆、内圆磨床)要求能保证工件的形状误差小于3 μm,在这种情况下对主轴回转精度的要求就更高了。在目前,有些工厂就从现有的产品中加以挑选,或者采用在装配后修磨内外环和重新选配尺寸差别小、圆度好的滚动体来提高滚动轴承的回转精度。

(2)主轴回转精度的测量方法

在生产现场中沿用的测量主轴轴线的跳动、窜动和摆动的方法是将一根精密心棒插入主轴孔,在其周围表面的两处及端部打表,如图4.16所示。这种方法虽然简便,但测得的径向移动中既包含有主轴回转轴线的径向移动，又包含有锥孔相对于回转轴线的偏心所引起的径向移动，无法加以区分。此外，由于打表测量是在主轴慢速回转下进行的，不能反映主轴在工作转速下的回转误差，先进的测量方法是通过传感器在主轴以工作速度旋转的情况下进行采样，然后进行分析处理，得出主轴的各项误差。

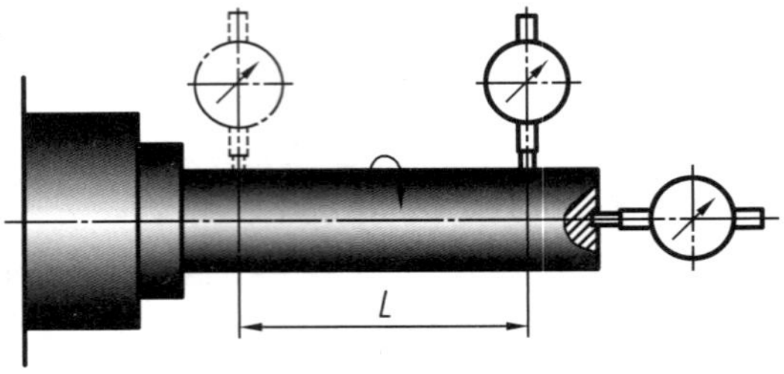

图 4.16　主轴回转精度的传统测量方法

3）传动链误差

对某些表面的加工，如齿轮、蜗轮、螺纹、丝杠表面的形成，要求刀具和工件之间有严格的运动关系。例如，车削丝杠螺纹时，要求工件每转一转刀具应移动一个导程；在单头滚刀滚齿时，要求转刀每转一圈工件应转过一个齿分角。这种相连的运动关系是由机床的传动系统即传动链来保证的，因此有必要对传动链的误差加以分析。

如图 4.17 所示是 Y3180 型滚齿机的传动链图。假定滚刀匀速回转，若滚刀轴上的齿轮 1 由于加工和安装而产生转角误差 $\Delta\varphi_1$，则通过传动链传到工作台，造成这一终端元件的转角误差为

$$\Delta\varphi_{1n}=\Delta\varphi_1\times\frac{80}{20}\times\frac{28}{28}\times\frac{28}{28}\times\frac{28}{28}\times i_{差}\times i_{分}\times\frac{1}{96}=\Delta\varphi_1\times i_{差}\times i_{分}\times\frac{1}{24}=K_1\Delta\varphi_1$$

式中　$i_{差}$——差动轮系的传动比，在滚直齿时为 1；

$i_{分}$——分度挂轮传动比，即$\frac{z_e}{z_f}\times\frac{z_a}{z_b}\times\frac{z_c}{z_d}$；

K_1——第一个元件的误差传递系数 $K_1=\frac{1}{24}i_{差}\ i_{分}$。

若传动链中第 j 个元件有转角误差 $\Delta\varphi_j$，则传递到工作台而产生的转角误差为

$$\Delta\varphi_{jn}=K_j\Delta\varphi_j$$

式中　K_j——第 j 个元件的误差传递系数，例如，齿轮 2（$Z_2=20$）有转角误差 $\Delta\varphi_2$，则工作台产生的转角误差为

$$\Delta\varphi_{2n}=\Delta\varphi_2\times\frac{28}{28}\times\frac{28}{28}\times\frac{28}{28}\times i_{差}\times i_{分}\times\frac{1}{96}=K_2\Delta\varphi_2$$

$$K_2=\frac{1}{96}i_{差}\ i_{分}$$

由于所有的传递件都可能存在误差，因此，各传动件引起的工作台总的转角误差为

$$\Delta\varphi\sum=\sum_{j=1}^{n}\Delta\varphi_{jn}=\sum_{j=1}^{n}K_j\varphi_{jn}\tag{4.3}$$

为提高传动链的传动精度，可采取如下措施：

①尽可能地缩短传动链，减少误差源数 n。

②尽可能地采用降速传动，因为升速传动时 $K_j>1$，传动误差被扩大，降速传动时 $K_j<1$，传动误差被缩小；尽可能使末端传动副采用大的降速比（K_j 值小），因为末端传动副的降速比越大，其他传动元件的误差对被加工工件的影响越小；末端传动元件的误差传递系数等于 1，其误差将直接反映到工件上，因此，末端传动元件应尽可能地制造得精确些。

③提高传动元件的制造精度和装夹精度，以减小误差源 $\Delta\varphi_j$，并尽可能地提高传动链中升速传动元件的精度。

此外，还可采用传动误差补偿装置来提高传动链的传动精度。

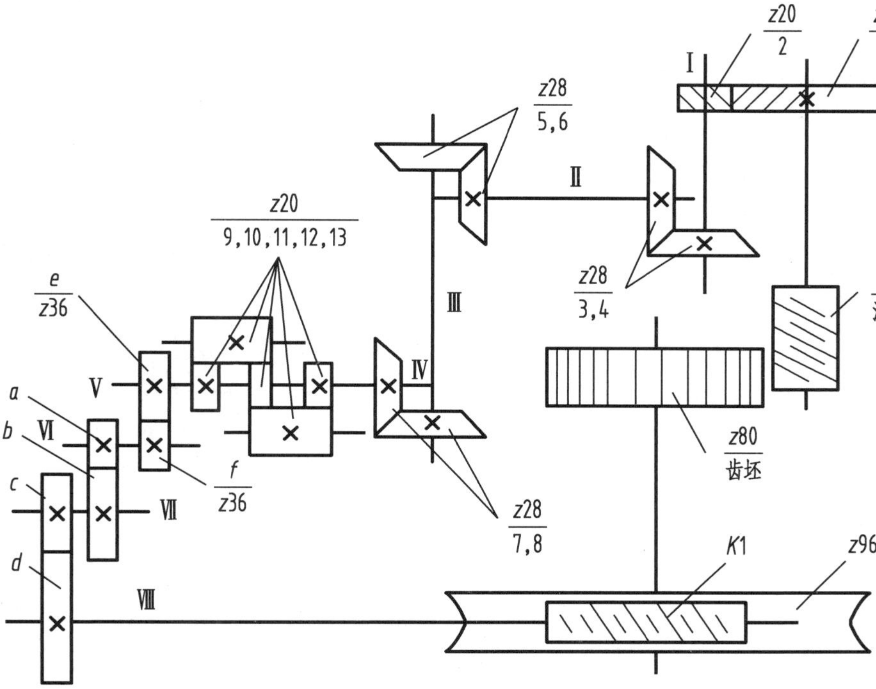

图 4.17　Y3180 型滚齿机传动链图

4.3　工艺系统的受力变形对加工精度的影响

4.3.1　工艺系统受力变形的结果

1）工件受力变形

在普通车床上加工细长轴工件，若工件采用前后顶尖定位，加工出的工件往往呈现出两端小、中间大的腰鼓形，如图 4.18 所示。

此现象的产生是由于工件在切削加工时，因刚性不足，在任意的某个轴向位置处都会受到刀具切削力的作用而产生退让位移，即“让刀”现象。如图 4.18 所示，工件因受

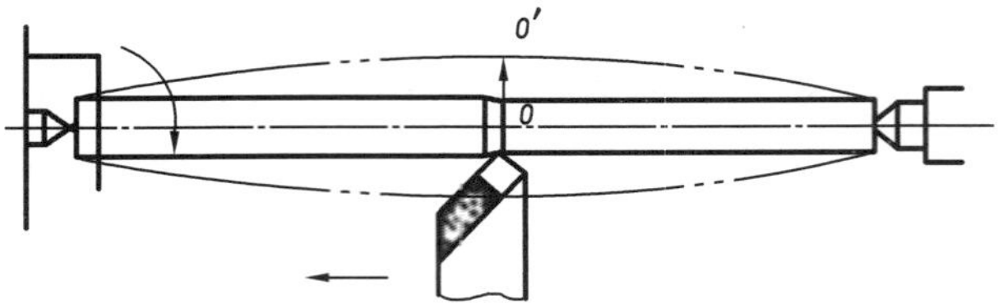

图 4.18　细长轴工件车削呈腰鼓形

到刀具径向方向切削力的作用,该处的轴心从原本的位置 O 处退让到了 O'处,导致切削层厚度减小,加工后的工件直径增大。刀具在沿轴线方向的纵向进给过程中,刀具从工件一端开始逐步进给到中间并从另一端退出,工件中间位置处的刚性比两端差,“让刀”现象最严重,因此中间位置处加工后的直径比两端大,从而呈现腰鼓形,造成工件的形状误差。

2)机床受力变形

在实际的切削加工实践中,即使工件的刚性足够,在切削力的作用下,工件没有变形位移,有时也会产生了“让刀”现象。

例如,在旧车床上加工刚性很大的工件,当经过粗车后再要精车时,不但不需要继续径向进给,反而可能要退刀,这样精车的切削层厚度较小,较好地满足了精度和表面质量要求。产生这种现象的原因是机床中装夹工件或刀具的部件(如头架、尾架等)刚度不足,在切削力作用下变形,导致其夹持的工件或刀具产生退让位移,引起“让刀”。粗车时的切削力大,这些部件的受力变形大,“让刀”严重,因此,粗车后的工件有较大的尺寸或形状误差。粗车完毕后,这些部件的变形要恢复,会缩小刀尖和工件间的位移,所以粗车后的精车刀具可能无须继续径向进给,甚至还要后退,刀尖仍然可以切到金属。

又如,在外圆磨床上连续粗、精磨削如主轴、活塞等精密零件外圆的最后几次精磨轴向进给走刀时,砂轮无须继续径向进给,即所谓“无进给磨削”或“光磨”。此时仍然能够磨出火花,火花先多后少,直至彻底消失。这是因为在粗磨期间砂轮和工件的力作用引起的相应机床部件的受力变形要恢复,缩小了砂轮和工件之间的位移,所以精磨时无须继续径向进给也能磨削到工件。

以工件变形和机床变形为主要内容的工艺系统的受力变形是机械加工精度中一项很重要的原始误差,它不仅影响表面质量,还影响加工后工件的精度,限制切削用量和生产率的提高。

4.3.2　工艺系统刚度及其特点

根据机械制造技术的切削加工原理,如图 4.19 所示为车削截面图,车削加工时刀具对工件会产生法向力 F_y、切向力 F_z、轴向力 F_x(图中未标出),工件在这些力的作用下变形,产生退让位移。从对加工精度影响程度来看,法线方向的变形 y 对加工精度影响最大,是误差敏感方向。工艺系统的受力变形通常认为是弹性变形。一般来说,工艺系统抵抗弹性变形的能力越强,工件与刀具之间的让刀现象就越弱,对加工精度越有利。

工艺系统抵抗变形的能力用刚度 k 描述。所谓的工艺系统刚度 k，是指法向力 F_y 与法向位移 y 的比值，即

$$k=\frac{F_y}{y} \tag{4.4}$$

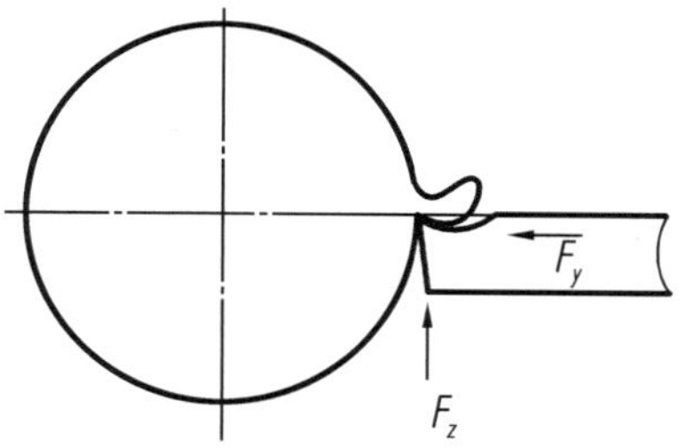

图 4.19　车削时作用在刀具上和工件上的力

须强调说明，此处的法向位移 y 的是在各分力 F_x、F_y、F_z 共同作用下产生的，而不是法向力 F_y 单独作用的结果。

机械加工时，工艺系统中的机床、夹具、刀具和工件在切削力的作用下，都有不同程度的变形，使刀具和工件的相对位置发生变化，引起加工误差。工艺系统在某处的变形位移 y 是机床、夹具、刀具、工件等各自变形的叠加，即

$$y_{系统}=y_{机床}+y_{夹具}+y_{刀具}+y_{工件} \tag{4.5}$$

而 $k_{系统}=\dfrac{F_y}{y_{系统}}$、$k_{机床}=\dfrac{F_y}{y_{机床}}$、$k_{夹具}=\dfrac{F_y}{y_{夹具}}$、$k_{刀具}=\dfrac{F_y}{y_{刀具}}$、$k_{工件}=\dfrac{F_y}{y_{工件}}$；

代入式(4.5)整理得

$$k_{系统}=\frac{1}{\dfrac{1}{k_{机床}}+\dfrac{1}{k_{夹具}}+\dfrac{1}{k_{刀具}}+\dfrac{1}{k_{工件}}} \tag{4.6}$$

当工艺系统的各个组成部分的刚度已知后，就可以求出整个工艺系统的刚度。

对于工艺系统中的刀具、工件，其外形一般比较规则，如圆棒料工件、长方体刀具，可以利用材料力学中的相关公式直接求出变形、刚度等，如普通车床上用卡盘装夹圆棒料车削，工件可抽象为材料力学中的悬臂梁模型，利用材料力学相关公式直接求出其变形

$$y_{工件}=\frac{F_y l^3}{3EI}$$

根据式(4.4)得

$$k_{工件}=\frac{F_y}{y_{工件}}=\frac{3EI}{l^3}$$

式中　l——棒料悬伸长度，mm；

E——棒料的弹性模量，N/mm^2（对碳钢 $E=2\times10^5\ N/mm^2$）；

I——棒料截面惯性矩，mm^4（$I=\pi d^4/64$）；

d——棒料直径，mm。

所以

$$k_{工件}=\frac{3\times2\times10^5\times\pi d^4}{64\times l^3}\approx30\ 000\ \frac{d^4}{l^3}(\mathrm{N/mm})$$

例如,在普通车床上车削细长轴类零件,采用前后顶尖定位,可抽象为材料力学中的简支梁模型,当车削到工件轴向长度的中点处时,工件的变形最大,为

$$y_{工件}=\frac{F_y l^3}{48EI}$$

根据式(4.4)得

$$k_{工件}=\frac{48EI}{l^3}\approx480\ 000\ \frac{d^4}{l^3}(\mathrm{N/mm})$$

对于工艺系统中的夹具及机床的刚度计算,因其结构较复杂,就不能像工件、刀具那样直接利用公式求解,一般采用静刚度实验的方法测定。静刚度实验法是在机床不工作状态下,对被测部件施加静载荷,然后测出部件的变形位移,作出刚度特性曲线并计算出刚度。如图4.20所示为某机床刀架部件的静刚度实验曲线,实验进行了3次加载—减载循环,由曲线可以总结归纳出工艺系统部件的静刚度曲线特点:

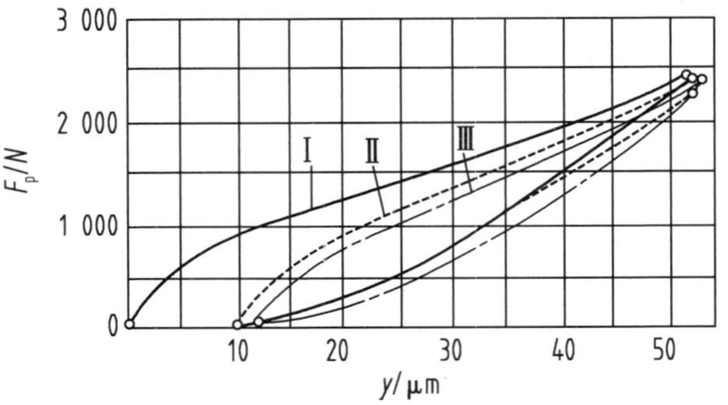

图4.20　车床刀架静刚度特性曲线

I—一次加载;II—二次加载;III—三次加载

①力和变形的关系不是直线关系,不符合胡克定律,这反映了部件的变形不纯粹是弹性变形。

②加载曲线与卸载曲线不重合,它们之间包容的面积代表了在加载卸载的循环中所损失的能量,也就是消耗在克服部件内零件之间的摩擦力和接触面塑性变形所做的功。

③当载荷去除后,变形恢复不到起点,这说明部件的变形不仅有弹性变形,而且还有塑性变形。在反复加载后,残余变形逐渐减少到零,加载曲线才与卸载曲线重合。

④部件的实际刚度远比按部件外形尺寸估算的刚度要小。利用静刚度曲线计算系统刚度时,一般是按加载(减载)曲线两端端点连线的斜率作为被测部件的平均刚度。被测部件是由许多零件装配而成的,而不是一个单独零件,装配中存在着许多薄弱环节,受力变形比对应的整体零件的变形大很多,那么刚度就小很多。

根据研究,对于结构复杂的工艺系统部件,影响刚度的因素有:

1)接触变形(零件与零件间接触点的变形)

机械加工后零件的表面并非理想的平整和光滑,而是有着宏观的形状误差和微观

的表面粗糙度。所以,零件间的实际接触面只是名义接触面的一小部分,而真正处于接触状态的,则是这一小部分中的表面粗糙度中的个别凸峰,如图4.21所示。因此在外力的作用下,这些接触点处产生了较大的接触应力,因而有较大的接触变形。这种接触变形中不仅包含表面层的弹性变形还有局部的塑性变形,这导致部件的刚度曲线不是直线而是复杂的曲线,即部件的实际刚度远比同尺寸理想标准平面部件刚度低的原因。接触表面塑性变形最终会造成残余变形,在多次加载卸载循环以后,接触状态才趋于稳定。接触变形是出现残余变形的一个原因,另一种原因是接触点之间存在着油膜,经过几次加载后,油膜才能排除,这一现象也影响残余变形的性质,这种现象在滑动轴承副中最为显著。`

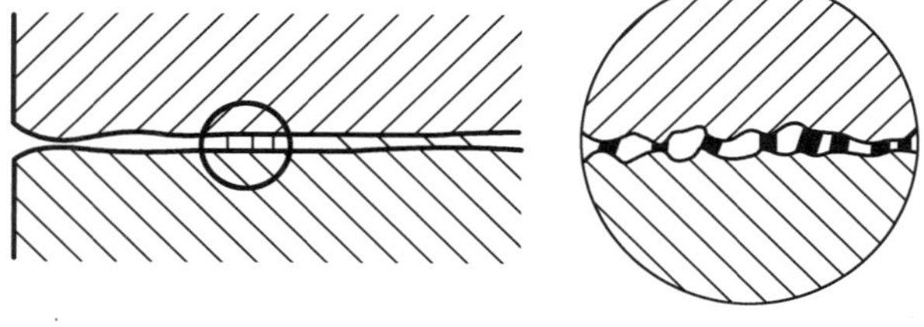

图4.21　表面的接触情况

一般情况下,接触的两零件表面,表面粗糙度数值越大,几何形状误差越大,实际接触面积越小,接触变形就越大;两接触的零件表面纹理方向相同时,接触面积较大,接触变形则较小;接触的零件材质硬度高,屈服极限也高,接触变形就小。因此,对接触零件表面可通过减小表面粗糙度数值、减小形状误差、改变零件纹理方向、提高硬度等措施减小接触变形,提高实际刚度。

2)薄弱零件本身的变形

在部件装配体中,个别薄弱的零件对部件刚度影响较大。如图4.22(a)所示为溜板部件中的楔铁零件,由于其结构薄而长,刚度较差,且沿长度方向形状误差较大,与配合零件表面接触不良。部件在受外力作用下,楔铁易发生较大变形,从而使部件整体刚度很低。如图4.22(b)所示的轴承部件由轴承套和轴颈、壳体配合组成。由于轴承套本身的形状误差,与其配合的零件为局部接触。在外力 F 的作用下,轴承套就像弹簧一样产生较大变形,使轴承部件刚度大大降低。只有在薄弱环节完全压平以后,部件的刚度才会逐渐提高。这类部件的刚度曲线如图4.22(c)所示,其刚度具有先低后高的特征。

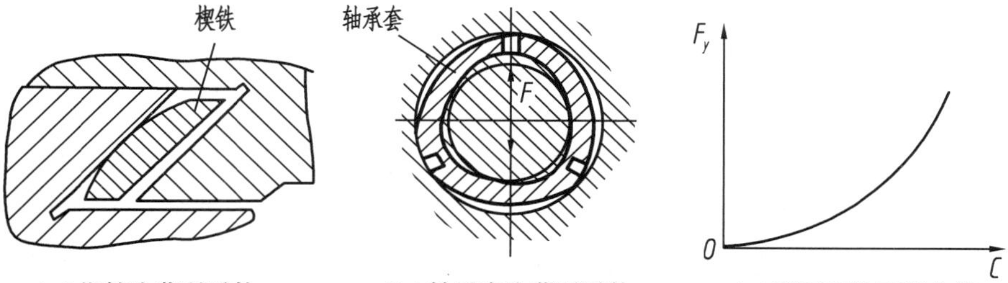

(a)楔铣为薄弱零件　(b)轴承套为薄弱零件　(c)薄弱零件刚度曲线

图4.22　机床刚度的薄弱环节

3）间隙的影响

如果部件中配合的零件之间有间隙，即使部件受到较小的力，零件之间也会因需要克服摩擦力而相互滑移，表现为部件的变形较大，刚度较小。间隙消除后，零件表面实际接触，才开始有接触变形和弹性变形，这时部件才表现为较大刚度，如图 4.23 所示。如果载荷方向是单向的，那么在第一次加载消除间隙后，部件表现为较大刚度和精度较高。但如果载荷不断改变方向（如镗床、铣床），间隙始终存在，这将对部件的刚度和精度产生不容忽视的影响，导致部件刚度不大、精度不高。

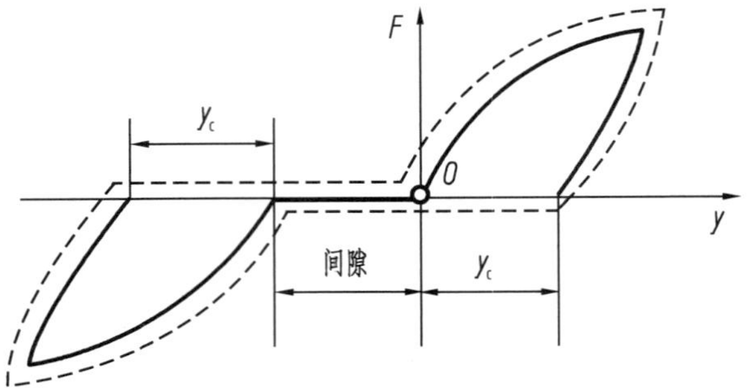

图 4.23　间隙对刚度曲线的影响

4）摩擦力的影响

在装配的部件加载时，配合零件表面之间的摩擦力阻止变形增加；卸载时，摩擦力又阻止变形减少。配合零件之间摩擦力是部件的加载曲线和卸载曲线不重合的重要原因之一。

另外需要说明的是，在静刚度实验中，一般都是根据刚度公式 $k=F_y/y$，施加的载荷 F_y 和测量变形 y 方向都是在 Y 方向，认为是模拟了切削过程中起决定性作用的力和位移。但实际上，Y 方向的位移 y 不但和 F_y 有关，而且和切削分力 F_z、F_x 的大小都有关，是切削分力 F_x、F_y、F_z 共同作用的结果，而不是 F_y 单独作用的结果。这是由实验方法导致计算出的刚度误差，也是不容忽视的。

4.3.3　工艺系统受力变形对加工精度的影响

1）切削力作用点位置变化而产生的工件形状误差

切削过程中，工艺系统刚度会随切削力作用点的位置变化而变化，因此工艺系统的变形也随之变化，从而引起工件形状误差。下以普通车床通过前后顶尖定位工件车削外圆为例进行说明。

（1）机床变形

假定工件和刀具都是短而粗的，且刚度很高，因此受力变形小，可忽略不计，这种情况下，工艺系统的总变形位移完全取决于机床的头座、尾座和刀架的位移。如图 4.24（a）所示，当车刀的切削力作用点移动到任意位置 x 时，在切削力的作用下（图中仅表示出 F_y），头座由 A 移动到 A'，尾座由 B 移动到 B'，刀架由 C 移动到 C'，它们的位移分别为 $y_{头座}$、$y_{尾座}$、$y_{刀架}$。此时工件的轴线由 AB 移动到 $A'B'$，则在切削点 x 处的位移 y_x 为

$$y_x = y_{头座} + \delta_x$$

将 $\delta_x = (y_{尾座} - y_{头座})\dfrac{x}{l}$代入上式

得

$$y_x = y_{头座} + (y_{头座} - y_{头座})\frac{x}{l}$$

设 F_A、F_B 为 F_y 所引起的在头、尾座处的作用力，则

$$F_A = F_y\frac{l-x}{l},\ F_B = F_y\frac{x}{l}$$

同时由刚度公式

$$y_{头座} = \frac{F_A}{k_{头座}},\ y_{尾座} = \frac{F_B}{k_{尾座}}$$

一并代入上式得

$$y_x = \frac{F_y}{k_{头座}}\left(\frac{l-x}{l}\right)^2 + \frac{F_y}{k_{尾座}}\left(\frac{x}{l}\right)^2$$

又因 $y_{刀架} = \dfrac{F_y}{k_{刀架}}$与 y_x 方向相反，则工艺系统的总位移

$$y_{系统} = y_x + y_{刀架} = F_y\left[\frac{1}{k_{刀架}} + \frac{1}{k_{头座}}\left(\frac{l-x}{l}\right)^2 + \frac{1}{k_{尾座}}\left(\frac{x}{l}\right)^2\right] \tag{4.7}$$

则工艺系统的刚度

$$k_{系统} = \frac{F_y}{y_{系统}} = \frac{1}{\dfrac{1}{k_{刀架}} + \dfrac{1}{k_{头座}}\left(\dfrac{l-x}{l}\right)^2 + \dfrac{1}{k_{尾座}}\left(\dfrac{x}{l}\right)^2} \tag{4.8}$$

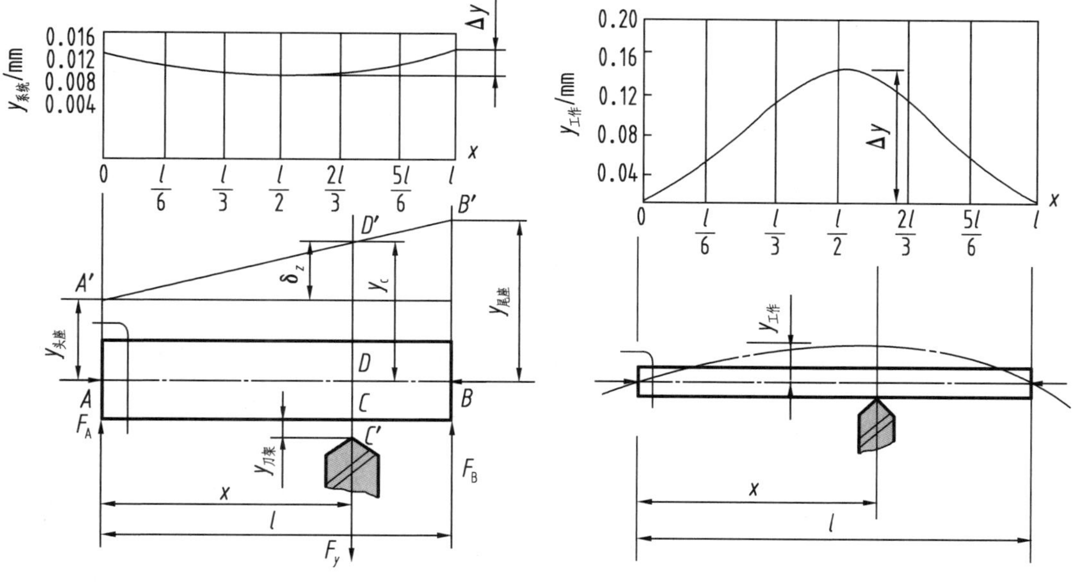

(a) 表4.2对应机床变形图　　　　(b) 表4.3对应工件变形图

图 4.24　工艺系统的变形随施力点位置的变化情况

设 $F_y=300$ N,$k_{头座}=60\ 000$ N/mm,$k_{尾座}=50\ 000$ N/mm,$k_{刀架}=40\ 000$ N/mm,工件长度 $l=600$ mm,则可根据式(4.7)计算出切削力作用点在不同的位置 x 时工艺系统的总变形 $y_{系统}$,见表 4.2。

表 4.2　不同位置处的机床变形对应表

x	0(头座处)	$\frac{l}{6}$	$\frac{l}{3}$	$\frac{l}{2}$	$\frac{2l}{3}$	$\frac{5l}{6}$	l(尾座处)
$y_{系统}$/mm	0.012 5	0.011 1	0.010 4	0.010 3	0.010 7	0.011 8	0.013 5

并作出工艺系统的总变形 $y_{系统}$与位置 x 的关系曲线,如图 4.24(a)所示,工件呈马鞍形状。

由表 4.2 可知,工件轴向最大直径误差为

$$(y_{尾座}-y_{中间})\times 2=(0.013\ 5-0.010\ 3)\times 2=0.006\ 4(\text{mm})$$

(2)工件变形

假定工件细而长,刚度很低,而机床、夹具、刀具等部件刚度很大,因此受力变形很小,可忽略不计,则工艺系统的总变形取决于工件的变形。根据材料力学,工件的变形 $y_{工件}$与切削力作用点位置 x 的关系为

$$y_{工件}=\frac{F_y}{3EI}\times\frac{(l-x)^2x^2}{l}$$

假设 $F_y=300$ N,工件尺寸规格为 $\phi 30$ mm×600 mm,材质 $E=2\times10^5$ N/mm^2,计算出切削力作用点在不同的位置 x 时工件的变形 $y_{工件}$,见表 4.3。

表 4.3　不同位置处的工件变形对应表

x	0(头座处)	$\frac{l}{6}$	$\frac{l}{3}$	$\frac{l}{2}$	$\frac{2l}{3}$	$\frac{5l}{6}$	l(尾座处)
$y_{工件}$/mm	0	0.052	0.132	0.17	0.132	0.052	0

并作出工件变形 $y_{工件}$与位置 x 的关系曲线如图 4.24(b)所示,工件呈鼓形形状。

根据表 4.3 计算出工件轴向最大直径误差为 0.17×2=0.34(mm)。

实践中,机床变形和工件变形是同时存在的。要同时考虑其对工艺系统刚度、加工精度的影响。

将以上机床变形和工件变形进行叠加,得出工艺系统的总变形及刚度为

$$y_{系统}=F_y\left[\frac{1}{k_{刀架}}+\frac{1}{k_{头座}}\left(\frac{l-x}{l}\right)^2+\frac{1}{k_{尾座}}\left(\frac{x}{l}\right)^2+\frac{(l-x)^2x^2}{3EIl}\right] \tag{4.9}$$

$$k_{系统}=\frac{F_y}{y_{系统}}=\frac{1}{\frac{1}{k_{刀架}}+\frac{1}{k_{头座}}\left(\frac{l-x}{l}\right)^2+\frac{1}{k_{尾座}}\left(\frac{x}{l}\right)^2+\frac{(l-x)^2x^2}{3EIl}} \tag{4.10}$$

可以看出,工艺系统的变形和刚度因工件轴向的位置不同而不同,加工后工件各个横截面上的直径尺寸也不相同,造成了加工后工件的形状误差(如锥度、鼓形、鞍形等)。

如图4.25(a)—(c)所示，在内圆磨床、单臂龙门刨床和卧式镗床上加工时，工艺系统中对加工精度起决定性作用的部件的变形状况。它们都是随着施力点位置的变化而变化的。如图4.25(d)所示的镗孔加工，采用了工件进给而镗杆不进给的方式，切削力作用点在镗杆轴线方向的位置恒定，工艺系统刚度不随切削力作用点位置的变动而变化，同时，镗杆受力情况从悬臂梁变成简支梁，从而工件的形状误差大大降低，提高了加工精度。

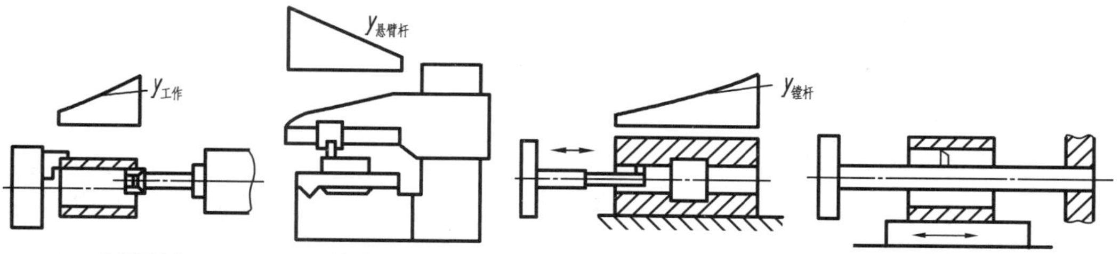

(a)内圆磨床
(b)单臂龙门刨床
(c)卧式镗床，镗杆进给
(d)卧式镗床，工件进给

图4.25　工艺系统受力变形随施力点位置的变化而变化的情况

2)切削力大小变化引起的加工误差-误差复映

由于工件毛坯加工余量、材料硬度等不均匀，加工过程中引起切削力大小变化，进而引起系统受力变形的变化，工件产生尺寸误差、形状误差等，影响加工精度。

如图4.26所示，车削一个有椭圆形状误差的毛坯棒料，车刀在水平方向的切削深度比垂直方向的大，工件每一转的过程中，切削深度将从最小值 a_{p2} 增加到最大值 a_{p1}，然后再减小到 a_{p2}。由于切削深度的变化引起了切削力的变化，进而引起工件的受力变形的变化。如图4.26所示，理想情况下，调整好刀尖位置，车削出的工件为理想外圆，但因为水平方向的切削深度 a_{p1} 大于垂直方向的切削深度 a_{p2}，车刀在水平方向受力变形比垂直方向大，所以“让刀”现象更为严重，如图中的 $y_1>y_2$，那么工件车削的实际外形依然呈现出椭圆的形状误差。毛坯的误差，导致切削力大小变化，从而引起加工后的工件呈现出类似误差的现象，称为误差复映。

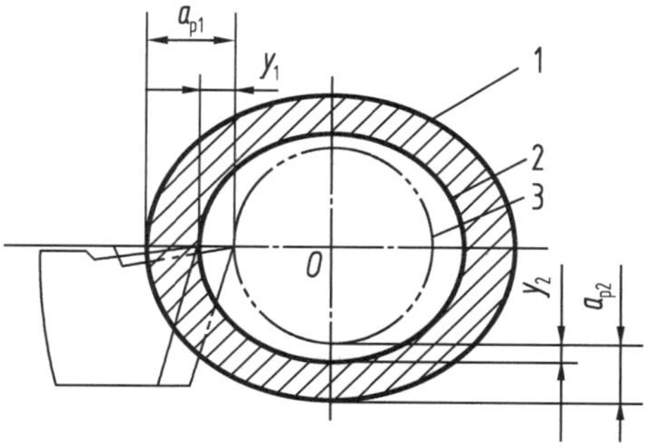

图4.26　车削时的误差复映

1—毛坯外圆；2—实际外圆；3—理想外圆

如图4.26所示，毛坯椭圆度误差 $\Delta m=a_{p1}-a_{p2}$，切削后工件圆度误差 $\Delta g=y_1-y_2$，根据工艺系统刚度公式得

$$\Delta_g = y_1 - y_2 = \frac{1}{k}(F_{p1} - F_{p2}) \tag{4.11}$$

根据切削原理

$$F_p = C_{F_p} a_p^{x_{F_p}} f^{y_{F_p}} (HB)^{n_{F_p}} \tag{4.12}$$

式中 C_{F_p}——与刀具几何参数及切削条件(如刀具材料、工件材料、切削种类、切削液等)有关的系数;

a_p——背吃刀量,mm;

f——进给量,mm;

HB——工件材料硬度;

$x_{F_p}, y_{F_p}, n_{F_p}$——指数。

在工件材料硬度均匀,刀具、切削条件和进给量一定的情况下,式中 $C_{F_p} f^{y_{F_p}} (HB)^{n_{F_p}} = C$ 为常数,车削中,$x_{F_p} \approx 1$,代入式(4.12)中,得

$$F_p = Ca_p$$

则 $F_{p1} = Ca_{p1}$,$F_{p2} = Ca_{p2}$,代入式(4.11)中,

$$\Delta_g = \frac{C}{k}(a_{p1} - a_{p2}) = \frac{C}{k}\Delta_m = \varepsilon\Delta_m \tag{4.13}$$

式中 $\varepsilon = C/k$——误差复映系数。

由于 Δ_g 总是小于 Δ_m,所以 ε 是一个小于 1 的正数,它反映了误差复映的程度。如通过减小进给量 f、增大工艺系统刚度 k 的措施减小复映系数 ε,从而减小误差复映的程度。增加进给次数也可大大减小工件的误差复映。设 ε_1、ε_2、ε_3…分别为第一、第二、第三次……进给时的误差复映系数,则

$$\Delta_{g1} = \varepsilon_1\Delta_m、\Delta_{g2} = \varepsilon_2\Delta_m、\Delta_{g3} = \varepsilon_3\Delta_m \cdots$$

则总的误差复映系数为

$$\varepsilon_{总} = \varepsilon_1 \cdot \varepsilon_2 \cdot \varepsilon_3 \cdots$$

由于任意一次的误差复映系数小于 1,则总的误差复映系数是一个更小的系数。因此,通过多次进给,减小了误差复映,提高了加工精度,但降低了生产效率。

由以上分析可得:

①工件毛坯的形位误差,如圆度、圆柱度、同轴度、位置度等都会复映到加工后的工件上,造成工件同类型的形位误差,这是由于形位误差导致的切削余量不均匀而引起切削力大小变化。

②对特定表面依次进行粗加工、半精加工、精加工的过程中,进给量逐步减小,误差复映系数逐步降低,误差复映程度逐步降低,尤其精加工阶段误差复映对加工误差的影响非常小,一般只考虑粗加工阶段误差复映对加工精度的影响。

③对于工艺系统刚度较低时,如细长镗杆镗孔、车削细长工件、细长磨杆磨孔等,误差复映引起的加工误差明显,应重点考虑,提出改进措施。

④大批量生产加工中,大多采用调整法加工,即本批次所有的工件切削加工中,刀具与工件之间调整好的位置都是不变的,但工件个体因形位公差造成加工余量不均匀、

硬度不均匀等差异，引起误差复映，造成工件“尺寸分散”，甚至分散范围超出了公差允许范围。这时，必须采取措施降低误差复映，提高加工精度。

3）其他作用力引起工艺系统受力变形的变化所产生的加工误差

机械加工中除了切削力作用于工艺系统，还有其他力如夹紧力、工件重力、机床移动部件的重力、传动力以及惯性力等，这些力也能使工艺系统的受力变形发生变化，产生加工误差。

①夹紧力引起的加工误差。对于刚性较差的工件，若是夹紧时施力不当，会引起工件的形状误差。如图 4.27(a)所示，三爪卡盘夹持薄壁套筒镗孔，夹紧后套筒成为棱圆状，虽然镗出的孔为正圆形，如图 4.27(b)所示，但松开卡盘后，套筒的弹性恢复使孔产生了三角棱圆形，如图 4.27(c)所示。生产中常采用在套筒外加上一个厚壁的开口过渡环，如图 4.27(d)所示，使夹紧力均匀地分布在薄壁套筒上，增大夹紧力的作用面积，从而减小工件变形。

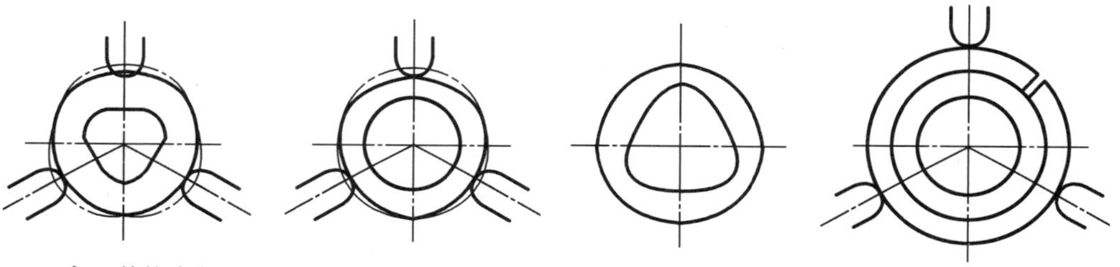

(a) 加工前的孔为三角棱圆形　(b) 加工时的孔为圆形　(c) 加工后的孔恢复三角棱圆形　(d) 通过开口过渡环夹紧

图 4.27　夹紧力引起的加工误差

②由于机床部件和工件本身重力及它们在移动中位置的变化而引起的加工误差。在大型机床上，机床部件在加工中位置的移动改变了部件自重对床身、横梁、立柱的作用点位置，也会引起加工误差。

如图 4.28(a)、(c)所示为大型立车在刀架的自重作用下引起了横梁的变形，形成了工件端面的不平度和外圆上的锥度。工件的直径越大，加工误差也越大。

由于工件自重而引起的加工误差，如图 4.28(b)所示，在车床上加工尺寸较大的光轴。由于尾座刚度比头座低，头尾座在工件重力的作用下所产生的受力变形不相同，工件上产生了锥度误差。

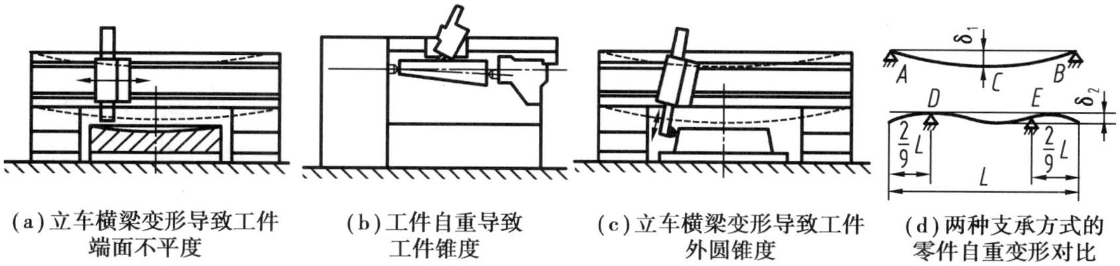

(a) 立车横梁变形导致工件端面不平度　(b) 工件自重导致工件锥度　(c) 立车横梁变形导致工件外圆锥度　(d) 两种支承方式的零件自重变形对比

图 4.28　机床部件和工作自重所引起的误差

磨床床身及工作台等零件精度要求高，床身和工作台的长高比值较大，是一种挠性结构件，如果加工时支承不恰当，那么由自重引起的变形导致加工误差不容忽视。如图

4.28(d)为在两种不同的支承方式下，均匀截面的挠性零件的自重变形规律：当支承在两个端点 A 和 B 时，自重引起工件中点处的最大变形量为

$$y_1=\frac{5WL^3}{384EI}$$

当支撑在距离端点 $2L/9$ 的 D 点和 E 点时，重力引起中点处的变形量为

$$y_2=\frac{0.1WL^3}{384EI}$$

式中 W——工件重力，N；

L——工件长度，mm；

E——弹性模量，N/mm^2；

I——截面惯性矩，mm^4。

显然，后者支承方式引起的变形较小，对加工精度有利。

除夹紧力和重力外，传动力和惯性力也会使工艺系统产生受力变形，从而引起加工误差。在高速切削加工中，离心力的影响不可忽略，常采用“对称平衡”的方法来消除不平衡的现象，即在不平衡质量的反向加装重块，使工件和重块的离心力相等而方向正好相反，达到相互抵消的效果。必要时还须适当降低转速，以减少离心力的影响。

4.3.4 减小工艺系统受力变形对加工精度影响的措施

减小工艺系统受力变形是机械加工中保证加工精度的有效途径。在生产实践中，常采用提高工艺系统刚度和减小载荷及其变化两种措施。

1)提高工艺系统刚度

(1)合理的结构设计

设计装配体时，应尽量减少不同零件连接面的数目，并注意刚度的匹配，防止有局部低刚度出现。设计基础支承零件时，应合理选择零件的结构和截面形状。例如，根据材料力学的原理，在零件材质及截面面积相同的条件下，对比抗弯刚度及抗扭刚度，空心截面形状的刚度比实心截面形状的刚度高。在截面形状相同的条件下，外形尺寸大且薄壁的刚度较大；圆(环)形的截面比正方形的抗扭刚度大，抗弯刚度低；封闭横截面的比开口横截面的抗弯及抗扭刚度都高。又如，在支承件的适当部位增加加强肋会显著增加刚度。

(2)提高配合零件连接表面的接触刚度

由于配合零件表面粗糙度、形状误差等因素的影响，实际的接触刚度远低于理想表面刚度。因此，提高接触刚度是提高工艺系统刚度的关键，具体可通过以下措施实现：

①提高配合零件的精度及表面质量。通过提高配合零件的尺寸精度、形状精度等，降低表面粗糙度、调整表面纹理方向、刮研配合零件表面、增大配合表面积等都可以提高接触刚度。

②预加载荷。如轴承、滚珠、丝杠螺母副等在装配调整中，通过预加载荷可以消除结合面的间隙，增加实际接触面积，从而提高接触刚度。

(3)设置辅助支承提高部件刚度

如图 4.29(a)所示为在转塔车床上加工时采用的辅助支承式装置,它可以大大地提高牌楼式刀架的刚度。如图 4.29(b)所示为转塔车床上常用的提高刀架和镗杆刚度的措施。镗杆先伸进主轴箱主轴孔中的导套之内,在导套的支承下进行镗孔,这样比不用导套支承而成悬臂式的刚度要高得多。

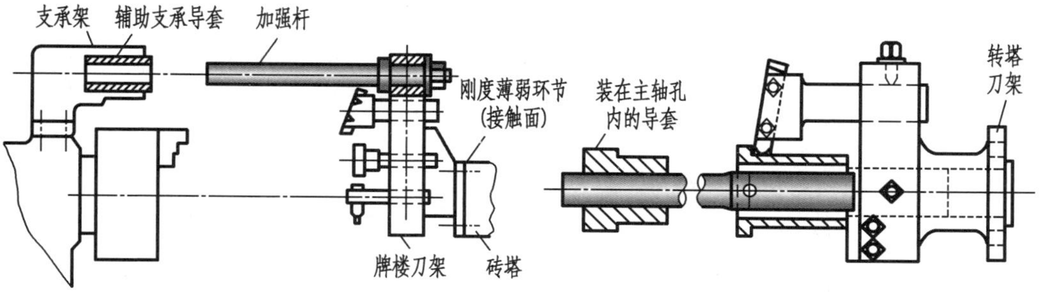

(a)加装加强杆和支承导套　　(b)在主轴孔内装导套导向转塔刀架

图 4.29　转塔车床提高刀架刚度的措施

(4)缩短跨度提高刚度

例如,在车削细长轴时,利用中心架,使支承间的距离缩短一半,工件的刚度就比不用中心架提高了 8 倍,如图 4.30(a)所示。采用跟刀架车削细长轴时,如图 4.30(b)所示,切削力作用点与跟刀架支承点之间的距离调整至 5 ~ 10 mm,工件的刚度可提高。只是这时工艺系统刚度的薄弱环节转移到跟刀架本身和跟刀架与刀架溜板的结合面上去了。在卡盘加工中用了后顶尖支承后,比不用后顶尖时,工件刚度的提高更为显著,如图 4.30(c)所示。

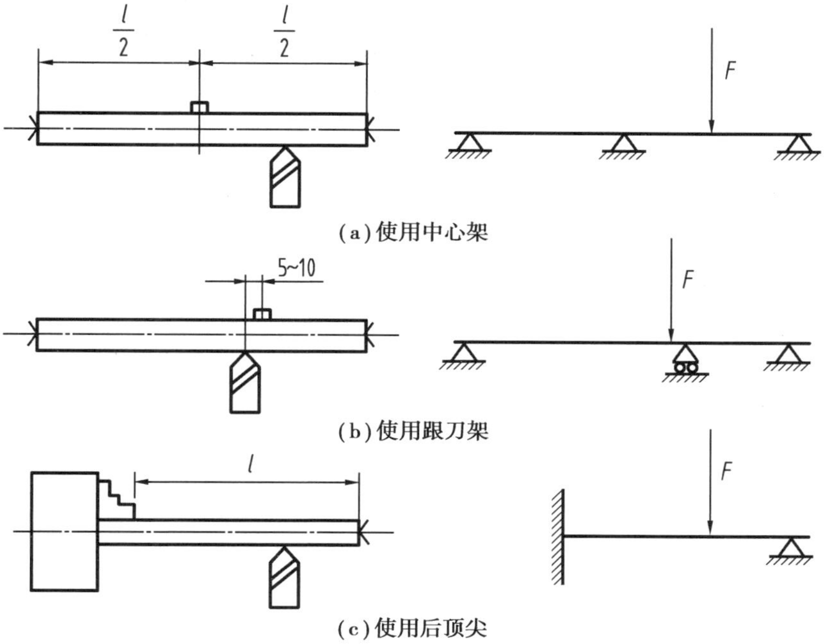

(a)使用中心架

(b)使用跟刀架

(c)使用后顶尖

图 4.30　用辅助支承提高工件刚度

不用后顶尖时，有

$$k_{1\text{工件}}=\frac{3EI}{l^3}(\text{当力作用在工件的自由端时})$$

用后顶尖时，有

$$k_{2\text{工件}}=\frac{110EI}{l^3}(\text{当力作用在工件中心时})$$

如图4.31所示为在铣床上加工角铁类零件的两种装夹法。如图4.31(a)所示的整个工艺系统刚度显然比如图4.31(b)所示的整个工艺系统刚度低，后一种装夹方法可以大大提高切削用量和生产率。

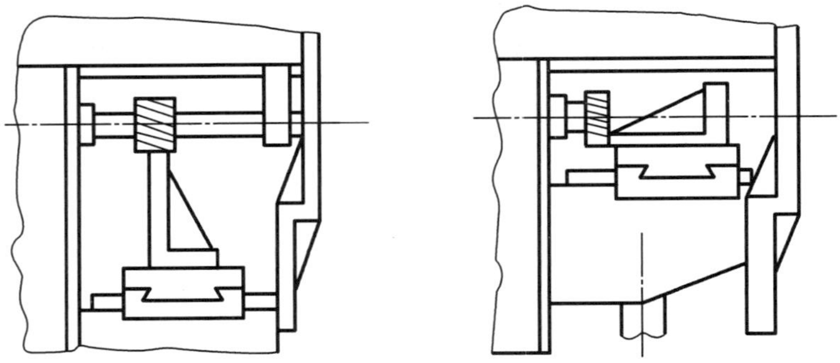

(a)切削力作用点和支承点距离大　(b)切削力作用点和支承点距离小

图4.31　铣角铁时的两种装夹

在生产中，常碰到精度高而形状复杂的薄壁零件，如开槽鼓轮、开窗孔的套筒、U形托架等。这些零件往往由刚度较小的材质(如铝、尼龙等)制成，壁厚很薄，相连的截面积又小，因此刚度很差，用一般方法很难加工。此时，可以把低熔点合金(熔点为80 ℃)灌入零件的空间，冷凝后两者成为一个实心整体，刚度增加，大大减小夹紧时和切削时的受力变形。全部切削加工工序完成后，再通过加热熔去低熔点合金，即可得到合格的零件。

2)减小载荷及其变化

采取适当的工艺措施，如合理地选择刀具几何参数(如增大前角、主偏角接近90°等)和切削用量(如适当减小进给量和背吃刀量)，以减小切削力，从而减少受力变形。还可将毛坯分组，使一次调整中加工的毛坯余量比较均匀，可减小切削力的变化，从而减小误差复映。

4.3.5　工件的残余应力引起的变形

残余应力也称为内应力，是指当外部的载荷去除以后，仍残留在工件内部的应力。内应力是由于金属内部宏观的或微观的组织发生了不均匀的体积变化而产生的，其外界因素就来自热加工和冷加工。

具有内应力的零件处于一种不稳定的状态，其内部组织有强烈的倾向要恢复到一个稳定的没有内应力的状态。即使在常温下，零件也会不断地进行这种变化，直到内应力消失为止。在这个过程中,零件的形状逐渐发生变化,导致原有的加工精度逐渐丧失。若将具有内应力的重要零件装配成机器,它在机器的使用期中可能会产生变形,从而破坏整台机器的质量,带来严重的后果。

1)毛坯制造和热处理过程中产生的残余应力

在铸、锻、焊、热处理等加工过程中,由于各部分冷热收缩不均匀以及金相组织转变导致体积变化,使毛坯内部产生了相当大的残余应力。毛坯的结构越复杂,各部分的厚度越不均匀,散热的条件相差越大,则在毛坯内部产生的内应力也越大。具有内应力的毛坯由于内应力暂时处于相对平衡的状态,在短时期内看不出有什么变动。但在切去某些表面以后,就打破了这种平衡,内应力重新分布,零件就明显地出现了变形。

如图 4.32(a)所示为一个内外壁厚相差较大的铸件。在浇注后,它的冷却过程大致如下:由于壁 1 和壁 2 比较薄,散热容易,所以冷却较快;壁 3 比较厚,所以冷却较慢。当壁 1 和壁 2 从塑性状态冷却到弹性状态时(约在 620 ℃),壁 3 的温度还比较高,尚处于塑性状态。所以壁 1 和壁 2 收缩时壁 3 不起阻挡变形的作用,铸件内部不产生内应力。但当壁 3 也冷却到弹性状态时,壁 1 和壁 2 的温度已经降低很多,收缩速度变得很慢,而此时壁 3 收缩较快,就受到了壁 1 和壁 2 的阻碍。因此,壁 3 受到了拉应力,壁 1 和壁 2 受到了压应力,形成了相互平衡的状态。如果在这个铸件的壁 2 上开一个口,如图 4.32(b)所示,则壁 2 的压应力消失,铸件在壁 3 和壁 1 的内应力作用下,壁 3 收缩,壁 1 伸长,铸件就发生弯曲变形,直至内应力重新分布达到新的平衡为止。推广到一般情况,各种铸件都难免产生因冷却不均匀而形成的内应力,铸件的外表面总比中心部分冷却得快。特别是有些铸件(如机床床身)为了提高导轨面的耐磨性,采用局部激冷的工艺使它冷却更快一些,以获得较高的硬度,这样在铸件内部形成的内应力也更大。若导轨表面经过粗加工刨去一层,如图 4.32(b)所示的铸件壁 2 上开口一样,引起了内应力的重新分布并产生弯曲变形,如图 4.33 所示。这个新的平衡过程需要一段较长的时间才能完成,因此,尽管导轨经过精加工去除了这个变形的大部分,但铸件内部还在继续转变,导致合格的导轨面渐渐地就丧失了原有的精度。为了克服这种内应力重新分布而引起的变形,特别是对大型和精度要求高的零件,一般在铸件粗加工后先进行时效处理,然后再精加工。

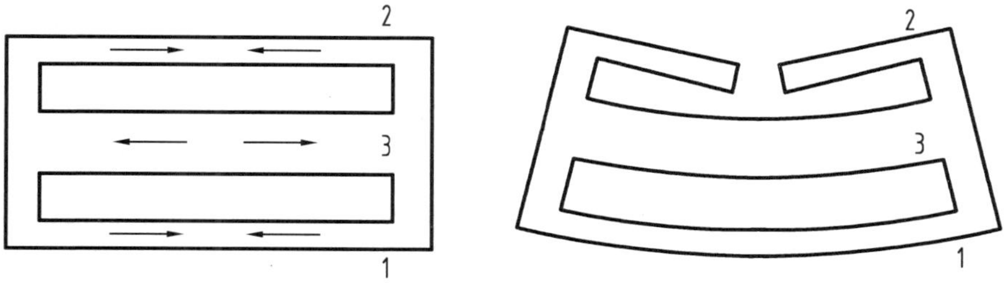

(a)铸件不同壁厚处的应力分布　　(b)铸件开口引起的变形

图 4.32　铸件因内应力而引起的变形

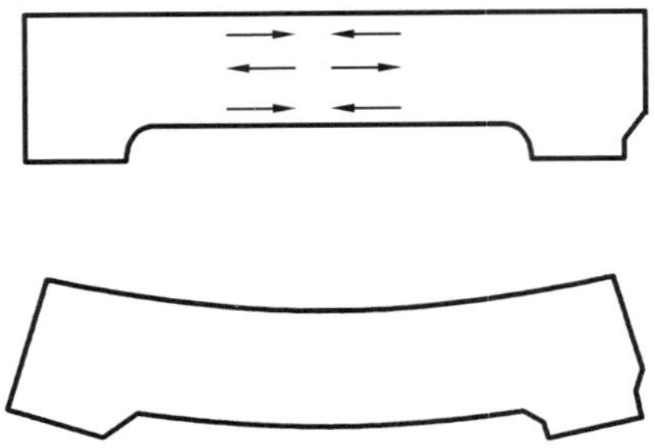

图 4.33　床身因内应力而引起的变形

2）冷校直带来的残余应力

冷校直带来的内应力，如图 4.34 所示。丝杠一类的细长轴经过车削后，棒料在轧制中产生的内应力要重新分布，产生弯曲，如图 4.34（a）所示。冷校直就是在原有变形的相反方向加力 F，使工件向反方向弯曲，产生塑性变形，以达到校直的目的。在力 F 的作用下，工件内部的应力分布如图 4.34（b）所示，即在轴线以上的部分产生了压应力（用“-”表示），在轴心线以下的部分产生了拉应力（用“+”表示）。

在轴线和上下两条虚线之间的区域是弹性变形区，应力分布呈直线，在直线以外是塑性变形区域，应力分布呈曲线。当外力 F 去除后，弹性变形部分本可以完成恢复而消失，但因塑性变形部分恢复不了，内外层金属就起了互相牵制的作用，产生了新的内应力平衡状态，如图 4.34（c）所示。因此，冷校直后的工件虽然减少了弯曲，但是依然处于不稳定状态，再加工一次后，可能会产生新的弯曲变形。

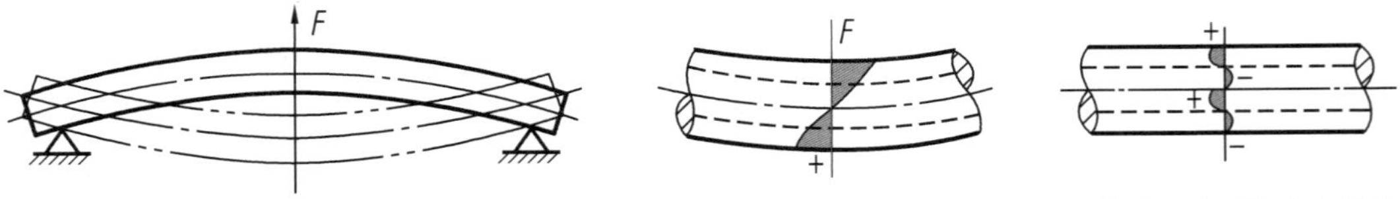

（a）上拱弯曲形状的轴　（b）轴冷校直时的应力分布　（c）轴冷校直后的应力分布

图 4.34　校直引起的内应力

对要求较高的零件，需要在高温时效后进行低温时效的后续工序，来克服这个不稳定的缺点。为了从根本上消除冷校直带来的不稳定的缺点，对于高精度的丝杠（6 级以上），不允许像普通精度丝杆那样采用冷校直工艺，而是采用加粗的棒料经过多次车削和时效处理来消除内应力。有些工厂经过试验研究，用热校直来代替冷校直，这样不但提高了丝杠的质量，而且大大地提高了生产率。这种热校直工艺是结合工件正火处理进行的，即工件在正火温度下（对 45#钢，在 860 ~ 900 ℃）放到平台上用手动液压机进行校直。在批量比较大的场合，丝杠用三辊式校直机进行热校直。具体措施是：在工件边滚动边加压的过程中，同时在工件上通以电流，使工件温度始终不低于 650 ℃，保持在良好的塑性状态下进行校直，可大大地减少丝杠的内应力，从而取得良好的效果。

3）切削（磨削）带来的残余应力

在切削（磨削）过程中形成的力和热会导致被加工工件的表面层产生内应力，这部分内容将在本章后续部分进行讨论。

为减少残余应力，一般可采取以下措施：

①增加消除内应力的热处理工序。例如，对铸、锻、焊接件进行退火或回火处理；零件淬火后进行回火处理；对精度要求高的零件（如床身、丝杠、箱体、精密主轴等）在粗加工后进行时效处理。

②合理安排工艺过程。例如，将粗、精加工分开，并安排在不同工序中进行，使粗加工后有一定时间让残余应力重新分布，以减少对精加工的影响。在加工大型工件时，粗、精加工往往在一个工序中完成，这时应在粗加工后松开工件，让工件有自由变形的可能，然后再用较小的夹紧力夹紧工件，进行精加工。对于精密零件（如精密丝杠），在加工过程中不允许进行冷校直（可采用热校直）。

③改善零件结构，提高零件的刚度，使壁厚均匀，可减少残余应力的产生。

4.4　工艺系统的热变形对加工精度的影响

4.4.1　工艺系统的热变形

在机械加工过程中，工艺系统中的刀具、工件、机床等受到切削热、摩擦热、阳光照射等影响而产生热变形，破坏刀具与工件之间正确的几何关系和运动关系，造成加工误差。热变形对加工精度影响显著，特别是在精密加工和大件加工中，由于热变形所引起的加工误差有时可占工件总误差的 40% ~70% 。

热变形不仅影响加工精度，还影响加工效率。为减轻热变形对精度的影响，通常需要在加工前预热机床，但这会占用加工时间；或通过降低切削用量来减小切削热、摩擦热等；或划分加工阶段（如粗、精分开）来减小热变形对精加工的影响。但这些都会影响加工效率。

热变形对加工精度的影响是机械加工行业中的重要研究课题。目前，在理论及实践中尚有许多问题待研究与解决。

引起工艺系统热变形的热源有内部热源和外部热源两种。内部热源主要有切削热和摩擦热，这些热量以热传导的形式在工艺系统内部传递。外部热源主要是指环境温度，它以热对流方式与工艺系统热传递，以及如阳光、照明、暖气设备等以热辐射的方式与工艺系统热传递。

切削热是切削加工过程中最主要的热源，直接影响加工精度。在切（磨）削过程中，消耗于切削层的弹、塑性变形能以及刀具、工件和切屑之间的摩擦能大部分都转变成切削热。切削热 $Q(J)$ 的大小与被加工工件材料、切削用量及刀具几何参数等有关，通常按 $Q=F_c vt$（其中，F_c 为主切削力，N；v 为切削速度，m/min；t 为切削时间，min）计算。

影响切削热传导的主要因素有工件、刀具、夹具和机床等材质的导热性能以及周围介质。若工件材料的热导率大，则由工件和切屑传导的切削热较多；同样，若刀具的热导率大，则从刀具传导的切削热较多。通常情况下，在车削加工中，切屑所带走的热量最多，可达 50% ~80% ；传给工件的热量次之，约 30% ；传给刀具的热量最少，一般不超过5%。对于铣削、刨削,传给工件的热量一般为30%以下;对于钻削、镗削,因为大量的切屑滞留在孔中,传给工件的热量相比车削要高,一般认为,钻削时传给工件的热量超过50%。磨削时,由于磨屑很小,带走的热量很少,约4%,大部分(约84%)传给工件,所以磨削的工件表面温度很高,达800~1 000 ℃,磨削热既影响工件的加工精度,也影响工件表面质量。

摩擦热是指工艺系统内部如机床或液压系统中的运动部件(如电动机、轴承、齿轮、丝杠副、导轨副、离合器、液压泵、阀等)在动作时产生的摩擦热。尽管摩擦热比切削热少,但摩擦热基本是局部发热,会引起局部温升,导致局部变形,破坏系统原有的几何精度,从而造成加工误差。

外部热源的热辐射及环境温度对工艺系统的热变形也是不容忽视的。例如,在加工大型精密工件时,若昼夜连续加工,因昼夜温差,导致环境温度对工艺系统的温升及热变形不同,从而影响加工精度。又如,机床局部的照明、加热、阳光照射,造成工艺系统的局部温升和热变形,这对大型、精密工件的加工影响尤为显著。

工艺系统在各种热源影响下会产生温升,同时向周围介质传递热量。当工艺系统的温度达到某一数值时,单位时间内系统传入和传出的热量相等,系统达到热平衡状态。热平衡状态下,系统内各部分的温度保持恒定,产生的热变形也趋于恒定。由于工艺系统较复杂,各组成部分的热源不同,发热量、位置、作用时间、热容量、散热条件等的不同,各部分的温升也不同。即使是同一物体,处于不同空间位置的各点在不同时间的温度也是不同的。我们把物体中各点的温度分布称为温度场。当物体未达到热平衡时,各点的温度不仅是位置的函数,也是时间的函数,这种温度场称为不稳态温度场;达到热平衡后,各点温度不再随时间而变化,其只是坐标位置的函数,这种温度场称为稳态温度场。

目前,对于温度场和热变形的研究,仍着重于模型实验和实测。热电偶、热敏电阻、半导体温度计是目前常用的测温手段,但其技术落后,效率低、精度差,难以满足现代对于工艺系统热变形的研究要求。近年来,红外测温、激光全息照相、光导纤维等先进测量技术在工艺系统热变形的研究中得到应用。例如,用红外热像仪将工艺系统的温度场拍出热像图,用激光全息技术拍摄变形场,用光导纤维将发热信号传入热像仪测出温升。此外,由于计算机的广泛应用,有限元法和有限差分法在热变形研究中也广泛采用。

4.4.2 工艺系统的热变形对加工精度的影响

工艺系统中,工件和刀具的结构较为简单,热源简单,估算分析容易。机床结构复杂,热源复杂,估算分析较麻烦。

1)工件的热变形

现分析工件受热比较均匀的情况(如车削外圆)。设测得的工件温升为ΔT,则热伸长ΔL(直径上和长度上)可以按简单的物理公式计算,即

$$\Delta L = \alpha L \Delta T$$

式中　α——工件材料的热膨胀系数，钢材为 12×10^{-6} ℃$^{-1}$，铸铁为 11×10^{-6} ℃$^{-1}$；

L——工件在热变形方向上的尺寸，mm。

一般来说，工件热变形在精加工中比较突出，特别是长度长且精度要求很高的零件，如磨削丝杠。若丝杠长度为 3 m，每磨一次温度就升高约 3 ℃，则丝杠的伸长量为

$$\Delta L=3\ 000\times12\times10^{-6}\times3=0.1(\text{mm})$$

而 6 级丝杠的螺距累积误差在全长上不允许超过 0.02 mm，由此可见，热变形的严重性。

工件的热变形对粗加工的加工精度影响甚微，但是在高生产率的工序集中下，给精加工带来较大影响。例如，在一台三工位的组合机床上，第一个工位是装卸工件，第二个工位是钻孔，第三个工位是铰孔，工件尺寸为 ϕ40 mm×40 mm，孔的直径为 ϕ20 mm，材料为铸铁，钻孔时转速 $n=310$ r/min，进给量 $f=0.36$ mm/r，温升达 107 ℃，则工件的孔在直径上变大。

$$\Delta d=20\times11\times10^{-6}\times107=0.024(\text{mm})$$

钻孔完毕后，接着进行铰孔，待工件冷却后产生收缩，误差就可能超过 IT7 级公差。在这种场合下，粗加工的工件变形就不能忽视。对于精度较高的零件加工，要求粗、精分开，以使粗加工阶段产生的热变形有足够的冷却时间，稳定形状后再进行精加工。

以上介绍的都是对于均匀受热的工件而言，一般情况下，这种热变形主要影响尺寸精度。若工件受热不均匀（如刨削或磨削平面时，工件单面受热），就产生形状误差（弯曲），而形状误差很难用调整的办法来解决，机床导轨面的磨削就是一个突出的例子。M131W 型外圆磨床导轨在磨削热的作用下，上下温差可达 3 ℃，在垂直面的热变形达 0.1 mm。由于在磨削导轨时一般都不采用冷却液（加了冷却液会使清理加工面困难，而且现有的导轨磨床大多数没有防溅装置），磨削时所产生的热量，不能立即通过导轨表面散发掉。为了保证磨削精度，就不得不在磨削几个行程后停车等待，让周围的空气带走工件表面的热量。为减少这种等待时间，现场中常用电风扇对准工件表面吹风，并用蒸发较快的液体涂在导轨表面上以加速冷却。

为减少工件热变形对加工精度的影响，可以采取下列措施：

①在切削区域施加充分的冷却液，以降低切削温度并减少热变形。

②提高切削速度或进给量（如高速切削和高速磨削），使传入工件的热量减少。

③工件在精加工前有充分的时间间隙，使它得到足够的冷却。

④不使刀具和砂轮过分磨钝就进行刃磨和修正，以减少切削热和磨削热。

⑤使工件在夹紧状态下有伸缩的自由（如采用弹簧后顶尖、气动后顶尖等），以减少因夹紧力导致的热变形。

2）刀具的热变形

刀具的热变形主要是由切削热引起的。切削时，大部分切削热被切屑带走，传给刀具的热量并不多。刀具热量集中在刀尖的切削部分，其体积小、热容量小，会导致相当高的温升和热变形。例如，进行车削时，高速钢车刀的工作表面温度可达 700～800 ℃，而硬质合金切削刃则可达 1 000 ℃。

连续切削时,刀具的热变形在初始阶段增加很快,随后缓慢,经过 10 ~ 20 min 后趋于热平衡,此后热变形很小。刀具的热变形量可达0.03 ~ 0.05 mm,如图4.35 所示。间断切削时,由于刀具具有短暂的冷却时间,其热变形曲线具有热胀冷缩的双重特性,总变形量要比连续切削要小,最后趋于稳定在 δ 范围内变动。当切削停止时,刀具热变形随时间迅速变小,最后趋于稳定。

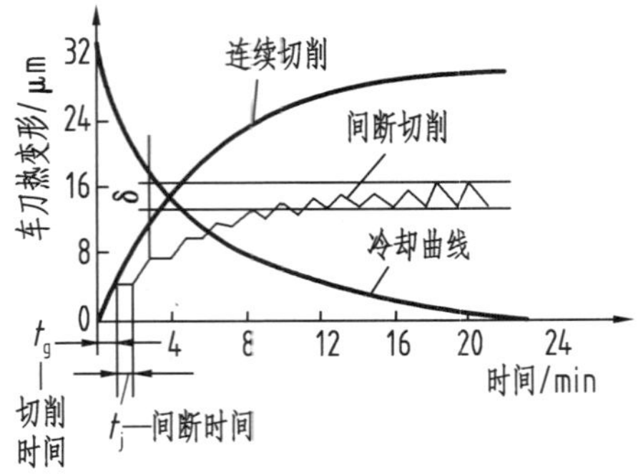

图 4.35 车刀热变形

加工大型工件时,刀具热变形会造成形状误差。如车削长轴时,若沿轴线长度方向进给时,刀具热伸长逐渐加大,会造成加工后的锥度误差。为减小刀具的热变形,应合理选择切削用量和刀具几何参数,并充分冷却和润滑,以减少切削热并减小热变形。

此外,还要指出的是,工件加工尺寸的变化除了受刀具热变形影响,还同时受工艺系统的受力变形和刀具磨损等影响,上面所阐述的只是就刀具热伸长而言的。

3)机床的热变形

机床在工作过程中,受到内、外热源的影响,各部分的温度将逐渐升高。由于各部件的热源不同,分布不均匀,以及机床结构的复杂性,导致各部件的温升不同,甚至同一部件不同位置的温升也不相同,形成不均匀的温度场,使机床各部件之间的相互位置发生变化,从而破坏了机床原有几何精度而造成加工误差。

机床空运转时,各运动部件产生的摩擦热基本不变。运转一段时间之后,各部件传入的热量和散失的热量基本相等,即达到热平衡状态,变形趋于稳定。机床达到热平衡状态时的几何精度称为热态几何精度。在机床达到热平衡状态之前,机床几何精度变化不定,对加工精度的影响也变化不定。因此,精密加工应在机床处于热平衡之后进行。

对于磨床和其他精密机床,除受室温变化等影响外,引起其热变形的热量主要是机床空运转时的摩擦发热,而切削热影响较小。因此,机床空运转达到热平衡的时间及其达到的热态几何精度是衡量精加工机床质量的重要指标。而在分析机床热变形对加工精度的影响时,应首先注意其温度场是否稳定。

由于机床各部件体积和热容量比较大,因此其温升一般不大。如车床主轴箱温升一般不超过 60 ℃,磨床床身的温升一般不超过 15 ~ 25 ℃,车床床身与主轴箱接合处的温升一般不超过 20 ℃,磨床床身的温升一般在 10 ℃以下。其他精密机床部件的温升还要低得多。机床各部件结构与尺寸体积差异较大,各部分达到热平衡的时间也不相同。热容量大的部件达到热平衡的时间就长。

一般机床，如车床、磨床等，其空运转的热平衡时间为 4 ~6 h，中小型精密机床为 1 ~2 h，大型精密机床往往要超过 12 h，甚至达数十个小时。

机床类型不同，其内部主要热源也各不相同，热变形对加工精度的影响也不相同。例如，车、铣、钻、镗类机床，主轴箱中的齿轮、轴承摩擦发热，润滑油发热是其主要热源，使主轴箱及与之相连部分如床身或立柱的温度升高而产生较大变形。例如，车床主轴发热使主轴箱在垂直面内和水平面内发生偏移和倾斜，如图 4.36(a)所示。在垂直平面内，主轴箱的温升将使主轴升高；又因主轴前轴承的发热量大于后轴承的发热量，主轴前端将比后端高。此外，由于主轴箱的热量传给床身，床身导轨将向上凸起，故加剧了主轴的倾斜。对卧式车床热变形试验结果表明，影响主轴倾斜的主要因素是床身变形，它约占总倾斜量的 75%，主轴前、后轴承温度差所引起的倾斜量只占 25%。

如图 4.36(b)所示，车床主轴温升、位移随运转时间变化的测量结果表明，主轴在水平方向不同测量点的位移 Δy 为 10 μm 左右，在垂直方向不同测量点的位移 Δz 为 150 ~ 200 μm。虽然 Δz 较大，但在非误差敏感方向，对加工精度影响较小。而 Δy 由于是在误差敏感方向，因而对加工精度影响较大。

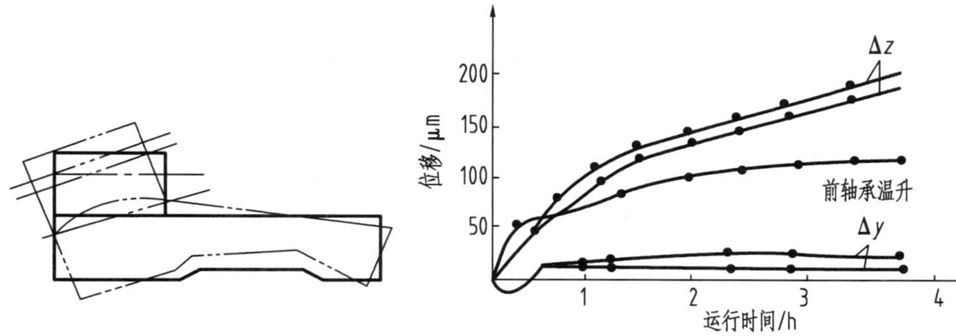

(a)热变形示意图　　(b)热变形曲线

图 4.36　车床的热变形

对于不仅在水平方向上装有刀具，在垂直方向和其他方向上也都可能装有刀具的自动车床、转塔车床，其主轴热位移，无论在垂直方向，还是在水平方向，都会造成较大的加工误差。

因此，在分析机床热变形对加工精度的影响时，还应注意分析热位移方向与误差敏感方向的相对角位置关系。对于处在误差敏感方向的热变形，需要特别注意控制。

龙门刨床、导轨磨床等大型机床的床身较长，若导轨面与底面间稍有温差，就会产生较大的弯曲变形，故床身热变形是影响加工精度的主要因素。以一台长 12 m、高 0.8 m 的导轨磨床床身为例，导轨面与床身底面温差 1 ℃时，其弯曲变形量可达 0.22 mm。床身上、下表面产生温差的原因，不仅是由于工作台运动时导轨面摩擦发热所致，环境温度的影响也是重要原因。在夏天，地面温度一般低于车间室温，因此床身中凸如图 4.37(a)所示；冬天则地面温度高于车间室温，使床身中凹。此外，若机床局部受到阳光照射，且照射部位还会随时间而变化，还会引起床身各部位不同的热变形。

通常情况下,各种磨床都有液压传动系统和高速回转磨头,且使用大量的切削液,它们都是磨床的主要热源。砂轮主轴轴承发热,将使主轴轴线升高并使砂轮架向工件方向趋近。由于主轴前、后轴承温升不同,主轴侧母线还会出现倾斜。液压系统的发热使床身各处温升不同,导致床身的弯曲和前倾。

如图4.37(b)所示,在热变形的影响下,外圆磨床的砂轮轴线与工件轴线之间的距离会发生变化,还可能产生平行度误差。

平面磨床床身的热变形则受油池安放位置及导轨摩擦发热的影响。有些磨床利用床身作油池,因此床身下部温度高于上部,结果导轨产生中凹变形。有些磨床把油箱移到机外,由于导轨面的摩擦热,使床身上部温度高于下部,从而导致导轨产生中凸变形。

双端面磨床的切削液喷向床身中部的顶面,使其局部受热而产生中凸变形,从而使两砂轮的端面产生倾斜,如图4.37(c)所示。

立式平面磨床主轴承和主电动机的发热传到立柱,使立柱里侧的温度高于外侧,进而引起立柱的弯曲变形,造成砂轮主轴与工作台间产生垂直度误差,如图4.37(d)所示。

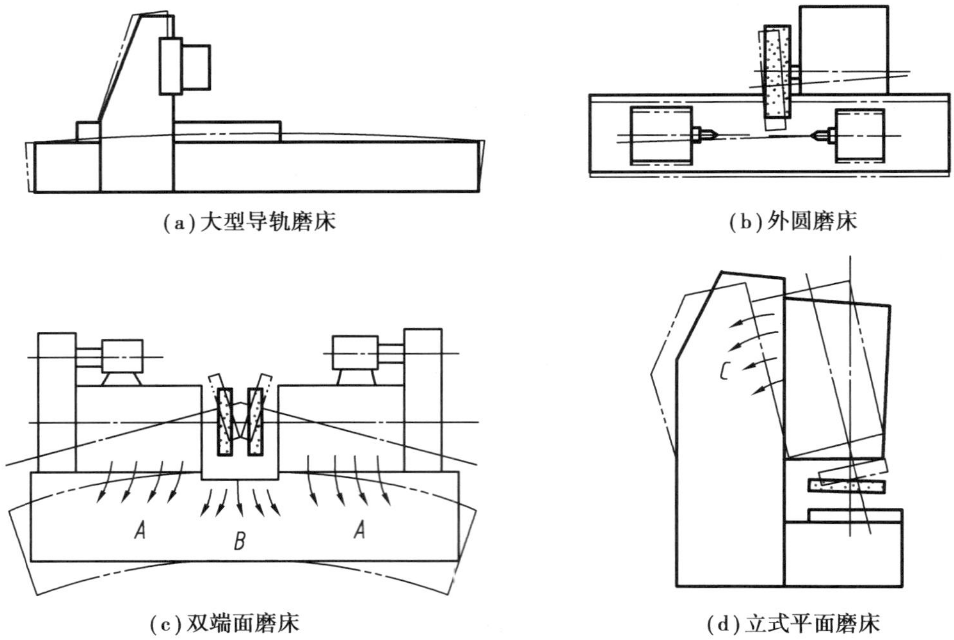

(a)大型导轨磨床　(b)外圆磨床

(c)双端面磨床　(d)立式平面磨床

图4.37　不同类型机床的热变形

4.4.3 减少机床热变形对加工精度影响的基本途径

1)减少热源的发热和隔离热源

工艺系统的热变形对粗加工精度的影响一般可不考虑,而精加工主要是为了保证零件的加工精度,因此工艺系统热变形的影响不能忽视。为减小切削热,宜采用较小的切削用量。如果粗、精加工在同一个工序内完成,那么粗加工的热变形将影响精加工的精度。一般可以在粗加工后停机一段时间使工艺系统冷却,同时,还应将工件松开,待精加工时再夹紧。这样就可减少粗加工热变形对精加工精度的影响。当零件精度要求较高时，则粗、精加工分开为宜。

为减少机床的热变形，凡是可能从机床分离出去的热源（如电动机、变速箱、液压系统、冷却系统等）均应移出，使之成为独立单元。对不能分离的热源（如主轴轴承、丝杠螺母副、高速运动的导轨副等），则可以从结构、润滑等方面改善其摩擦特性，减少发热。例如，采用静压轴承、静压导轨，改用低黏度润滑油、锂基润滑脂，或使用循环冷却润滑、油雾润滑等；也可用隔热材料将发热部件和机床大件（如床身、立柱等）隔离开来。

对发热量大的热源，若既不能从机床内部移出，又不便隔热，则可采用强制式的风冷、水冷等散热措施。如图4.38所示为一台坐标镗床的主轴箱用恒温喷油循环强制冷却的试验结果。当不采用强制冷却时，机床运转6 h后，主轴与工作台之间在垂直方向发生了190 μm的热变形，而且机床尚未达到热平衡；当采用强制冷却后，上述热变形减少到15 μm，而且机床运转不到2 h时就可达到热平衡。

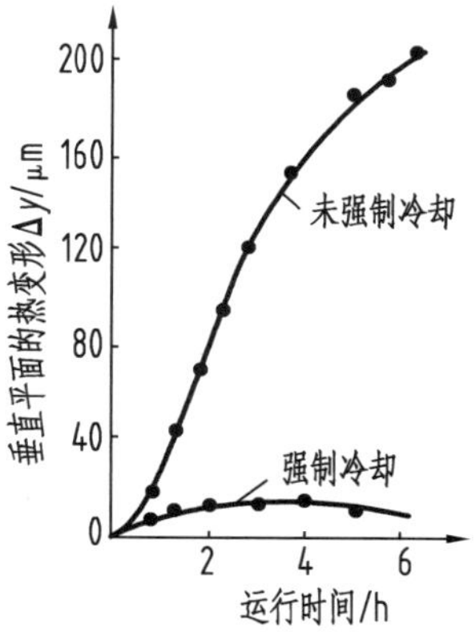

图4.38　坐标镗床主轴箱强制冷却试验

目前，大型数控机床、加工中心机床普遍采用冷冻机对润滑油、切削液进行强制冷却，以提高冷却效果。精密丝杠磨床的母丝杠中则通以切削液，以减少热变形。

2）均衡温度场

如图4.39所示为M7150A型磨床所采用的均衡温度场措施示意图。该机床床身较长，加工时工作台纵向运动速度较高，所以床身上部温升高于下部。为均衡温度场所采取的措施是：将油池搬出主机作成一单独油箱；在床身下部配置热补偿油沟，使一部分带有余热的回油经热补偿油沟后送回油池。采取这些措施后，床身上、下部温差降至1～2 ℃，导轨的中凸量由原来的0.026 5 mm降为0.005 2 mm。

如图4.40所示的立式平面磨床采用热空气加热温升较低的立柱后壁，以均衡立柱前、后壁的温升，减小立柱向后倾斜。图中热空气从电动机风扇排出，通过特设的软管引向立柱的后壁空间。采取这种措施后，磨削平面的平面度误差可降到未采取措施前的1/4～1/3。

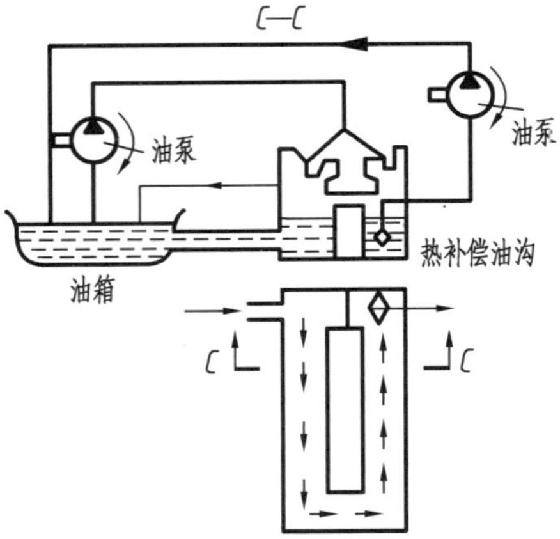

图 4.39　M7150A 型磨床的热补偿油沟

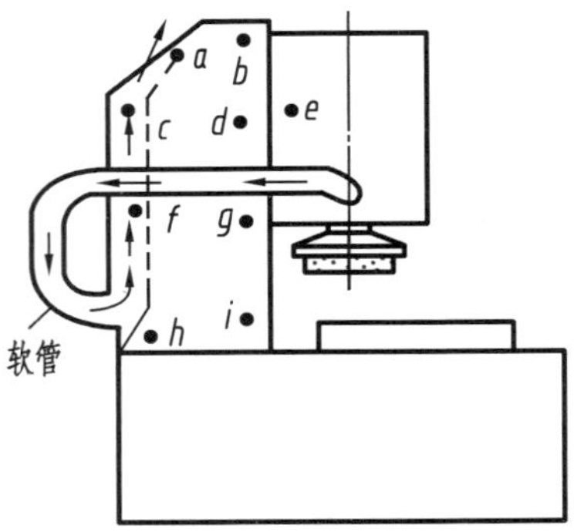

图 4.40　均衡立柱前、后臂的温度场

3)采用合理的机床部件结构及装配基准

(1)采用热对称结构

在变速箱中,将轴、轴承、传动齿轮等对称布置,可使箱壁温升均匀,箱体变形减小。机床大件的结构和布局对机床热态特性有很大影响。以加工中心机床为例,在热源影响下,单立柱结构会产生相当大的扭曲变形。而双立柱结构,由于左、右对称,仅产生垂直方向的热位移,很容易通过调整的方法予以补偿。因此,双立柱结构的机床主轴相对于工作台的热变形比单立柱结构小得多。

(2)合理选择机床零部件的装配基准

如图 4.41 所示为车床主轴箱在床身上的两种不同定位方式。由于主轴部件是车床主轴箱的主要热源,故如图 4.41(a)所示,主轴轴线相对于装配基准 H 而言,主要在 z 方向产生热位移,对加工精度影响较小。如图 4.41(b)所示,y 方向的受热变形直接影响刀具与工件的法向相对位置,故造成较大的加工误差。

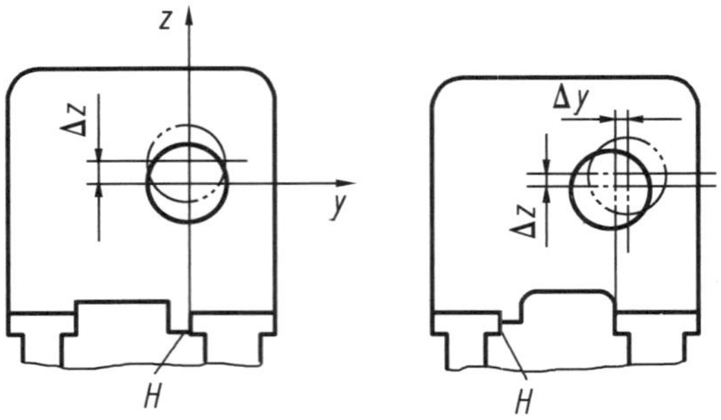

(a)定位面垂直z方向　　(b)定位面垂直y方向

图 4.41　车床主轴箱定位面位置对热变形的影响

4)加速达到热平衡状态

对于精密机床,特别是大型机床,达到热平衡的时间较长。为缩短这个时间,可以在加工前,使机床做高速空运转,或在机床的适当部位设置控制热源,人为地给机床加热,使机床较快地达到热平衡状态,然后进行加工。

5)控制环境温度

精密机床应安装在恒温车间,其恒温精度一般控制在±1 ℃以内,精密级为±0.5 ℃。恒温室平均温度一般为20 ℃,冬季取17 ℃,夏季取23 ℃。

4.5　加工误差的统计分析

前面分别从原理误差、调整误差、机床误差、受力变形、受热变形等方面分析了原始误差中各单一因素对加工误差的影响,是单因素分析法,而在生产实践中,工件最终呈现出的加工误差,往往是各因素综合作用的结果,有时很难判断加工误差到底是哪一个或哪几个因素单独引起的。这时就需要采用数理统计的方法进行分析,发现误差规律,分析判断影响的因素,从而有针对性地提出工艺改进措施,以提高加工精度,这种方法就是统计分析法。

4.5.1　加工误差的性质

对批量工件的加工误差进行统计分析时,应根据原始误差中各因素对加工误差的影响程度不同,将其按性质分为系统性误差和随机性误差。

1)系统性误差

在连续加工的一批工件中,原始误差的大小和方向保持不变的称为常值系统性误差,原始误差按一定规律变化的称为变值系统误差。两者统称为系统性误差。

原理误差,机床、刀具、夹具、量具的制造误差,调整误差,工艺系统的受力变形等原始误差,在某时段内的批量加工中,这些误差的大小和方向都不变,则是常值系统性误差。机床、夹具和量具的磨损值在一定时间内无明显变化,也看作常值系统性误差。

机床和刀具的热变形、刀具的磨损是随着加工顺序或加工时间有规律地变化,则是变值系统性误差。

2)随机性误差

在连续加工的一批工件中,原始误差的大小和方向是随机变化的称为随机性误差。毛坯误差(如余量大小不一、硬度不均等)引起的复映误差(前面介绍的误差复映现象引起的误差)、定位误差、夹紧误差(如夹紧力大小不一)、多次调整的误差、内应力引起的变形误差等都是随机性误差。

一般来说,对于常值系统性误差,可以在查明其大小和方向后,通过相应的调整或检修措施来解决。有时还可以人为设置一种反向常值误差去抵偿系统的常值误差。例如,刀具的调整误差引起的工件加工误差就是常值系统性误差,可以通过重新调整刀具加以消除。而对于变值系统性误差,可以在摸清其变化规律后,通过自动连续补偿、自动周期补偿等办法来解决。例如,磨床上对砂轮磨损和砂轮修正的自动补偿;对于机床热变形则采用空运转使机床达到热平衡后再加工的方法来减少热变形的影响。随机性误差没有明显的变化规律,很难完全消除,只能对其产生的根源采取适当的措施以减小其影响。例如,对毛坯带来的误差,可以从缩小毛坯本身误差和提高工艺系统刚度两个方面来减小其影响。在一些自动化机床上的加工过程中采用积极检验的方法，对控制一批工件加工误差的效果就更大。

4.5.2 加工误差的统计分析方法

统计分析方法是以批量工件的检查结果为基础，运用数理统计的方法分析结果中的误差规律性，判断原始误差的种类，有针对性地提出改进措施。常用的统计分析方法有分布图分析法和点图分析法两种。

1) 分布图分析法

(1) 实验分布图

成批加工某种零件，抽取其中一定数量，以零件的某个尺寸为测量对象，抽取的这批零件就称为样本，其件数 n 称为样本容量。

由于加工中存在误差，样本的测量尺寸总是在允许的尺寸误差范围内变动(称为尺寸分散)，也称为随机变量，用 x 表示。样本尺寸最大值 $x_{\max}$ 与最小值 $x_{\min}$ 之差，称为极差 R，即

$$R=x_{\max}-x_{\min} \tag{4.14}$$

将样本尺寸按大小顺序排列，并将它们分成 k 组，组距为 d。

d 可按式(4.15)计算

$$d=\frac{R}{k-1} \tag{4.15}$$

同一组中的样本数量称为频数，用 m_i 表示。

频数 m_i 与样本容量 n 之比称为频率，用 f_i 表示，即

$$f_i=\frac{m_i}{n} \tag{4.16}$$

以样本尺寸为横坐标，以频数或频率为纵坐标，就可作出该样本的实验分布图，即直方图。

选择组数 k 和组距 d，对实验分布图的显示好坏有很大关系。组数过多，组距太小，分布图会被频数的随机波动所歪曲；组数太少，组距太大，分布特征将被掩盖。k 值一般应根据样本容量来选择，见表 4.4。

表 4.4 分组数 k 的选定

n	25～40	40～60	60～100	100	100～160	160～250
k	6	7	8	10	11	12

为分析该加工工序的加工精度情况，可在直方图上标出该工序的加工公差带位置，并计算出样本的统计数字特征：平均值 $\bar{x}$ 和标准差 S。

样本的平均值 $\bar{x}$ 表示该样本的尺寸分散中心。在调整法加工中，主要取决于调整尺寸的大小及常值系统误差。

$$\bar{x}=\frac{1}{n}\sum_{i=1}^{n}x_i \tag{4.17}$$

式中　x_i——各工件的尺寸。

样本的标准差 S 反映了该批工件的尺寸分散程度，它是由变值系统误差和随机误差决定的。样本尺寸越分散，即尺寸误差越大，S 就越大；样本尺寸越集中，即尺寸误差越小，S 就越小。S 由式(4.18)计算：

$$S=\sqrt{\frac{1}{n-1}\sum_{i=1}^{n}(x_i-\bar{x})^2} \tag{4.18}$$

当样本容量比较大时，为简化计算，可直接用 n 来代替式(4.18)中的 $n-1$。

为使实验分布图能代表该工序加工精度，不受组距和样本容量的影响，纵坐标应改成频率密度，即

$$频率密度=\frac{频率}{组距}=\frac{频数}{样本容量\times组距}$$

下面举例说明实验分布图的绘制。

【例 4.1】　磨削一批轴径为 $\phi60^{+0.06}_{+0.01}$ mm 的工件，试绘制工件的加工尺寸的直方图。

(1)收集数据。从加工后的批量工件中抽取样本，样本容量 n 不宜过大或过小。通常选取 $n=50\sim200$。本例中选取 $n=100$。对选取的样本实测其尺寸，记录数据见表 4.5。可以看出，$x_{max}=54$ μm，$x_{min}=16$ μm，则 $R=54-16=38$(μm)。

表 4.5　样本尺寸测量值　　单位：μm

44	20	46	32	20	40	52	33	40	25	43	38	40	41	30	36	49	51	38	34
22	46	38	30	42	38	27	49	45	45	38	32	45	48	28	36	52	32	42	38
40	42	38	52	38	36	37	43	28	45	36	50	46	33	30	40	44	34	42	47
22	28	34	30	36	32	35	22	40	35	36	42	46	42	50	40	36	20	x_{min} 16	53
32	46	20	28	46	28	x_{max} 54	18	32	35	26	45	47	36	38	30	49	18	38	38

注：表中数据为轴颈实测尺寸与基本尺寸(60.00)的差值。

(2)确定组数 k，组距 d，各组组界及组中值。

查表 4.5，取本例中的组数 $k=9$。

组距 $d=R/(k-1)=38/8=4.75$(μm)，取整数 $d=5$ μm。

各组的上下界为

$$x_{min}+(j-1)d\pm d/2\ \ (j=1,2,3,\cdots,k)$$

组中值为

$$x_{min}+(j-1)d$$

如第一组，下界值为

$$x_{min}-d/2=16-5/2=13.5(\mu m)$$

上界值为

$$x_{\min}+\frac{d}{2}=16+\frac{5}{2}=18.5(\mu m)$$

组中值为

$$16+(1-1)d=16(\mu m)$$

(3)记录各组数据,整理频数分布,见表4.6。

表4.6 频数分布表

组号	组界/μm	组中值	频数统计	频数	频率/%	频率密度/μm^{-1}(%)
1	13.5~18.5	16	上	3	3	0.6
2	18.5~23.5	21	正丄	7	7	1.4
3	23.5~28.5	26	正上	8	8	1.6
4	28.5~33.5	31	正正上	13	13	2.6
5	33.5~38.5	36	正正正正正丨	26	26	5.2
6	38.5~43.5	41	正正正丨	16	16	3.2
7	43.5~48.5	46	正正正丨	16	16	3.2
8	48.5~53.5	51	正正	10	10	2
9	53.5~58.5	56	丨	1	1	0.2

(4)以样本的实测数据为横坐标,频率密度为纵坐标,根据表4.6的频数分布表,做出样本各组的直方图,如图4.42所示。

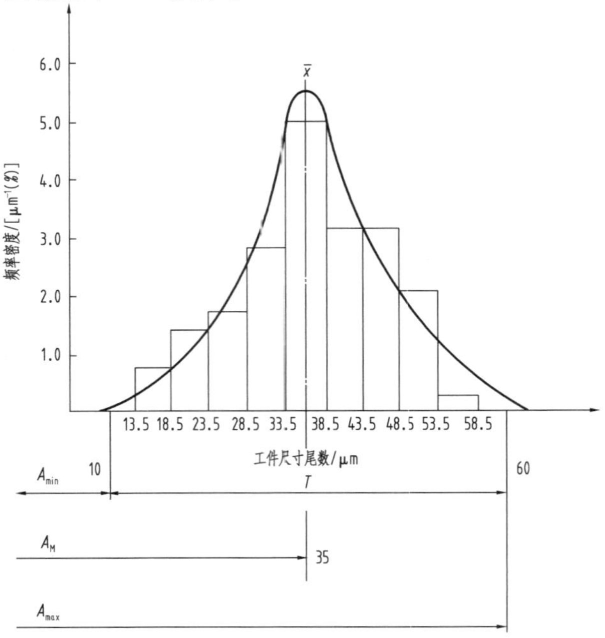

图4.42 直方图

(5)为了分析本工序的加工精度情况,同时将理论极限公差 $A_{max}=60$ μm、$A_{min}=10$ μm 及平均值 $A_M=35$ μm 标注在直方图的下方,以便对比分析。并计算出样本均值 $\bar{x}=37.25$ μm 和标准差 $S=9.06$ μm。

从直方图中可以直观地看出工件尺寸的分布情况:该批工件尺寸分散范围,在公差带中心的频率密度最高,即占比最大,意味着大多数工件的尺寸都围绕着公差带中心。远离公差带中心的尺寸偏大或偏小的工件,频率密度很低,占比很小,意味着很少量工件尺寸偏大或偏小。尺寸分散范围($6S=54.36$ μm)略大于理论公差($T=50$ μm),说明有部分工件尺寸超出了公差带范围,意味着工序加工能力稍显不足。样本的平均值 $\bar{x}=37.25$ μm 和公差带中心 $A_M=35$ μm 基本重合,表面工艺的常值系统误差(如调整误差)很小。

有时为了简化作图,以所分组的平均测量数据为横坐标、频率为纵坐标,绘制出样本的分布折线图进行分析。

【例 4.2】　检查一批精镗后的活塞销孔直径,图样要求的尺寸及公差为 $\phi 28_{-0.015}^{\ 0}$。现抽查样本 $n=100$ 进行测量。把测量所得的数据按尺寸大小分组,每组的尺寸间隔为 0.002 mm,列出表 4.7。

表 4.7　活塞销孔直径测量结果

组别	尺寸范围/mm	组平均尺寸 x/mm	组内工件数 m/件	频率 m/n
1	27.992 ~ 27.994	27.993	4	4/100
2	27.994 ~ 27.996	27.995	16	16/100
3	27.996 ~ 27.998	27.997	32	32/100
4	27.998 ~ 28.000	27.999	30	30/100
5	28.000 ~ 28.002	28.001	16	16/100
6	28.002 ~ 28.004	28.003	2	2/100

以每组的平均尺寸为横坐标、频率为纵坐标,绘制出样本的分布折线图,如图 4.43 所示。同时为了比较分析,在横坐标下方标注出样本的分散范围、理论公差带范围。样本的分散范围为 28.004−27.992 = 0.012(mm),计算出所有样本平均尺寸为 29.997 9 mm。理论尺寸最大值为 28.00 mm、最小值为 28−0.015 = 27.985(mm),理论公差带的中心位置为 28−0.015/2 = 27.992 5(mm)。

一部分工件尺寸(28.000 ~ 28.004)已超出了公差范围,成了废品,占 18%,见表 4.7。如图 4.43 所示的阴影部分。本来样本分散范围 0.012 mm 比理论公差带 0.015 mm 小,不应该出现废品,但还是有 18% 的工件尺寸超出了公差上限,造成这种结果的原因是样本分散范围中心与理论公差带中心不重合,这两个中心位置的差值就是本次批量加工中存在的常值系统误差 $\Delta_{系统}=27.997\ 9-27.992\ 5=0.005\ 4$(mm)。如果能够设法将样本分散中心调整到与理论公差带中心重合,所有工件将全部合格。

回归到镗孔工艺实践中分析,造成的原因可能是镗刀杆的伸出量较长,刚性不足造成

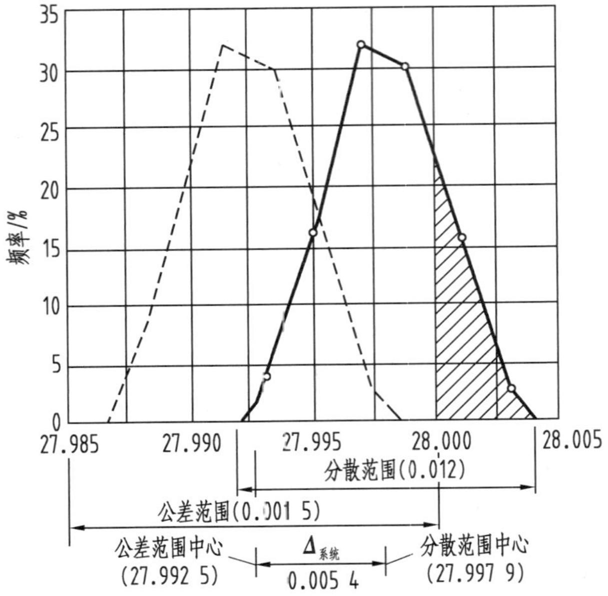

图 4.43　活塞销孔实际直径尺寸分布折线图

的误差。设法降低伸长量，提高刚性，可能就会消除常值系统误差，提高产品的合格率。

【例 4.3】　如在无心磨床上用贯穿法磨削活塞销外径，理论尺寸及公差为 $\phi28_{-0.010}^{-0.001}$ mm，公差为 0.010−0.001＝0.009（mm）。取一定样本测量，绘制出尺寸分布如图 4.44 所示。根据样本的尺寸分散范围中心和理论公差带中心的差值，计算出系统的常值系统误差，$\Delta_{系统}$＝27.998 0−27.994 5＝0.003 5（mm）。为消除常值系统误差，把样本的分散范围中心调整到与理论公差范围中心重合，但因样本尺寸分散范围 0.016 mm 大于理论公差范围 0.009 mm，即使没有常值系统误差，同样会有部分样本工件尺寸超出理论公差带范围而成为废品，如图 4.44 所示的阴影部分，就是随机误差引起的。

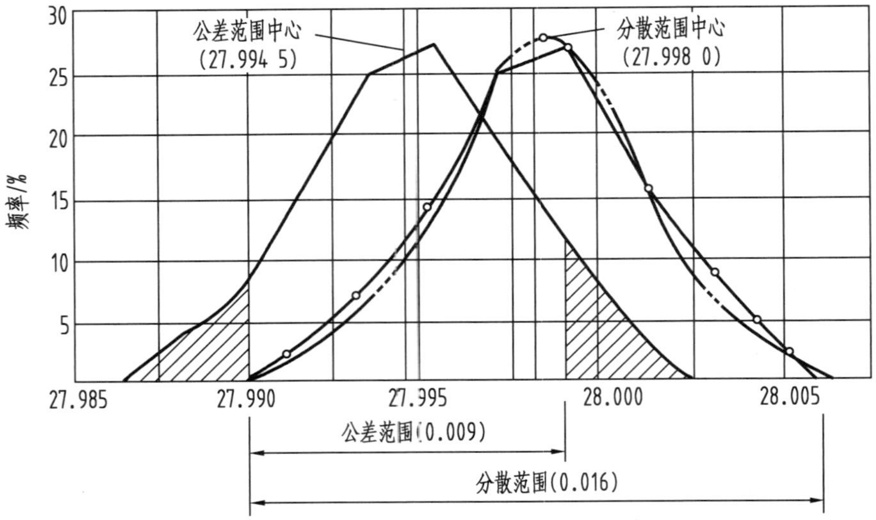

图 4.44　活塞销直径尺寸分布折线图

结合无心磨床的工艺实践分析，可以通过调整无心磨床的砂轮和导轮之间的距离来消除常值系统误差，随机误差的原因会比较复杂，可能会是毛坯误差复映造成的，如通过增加磨削进给次数消除误差复映对加工精度的影响。

在绘制样本尺寸分布图时，若所取样本容量较大，分组数更多，则作出的分布图趋近于光滑曲线，如图 4.44 中的点画线所示。

(2)理论分布曲线

概率论已经证明，相互独立的大量微小随机变量，其总和的分布是符合正态分布的。

正态分布曲线的形状如图 4.45 所示。其概率密度函数的表达式为

$$y=\frac{1}{\sigma\sqrt{2\pi}}e^{-\frac{1}{2}\left(\frac{x-\mu}{\sigma}\right)^2}\quad(-\infty<x<+\infty,\sigma>0)\tag{4.19}$$

式中　y——分布的概率密度；

z——随机变量；

μ——正态分布随机变量总体的算术平均值；

σ——正态分布随机变量的标准差。

从式(4.19)及图 4.45 中可以看出，当 $x=\mu$ 时，

$$y_{\max}=\frac{1}{\sigma\sqrt{2\pi}}\tag{4.20}$$

这是曲线的最大值。在它左右的曲线是对称的。

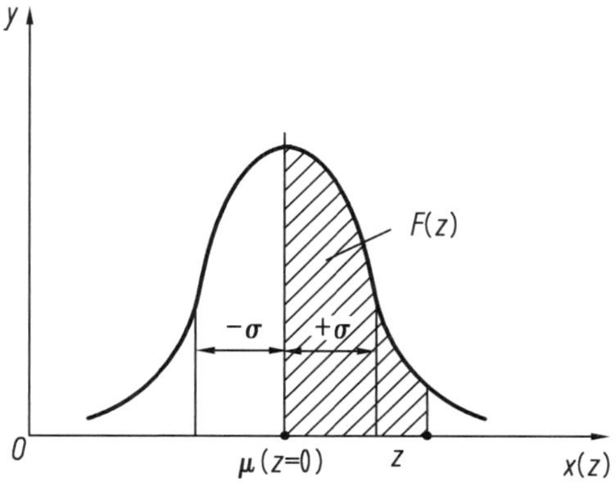

图 4.45　正态分布曲线

如果改变 μ 值，正态分布曲线将沿横坐标移动而不改变其形状，如图 4.46(a)所示，这说明 μ 值是表征正态分布曲线位置的参数。

从式(4.20)中可以看出，正态分布曲线的最大值 $y_{\max}$ 与 σ 成反比。所以，当 σ 减小时，正态分布曲线将向上伸展。由于正态分布曲线所围成的面积总是保持等于 1，因此，σ 越小，正态分布曲线两侧越向中间收紧。反之，当 σ 增大时，$y_{\max}$ 减小，正态分布曲线越平坦地沿横轴伸展，如图 4.46(b)所示。可见 σ 是表征正态分布曲线形状的参数。

总体平均值 $\mu=0$，总体标准差 $\sigma=1$ 的正态分布称为标准正态分布。任何不同的 μ 与 σ 的正态分布都可以通过坐标变换 $z=\frac{x-\mu}{\sigma}$ 变为标准的正态分布，故可以利用标准正

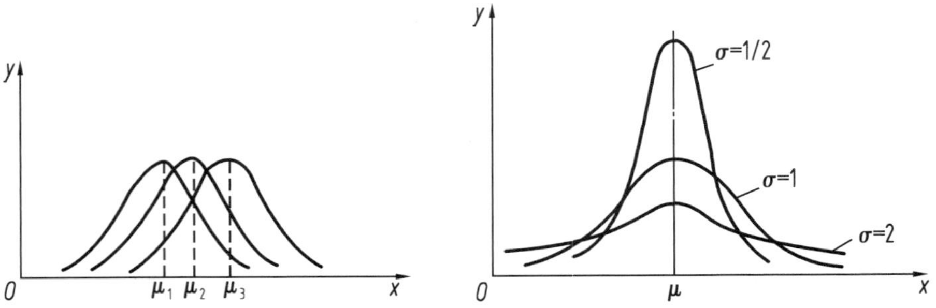

(a) μ值对曲线的影响　　(b) σ值对曲线的影响

图 4.46　μ、σ 值对正态分布曲线的影响

态分布的函数值,求得各种正态分布的函数值。

由分布函数的定义可知,正态分布函数是正态分布概率密度函数的积分,即

$$F(x)=\frac{1}{\sigma\sqrt{2\pi}}\int_{-\infty}^{x}\mathrm{e}^{-\frac{1}{2}\left(\frac{x-\mu}{\sigma}\right)^{2}}\mathrm{d}x \tag{4.21}$$

由此式可知,$F(x)$为正态分布曲线上、下积分限间包含的面积,它表征了随机变量 x 落在区间$(-\infty,x)$上的概率。令 $z=\dfrac{x-\mu}{\sigma}$,则有

$$F(z)=\frac{1}{\sqrt{2\pi}}\int_{0}^{z}\mathrm{e}^{-\frac{z^{2}}{2}}\mathrm{d}z \tag{4.22}$$

如图 4.45 所示,$F(z)$为图中有阴影线部分的面积。对于不同 z 值的 $F(z)$,可由表 4.8 查出。

表 4.8　$F(z)$的值

z	$F(z)$	z	$F(z)$	z	$F(z)$	z	$F(z)$	z	$F(z)$
0.00	0.000 0	0.20	0.079 3	0.60	0.225 7	1.00	0.341 3	2.00	0.477 2
0.01	0.004 0	0.22	0.087 1	0.62	0.232 4	1.05	0.353 1	2.10	0.482 1
0.02	0.008 0	0.24	0.094 8	0.64	0.238 9	1.10	0.364 3	2.20	0.486 1
0.03	0.012 0	0.26	0.102 3	0.66	0.245 4	1.15	0.374 9	2.30	0.489 3
0.04	0.106 0	0.28	0.110 3	0.68	0.251 7	1.20	0.384 9	2.40	0.491 8
0.05	0.119 9	0.30	0.117 9	0.70	0.258 0	1.25	0.394 4	2.50	0.493 8
0.06	0.023 9	0.32	0.125 5	0.72	0.264 2	1.30	0.403 2	2.60	0.495 3
0.07	0.027 9	0.34	0.133 1	0.74	0.270 3	1.35	0.411 5	2.70	0.496 5
0.08	0.031 9	0.36	0.140 6	0.76	0.276 4	1.40	0.419 2	2.80	0.497 4
0.09	0.035 9	0.38	0.148 0	0.78	0.282 3	1.45	0.426 5	2.90	0.498 1
0.10	0.039 8	0.40	0.155 4	0.80	0.288 1	1.50	0.433 2	3.00	0.498 65
0.11	0.043 8	0.42	0.162 8	0.82	0.203 9	1.55	0.439 4	3.20	0.499 31
0.12	0.047 8	0.44	0.170 0	0.84	0.299 5	1.60	0.445 2	3.40	0.499 66

续表

z	$F(z)$	z	$F(z)$	z	$F(z)$	z	$F(z)$	z	$F(z)$
0.13	0.051 7	0.46	0.177 2	0.86	0.305 1	1.65	0.450 5	3.60	0.499 841
0.14	0.055 7	0.48	0.181 4	0.88	0.310 6	1.70	0.455 4	3.80	0.499 928
0.15	0.059 6	0.50	0.191 5	0.90	0.315 9	1.75	0.459 9	4.00	0.499 968
0.16	0.063 6	0.52	0.198 5	0.92	0.321 2	1.80	0.464 1	4.50	0.499 997
0.17	0.067 5	0.54	0.200 4	0.94	0.326 4	1.85	0.4678	5.00	0.499 999 97
0.18	0.071 4	0.56	0.212 3	0.96	0.331 5	1.90	0.471 3	—	—
0.19	0.075 3	0.58	0.219 0	0.98	0.336 5	1.95	0.474 4	—	—

当 $z=\pm3$，即 $x-\mu=\pm3\sigma$，由表 4.9 查得 $2F(3)=2\times0.498\ 65\times100\%=99.73\%$。这说明随机变量 z 落在 $\pm3\sigma$ 范围以内的概率为 99.73%，落在此范围以外的概率仅为 0.27%，此值很小。因此，可以认为正态分布的随机变量的分散范围是 $\pm3\sigma$。这就是所谓的“$\pm3\sigma$”原则。

在机械加工实践中，调整好的工艺系统中若不存在明显的误差（含系统误差和随机误差），基于该系统的加工误差是由很多相互独立的微小随机误差综合作用的结果，则加工后的零件尺寸分布近似于正态分布。结合理论正态分布曲线，可总结出工艺实践中的正态分布曲线的特点如下：

①曲线呈钟形，中间高，两边低。这表示尺寸靠近分散中心的工件占大部分，而尺寸远离分散中心的工件是少数。

②曲线相对于中间的平均值 μ 是左右对称的。意味着加工后的工件尺寸分布在平均值的两侧的概率是相等的，比平均值大和小的零件数量相同。

③位置参数 μ 反映的是样本的均值。μ 代表所测样本零件尺寸的平均值。

④形状参数 σ 反映的是样本尺寸的分散程度。如图 4.46(b) 所示，σ 越大，曲线越平坦，样本尺寸分散范围越广，意味着加工精度越低；σ 越小，曲线越陡峭，样本尺寸分散范围越小，意味着加工精度越高。

⑤$\pm3\sigma$ 原则。根据 $\pm3\sigma$ 原则，样本工件尺寸落在 $\pm3\sigma$ 范围以内的概率为 99.739%，落在此范围以外的概率仅为 0.27%，此值很小，经常忽略不计。$\pm3\sigma$ 是研究加工误差时应用很广的一个重要概念。6σ 的大小代表了某种加工方法在一定条件下（如毛坯余量，切削用量，正常的机床、夹具、刀具等）所能达到的加工精度。一般情况下，应使所选择的加工方法的标准差 σ 与公差带宽度 T 之间的关系为 $T\geqslant6\sigma$。正态分布总体的 μ 和 σ 通常是不知道的，但可以通过它的样本平均值 $\bar{x}$ 和样本标准差 S 来估计。这样，当成批加工一批工件时，抽检其中的一部分，即可判断整批工件的加工精度。

考虑到实际的工艺系统中可能会存在系统性误差（如刀具磨损）及其他因素的影响，一般通常使 $T>6\sigma$。刀具磨损会使分布曲线的位置移动及 σ 逐渐加大。在外圆加工中，开始加工时，应使尺寸分散范围接近公差带的下限；在孔加工中，开始加工时，应使尺寸分散范围接近公差带的上限。这样在刀具磨损过程中，工件的尺寸分散范围逐渐向上限（外圆加工）或向下限（孔加工）移动，可以在比较长的加工时间内使工件尺寸不超出公差带。

（3）分布图分析法的应用

①判别加工误差的性质。

如前所述，假如加工过程中没有变值系统误差，那么其尺寸分布应符合正态分布，这是判别加工误差性质的基本方法。

如果实际分布与正态分布基本相符，加工过程中没有变值系统误差（或影响很小），就可进一步根据样本平均值 $\bar{x}$ 是否与公差带中心 A_M 重合来判断是否存在常值系统误差（$\bar{x}$ 与公差带中心 A_M 不重合就说明存在常值系统误差）。常值系统误差仅影响 $\bar{x}$ 值，即只影响分布曲线的位置，对分布曲线的形状没有影响。

若实际分布与正态分布有较大出入，可根据直方图初步判断变值系统误差的性质。

②确定工序能力及其等级。

工序能力是指工序处于稳定状态时，加工误差正常波动的幅度。当加工尺寸符合正态分布时，其尺寸分散范围是 6σ，所以工序能力就是 6σ。

工序能力等级是以工序能力系数来表示的，它代表了工序能满足加工精度要求的程度。当工序处于稳定状态时，工序能力系数 C_p 按式（4.23）计算

$$C_p = \frac{T}{6\sigma} \tag{4.23}$$

式中　T——工件尺寸公差。

根据工序能力系数 C_p 的大小，可将工序能力分为 5 级，见表 4.9。一般情况下，工序能力不应低于二级，即 $C_p>1$。

表 4.9　二序能力等级

工序能力系数	工序等级	说明
$C_p>1.67$	特级	工艺能力过高，可以允许有异常波动，不一定经济
$1.67 \geqslant C_p>1.33$	一级	工艺能力足够，可以允许有一定的异常波动
$1.33 \geqslant C_p \geqslant 1.00$	二级	工艺能力勉强，必须密切注意
$1.00 \geqslant C_p \geqslant 0.67$	三级	工艺能力不足，可能出现少量不合格品
$0.67 \geqslant C_p$	四级	工艺能力很差，必须加以改进

必须指出的是，$C_p>1$ 只说明该工序的工序能力足够，至于加工中是否会出现废品，还要看调整得是否正确。如果加工中有常值系统误差，就与公差带中心位置 A_M 不重合，那么只有当 $C_p>1$ 且 $T \geqslant 6\sigma+2|\mu-A_M|$ 时才不会产生不合格品。如果 $C_p<1$，那么不论怎样调整，不合格品总是不可避免的。

③估算合格品率或不合格品率。

不合格品率包括废品率和可返修的不合格品率。它可通过分布曲线进行估算，现

举例说明如下。

【例 4.4】　在无心磨床上磨削销轴外圆，要求外径 $d=\phi28_{-0.043}^{-0.016}$ mm。抽样一批零件，后计算得到 $\bar{x}=11.974$ mm，$\sigma=0.005$ mm，其尺寸分布符合正态分布，试分析该工序的加工质量。

【解】　(1)根据所计算的 $\bar{x}$ 及 6σ 作分布图(图 4.47)

(2)计算工序能力系数 C_p

$$C_p=\frac{T}{6\sigma}=\frac{-0.016-(-0.043)}{6\times0.005}=0.9<1$$

工序能力系数 $C_p<1$ 表明该工序能力不足，产生不合格品是不可避免的。

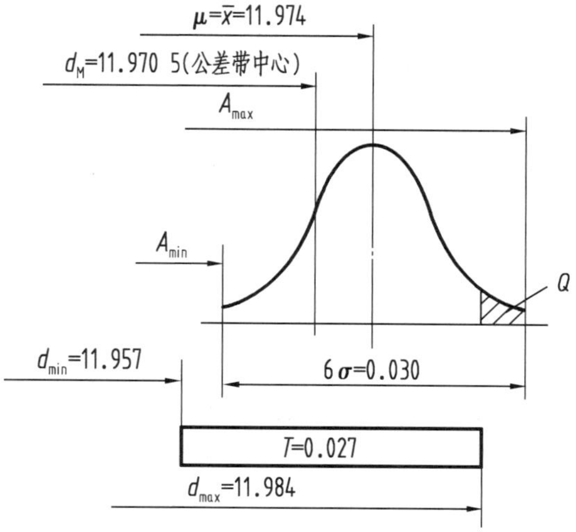

图 4.47　圆销直径分布图

(3)计算不合格品率 Q

工件理论最小尺寸 $d_{min}=12-0.043=11.957$(mm)，理论最大尺寸 $d_{max}=12-0.016=11.984$(mm)。

工件样本的分散范围最小值 $A_{min}=\bar{x}-3\sigma=11.974-0.015=11.959(mm)>d_{min}$，落在理论公差带范围之内，不会出现不合格品。

工件样本的分散范围最大值 $A_{max}=\bar{x}+3\sigma=11.974+0.015=11.989(mm)>d_{max}$，超出了理论公差带范围，故会产生不合格品。

不合格品率　　$Q=0.5-F(z)$

其中　　$$z=\frac{x-\bar{x}}{\sigma}=\frac{11.984-11.974}{0.005}=2$$

查表 4.6 知，当 $z=2$ 时，$F(z)=0.4772$，则 $Q=0.5-0.4772=2.28\%$。

(4)改进措施

重新调整机床，使分散中心 $\bar{x}$ 与公差带中心 d_M 重合，则可减小不合格品率。调整量 $\Delta=11.974-11.9705=0.0035$(mm)(具体操作时，使砂轮向前进刀 $\Delta/2$ 的磨削深度即可)。

最后需要说明，在机械加工中，工件实际尺寸的分布情况，有时并非正态分布。例如，将两次调整下加工出的工件混在一起测量，则其分布曲线为如图4.48(a)所示的双峰曲线。实质上是两组正态分布曲线（如虚线所示）的叠加，即是在随机性误差中混入了系统性误差，每组有各自的分散范围中心和标准差。

如果加工中刀具或砂轮的尺寸磨损比较显著，所得一批工件的尺寸分布如图4.48(b)所示。尽管在加工的每一瞬时，工件的尺寸都呈正态分布，但是随着刀具或砂轮的磨损，不同瞬间尺寸分布的算术平均值是逐渐移动的（当均匀磨损时，瞬时平均值可看成匀速移动），因此分布曲线为平顶。

又如，工艺系统在远未达到热平衡而加工时，由于热变形开始较快，以后渐慢。加工轴时曲线凸峰偏向左，加工孔时曲线凸峰偏向右。实际分布出现不对称状态，如图4.48(c)所示。用试切法加工时，操作者主观上存在宁可返修也不报废的倾向性，加工轴时宁大勿小，凸峰偏右；加工孔时宁小勿大，凸峰偏左，整体分布呈不对称分布。

对于轴向圆跳动和径向圆跳动这一类误差，一般不考虑正负方向，工艺实践中倾向越接近零的越好，所以分布曲线偏向零的较多，远离零的较少，其分布（称为瑞利分布）呈不对称分布，如图4.48(d)所示。

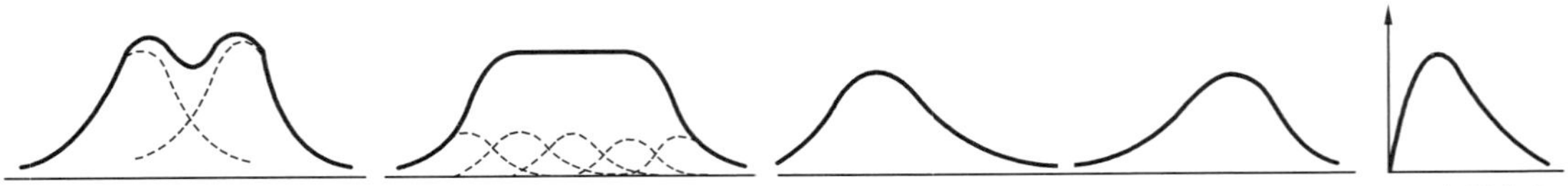

(a)双峰曲线　(b)平顶分布　(c)不对称分布　(d)瑞利分布

图4.48　非正态分布

对于非正态分布，其分散范围不能认为是6σ，而应是$6\sigma/k$，k为相对分布系数，其值与分布曲线形状有关，具体见表4.10，表中e为相对不对称系数，与Δ有关，根据式(4.24)求解。

表4.10　不同分布曲线的e、k值

分布特征	正态分布	三角分布	均匀分布	瑞利分布	偏态分布	
					外尺寸	内尺寸
分布曲线	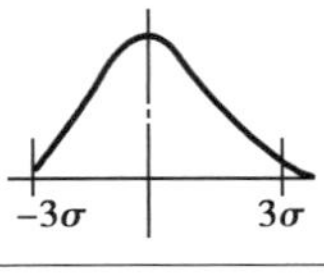	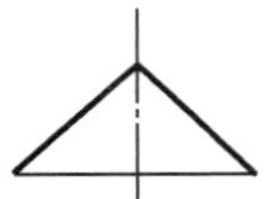		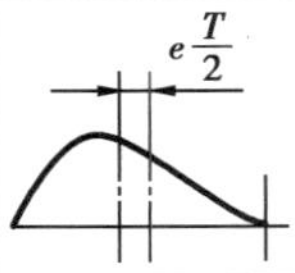	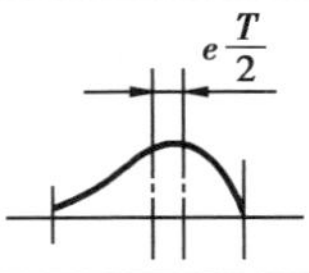	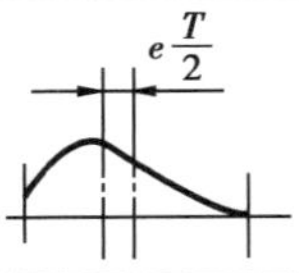
e	0	0	0	-0.28	0.26	-0.26
k	1	1.22	1.73	1.14	1.17	1.17

$$\Delta=\frac{eT}{2} \tag{4.24}$$

式中　Δ——总体算术平均值和总体分散范围中心的差值；

T——分散范围。

有时加工过程中产生加工误差的原因比较复杂，分布图分析法很难区别变值系统误差与随机误差的影响。分布图分析，是待一批工件加工完毕后才能绘制分布图，且没有考虑一批工件加工的先后顺序，故不能反映误差随时间的变化趋势，尤其当需要在线精度控制时，分布图分析法就无法满足需求。

2）点图分析法

分布图分析法是分析工艺过程精度的一种方法。应用这种分析方法的前提是工艺过程应是稳定的。在这个前提下，讨论工艺过程的精度指标（如工序能力系数、废品率等）才有意义。

任何一批工件的加工尺寸都有波动性，因此，样本的平均值 $\bar{x}$ 和标准差 S 也会波动。若加工中产生的误差主要是随机误差，而系统误差影响很小，那么这种波动属于正常波动，这一工艺过程也就是稳定的；若加工中存在着较大的变值系统误差，或随机误差的大小有明显变化，那么这种波动就是异常波动，这样的工艺过程就是不稳定的。

从数学的角度来讲，如果所测样本的总体分布参数（如 μ,σ）保持不变，则这一工艺过程就是稳定的；如果有所变动（即便是往好的方向变化，如 σ 变小），那么这一工艺过程就是不稳定的。

分析工艺过程的稳定性，通常采用点图法。点图有多种形式，这里仅介绍单值点图和 $\bar{x}-R$ 图两种。

用点图来评价工艺过程的稳定性，采用的是顺序样本，即样本是由工艺系统在一次调整中，按顺序加工的工件组成。这样的采样方式可以得到在时间上与工艺过程运行同步的有关信息，能够反映出加工误差随时间变化的趋势。而分布图分析法采用的是随机样本，不考虑加工顺序，而且是对加工好的一批工件有关数据处理后才能作出分布曲线。

（1）单值点图

按加工顺序逐个测量一批工件尺寸，以工件序号为横坐标，所测尺寸（或误差）为纵坐标，作出如图 4.49（a）所示的点图。为缩短点图的长度，可将顺次加工出的几个工件编为一组，以工件组序为横坐标，而纵坐标保持不变，同一组内各工件可根据尺寸分别点在同一组号的垂直线上，就可得到如图 4.49（b）所示的点图。

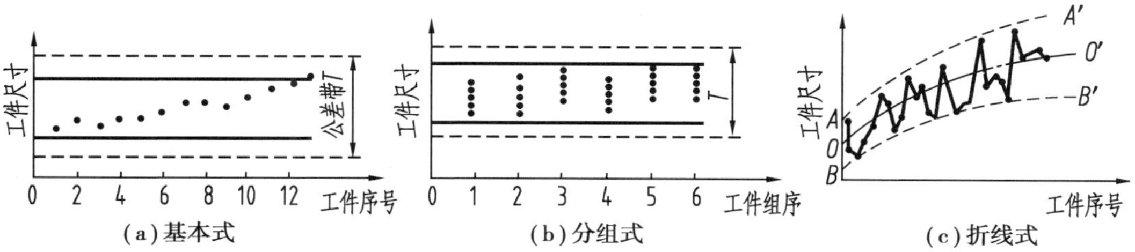

图 4.49　单值点图

上述点图反映了每个工件尺寸（或误差）与加工顺序的关系，故称为单值点图。

若将点图的上、下极限点包络成两根平滑的曲线，并作出这两根曲线的平均值曲线，如图 4.49（c）所示，就能清楚地揭示出加工过程中误差的性质及其变化趋势。平均

值曲线 OO'表示每一瞬时的分散中心，其变化情况反映了变值系统误差随时间变化的规律，其起始点 O 则可看成常值系统误差的影响；上、下限曲线 AA'和 BB'间的宽度表示每一瞬时的尺寸分散范围，也就是反映了随机误差的影响。

单值点图上画有上、下两条控制界限线（如图 4.49 所示用实线表示）和两极限尺寸线（用虚线表示），作为控制不合格品的参考界限。

(2) $\bar{x}$-R 图

①样组点图的基本形式及绘制。

为了能直接反映加工过程中系统误差和随机误差随加工时间的变化趋势，在实际生产中常用样组点图来代替单值点图。样组点图的种类繁多，目前应用得最广泛的是 $\bar{x}$-R 图。$\bar{x}$-R 图是平均值 $\bar{x}$ 控制图和极差 R 控制图联合使用时的统称。前者控制工艺过程质量指标的分布中心，后者控制工艺过程质量指标的分散程度。

$\bar{x}$-R 图的横坐标是按时间先后采集的小样本的组序号，纵坐标为各小样本的平均值 $\bar{x}$ 和极差 R。在 $\bar{x}$-R 图上各有 3 根线，即中心线和上、下控制线。

绘制 $\bar{x}$-R 图是以小样本顺序随机抽样为基础的。在工艺过程进行中，每隔一定时间抽取容量 $n=2\sim10$ 件的一个小样本，求出小样本的平均值 $\bar{x}$ 和极差 R。经过若干时间后，就可取得若干个（如 k 个，通常取 $k=25$）小样本，将各组小样本的 $\bar{x}$ 和 R 值分别点在 $\bar{x}$-R 图上，即可制成 $\bar{x}$-R 图。

②$\bar{x}$-R 图上、下控制线的确定。

任何一批工件的加工尺寸都有波动性，因此，各小样本的平均值 $\bar{x}$ 和极差 R 也有波动性。要判别波动是否属于正常，就需要分析 $\bar{x}$ 和 R 的分布规律，在此基础上也就可以确定 $\bar{x}$-R 图中上、下控制线的位置。

由概率论可知，当总体是正态分布时，其样本的平均值 $\bar{x}$ 的分布也符合正态分布，且 $\bar{x}\sim N(\mu,\sigma^2/n)$（$\mu$、$\sigma$ 是总体的均值和标准差）。因此，$\bar{x}$ 的分散范围是 $\mu\pm3\sigma/\sqrt{n}$。

R 的分布虽然不符合正态分布，但当 $n<10$ 时，其分布与正态分布也是比较接近的，因此 R 的分散范围也可取为 $\bar{R}\pm3\sigma_R$（$\bar{R}$、σ_R 内分别是 R 分布的均值和标准差），且 $\sigma_R=d\sigma$。式中，d 为常数，其值可由表 4.11 查得。

表 4.11　d，a_n，A_2，D_1，D_2 的值

n/件	d	a_n	A_2	D_1	D_2
1	0.880	0.486	0.73	2.28	0
2	0.864	0.430	0.58	2.11	0
3	0.848	0.395	0.48	2.00	0

总体的均值 μ 和标准差 σ 通常是未知的。但由数理统计可知，总体的均值 μ 可以用小样本平均值 $\bar{x}$ 的平均值 $\bar{\bar{x}}$ 来估计，而总体的标准差 σ 可以用 $a_n\bar{R}$ 来估计，即

$$\hat{\mu}=\bar{\bar{x}}，其中\ \bar{\bar{x}}=\frac{1}{k}\sum_{i=1}^{k}\bar{x}_i$$

$$\hat{\sigma} = a_n \overline{R},\ 其中\ \overline{R} = \frac{1}{k}\sum_{i=1}^{k} R_i$$

式中　$\hat{\mu},\hat{\sigma}$——μ,σ 的估计值；

$\overline{x_i}$——各小样本的平均值；

R_i——各小样本的极差；

a_n——常数，其值见表 4.11。

用样本极差 R 来估计总体的 σ，其缺点是不如用样本的标准差 S 来得可靠，但由于其计算很简单，所以在生产中经常被采用。

最后便可确定 $\bar{x}$-R 图上的各条控制线，即 $\bar{x}$ 点图：

中线　$$\bar{\bar{x}} = \frac{1}{k}\sum_{i=1}^{k} \overline{x_i}$$

上控制线　$$\overline{x_S} = \bar{\bar{x}} + A_2 \overline{R}$$

下控制线　$$\overline{x_x} = \bar{\bar{x}} - A_2 \overline{R}$$

式中　A_2——常数，$A_2 = 3a_n / \sqrt{n}$。其中，a_n，A_2 可由表 4.11 查得。

R 点图：

中线　$$\overline{R} = \frac{1}{k}\sum_{i=1}^{k} R_i$$

上控制线　$$R_S = \overline{R} + 3\sigma_R = (1+3da_n)\overline{R} = D_1\overline{R}$$

下控制线　$$R_S = \overline{R} - 3\sigma_R = (1-3da_n)\overline{R} = D_2\overline{R}$$

式中　D_1，D_2——常数，可由表 4.11 查得。

在点图上作出中线和上、下控制线后，就可根据图中点的分布情况来判别工艺过程是否稳定（波动状态是否属于正常）。判别的标准见表 4.12。

表 4.12　正常波动与异常波动标准

正常波动	异常波动
1. 没有点子超出控制线 2. 大部分点子在中线上、下波动，小部分在控制线附近 3. 点子没有明显的规律性	1. 有点子超出控制线 2. 点子密集在中线上、下附近 3. 点子密集在控制线附近 4. 连续 7 点以上出现在中线一侧 5. 连续 11 点中有 10 点出现在中线一侧 6. 连续 14 点中有 12 点以上出现在中线一侧 7. 连续 17 点中有 14 点以上出现在中线一侧 8. 连续 20 点中有 16 点以上出现在中线一侧 9. 点子有上升或下降倾向 10. 点子有周期性波动

由上述可知，$\bar{x}$ 在一定程度上代表了瞬时的分散中心，故 $\bar{x}$ 点图主要反映系统误差及其变化趋势；R 在一定程度上代表了瞬时的尺寸分散范围，故 R 点图可反映出随机误差及其变化趋势。单独的 $\bar{x}$ 点图和 R 点图不能全面地反映加工误差的情况，因此这两

种点图必须结合起来应用。

必须指出的是，工艺过程的稳定性与是否产生废品是两个不同的概念。工艺过程的稳定性用 $\overline{x}$-R 图判断，而工件是否合格则用公差衡量，两者之间没有必然的联系。例如，某一工艺过程是稳定的，但误差较大，若用这样的工艺过程来制造精密零件，则肯定都是废品。客观存在的工艺过程与人为规定的零件公差之间如何正确地匹配，即前面所介绍的工序能力系数的选择问题。

【例 4.5】 某挺杆零件球形表面要求对基准轴线的跳动不大于 0.05 mm。试用 $\overline{x}$-R 图分析该工序工艺过程的稳定性。

【解】 (1)抽样、测量：严格按加工顺序依次抽取样组。本例取 100 件，25 个子样组。将所测样组中每个零件的误差值记录见表 4.13。

(2)绘制 $\overline{x}$-R 图：先计算出各子样组的平均值和极差，然后算出 $\overline{x}$ 的平均值 $\overline{\overline{x}}$ 和 R 的平均值 $\overline{R}$，以及 $\overline{x}$ 点图的上、下控制线 $\overline{x_s}$ 和 $\overline{x_x}$，R 点图的上、下控制线 R_s 和 R_x。将上述数据填入表 4.13 中，并据以作出 $\overline{x}$-R 点图，如图 4.50 所示。

表 4.13　挺杆球面跳动量 $\overline{x}$-R 图数据表　　单位：μm

样组号	观测值				平均值 $\overline{x}$	极差 R	样组号	观测值				平均值 $\overline{x}$	极差 R
	x_1	x_2	x_3	x_4				x_1	x_2	x_3	x_4		
1	30	18	20	20	22	12	14	30	10	10	30	20	20
2	15	22	25	20	20.5	10	15	30	30	20	10	22.5	20
3	15	20	10	10	13.75	10	16	30	10	15	25	20	20
4	30	10	15	15	17.5	20	17	15	10	35	20	20	25
5	25	20	20	30	23.75	10	18	30	10	20	30	30	20
6	20	35	25	20	25	15	19	20	40	10	20	20	20
7	20	20	30	30	25	10	20	10	35	10	40	23.75	30
8	10	30	20	20	20	20	21	10	10	20	20	15	10
9	25	20	25	15	21.25	10	22	10	10	10	30	15	20
10	20	30	10	15	18.75	20	23	15	10	45	20	25	30
11	10	10	20	25	16.25	15	24	10	20	20	30	20	20
12	10	10	10	30	15	20	25	105	10	15	20	15	10
13	10	50	30	20	27.5	40	总和					512.5	457

	中线	上控制线	下控制线
$\overline{x}$ 点图	$\overline{\overline{x}} = \dfrac{\sum \overline{x}}{k} = \dfrac{512.5}{25} = 20.5$	$\overline{x}_s = \overline{\overline{x}} + A_2\overline{R}$ $= 20.5 + 0.73 \times 18.28$ $= 33.84$	$\overline{x}_s = \overline{x} + A_2\overline{R}$ $= 20.5 - 0.73 \times 18.28$ $= 7.16$
R 点图	$\overline{R} = \dfrac{\sum R}{k} = \dfrac{457}{25} = 18.28$	$R = D_1\overline{R} = 2.28 \times 18.28$ $= 41.68$	$R_x = D_2\overline{R} = 0$

(3)计算工序能力系数,确定工序能力等级:由式(4.18)可计算得

$$S=8.96\ \mu\text{m}$$

工序能力系数 $C_p=\dfrac{0.05}{6\times0.008\,96}\approx0.93$

查表可知,属于三级工艺。

(4)结果分析:由 $\bar{x}$ 点图可以看出,$\bar{x}$ 点在中线 $\bar{\bar{x}}$ 附近波动,这说明分布中心稳定,无明显变值系统误差影响;R 点图上连续 8 个点子出现在 R 中线上侧,并有逐渐上升趋势,说明随机误差随加工时间的增加而逐渐增加,因此不能认为本工序的工艺过程非常稳定。

本工序的工序能力系数 $C_p=0.93$,属于三级工艺,说明工序能力不足,有可能产生少量废品(尽管样本中未出现废品)。因此,有必要进一步查明引起随机性误差逐渐增大的原因,并加以解决。

与工艺过程加工误差分布图分析法比较,点图分析法的特点如下:

①所采用的样本为顺序小样本;

②能在工艺过程进行中及时提供主动控制的信息;

③计算简单。

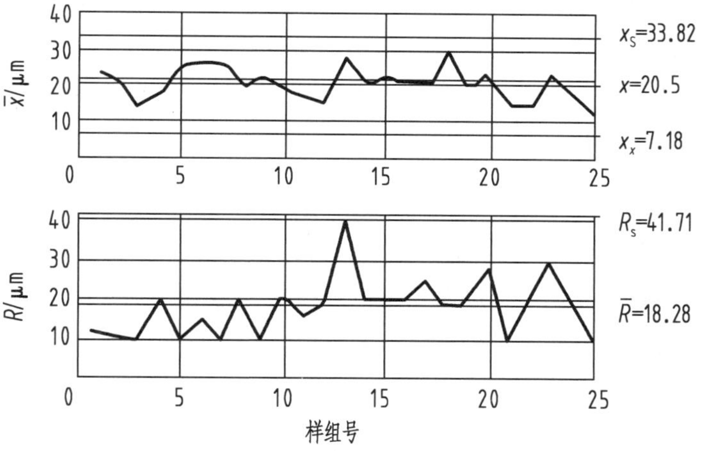

图 4.50　挺杆球面跳动量 $\bar{x}$-R 图

4.6　机械加工表面质量

4.6.1　概述

机器零件的机械加工质量,除了加工精度,表面质量也是极其重要而不容忽视的一个方面。产品的工作性能,尤其是它的可靠性、耐久性,在很大程度上取决于其主要零件的表面质量。

机器零件的使用性能,如耐磨性、疲劳强度、耐蚀性等除与材料本身的性能和热处

理有关外，主要取决于加工后的表面质量。随着产品性能的不断提高，一些重要零件必须在高应力、高速、高温等条件下工作，由于表面上作用着很大的应力并直接受到外界介质的腐蚀，表面层的任何缺陷都可能引起应力集中、应力腐蚀等现象，进而导致零件的损坏，因此表面质量问题变得更加突出和重要。

机械加工的表面不可能是理想的光滑表面，而是存在着表面粗糙度、波度等表面几何形状误差以及划痕、裂纹等表面缺陷的。表面层的材料在加工时也会产生物理性质的变化，有些情况下还会产生化学性质的变化，该层总称为加工变质层。如图 4.51 所示为加工表面层沿深度的变化，在最外层生成有氧化膜或其他化合物，并吸收、渗进了气体、液体和固体的粒子，故称为吸附层，该层的总厚度通常不超过 8 nm（$1\ \text{nm}=10^{-9}$ m）。

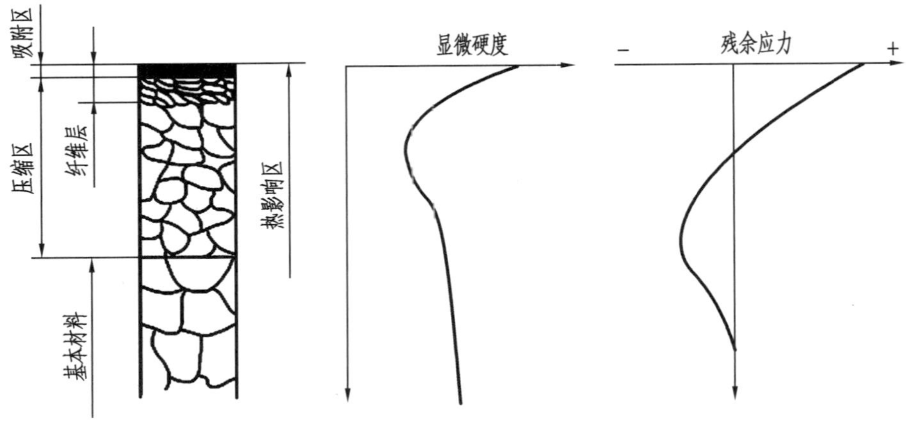

图 4.51　加工表面层深度的变化示意图

压缩区即为塑性变形区，由切削力造成，厚度约在几十至几百微米范围内，具体数值随加工方法的不同而变化。在这个范围内纤维层由被加工材料与刀具间的摩擦力造成。切削热也会使表面层产生各种变化，如同淬火、回火会使材料产生相变以及晶粒大小的变化等。在以上因素的综合作用下，最终使表面层的物理力学性能不同于基体，产生显微硬度的变化以及表面层的残余应力等。

综上可以归纳出，机械零件加工表面质量的主要内容包括两个方面。

①表面层的几何形状特征，主要由以下 4 部分组成：

a. 表面粗糙度，即表面的微观几何形状误差，它是从微观角度反映产品的质量。

b. 波度。前面介绍过的尺寸精度、形状精度和位置精度是属于加工精度的范畴，它们是从宏观反映产品的质量。波度是介于宏观的加工精度和微观的表面粗糙度之间的反映产品表面几何形状的指标，它主要是由加工过程中工艺系统的振动所引起的。如图 4.52 所示，表达了表面粗糙度、波度、平面度（形状精度）3 个维度反映产品质量指标含义的对比关系。

c. 纹理方向。指表面刀纹的方向，它取决于零件表面最后的加工工序和方法。

d. 表面缺陷。主要包含孔眼、气孔、裂纹等。

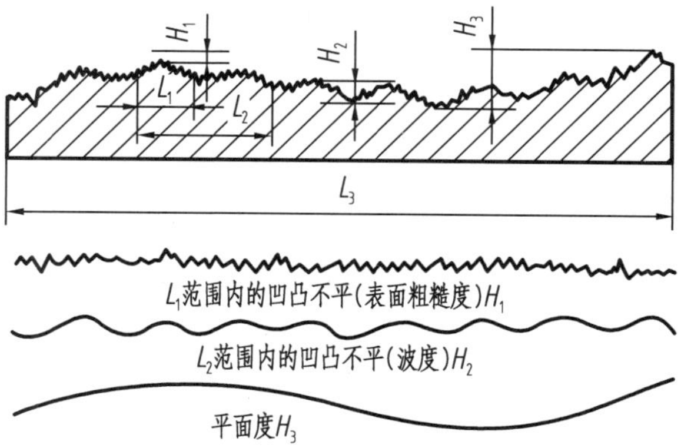

图 4.52　表面粗糙度、波度、平面度指标含义的对比

②表面层的物理力学性能变化,主要有以下 3 个方面的内容:

a. 表面层因塑性变形引起的冷作硬化。

b. 表面层因切削热引起的金相组织变化。

c. 表面层产生的残余应力。

4.6.2　表面质量对零件使用性能的影响

1)表面质量对零件耐磨性的影响

零件的耐磨性主要与摩擦副的材料及润滑条件有关。在这些条件已经确定的情况下,零件的表面质量起决定性的作用。当两个零件的表面互相接触时,实际只是在一些凸峰顶部接触,因此实际接触面积只是名义接触面积的一小部分。当零件上有了作用力时,在凸峰接触部分就产生了很大的单位面积压力,表面越粗糙,实际接触面积就越少,凸峰处的单位面积压力也就越大。当两个零件做相对运动时,在接触的凸峰处就会产生弹性变形、塑性变形及剪切等现象,即产生了表面的磨损。即使在有润滑的情况下,也会因为接触点处单位面积压力过大,超出了润滑油膜存在的临界值,从而油膜被破坏,形成干摩擦。

如图 4.53 所示,一般情况下,工作表面在起始磨损阶段磨损得很快,随着磨损的发展,实际接触面积逐渐增大,单位面积压力也逐渐降低,磨损将以较慢的速度进行,进入正常磨损阶段。此时,在有润滑的情况下,就能起到很好的润滑作用。过了此阶段又将出现快速磨损阶段。这是因为磨损继续发展,实际接触面积越来越大,产生了金属分子间的亲和力,使表面容易咬焊。此时即使有润滑油也将被挤出而产生急剧的磨损。

由图 4.54 可知,表面粗糙度与初期磨损量的关系。一对摩擦副在一定的工作条件下通常有一最佳表面粗糙度,过大或过小的表面粗糙度均会引起工作时的严重磨损。

表面粗糙度的轮廓形状及加工纹路方向也对耐磨性有显著的影响,因为表面轮廓形状及加工纹路方向能影响实际的接触面积与润滑油的存留情况。表面变质层会显著地改变耐磨性。尽管最外层的非晶粒吸附层很薄,但在摩擦过程中常起着主要作用。表面层的冷作硬化减少了摩擦副接触部分处的弹性和塑性变形,因而减少了磨损,但是硬化程度与耐磨性并不呈线性关系,在硬化过度时,磨损会加剧,甚至产生剥落,所以硬化层也必须控制在一定的范围内。表面层产生金相组织变化时由于改变了基体材料原来的硬度,也会直接影响耐磨性。

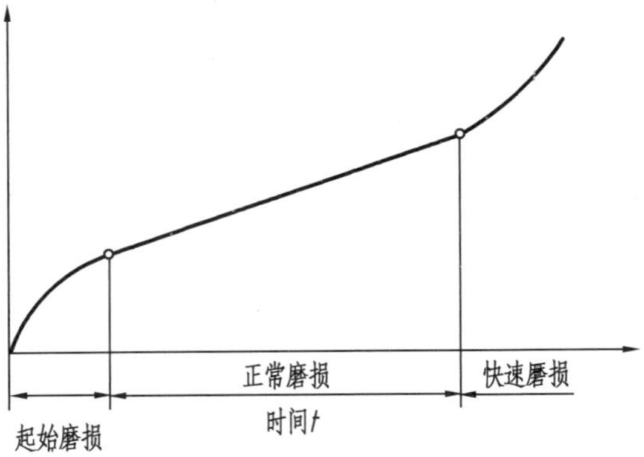

图 4.53 磨损过程的基本规律

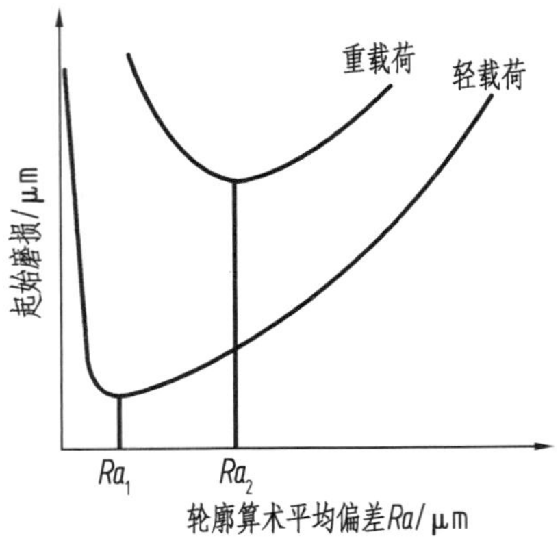

图 4.54 初期磨损量与表面粗糙度的关系

2)表面质量对零件疲劳强度的影响

在交变载荷的作用下,零件表面的粗糙度、划痕和裂纹等缺陷容易引起应力集中,从而萌生和扩展疲劳裂纹造成疲劳损坏。试验表明,对于承受交变载荷的零件,减小表面粗糙度可以使疲劳强度提高 30% ~40%。加工纹路方向对疲劳强度的影响更大,如果刀痕与受力方向垂直,疲劳强度将显著降低。不同材料对应力集中的敏感程度不同,因而效果也就不同。一般来说,钢的极限强度越高,应力集中的敏感程度就越大。

表面层的残余应力对疲劳强度的影响极大。表面层的残余压缩应力能够部分地抵消工作载荷施加的拉应力,延缓疲劳裂纹的扩展,从而能提高零件的疲劳强度。而残余拉伸应力容易使已加工表面产生裂纹,进而降低疲劳强度,带有不同残余应力表面层的零件,其疲劳寿命可相差数倍甚至数十倍。

表面的冷作硬化层能提高零件的疲劳强度,这是因为硬化层能阻碍已有裂纹的扩大和新的疲劳裂纹的产生,从而大大减少外部缺陷和表面粗糙度的影响。

3)表面质量对零件耐蚀性的影响

当零件处于潮湿的空气中或在有腐蚀性的介质中工作时,常会发生化学腐蚀或电化学腐蚀。化学腐蚀是由于在粗糙表面的凹谷处容易积聚腐蚀性介质而发生化学反应。电化学腐蚀是由于两个不同金属材料的零件表面相接触时,在表面粗糙度顶峰间产生电化学作用而被腐蚀掉。所以,降低表面粗糙度可提高零件的耐蚀性。

零件在应力状态下工作时,会产生应力腐蚀,加速腐蚀作用。如果零件表面存在裂纹,会进一步增加应力腐蚀的敏感性。表面产生冷作硬化或金相组织变化时也常常会降低耐蚀能力。

4)表面质量对配合质量的影响

对于间隙配合表面,如果表面粗糙度太大,初期磨损量就大,工作时间一长配合间隙就会增大,以致改变了原来的配合性质,影响了间隙配合的稳定性。对于过盈配合表面,轴在压入孔内时表面粗糙度的部分凸峰会挤平,从而使实际过盈量比预定的小,影响过盈配合的可靠性。因此,对有配合要求的表面都要求较低的表面粗糙度。

5)其他影响

表面质量对零件的使用性能还有一些其他影响。如对没有密封件的液压油缸、滑阀来说,降低表面粗糙度可以减少泄漏,提高其密封性能;较低的表面粗糙度可使零件具有较高的接触刚度;对于滑动零件,降低表面粗糙度能使摩擦系数降低、运动灵活性增高,并减少发热和功率损失;表面层的残余应力会使零件在使用过程中缓慢变形,失去原来的精度,降低机器的工作质量等。

4.6.3　机械加工表面的粗糙度及其影响因素

1)切削加工后的表面粗糙度

(1)切削加工表面粗糙度的形成

在切削加工表面上,垂直于切削速度方向的表面粗糙度称为横向粗糙度。在切削速度方向上测量的表面粗糙度称为纵向粗糙度。一般来说,横向粗糙度较大,它主要由几何因素和物理因素两个方面形成,纵向粗糙度则主要由物理因素形成。此外,机床—刀具—工件系统的振动也常是主要的影响因素。有关振动的影响将在本章后面另行阐述。

①几何因素。在理想的切削条件下,刀具相对工件做进给运动时,在加工表面上遗留下来的切削层残留面积如图 4.55(a)所示,形成理论粗糙度,其最大高度 H,可由刀具形状、进给量 f 按几何关系求得。在刀尖圆弧半径为零时,H 可由式(4.25)求得

$$H=\frac{f}{\cot\ k_r+\cot\ k_r'} \tag{4.25}$$

式中　f——工件每转的进给量;

k_r,k_r'——车刀的主偏角和副偏角。

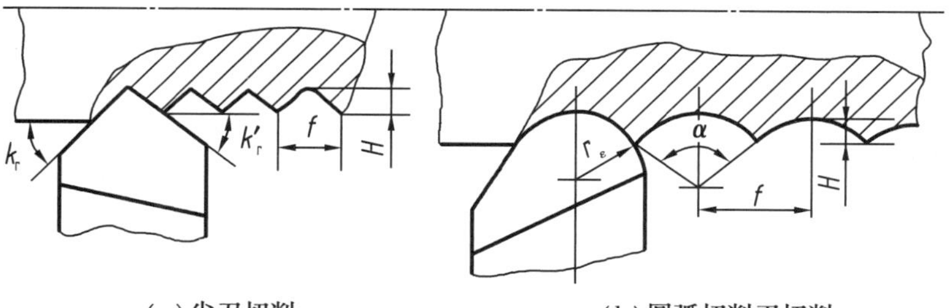

(a)尖刀切削　　(b)圆弧切削刃切削

图 4.55　切削层残留面积

实际车刀刀尖总有圆角半径 r,如图 4.55(b)所示,此时 H 可由式(4.26)求得

$$H=\frac{f^2}{8r_\varepsilon} \tag{4.26}$$

②物理因素。切削加工后表面的实际表面粗糙度与理论表面粗糙度有较大的差别,这是由于存在与被加工材料的性能及切削机理有关的物理因素的缘故。

a. 在切削过程中,刀具的刃口、圆角及后面的挤压与摩擦使金属材料发生塑性变形,使理论残留面积挤歪或沟纹加深,进而增大了表面粗糙度。如图 4.56 所示的表面

实际轮廓形状由几何因素与物理因素综合形成，因此，与由纯几何因素所形成的理论轮廓有较大的差别。

图 4.56　加工后表面的实际轮廓和理论轮廓

b. 切削过程中出现的刀瘤与鳞刺，会使表面粗糙度严重恶化。在加工塑性材料（如低碳钢、铬钢、不锈钢、铝合金等）时，这些刀瘤与鳞刺通常是影响表面粗糙度的主要因素。

刀瘤是切削过程中切屑底层与前面发生冷焊的结果，刀瘤形成后并不是稳定不变的，而是不断地形成、长大，然后黏附在切屑上被带走或留在工件上，如图 4.57 所示。由于刀瘤有时会伸出切削刃之外，其轮廓也很不规则，因而使加工表面上出现深浅和宽窄都不断变化的刀痕，大大增加了表面粗糙度。

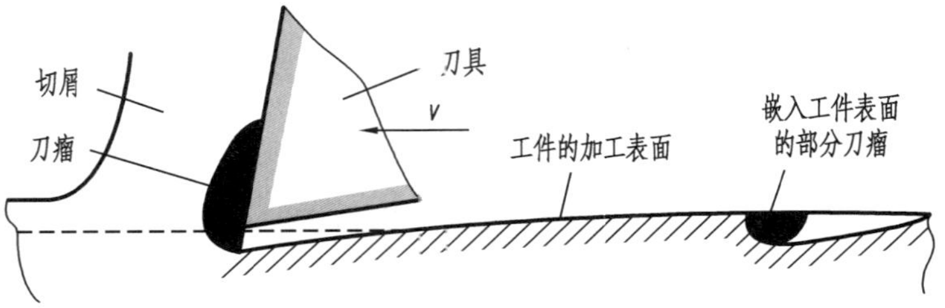

图 4.57　刀瘤对工件表面质量的影响

鳞刺是已加工表面上出现的鳞片状毛刺般的缺陷。加工中出现鳞刺是由于切屑在前面上的摩擦和冷焊作用造成周期性的停留，代替刀具推挤切削层，造成切削层与工件之间出现撕裂现象，如图 4.58 所示。如此连续发生，就在加工表面上出现一系列的鳞刺，构成已加工表面的纵向粗糙度。鳞刺的出现并不依赖于刀瘤，但刀瘤的存在会影响鳞刺的生成。

（2）降低表面粗糙度的措施

由几何因素引起的表面粗糙度过大，可通过减小切削层残留面积来解决。通过减小进给量，刀具的主、副偏角，增大刀尖圆角半径等均能有效地降低表面粗糙度。

由物理因素引起的表面粗糙度过大，主要应采取措施以减少加工时的塑性变形，避免产生刀瘤和鳞刺，对此影响最大的是切削速度和被加工材料的性能。

①切削速度 v 的影响。从实验可知，v 越高，切削过程中切屑和加工表面的塑性变形程度就越轻，因而粗糙度也越小。刀瘤和鳞刺都在较低的速度范围产生，此速度范围随不同的工件材料、刀具材料、刀具前角等变化。采用较高的切削速度常能防止刀瘤、鳞刺的产生。如图 4.59 所示为不同速度对表面粗糙度的关系曲线。实线表示只受塑性变形的影响，虚线表示受刀瘤影响时的情况。

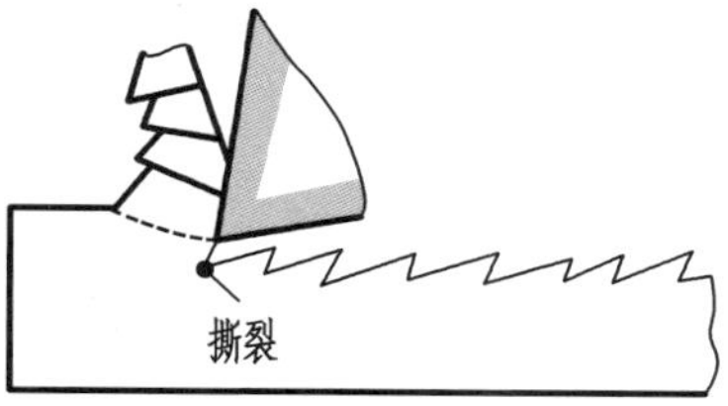

图 4.58　磷刺的产生

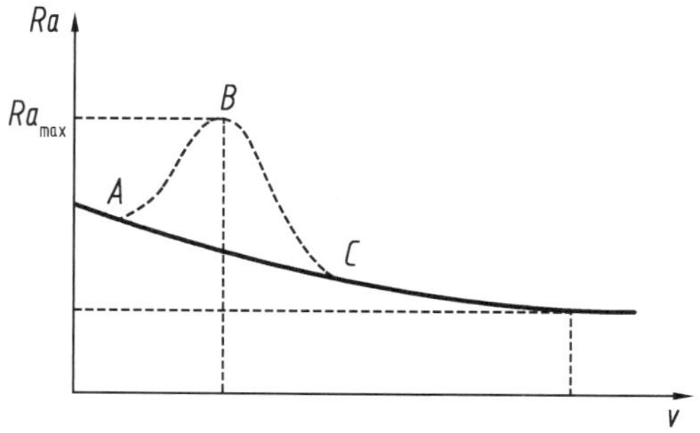

图 4.59　切削速度对表面粗糙度的影响

②加工材料性能的影响。一般来说，韧性较大的塑性材料，加工后表面粗糙度越大，而脆性材料的加工表面粗糙度比较接近理论表面粗糙度。对于同样的材料，晶粒组织越粗大，加工后的表面粗糙度也越大。因此，为降低加工后的表面粗糙度，常在切削加工前进行调质或正火处理，以得到均匀细密的晶粒组织和较高的硬度。

③刀具的几何形状、材料、刃磨质量的影响。刀具的前角 γ_0 对切削过程的塑性变形有很大影响。γ_0 值增大时，塑性变形程度减小，表面粗糙度也减小。γ_0 为负值时，塑性变形增大，表面粗糙度也增大。后角 α_0 过小会增加摩擦。刃倾角 λ_s 的大小又会影响刀具的实际前角，因此都会影响加工表面的粗糙度。刀具的材料与刃磨质量对产生刀瘤、鳞刺等现象影响甚大。如用金刚石车刀精车铝合金时，由于摩擦系数较小，刀面上就不会产生切屑的黏附、冷焊现象，因此能减小表面粗糙度。此外，合理地选择冷却润滑液，提高冷却润滑效果，常能抑制刀瘤、鳞刺的生成，减少切削时的塑性变形，有利于减小表面粗糙度。

以上分析了影响切削加工表面粗糙度的两个主要因素，实际加工中以哪个因素为主，还要根据加工方法以及加工表面的实际轮廓形状进行具体分析。

2)磨削加工后的表面粗糙度

磨削加工与切削加工有许多不同，从几何因素来看，由于砂轮上的磨削刃形状和分布的不均匀、不规则，且随着砂轮工作表面的修正、磨粒的磨耗不断改变，难以定量计算出加工表面粗糙度，现有的各种理论公式或经验公式均有其局限性，且与实际情况有很大的出入，这里只作定性讨论。

磨削加工表面是由砂轮上大量的磨粒刻划出的无数极细的沟槽形成的。每单位面积上刻痕越多，即通过单位面积上的磨粒数越多，以及刻痕的等高性越好，则粗糙度也就越小。

在磨削过程中，由于磨粒大多具有很大的负前角，故产生了比切削加工大得多的塑性变形。磨粒磨削时，金属材料沿着磨粒侧面流动，形成沟槽的隆起现象，进而增大了表面粗糙度，如图 4.60 所示。磨削热使表面金属软化，易于塑性变形，也进一步增大了表面粗糙度。

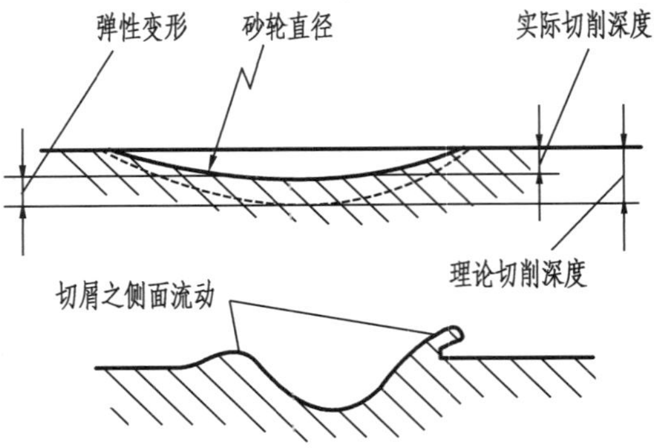

图 4.60　磨粒在工件上的刻痕

由上述可知，影响磨削表面粗糙度的主要因素是：

(1) 砂轮的粒度

砂轮的粒度越细，则砂轮在工作表面的单位面积上的磨粒数越多，因此在工件上的刻痕也越密而细，所以粗糙度越小。如图 4.61 所示，若粗粒度砂轮经过细修整，在磨粒上车出微刃后也能加工出低粗糙度表面。

(2) 砂轮的修整

用金刚石修整砂轮相当于在砂轮工作表面上车出一道螺纹，修整导程和切深越小，修出的砂轮就越光滑，磨削刃的等高性也越好，因此，磨出的工件表面粗糙度也就越小。修整用的金刚石是否锋利对修整效果影响也很大。

(3) 砂轮速度

提高砂轮速度可以增加在工件单位面积上的刻痕，同时塑性变形造成的隆起量将随着 v 的增大而下降。原因是高速度下塑性变形的传播速度小于磨削速度，材料来不及变形所致，因此表面粗糙度可以显著降低。

如图 4.62 所示为砂轮速度对表面粗糙度影响的实验结果。

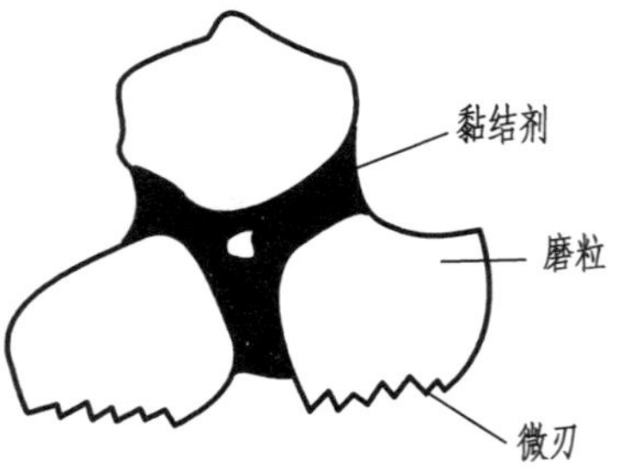

图 4.61　磨粒上的微刃

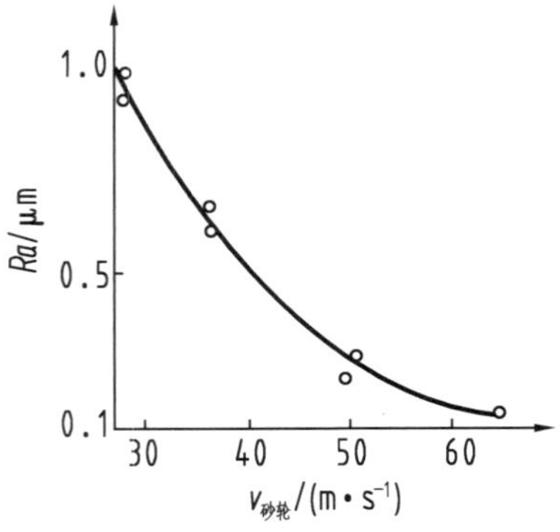

图 4.62　砂轮速度对比表面粗糙度的影响

(4) 磨削切深与工件速度

增大磨削切深和工件速度将增加塑性变形的程度，从而增大表面粗糙度。如图 4.63、图 4.64 所示分别为磨削切深、工件速度对表面粗糙度影响的实验曲线。

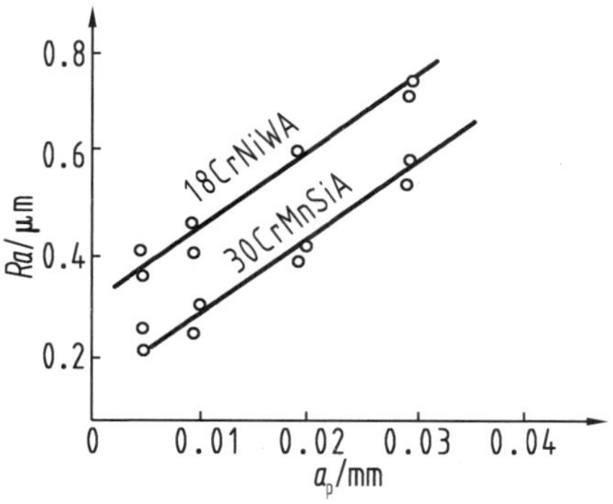

图 4.63　磨削切深对表面粗糙度的影响

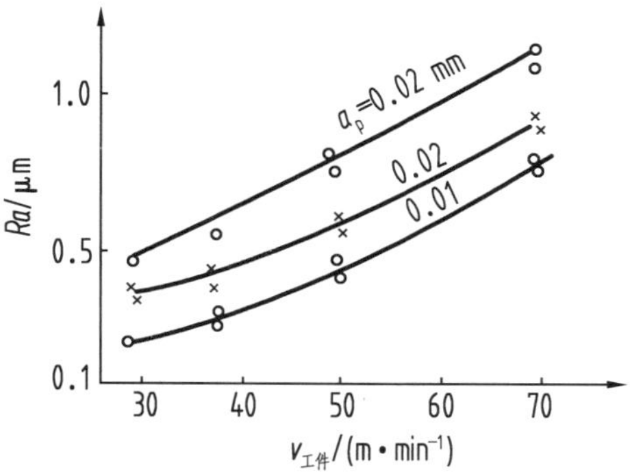

图 4.64　工件速度对表面粗糙度的影响

一般情况下，在磨削过程中开始采用较大的磨削切深，以提高生产率，而在最后采用小切深或无进给磨削，以降低表面粗糙度。

其他如材料的硬度、冷却润滑液的选择与净化、轴向进给速度等都是不容忽视的重要因素。

4.6.4　机械加工后表面物理力学性能的变化

在加工过程中，工件由于受到切削力、切削热的作用，其表面层的物理力学性能会产生很大的变化，与基体材料性能有很大的不同，最主要的变化是表面层的微观硬度变化、金相组织变化和在表面层中产生的残余应力。不同的材料在不同的切削条件下加工会产生各种不同的表面层特性。

已加工表面的显微硬度是加工时塑性变形引起的冷作硬化和切削热产生的金相组织变化引起的硬度变化综合作用的结果。表面层的残余应力也是塑性变形引起的残余应力和切削热塑性变形和金相组织变化引起的残余应力的综合。下面分别对加工后的表面冷作硬化、表面金相组织变化和残余应力加以阐述。

1）加工表面的冷作硬化

切削（磨削）过程中，表面层产生的塑性变形使晶体间产生剪切滑移，导致晶格严重扭曲，并产生晶粒的拉长、破碎和纤维化，引起材料的强化，这时它的强度和硬度都提高了，这就是冷作硬化现象。

如图 4.65 所示，表面层硬化程度主要以冷硬层的深度 h、表面层的显微硬度 H 以及硬化程度 N 等来表示，其中硬化程度为

$$N=\frac{H-H_0}{H_0}\times 100\% \qquad (4.27)$$

式中　H_0——基体材料的硬度。

表面层的硬化程度取决于产生塑性变形的力、变形速度以及变形时的温度。切削力越大，则塑性变形越大，因而硬化程度越大。变形速度越大，则塑性变形越不充分，硬化程度也就减少。变形时的温度 t 不仅影响塑性变形程度，还会影响变形后的金相组织的恢复。若温度在 $(0.25\sim0.3)t_{熔}$ 范围内，即会产生恢复现象，也就是会部分地消除冷

作硬化。

影响冷作硬化的主要因素有：

(1) 刀具的影响

刀具的前角、刃口圆角和后面的磨损量对于冷硬层有很大的影响，前角减小，刃口及后面的磨损量增大时，冷硬层深度和硬度也随之增大。

(2) 切削用量的影响

影响较大的是切削速度 v 和进给量 f，v 增大，硬化层深度和硬度都有所减小，一方面是由于切削速度会使温度升高，有助于冷硬的恢复，另一方面由于 v 增大，刀具与工件接触时间短，塑性变形程度减小。进给量 f 增大时，切削力增大，塑性变形程度也增大，因此硬化现象增大。进给量 f 较小时，由于刀具的刃口圆角在加工表面单位长度上的挤压次数增多，因此硬化现象也会增大，如图 4.66 所示。

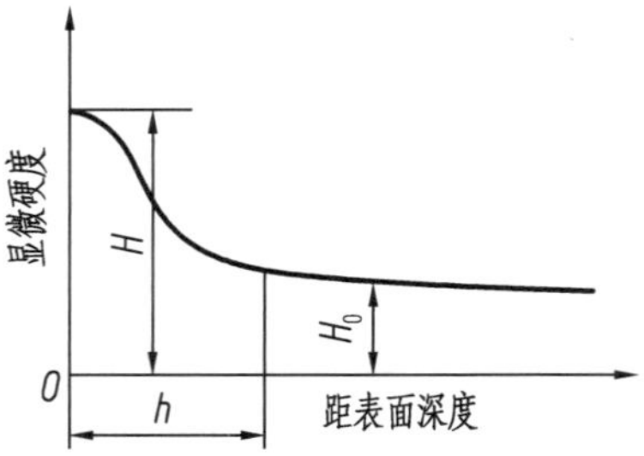

图 4.65　切削加工后表面层的冷作硬化

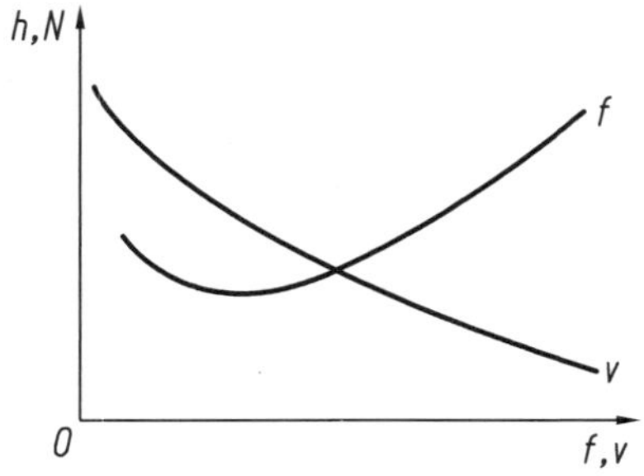

图 4.66　切削速度与进给量对冷作硬化的影响

(3) 受加工材料的影响

硬度越小、塑性越大的材料，切削后的冷硬现象越严重。

2) 加工表面层的金相组织变化——热变质层

切削加工中由于切削热的作用，加工表面层会产生金相组织的变化。磨削加工时，由于磨削速度高，大部分磨粒带有很大的负前角，磨粒除切削作用外，很大程度是在刮擦挤压工件表面，因而产生的磨削热比切削时大得多。加之，磨削时约有 70% 的热量瞬时进入工件，只有小部分通过切屑、砂轮、冷却液、大气带走，而切削时只有约 5% 的热量进入工件，致使磨削时工件表面层温度比切削时高得多，表面层的金相组织产生更为复杂的变化，表面层的硬度也相应有了更大的变化，直接影响了零件的使用性能。

(1) 磨削时工件表面层的温度

磨削时，在砂轮磨削区内有数个磨粒同时进行磨削，如图 4.67 所示，磨削点的温度 θ_g 非常高，一般均超 1 000 ℃，温度发生在微小的磨粒点上，随后以极高的速度向周围传导，形成砂轮磨削区的温度 θ_m，该温度直接决定了工件表面层的温度分布，工件表面的热变质层也由此产生。如图 4.68 所示为平面磨削时的工件表面层温度分布图。

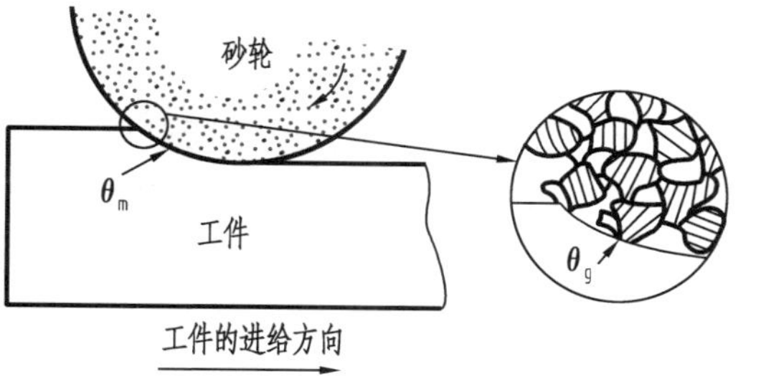

图 4.67　砂轮磨削区温度与磨粒磨削点温度

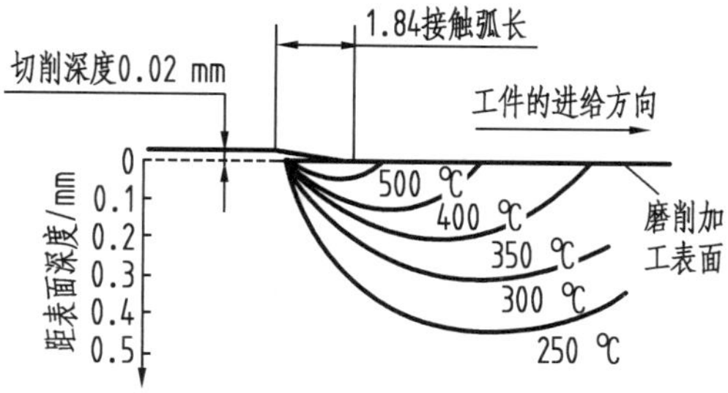

图 4.68　工件表面层温度分布

(2)磨削表面层的金相组织变化

磨削表面层温度一般高于 500～600 ℃，某些情况下甚至可以超过 700 ℃，这样就在工件表面层产生了金相组织的变化。一般情况下，在轻磨削条件下磨出的表面层金相组织没有什么变化，中等磨削条件下磨出的表面层金相组织与基体相比产生了变化，变化层深度约为几微米，很容易在后续工序中去除。而重磨削条件下磨出的表面层金相组织变化层厚度显著加大，如果在后续的工序中去除余量较小，将不能全部去除变化层，就会影响使用性能。

磨削表面的金相组织变化程度与工件材料、磨削温度、加热时间等因素有关。以淬火钢而言，当磨削区温度超过马氏体转变温度（中碳钢为 250～300 ℃）时，工件表面原来的马氏体组织将转化成回火托氏体、索氏体等与回火组织相近的组织，使表面层硬度低于磨削前的硬度，一般称为回火烧伤。

当淬火钢表面层温度超过相变临界温度（一般约为 720 ℃）时，马氏体转变为奥氏体，由于冷却液的急剧冷却，发生二次淬火现象，使表面出现二次淬火马氏体组织，硬度比原来的回火马氏体高，一般称为淬火烧伤。

如图 4.69 所示为高碳淬火钢在不同磨削条件下出现的 3 种硬度分布情况。当磨削切深为 10 μm 时，表面因温度作用使回火马氏体有弱化现象。与塑性变形产生的冷硬现象综合产生了比基体硬度低的部分，里层由于磨削中的冷作硬化起了主要作用，产生了比基体硬度高的部分。当切深为 20～30 μm 时，冷作硬化的影响减少，磨削温度起了主要作用。但磨削温度低于相变温度，表面层中产生比基体硬度低的回火组织。当磨削深度增大至 50 μm 时，磨削区最高温度超过了相变温度，表层由于急冷效果产生二次淬火组织，硬度高于基体，里层冷却较慢，产生硬度低的回火组织，再往深处，硬度又逐渐上升直至未受磨削热影响的基体组织。

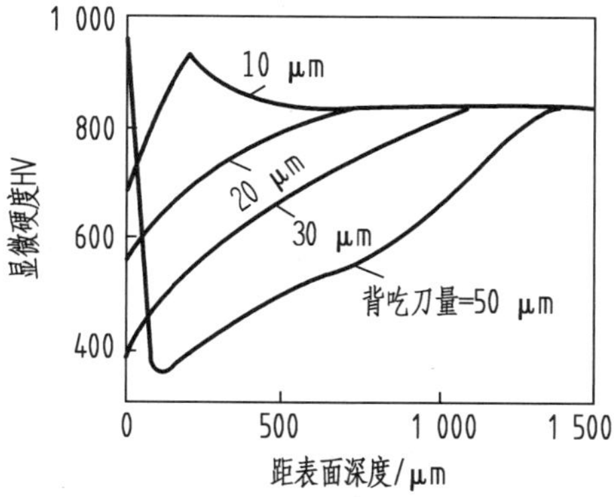

图 4.69　磨削加工表面的硬度

磨削时，由于磨削热会引起磨削表面上颜色的变化，称为磨削烧伤色。在磨削热的作用下，磨削表面生成氧化膜，这种膜由于厚度不同，其反射光线的干涉状态不同，因而形成不同的颜色。烧伤色可显示表面层发生金相组织变化的程度，但表面没有烧伤色并不等于表面层未受热损伤。如在磨削过程中采用了过大的磨削用量，造成了很深的热变质层，在以后的无进给磨削仅磨去了表面的烧伤色，但却未能去掉热变质层，留在工件上就会成为使用中的隐患。

(3)减轻磨削热损伤的途径

减轻表面层磨削热损伤的途径一是尽量减少磨削时产生的磨削热；二是迅速将磨削热传走，以降低工件表面层的温度。具体措施有：

①改善砂轮的磨削性能，减小磨削热的产生。

a. 合理选择砂轮。一般选择的砂轮应在磨削过程中具有自锐能力（即砂粒磨钝后自动破碎产生新的、锋利的切削刃或自动从砂轮黏结剂处脱落的能力），砂轮应不致产生黏屑堵塞现象。不同的磨料在磨削不同材料的工件时有一定的适应范围。例如，氧化铝砂轮磨削低合金钢、镍钢时不产生化学反应，磨损也较小，而用碳化硅砂轮磨削这些材料时，则产生较大的化学反应，磨损也大。在磨削铸铁时，碳化硅的耐磨性优于氧化铝。人造金刚石由于硬度和强度都极高，切削刃锋利，磨削力小，用于磨削硬质合金时不容易产生裂纹，但却不适用于磨削钢件。立方氮化硼磨料的硬度和强度虽然稍低于金刚石，但其热稳定性好，且与铁族元素的化学惰性高，所以磨削钢件时不产生黏屑，磨削热也较低，磨出的表面质量高，因此是一种很好的磨料，适用范围也很广。砂轮的黏结剂也会影响加工表面质量，精磨时采用橡胶黏结剂的砂轮可以防止表面产生烧伤，由于这种黏结剂具有一定的弹性，当磨粒受到过大磨削力时会自动退让，从而减小磨削深度。

b. 增大磨削刃间距。可以使砂轮和工件间断接触，这样不仅改善了散热条件，还缩短了工件受热时间，使金相组织来不及进行转变，因此能够大大减少工件表面的热损伤程度。若在生产中用粗修整砂轮、松组织砂轮来解决烧伤问题是很见效的。开槽砂轮的效果则更好。如图 4.70 所示的开槽砂轮可成功地磨削易产生烧伤裂纹的材料，其上的槽可以等距开（见 A 型），也可变距开（如 B 型）。也有人直接在磨床上用带螺旋线的滚轮在砂轮上滚挤出螺旋槽的办法，挤出的沟槽宽度为 1.5 ~2 mm，槽与砂轮轴线约成 60°角，据称用这种砂轮磨削时，零件表面无烧伤，且能提高砂轮寿命 10 倍以上。

②正确选用磨削用量。磨削用量的选用应在保证表面层质量的前提下，尽量不影响生产效率和表面粗糙度。由前述知识可知，增大磨削切深能显著地增大表面层的热损伤程度，使热变质层厚度增加。因而在生产中常在精磨时逐渐减小磨削切深，以便逐渐减小热变质层，并逐步去除前一次磨削行程的热变质层，最后再进行若干次的无进给磨削，这样可有效地避免表面层的热损伤。降低砂轮速度也能减少表面层的热损伤，但因为降低砂轮速度会影响生产效率，故一般不常采用。若在提高砂轮速度的同时相应提高工件速度，可以避免烧伤。如图 4.71 所示是磨削 18CrNiWA 钢时，工件速度和砂轮速度无烧伤的临界比值曲线。曲线右下方是容易出现烧伤的危险区（Ⅰ区），曲线上左方是安全区（Ⅱ区）。

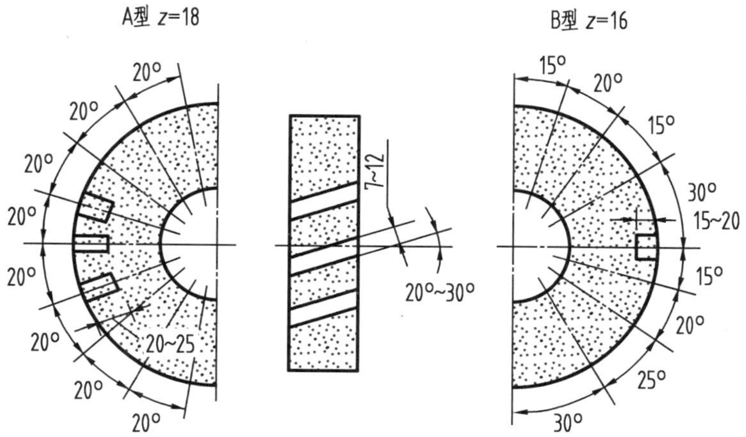

图 4.70　开槽砂轮

③提高冷却效果。现有冷却方法的效果往往很差，由于旋转的砂轮表面上产生强大气流层，以致没有多少冷却液能进入磨削区，导致冷却液只能大量地喷注在已经离开磨削区的已加工表面上。此时，磨削热量已进入工件表面造成了热损伤，所以改进冷却方法、提高冷却效果是非常必要的。具体改进措施有：

a. 采用高压大流量冷却。这样不但能增强冷却效果，而且能对砂轮表面进行冲洗，使其空隙不易被切屑堵塞。如有的磨床使用的冷却液流量为 3.7 L/s，压力为 0.8 ~ 1.2 MPa。机床带有防护罩，防止冷却液飞溅。

b. 如图 4.72 所示，为减轻高速旋转的砂轮表面的高压附着气流的效果，可以加装空气挡板，使冷却液能顺利地喷注到磨削区，这对于高速磨削更为必要。

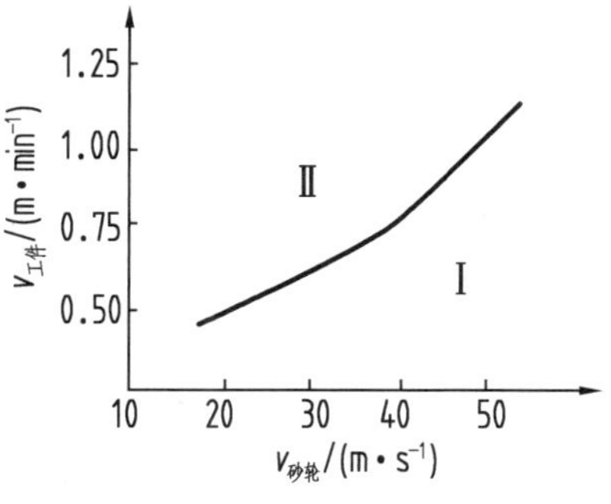

图 4.71　工件速度和砂轮速度无烧伤的临界比值曲线

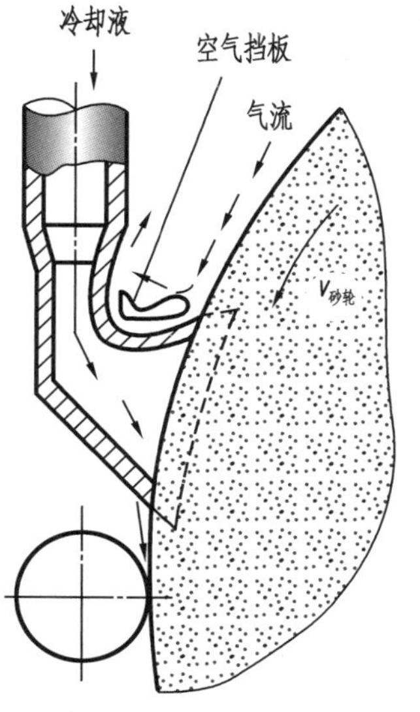

图 4.72　带空气挡板的冷却液喷嘴

c. 采用内冷却。砂轮是多孔隙能渗水的。冷却液引到砂轮中孔后靠离心力的作用甩出，从而使冷却液可以直接冷却磨削区，起到有效的冷却作用。由于冷却时有大量喷雾，机床应加防护罩。冷却液必须仔细过滤，防止堵塞砂轮孔隙，这一方法的缺点是操作者看不到磨削区的火花，在精密磨削时不能判断试切时的吃刀量，很不方便。

3）加工表面层的残余应力

当切削及磨削过程中，加工表面层相对于基体材料发生形状、体积变化或金相组织变化时，在加工后表面层中有残余应力，应力大小随深度而变化，其最外层的应力和表面层与基体材料的交界处（以下简称"里层"）的应力符号相反，并相互平衡。其产生原因主要可归纳为以下3个方面。

（1）冷塑性变形的影响

加工时在切削力的作用下，已加工表面层受拉应力产生伸长塑性变形，表面积趋向增大，此时里层处于弹性变形状态，如图4.73所示。当切削力去除后里层金属趋向复原，但受到已产生塑性变形的表面层的限制，恢复不到原状，因而在表面层产生残余压应力，里层则为拉应力与之相平衡。

（2）热塑性变形的影响

表面层在切削热的作用下产生热膨胀，此时基体温度较低，因此表面层热膨胀受基体的限制产生热压缩应力。当表面层的温度超过材料的弹性变形范围时，就会产生热塑性变形（在压应力作用下材料相对缩短）。当切削过程结束，温度下降至与基体温度一致时，表面层已产生热塑性变形，但受到基体的限制产生了残余拉应力，里层产生了压应力，如图4.74所示。可用如图4.75所示的图解法进一步分析：当切削区温度升高时，表面层受热膨胀产生热压缩应力σ，该应力随着温度的升高而线性增大（沿OA），其值大致为

$$\sigma_{热}=\alpha E\Delta t \tag{4.28}$$

式中　α——线胀系数，1/℃；

E——弹性模量，N/mm^2；

Δt——温升，℃。

当切削温度继续升高至T_A时，热应力达到材料的屈服强度值（A点处），温度再升高（T_A至T_B），表面层产生了热塑性变形，热应力值将停留在材料在不同温度时的屈服强度值处（沿AB），磨削完毕，表面层温度下降，热应力按原斜率下降（沿BC），直到与基体温度一致时，表面层产生拉应力，其值大致为

$$\sigma_{残}=OC=BF=\sigma_F-\sigma_B$$

式中　σ_F——若不产生热塑性变形时，表面层在温度T_B时的热应力值；

σ_B——材料在温度为T_B时的屈服强度。

如图4.74所示，可明显地看出，若磨削温度低于T_A时，应力沿OA增大，因此未达到材料的屈服强度σ_A，故不产生热塑性变形，所以冷却时仍沿AO返回至O点，表面层不产生残余拉伸应力。若磨削温度超过T_A时，表面层产生热塑性变形，就会产生残余拉应力。磨削温度越高，热塑性变形越剧烈，残余拉应力也越大。同时，表面层的残余拉应力值与材料的性能也有直接的关系。

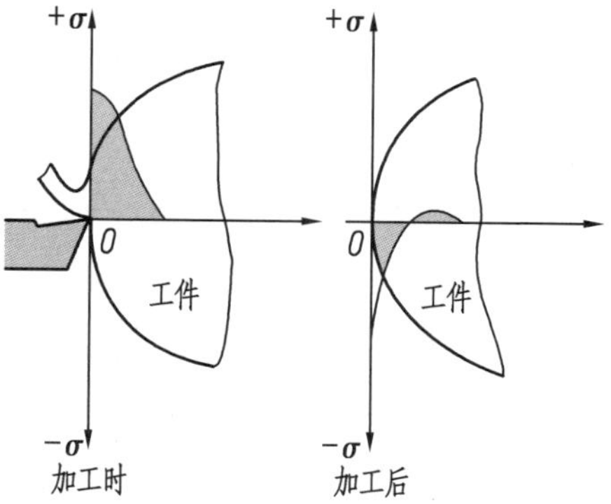

图 4.73　由冷塑性变形产生的残余应力

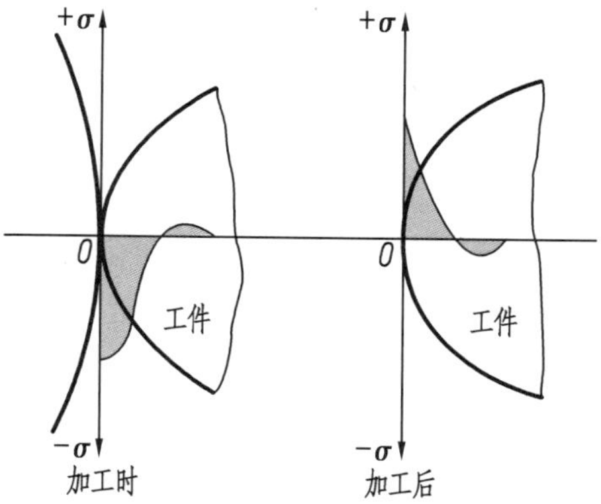

图 4.74　由热塑性变形产生的残余应力

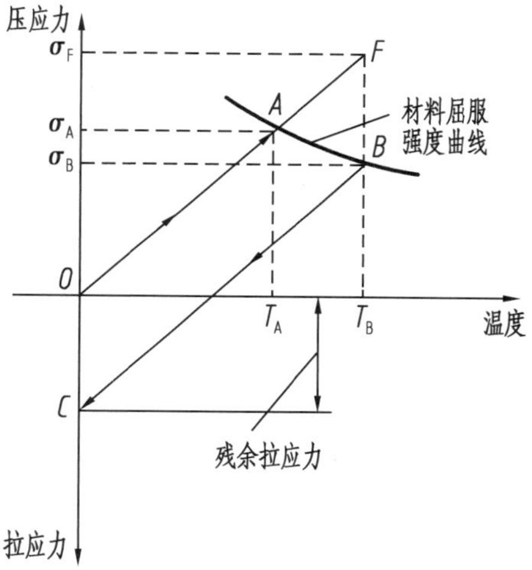

图 4.75　由热塑性变形产生的残余拉应力图解

(3)金相组织变化的影响

切削时，产生的高温会引起表面层的相变。由于不同的金相组织有不同的相对密度，因此表面层金相组织变化的结果会导致体积的变化。表面层体积膨胀时，由于受到基体的限制，会产生压应力；反之，表面层体积缩小，则产生拉应力。各种金相组织马氏体相对密度最小，奥氏体相对密度最大，相对密度值如下：$r_{马} \approx 7.75$，$r_{奥} \approx 7.96$，$r_{残} \approx 7.78$，磨削淬火钢时若表面层产生回火现象，马氏体转化成索氏体或托氏体（这两种组织均为扩散度很高的珠光体），因体积缩小，表面层产生残余拉应力，里层产生残余压应力。若表面层产生二次淬火现象，则表面层产生二次淬火马氏体，其体积比里层的回火组织大，因而表层产生压应力，里层产生拉应力。

实际上，机械加工后表面层上的残余应力是复杂的，是由上述 3 个方面原因综合作用的结果。在一定条件下，其中某一种或两种原因可能起到主导作用。例如，在切削加工中如果切削热不高，表面层中没有产生热塑性变形，而是以冷塑性变形为主，此时表面层中将产生残余压应力。而切削热较高，以致在表面层中产生热塑性变形时，由热塑性变形产生的拉应力将与冷塑性变形产生的压应力相互抵消掉一部分。当冷塑性变形占主导地位时，表面层产生残余压应力；当热塑性变形占主导地位时，表面层产生残余拉应力。磨削时，一般因磨削热较高，常以相变和热塑性变形产生的拉应力为主，所以表面层常带有残余拉应力。

当表面层的残余拉应力超过材料的强度极限时，零件表面就会产生裂纹。有的磨削裂纹可能不在工件的外表面，而是在表面层下成为肉眼难以发现的缺陷。裂纹的方向常与磨削的方向垂直，或呈网状。裂纹的产生常与烧伤同时出现。

磨削裂纹的产生与材料及热处理工序有很大的关系。在磨削硬质合金时，由于其脆性大、抗拉强度低及导热性差，特别容易产生裂纹。磨削含碳量高的淬火钢时，由于其晶界脆弱，也容易产生磨削裂纹。工件在淬火后如果存在残余应力，即使在正常的磨削条件下也可能出现裂纹。渗碳、渗氮时，如果工艺不当就会在表面层晶界面上析出脆性的碳化物、氮化物，磨削时在热应力作用下就容易沿着这些组织发生脆性破坏，从而出现网状裂纹。

由于磨削热是产生残余拉应力的根本原因，因此防止产生裂纹的关键在于降低磨削热以及改善其散热条件。前面所提及的减轻表面热损伤的措施均有利于避免产生表面残余拉应力和裂纹。在磨削工序前后进行去除内应力的低温回火处理，也能有效地减小表面层的拉应力，防止产生磨削裂纹。

4.6.5 控制加工表面质量的途径

综上所述，在加工过程中影响表面质量的因素是非常复杂的。为了获得满足要求的表面质量，就必须对加工方法、切削参数进行适当的控制。控制表面质量常会增加加工成本，影响加工效率，所以对于一般零件宜用正常的加工工艺保证表面质量，不必提出过高的要求。而对于一些直接影响产品性能、寿命和安全工作的重要零件的重要表面就有必要加以控制。例如，承受高应力交变载荷的零件需要控制受力表面不产生裂纹与残余拉应力；为提高轴承沟道的接触疲劳强度，必须控制表面不产生磨削烧伤和微观裂纹；标准块主要应保证其尺寸精度及稳定性，故必须严格控制表面粗糙度和残余应力等。类似这样的零件表面，就必须选用合适的加工工艺，严格控制表面质量，并进行必要的检查。

1）控制磨削参数

磨削是一种很重要的工艺方法，其发展迅速。既可用于低表面粗糙度磨削代替光整加工，又可用作高效磨削，使粗精加工同时完成。但它也是一种影响因素众多、对产品表面质量有很大影响的工艺方法。因此，对于直接影响产品性能、寿命、安全的重要零件在采用磨削工序加工时，必须很好地控制磨削用量。

之前曾讨论过磨削用量对磨削表面质量某个单独指标（如粗糙度）的影响，现综合起来看，有的参数的选用对于表面质量的影响是相互矛盾的。例如，修整砂轮，从降低表面粗糙度考虑砂轮应修整得细些，但往往会引起表面烧伤；为了避免工件烧伤，工件速度常选得较大，但又会增大表面粗糙度且容易引起颤振；采用小磨削用量却又降低了生产效率；而且不同的材料其磨削性能也不一样。因此，光凭经验或靠手册是不能全面地保证加工质量。生产中比较可行的方法是通过试验来确定磨削用量。可先按初步选定的磨削用量磨削试件，然后通过检查试件的金相组织变化和测定表面层的微观硬度变化，就可以知道磨削表面层热损伤情况，据此调整磨削用量直至最后确定下来。

近年来，国内外对磨削用量最佳化进行了大量理论研究工作，对如何实现以下方面进行了讨论：高表面质量，包括无烧伤、无裂纹、达到要求的表面粗糙度和表面残余应力；动态稳定性；低成本；高切除率等。还分析了磨削用量、磨削力、磨削热与表面质量之间的相互关系，并用图表来表示各项参数的最佳组合。有人研究在磨削过程中加入过程指令，并通过计算机进行过程控制磨削。

另外，还有靠控制磨削温度来保证工件质量的方法，这种方法是利用夹在砂轮间的铜或铝箔作为热电偶的一极，在磨削过程中连续测量磨削区的温度然后控制磨削用量。

2）采用超精加工、珩磨等光整加工方法作为终加工工序

超精加工、珩磨等都是利用磨条以一定的压力压在工件的被加工表面上，并做相对运动以降低工件表面粗糙度和提高精度的工艺方法，一般用于表面粗糙度 $Ra<0.08$ μm 的表面的加工。由于切削速度低、磨削压强小，故加工时产生的热量少，不会产生热损伤，并具有残余压应力。如果加工余量合适，还可以有效去除磨削加工产生的变质层。

采用超精加工、珩磨工艺虽然比直接采用精磨达到要求的表面粗糙度要多增加一道工序，但由于这些加工方法都是靠加工表面自身定位进行加工的，因此机床结构简单、精度要求相对较低。而且这些工艺大多设计成多工位机床，并能实现多机床操作，故生产效率较高，加工成本较低。正是由于上述优点，这些方法在大批量生产中的应用较广泛。例如，在轴承制造中为了提高轴承的接触疲劳强度和寿命，越来越普遍地采用超精加工来加工套圈与滚子的滚动表面。

（1）超精加工

用细粒度的磨条以一定压力压在旋转的工件表面上，并在轴向做往复振荡进行微量切除的光整加工方法，常用于加工内外圆柱、圆锥面和滚动轴承套圈的沟道。超精加工后表面粗糙度 $Ra<0.012$ μm，表面加工纹路由波纹曲线相互交叉形成，这样的表面容易形成油膜，从而提高润滑效果、增强耐磨性。由于切削区温度低，表面层有轻度塑性变形，所以表面带有低残余压应力。

（2）珩磨

与超精加工类似，但使用的工具以及运动方式不同。珩磨头带有若干块细粒度的磨条，靠机械或液压的作用胀紧和施加一定压力在工件表面上，并相对工件做旋转与往复运动，结果在工件表面上形成由螺旋线交叉而成的网状纹路。这种方法主要用于内孔的光整加工，孔径可达 $\phi8\sim\phi1\ 200$ mm，长径比 L/D 可达 10 以上。

近年来，采用人造金刚石、立方氮化硼磨料制作的磨条，珩磨效率显著提高，珩磨压力增至 1～1.5 MPa，珩磨余量可达 0.05～0.1 mm，而磨削区温度仍很低，表面不产生变质层，因而使珩磨可取代内圆磨并能直接获得良好的表面质量。

（3）研磨

将研磨剂涂敷（干式）或浇注（湿式）在研具与工件间，工件与夹具在一定压力下做不断变更方向的相对运动，在磨粒的作用下逐步刮擦并微量切除工件表面的很薄的金属层。这种方法适用于各种表面的加工，表面粗糙度 Ra 值可达 0.16～0.01 μm，精度等级可达 5 级及以上。研磨剂一般采用煤油、润滑油或油脂与研磨粉混合而成，有时还加入活性添加剂如油酸、硬脂酸等，研磨时还能起到一定的化学作用。研具一般采用比工件软的材料制成，常用的有细小珠光体铸铁、夹布胶木、玻璃、纯铜等。一般研磨效率较低，且对工人的技术熟练程度要求较高。在研磨较软材料时，宜将研磨粉压嵌在研具上然后进行研磨，以防止研磨粉嵌入工件表面。

若将配合偶件进行对研，可以达到很好的气、液密封的配合，但是对研偶件只能成对使用，不具有互换性。

(4)抛光

抛光是在布轮、布盘等软的研具涂上抛光膏来抛光工件的表面，靠抛光膏的机械刮擦和化学作用去掉表面粗糙度的峰顶，使表面获得光泽镜面。抛光时一般去不掉余量，所以不能提高工件的精度甚至还会损坏原有精度。经抛光的表面能减小残余拉应力值。

3)采用喷丸、滚压、辗光等表面强化工艺

对于承受高应力、交变载荷的零件可以采用喷丸、滚压、辗光等表面强化工艺，使表面层产生残余压应力和冷作硬化，并降低表面粗糙度，同时消除了磨削等工序的残余拉应力，从而大大提高疲劳强度及耐应力、耐腐蚀性能。借助强化工艺还可以用次等材料代替优质材料，以节约贵重材料。但是采用强化工艺时应注意不要造成过度硬化，过度硬化的结果会使表面层完全失去塑性性质甚至引起显微裂纹和材料剥落，带来不良的后果。因此，采用强化工艺必须很好地控制工艺参数以获得要求的强化表面。

(1)喷丸

喷丸是利用压缩空气或离心力将大量直径细小的丸粒(钢丸、玻璃丸)高速向零件表面喷射的方法，适用于任何复杂形状的零件。喷丸的结果在表面层产生很大的塑性变形，造成表面的冷作硬化及残余压应力，硬化深度可达 0.7 mm。并可将表面粗糙度 Ra 值自 3.2 μm 降至 0.4 μm。喷丸后零件的使用寿命可提高数倍至数十倍。例如，齿轮可提高 4 倍，螺旋弹簧可提高 55 倍以上。喷丸在磨削、电镀等工序后进行可以有效地消除这些工序带来的有害残余拉应力。当表面粗糙度要求较小时，也可在喷丸强化后再进行小余量的磨削，但要注意控制磨削时的温度，以免影响强化的效果。喷丸工艺在国内已开始采用，取得了很好的效果。

(2)滚压、辗光

用工具钢(如 T12A、CrWMn、CrNiMn 等，淬硬至 62～64HRC)制成的钢滚轮或钢珠在零件表面上进行滚压、辗光，使表面层材料产生塑性流动，从而形成新的光洁表面，表面粗糙度 Ra 值可从 1.6 μm 降至 0.1 μm，表面硬化深度达 0.2～1.5 mm，硬化程度达 10%～40%。这种方法使用简单，一般只需在普通车床上装上滚压工具即可进行加工，所以应用广泛。

近年来，采用金刚石工具辗光工件表面的新方法，效果尤为显著。金刚石工具修整成具有半径为 1 ~3 mm,表面粗糙度 $Ra \leq 0.012\ \mu m$ 的球面或圆柱面。由于金刚石的物理力学性能高,且与金属配合时,摩擦系数小,所以消耗的动力和能量小,生产效率和表面质量高。经金刚石辗光后表面产生压应力,工件疲劳强度显著提高。

4.7　机械加工过程中振动

机械加工中的振动通常会导致刀具与工件之间产生相对位移,严重地破坏工件和刀具之间正常的运动轨迹。振动不但会降低加工表面质量、缩短刀具和机床的使用寿命,而且振动严重时将使加工无法进行。为了避免振动带来的影响,不得不降低切削用量,导致生产率降低。同时,由于振动发出刺耳的噪声,不仅使劳动者容易疲劳、身心受到损害、工作效率降低,还污染了环境。

根据机械加工中振动的特性,从两个方面对振动进行分类。

(1)按工艺系统振动的性质分类

①自由振动:工艺系统受初始干扰力或原有干扰力取消后产生的振动。

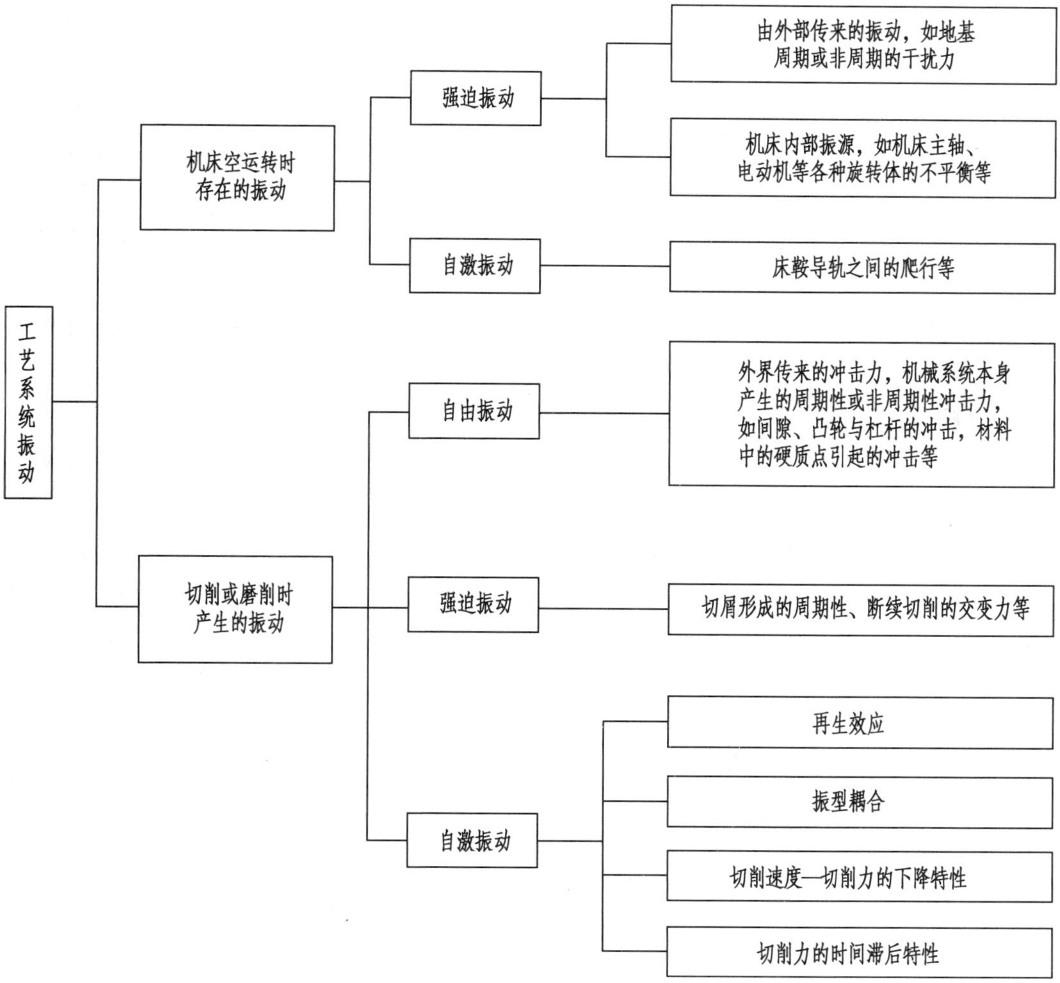

图 4.76　工艺系统振动的分类及产生的主要原因

②强迫振动:工艺系统在外部激振力作用下产生的振动。

③自激振动:工艺系统在输入输出之间有反馈特性,并有能源补充而产生的振动,在机械加工中也称为“颤振”。

(2)按工艺系统的自由度数量分类

①单自由度系统的振动:用一个独立坐标就可确定系统的振动。

②多自由度系统的振动:用多个独立坐标才能确定系统的振动。其中,二自由度系统是多自由度系统最简单的形式。

如图 4.76 所示为工艺系统振动的分类及产生的主要原因。

4.7.1 机械加工过程中的强迫振动

1)机械加工过程中强迫振动的振源

机械加工中的强迫振动与一般机械中的强迫振动没有什么区别,其主要振源有来自机床内部的机内振源和来自机床外部的机外振源两大类。机外振源主要是通过地基传给机床的,可通过加设隔振地基来隔离。机内振源主要有:

①机床高速旋转件不平衡:电动机转子、带轮、联轴节、砂轮以及被加工工件等旋转不平衡引起的周期性激振力,使加工过程产生强迫振动。

②机床传动机构缺陷:制造不精确或安装不良的齿轮、传送带传动中平带的接头、V带厚度不均匀、液压传动系统中由于油泵工作特性引起的油路油压脉动等,都会引起强迫振动。

③切削过程中的冲击:在铣削、拉削等加工中,刀齿在切入工件或从工件上切出时,都会产生冲击;加工断续表面也会由于周期性冲击而引起的强迫振动。

④往复运动部件的惯性力:在具有往复运动部件的机床中,往复运动部件改变方向时所产生的惯性冲击,往往是这类机床加工中的主要强迫振源。

2)机械加工过程中强迫振源的查找方法

如果已经确认机械加工过程中发生了强迫振动,就要设法查找振源,以便去除振源或减小振源对加工过程的影响。

由强迫振动的特征可知,强迫振动的频率总是与干扰力的频率相等或是它的倍数,我们可以根据强迫振动的这个规律去查找强迫振动的振源。其查找方法是:第一步,如图 4.77(a)所示,可对在加工现场拾取的振动信号进行频谱分析,以确定强迫振动的频率成分,如图 4.77(b)所示的 f_1、f_2;第二步,对机床加工中所有可能出现的强迫振源频率进行估算,列出振源频率数据表备查;第三步,将经过频谱分析得到的强迫振动的频率与振源频率数据表进行比较,找出产生强迫振动的振源;第四步,通过试验来验证上面所找出的振源是否正确。空运转试验是寻找机内强迫振源的一种简单而有效的方法。其方法首先是使机床处于工件加工前的静止状态(即装夹好工件和刀具,调整好机床位置,选择好切削用量等);然后在不进行切削的前提下,先后逐次开动机床所有的运动部件,同时测量机床各有关部件的振动位移,列表记录这些振动位移数据,观察并分析这些数据的变化,即可找出强迫振动的振源。

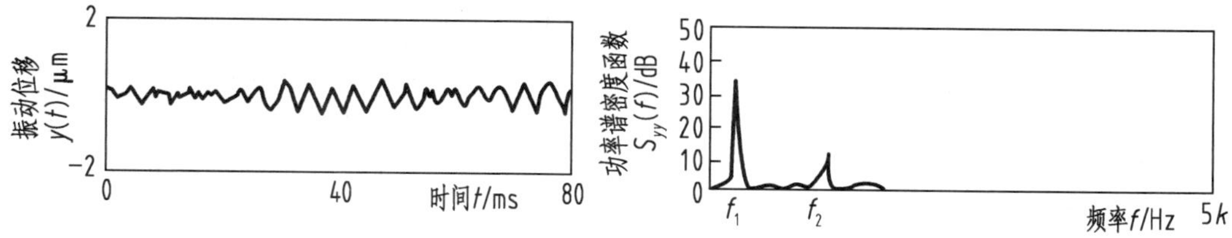

(a)时域振动信号图　　(b)频谱图

图 4.77　振动信号图

4.7.2　机械加工过程中的自激振动(颤振)

1)机械加工过程中的自激振动

与强迫振动相比,自激振动具有以下特征:

①机械加工中的自激振动是在没有周期性外力(相对于切削过程而言)干扰下所产生的振动,这一点与强迫振动有原则性的区别。

对于一个有阻尼作用的实际加工系统而言,任何运动都是力作用的结果,任何运动都要消耗一定的能量。在没有周期性外力干扰的情况下,激发自激振动的交变力是怎么产生的呢?用传递函数的概念来分析,机床加工系统是一个由振动系统和调节系统组成的闭环系统,如图 4.78 所示。激励机床系统产生振动运动的交变力由切削过程产生,而切削过程同时又受机床系统振动运动的影响,机床系统的振动运动一旦停止,交变切削力也就随之消失。如果切削过程很平稳,即使系统存在产生自激振动的条件,因切削过程没有交变切削力,那么自激振动不会产生。但是在实际加工过程中,偶然性的外界干扰(如工件材料硬度不均、加工余量有变化等)总是存在的,这种偶然性外界干扰所产生的切削力的变化,作用在机床系统上,就会使系统产生振动运动。系统所产生的这个振动运动又将引起工件与刀具间的相对位置发生周期性变化,导致切削过程产生维持振动运动的交变切削力。如果工艺系统不存在产生自激振动的条件,由偶然性外界干扰引发的强迫振动将因系统存在阻尼而逐渐衰减;如果工艺系统存在产生自激振动的条件,由偶然性的外界干扰引发的强迫振动就可能会使机床加工系统产生持续的振动运动转变为颤振。

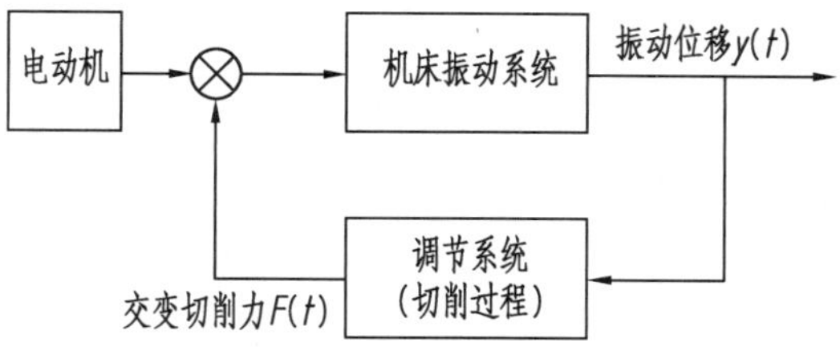

图 4.78　自激振动闭环系统

维持自激振动的能量来自机床电动机,电动机除供给切除切屑的能量外,还通过切削过程把能量输送给振动系统,使机床系统产生振动运动。

②自激振动的频率接近于系统的某一固有频率,或者说,颤振频率取决于振动系统的固有特性。这一点与强迫振动根本不同,强迫振动的频率取决于外界干扰力的频率。

③自由振动受阻尼作用将迅速衰减，而自激振动却不因有阻尼存在而衰减为零。

自激振动幅值的增大或减小，取决于每一振动周期中振动系统所获得的能量与所消耗的能量之差的正负号。如图 4.79 所示，在一个振动周期内，若振动系统获得的能量 E_R 等于系统消耗的能量 E_Z，则自激振动是以 OB 为振幅的稳定的等幅振动。当振幅为 OA 时，振动系统每一振动周期从电动机获得的能量 E_R 大于振动所消耗的能量 E_Z，则振幅将不断增大，直至增大到振幅 OB 时为止；反之，当振幅为 OC 时，振动系统每一振动周期从电动机获得的能量 E_R 小于振动所消耗的能量 E_Z，则振幅会不断减小，直至减小到振幅 OB 时为止。

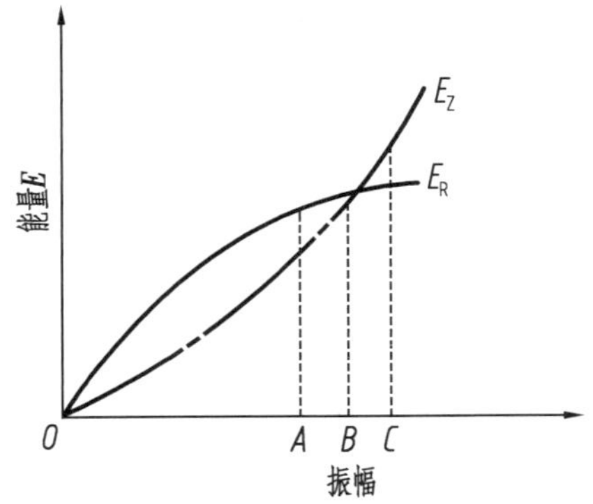

图 4.79　振动系统的能量关系

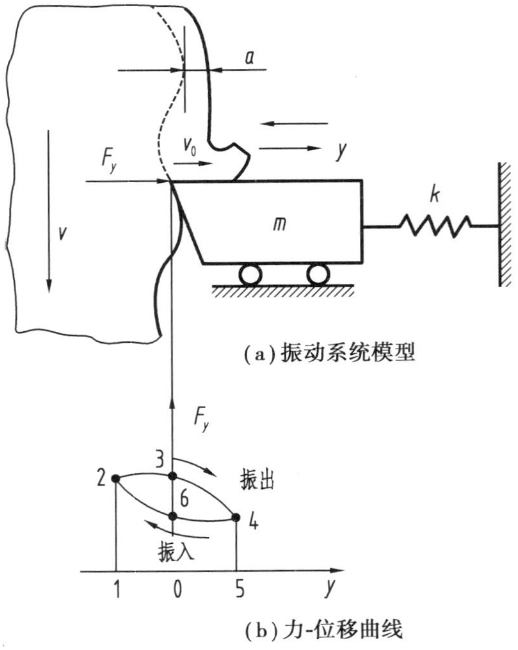

图 4.80　车削外圆单自由度振动系统模型

2)机械加工过程中产生自激振动的条件

在一个振动周期内，如果振动系统从电动机获得的能量大于振动系统对外界做功所消耗的能量，若两者之差刚好能克服振动时阻尼所消耗的能量，则振动系统将有等幅振动运动产生。如图 4.80(a)所示是一个单自由度振动系统模型，振动系统与刀架系统相连，且只在 y 方向振动。为简化问题分析，暂不考虑系统阻尼作用。如图 4.80 所示，在刀架振动系统振入工件的半个周期内，它的振动位移 $y_{振入}$ 与径向切削力 $F_{y振入}$ 方向相反，切削力做负功(相当于刀架振动系统将已被压缩的弹簧 k 经振入运动而将所积蓄的部分能量释放出来)；而在刀架振动系统振出工件的半个周期内，它的振动位移 $y_{振出}$ 与径向切削力 $F_{y振出}$ 方向相同，切削力做正功(相当于刀架振动系统通过振出运动使弹簧 k 压缩而获得能量)。只有正功大于负功，或者说，只有系统获得的能量大于系统对外界释放的能量时，系统才有可能维持自激振动。若用 $E_{吸收}$ 表示前者，$E_{消耗}$ 表示后者，则产生自激振动的条件可表示为：$E_{吸收}>E_{消耗}$。

4.7.3 控制机械加工振动的途径

当机械加工过程中出现影响加工质量的振动时，首先应该判别这种振动是强迫振动还是自激振动，然后再采取相应的措施来消除或减小振动。消减振动的途径包括消除或减弱产生振动的条件，改善工艺系统的动态特性，采用消振减振装置。

1）消除或减弱产生振动的条件

（1）消除或减弱产生强迫振动的条件

①减小机内外干扰力。机床上高速旋转的零部件（如磨床的砂轮、车床的卡盘以及高速旋转的齿轮等），必须进行平衡，确保质量不平衡量在允许范围内。尽量减少传动机构的缺陷，提高带传动、链传动、齿轮传动及其他传动装置的稳定性。对于高精度机床，尽量不用或少用齿轮、平带等可能成为振源的传动元件，并使电动机、液压系统等动力源与机床本体分离。对于往复运动部件，应采用较平稳的换向机构。

②调整振源频率。由强迫振动的特征可知，当干扰力的频率接近系统某一固有频率时，就会发生共振。因此，可通过改变电动机转速或传动比，使激振力的频率远离机床加工薄弱环节的固有频率，以避免共振。

③采取隔振措施。使振源产生的部分振动被隔振装置所隔离或吸收。隔振方法有两种：一种是主动隔振，阻止机内振源通过地基外传；另一种是被动隔振，阻止机外干扰力通过地基传给机床。常用的隔振材料有橡皮、金属弹簧、空气弹簧、泡沫乳胶、软木、矿渣棉、木屑等。

（2）消除或减弱产生自激振动的条件

机械加工过程中自激振动的产生与加工本身密不可分，但由于产生自激振动机理的不同，所采取的减振措施也不同。如采用变速切削和合理选用切削用量等方法，改变切削过程中能量的变化，可以减小或抑制自激振动的产生。

2）改善工艺系统的动态特性

①提高工艺系统的刚度：提高工艺系统薄弱环节的刚度，可以有效提高机床加工系统的稳定性。通过增强连接结合面的接触刚度，对滚动轴承施加预载荷、在加工细长工件外圆时采用中心架或跟刀架进行支撑、镗孔时对镗杆设置镗套等措施，都能提高工艺系统的刚度。

②增大工艺系统的阻尼：工艺系统的阻尼主要来自零件材料的内阻尼、结合面上的摩擦阻尼以及其他附加阻尼。

由材料的内摩擦而产生的阻尼称为内阻尼。不同材料的内阻尼是不同的。例如，铸铁的内阻尼比钢大，因此机床上的床身、立柱等大型支承件一般都用铸铁制造。除了选用内阻尼较大的材料制造零件，有时还可以将高阻尼的材料附加到零件上去，以增大零件的阻尼。

机床阻尼大多来自零部件结合面间的摩擦阻尼，可通过各种途径增大结合面间的摩擦阻尼。对于机床的活动结合面，应注意调整其间隙，必要时可施加预紧力以增大摩擦力。对于机床的固定结合面，应适当选择加工方法、表面粗糙度等级和比压。

3) 采用各种消振减振装置

常用的减振装置有以下 3 类：

①动力式减振器：动力减振器是通过一个弹性元件和阻尼元件将附加质量连接到主振系统上，当主振系统振动时，利用附加质量的动力作用，使加到主振系统上的附加作用力与激振力大小相等、方向相反，从而达到抑制主振系统振动的目的。

②阻尼减振器：在动力减振器的主系统和副系统之间增加一个阻尼器就是阻尼减振器。

③冲击式减振器：它是利用两物体相互碰撞时要损失动能的原理。利用附加质量直接冲击振动系统或振动系统的一部分，利用冲击能量耗散主振系统能量。

思考与练习题

1. 什么是主轴回转误差？它包括哪些方面？

2. 在卧式镗床上采用工件送进方式加工直径为 $\phi200$ mm 的通孔时，若刀杆与送进方向倾斜 $\alpha=1°30'$，则在孔径横截面内将产生什么样的形状误差？其误差大小是多少？

3. 在车床上车一直径为 $\phi80$ mm、长为 2 000 mm 的长轴外圆，工件材料为 45#钢，切削用量为 $v=2$ m/s，$a_p=0.4$ mm、$f=0.2$ mm/r，刀具材料为 YT15，如果只考虑刀具磨损引起的加工误差，问该轴车后能否达到 IT8 的要求？

4. 什么是误差复映？误差复映系数的大小与哪些因素有关？

5. 已知某车床部件刚度为 $k_{主}=44\ 500$ N/mm，$k_{刀架}=13\ 330$ N/mm，$k_{尾}=30\ 000$ N/mm，$k_{刀具}$很大。

(1) 如果工件是一个刚度很大的光轴，装夹在两顶尖间加工，试求：

①刀具在床头处的工艺系统刚度。

②刀具在尾座处的工艺系统刚度。

③刀具在工件中点处的工艺系统刚度。

④刀具在距床头为 2/3 工件长度处的工艺系统刚度。

并画出加工后工件的大致形状。

(2) 如果 $F_y=500$ N，工艺系统在工件中点处的实际变形为 0.05 mm，求工件的刚度？

6. 在车床上用前后顶尖装夹，车削长为 800 mm，外径要求为 $\phi50_{-0.04}^{\ 0}$ mm 的工件外圆。已知 $k_{主}=10\ 000$ N/mm，$k_{尾}=5\ 000$ N/mm，$k_{刀架}=4\ 000$ N/mm，$F_y=300$ N，试求：

①由于机床刚度变化所产生的工件最大直径误差，并按比例画出工件的外形。

②由于工件受力变形所产生的工件最大直径误差，并按同样比例画出工件的外形。

③上述两种情况综合考虑后，工件最大直径误差是多少？能否满足预定的加工要求？若不符合要求，可采取哪些措施解决？

7. 已知车床车削工件外圆时的 $k_{系}=20\ 000$ N/mm，毛坯偏心 $e=2$ mm，毛坯最小背吃刀量 $a_{p2}=1$ mm，$C=C_yF^{y}\text{HBW}^{n}=1\ 500$ N/mm，试求：

①毛坯最大背吃刀量 a_{p1} 为多少？

②第一次进给后，反映在工件上的残余偏心误差 $\Delta_{工1}$ 是多少？

③第二次进给后的 $\Delta_{工2}$ 是多少？

④第三次进给后的 $\Delta_{工3}$ 是多少？

⑤若其他条件不变，让 $k_{系}=10\ 000$ N/mm，求 $\Delta'_{工1}$、$\Delta'_{工2}$、$\Delta'_{工3}$ 各为多少？并说明 $k_{系}$ 对残余偏心的影响规律。

8. 在卧式铣床上按如图 4.81 所示装夹方式用铣刀 A 铣削键槽，经测量发现。工件两端处的深度大于中间的，且都比未铣键槽前的调整深度小。试分析产生这一现象的原因？

9. 在外圆磨床上磨削如图 4.82 所示轴类工件的外圆 ϕ，若机床几何精度良好，试分析所磨外圆出现纵向腰鼓形的原因？

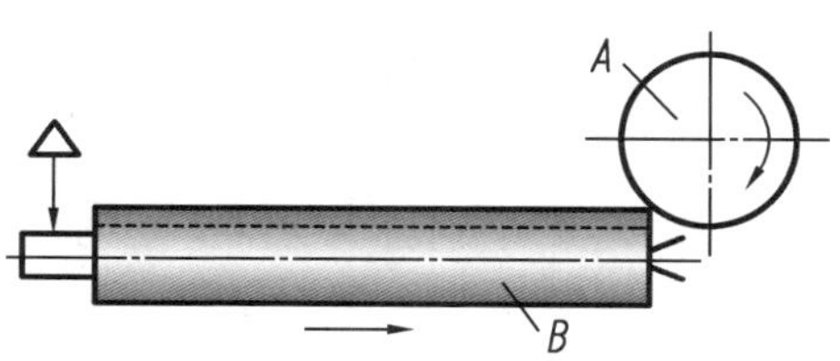

图 4.81　题 8 图

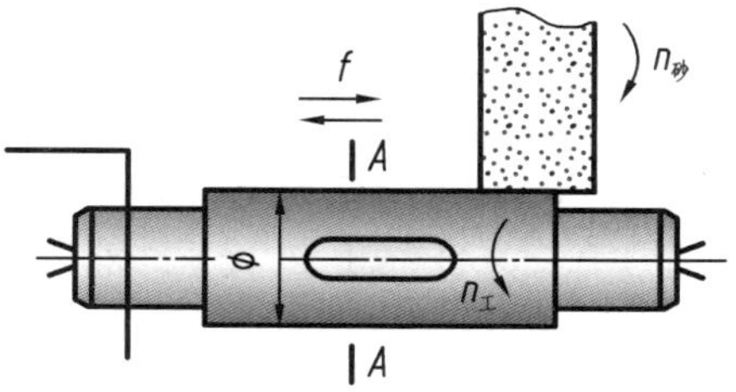

图 4.82　题 9 图

10. 在某车床上加工一根长 1 632 mm 的丝杠，要求加工成 8 级精度，其螺距累积误差的具体要求为：在 25 mm 长度上不大于 18 μm；在 100 mm 长度上不大于 25 μm；在 300 mm 长度上不大于 35 μm；在全长上不大于 80 μm。在精车螺纹时，若机床丝杠的温度比室温高 2 ℃，工件丝杠的温度比室温高 7 ℃，从工件热变形的角度分析，精车后丝杠能否满足预定的加工要求？

11. 在外圆磨床上磨削某薄壁衬套 A，如图 4.83(a) 所示，衬套 A 装在心轴上后，用垫圈、螺母压紧，然后顶在顶尖上磨衬套 A 的外圆至图样要求。卸下工件后发现工件呈鞍形，如图 4.83(b) 所示，试分析原因。

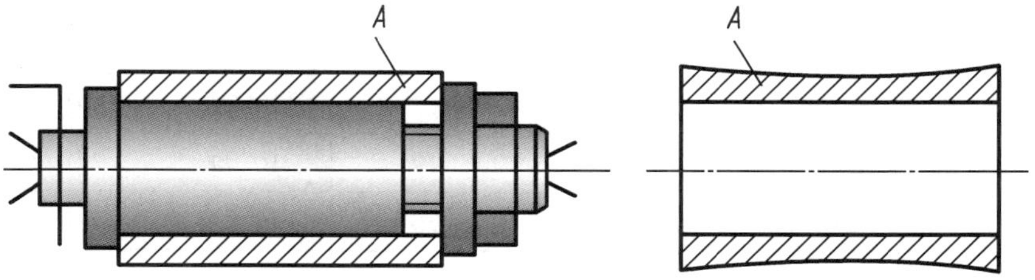

(a)　(b)

图 4.83　题 11 图

12. 有一板状框架铸件，壁 3 薄、壁 1 和壁 2 厚，如图 4.84 所示，当采用宽度为 B 的铣刀铣断壁 3 后，断口尺寸 B 将会因内应力重新分布而产生什么样的变化？为什么？

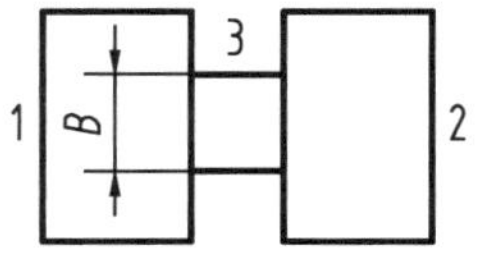

图 4.84　题 12 图

13. 什么样性质的误差服从偏态分布？什么样性质的误差服从正态分布？请各举一例说明。

14. 在调整好的自动机上加工一批小轴，加工中又调整了一次刀具，试分别画出这批小轴加工后以概率密度为纵坐标和以频数为纵坐标的尺寸误差分布曲线，并简述这两条曲线的异同点。

15. 车削一批轴的外圆，其尺寸要求为 $\phi20_{-0.1}^{\ 0}$ mm，若此工序尺寸按正态分布，方均差 $\sigma=0.025$ mm，公差带中心小于分布曲线中心，其偏移量 $e=0.03$ mm。试指出该批工件的常值系统性误差及随机误差有多大？并计算合格品率及不合格品率各是多少？

16. 在方均差 $\sigma=0.02$ mm 的某自动车床上加工一批 $\phi10$ mm±0.1 mm 小轴外圆，求：

(1)这批工件的尺寸分散范围多大？

(2)这台自动车床的工序能力系数是多少？

若这批工件数 $n=100$，分组间隙 $\Delta x=0.02$ mm，试画出这批工件以频数为纵坐标的理论分布曲线。

17. 在自动车床上加工一批外径为 $\phi11$ mm±0.05 mm 的小轴。现每隔一定时间抽取容量 $n=5$ 的一个小样本，共抽取 20 个顺序小样本，逐一测量每个顺序小样本每个小轴的外径尺寸。并算出顺序小样本的平均值 $\overline{x_i}$ 和极差 R_i，其值见表 4.14。试设计 $\overline{x}$-R 点图，并判断该工艺过程是否稳定？

表 4.14　顺序小样本数据表

样本号	均值 $\overline{x_i}$	极差 R_i	样本号	均值 $\overline{x_i}$	极差 R_i
1	10.986	0.09	11	11.02	0.09
2	10.994	0.08	12	10.976	0.08
3	10.994	0.11	13	11.006	0.05
4	10.998	0.05	14	11.008	0.05
5	11.002	0.10	15	10.970	0.03
6	11.002	0.07	16	11.020	0.11
7	11.018	0.10	17	11.996	0.04
8	10.998	0.09	18	10.990	0.02
9	10.980	0.05	19	10.996	0.06
10	10.994	0.05	20	11.028	0.10

18. 为什么机器零件一般都从表面层开始破坏？

19. 试述表面粗糙度、表面层物理力学性能对机器使用性能的影响。

20. 为什么在切削加工中一般都会产生冷作硬化现象？

21. 什么是回火烧伤？什么是淬火烧伤？什么是退火烧伤？为什么磨削加工时容易产生烧伤？

22. 试述机械加工中工件表面层产生残余应力的原因。

23. 试述机械加工中产生自激振动的条件。并用以解释再生型颤振、耦合型颤振的激振机理。

24. 车刀按如图4.85(a)所示的方式安装加工时有强烈振动发生,此时若将刀具反装。如图4.85(b)所示,或采用前后刀架同时车削,如图4.85(c)所示,或设法将刀具沿工件旋转方向转过某一角度装夹在刀架上,如图4.85(d)所示,加工中的振动就可能会减弱或消失,试分析其原因。

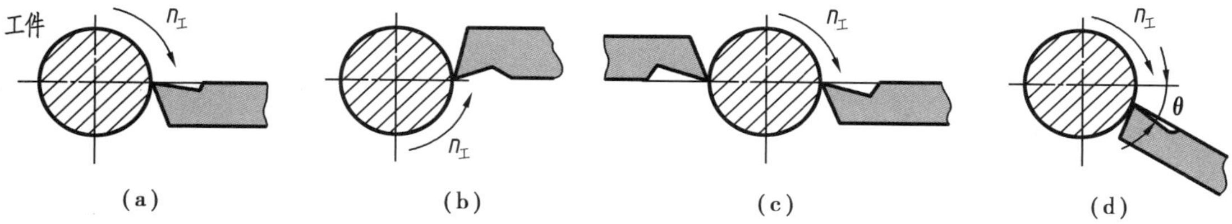

图4.85　题24图

第5章 机器装配工艺规程设计

5.1 概述

5.1.1 基本概念

任何机器都是由许多零件装配而成的。装配作为机械制造的最后一个阶段，包括装配、调整、检验、试验等工作。机器的质量最终是通过装配来保证的，装配质量在很大程度上决定了机器的最终质量。另外，通过机器的装配过程，还可以发现机器设计和零件加工质量等所存在问题，并加以改进，以保证机器的质量。

1)装配的概念

所谓装配，是指按规定的技术要求和精度，将构成机器的零件结合成套件、组件、部件或产品的工艺过程。

2)装配单元

一台机械产品往往由成千上万个零件组成。为了便于组织装配工作并缩短装配周期，常将机械产品分解为若干可以独立进行装配的装配单元，以便于按照单元次序进行装配。一般情况下，装配单元可分为零件、套件、组件、部件和机器5个等级。

①零件是组成机器的最小单元，是由整块金属或其他材料制成的。零件一般都要经过安装成套件、组件、部件后才能安装到机器上，直接装入机器的零件并不多。

②套件是在一个基准件上装上一个或若干个零件构成的，它是最小的装配单元，为此进行的装配称为套装。如图5.1所示的涡轮套件，是在基准零件涡轮轴上装上齿轮，两个零件通过连接键连接，形成套件。

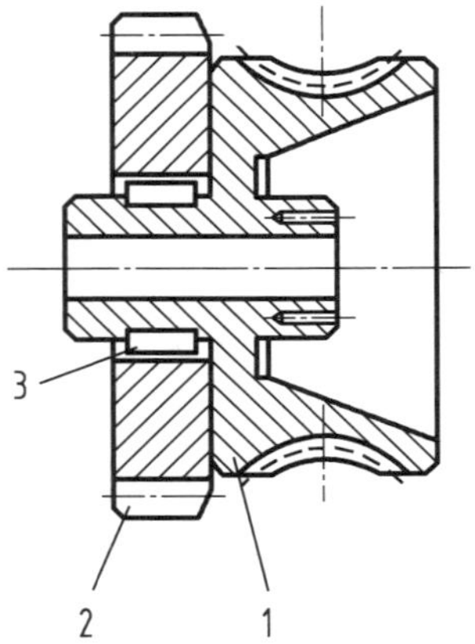

图5.1 套件
1—涡轮轴；2—齿轮；3—连接键

③组件是在一个基准零件上装上若干套件及零件而构成的。为此而进行的装配称为组装。如图5.2所示的转子组件，是在基准轴上装上如图5.1所示的涡轮轴套件及轴承、环套等零件装配形成的。

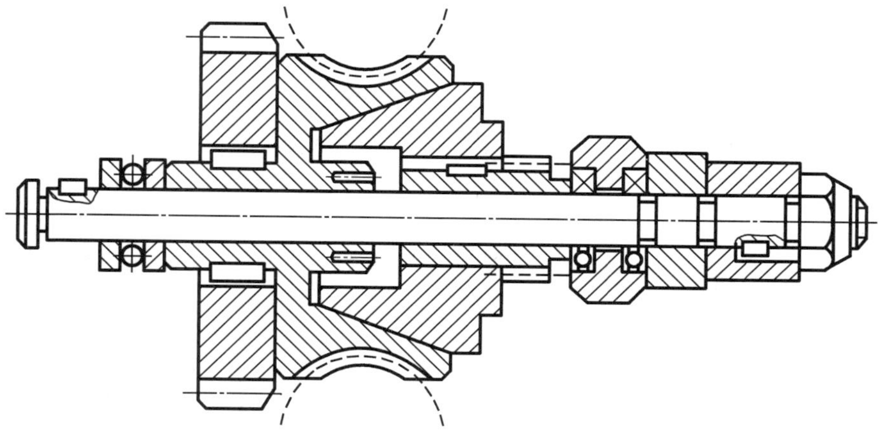

图 5.2　转子组件

④部件是在一个基准零件上，装上若干个组件、套件和零件构成的。部件在机器中能完成一定的、完整的功用。装配成为部件的工艺过程称为部装。例如，车床的主轴箱装配就是部装。主轴箱体为部装的基准零件。

⑤在一个基准零件上，装上若干部件、组件、套件和零件就成为整个机器，装配成最终产品的过程，称为总装。例如，卧式车床就是以床身为基准零件，装上主轴箱、进给箱、溜板箱等部件及其他组件、套件、零件所组成的。

3）装配生产类型及其特点

机器装配的生产类型，按装配产品的生产批量大小可分为单件小批生产、中批生产和大批大量生产 3 种类型。生产类型不同，装配工作的组织形式、装配方法、工艺装备方法等也有所不同，具体见表 5.1。

表 5.1　各种生产类型装配工作的特点

生产类型		单件小批生产	中批生产	大批大量生产
装配工作特点	基本特征	产品经常变换，不定期重复，生产周期长	产品在系列化范围内变动，分批交替投产或多品种同时投产，生产活动在一定时期内重复	产品固定，生产活动长期重复，生产周期较短
	组织形式	多采用固定装配或固定式流水装配进行总装，同时，对批量较大的部件也可采用流水装配	笨重的、批量不大的产品，多采用固定流水装配，批量较大时，采用流水装配，多品种平行投产时采用多品种可变节奏流水装配	多采用流水装配线；有连续移动、间歇移动及可变节奏移动等，还可采用自动装配机或自动装配线
	装配工艺方法	以修配法和调整法为主，互换件比例较少	主要采用互换法，但灵活运用其他保证装配精度的方法，如调整法、修配法及合并法	按互换法装配，允许有少量的简单调整，精密偶件成对供应或分组装配

续表

生产类型		单件小批生产	中批生产	大批大量生产
装配工作特点	工艺过程	一般不制订详细的工艺文件,工序可适当调整,工艺也可灵活掌握	工艺过程划分必须适合批量的大小,尽量使生产均衡	工艺过程划分得很细,力求达到高度的均衡性
	工艺装备	一般为通用设备及通用工、夹、量具	通用设备较多,但也采用一定数量的专用工、夹、量具以保证装配质量和提高工效	专业化程度很高,宜采用专用高效工艺装备,易于实现机械化、自动化
	手工操作要求	手工操作比重大,要求工人有较高的技术水平和多方面的工艺知识	手工操作比重不小,技术水平要求较高	手工操作比重小,熟练程度容易提高,便于培养新工人
	应用实例	重型机床、重型机器、汽轮机、大型内燃机、大型锅炉	机车、机动车辆、中小型锅炉、矿山采掘机械	汽车、拖拉机、内燃机、滚动轴承、手表、缝纫机、电气开关

从表5.1中可以看出,不同的生产类型,其装配工作的特点都是有内在的联系,且装配工艺方法也各有侧重。装配实践中,关键在于根据具体的生产类型特点,选择合适的组织形式、装配方法、工艺装备等。

4)装配内容

装配过程是一项复杂的工艺过程,它不仅将合格零件、套件、组件、部件简单地连接在一起,还要根据装配的技术要求,通过调整、配作、检验等许多工作,最终保证产品的装配质量。常见的装配工作包含以下几项:

(1)清洗

零件加工完毕后,其表面和内部会残存许多油污和机械杂质。因此,装配时必须给予彻底的清洗。这对于保证产品的装配质量和延长产品的使用寿命均有重要的意义。清洗包括清洗液、清洗方法和清洗设备3大要素。常用的清洗液有煤油、碱液和各种水基化学清洗液等。常用的清洗方法有擦洗、浸洗、喷洗、超声波清洗以及综合应用等多种清洗方法,组成连续清洗作业的多步清洗生产线等。可根据零件的材料、批量、油污的黏附情况和零件的清洗要求等因素综合考虑所选用的清洗方法。清洗后一般用压缩空气吹干或加热烘干。

(2)连接

连接是装配过程中最基本的工作之一,可分为可拆卸连接和不可拆卸连接两种方式。可拆卸连接的特点是零件拆卸时不损坏,可以多次拆卸和重新装配,如螺纹连接。螺纹连接时应使螺栓和螺母正确旋紧,不应有歪斜和弯曲的情况。为保证连接零件的长期稳固性,装配时应保证给予一定的拧紧力矩。要求较高时可使用指针式扭力扳手来测定。为提高劳动生产率和降低劳动强度,在批量以上生产中,常使用各种电动扳手或气动扳手等机动工具来实现螺纹的装配。

不可拆卸连接的特点是若要拆卸必然会损坏某些零件，如焊接、胶接和过盈配合等。

(3)调整和修配

为保证装配精度，在装配过程中常常进行一些调整和修配的工作。例如，修刮车床尾座底板，以保证床头和尾座两顶尖等高；调整刀架中溜板上的螺钉，以保证进给丝杆与螺母间的轴向间隙等。除位置精度以外，运动精度和接触精度也常常通过调整和修刮来达到。又如，为了保证轴与滑动轴承的配合要求，按轴去配刮轴瓦；按床身导轨去配刮溜板或工作台的导轨等。

经过仔细调整后，有时还要进行一些附加的钳工或机加工工作，如配钻、配铰等，将调整好的位置固定下来。配作使装配时的劳动量增大，且无互换性，在大批大量生产中应尽量避免。

(4)平衡

对于转速较高并要求运转平稳的回转部件（如精密磨床和电动机的主轴），为了防止运转时出现振动，尽管在机械加工过程中零件已经进行了平衡，装配时还应对部件进行平衡试验。直径较大厚度较小的零部件采用静平衡，长径比较大的零部件则用动平衡。一般采用补焊、螺纹连接的方法增加质量，采用铣、钻等方法去除金属减少质量，以达到平衡的目的。

(5)密封性及强度试验

对于在使用过程中经受各种介质（液体或气体）压力作用的零件和部件，装配时必须进行密封性及强度试验。

(6)检验和试车

机器装配后应根据有关技术标准和产品验收条件进行逐项检验。对于不合格的项目进行补充调整。最后进行空运转试车和有载试车，并逐项检查和调试，直至其性能完全符合要求为止。

5.1.2 装配工艺性

机器结构的装配工艺性与零件结构的机械加工工艺性相似，对整个生产过程有较大的影响，是评价机器设计的重要指标之一。机器结构的装配工艺性在一定程度上决定了装配过程周期的长短、耗费劳动量的大小、成本的高低以及机器使用质量的优劣等。

机器结构的装配工艺性是指机器结构能保证装配过程中使相互联接的零部件不用或少用修配和机械加工，用较少的劳动量和较少的时间按产品的设计要求顺利地装配起来。

根据机器的装配实践和装配工艺的需要，对机器结构的装配工艺性提出以下基本要求。

1)机器结构应能分成独立的装配单元

为了最大限度地缩短机器的装配周期,应把机器分成若干独立的装配单元,以便使许多装配工作同时进行,这是评定机器结构装配工艺好坏的重要标志之一。

独立的装配单元就是要求机器结构能划分成独立的部件、组件、套件等。首先进行套件、组件、部件的装配,然后进行检验或试车,最后再进行总装配。这样,不仅可以缩短装配周期、减少总装配工作量,还可以保证总机的装配质量,便于维修、包装和运输,并利于产品的改进和更新换代。

如图5.3所示为转子组件的装配,当转子轴上齿轮直径大于箱体轴承孔时,轴上零件需依次在箱内装配,如图5.3(a)所示。如图5.3(b)所示,当齿轮直径小于轴承孔时,轴上零件可在组装成转子组件后,一次装入箱体内,从而简化装配过程,缩短装配周期。

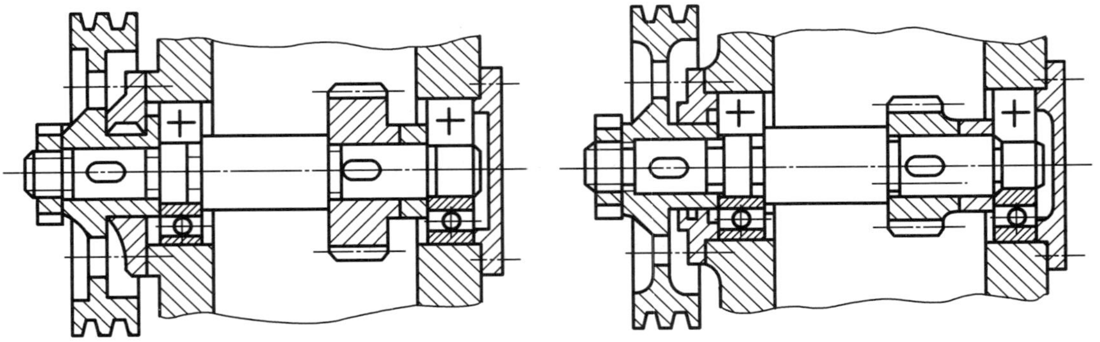

(a)转子不能形成装配单元　(b)转子组件能形成装配单元

图5.3　转子的装配

如图5.4(a)所示的转塔车床,装配工艺性较差,机床的快速行程轴的一端装在箱体内,轴上装有一对圆锥滚子轴承和一个齿轮,轴的另一端装在托板的操纵箱内,这种结构装配起来很不方便。因此,将快速行程轴拆分成两个零件,如图5.4(b)所示,一端为带螺纹的较长半轴,另一端为较短的阶梯轴,这样将整个装配体分成了两个独立的装配单元,分别进行装配,平行作业。为实现两端轴传递动力,将两端轴通过联轴器连接。

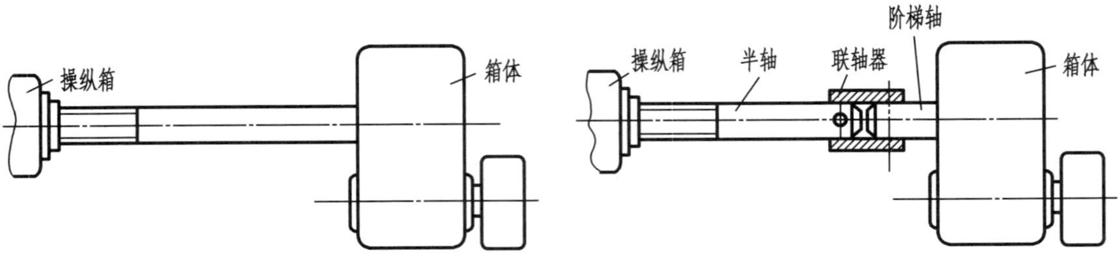

(a)改进前结构　(b)改进后结构

图5.4　转塔车床的两种结构比较

所以,在产品设计阶段就要有将机器结构划分成独立装配单元的理念,这样对机器设备后续的装配、维修维护都为带来很大的便利。

把机器划分成独立的装配单元的意义:

①可组织平行的装配作业，各单元装配互不妨碍，缩短装配周期，以便于组织多厂协作。

②机器的有关部件可以预先进行调整和试车，各部件以较完善的状态进入总装，这样既可保证总机的装配质量，又可减少总装配的工作量。

③机器局部结构改进后，整个机器只是局部变动，使机器改装起来方便，有利于产品的改进和更新换代。

④有利于机器的维护检修，尤其是给重型机器的包装、运输带来很大的方便。

此外，有些精密零部件不能在使用现场进行装配，只能在特殊（如高度洁净、恒温等）环境里进行装配及调整，然后以部件的形式进入总装配。例如，精密丝杠车床的丝杠就是在特殊的环境下装配的，以便保证机器的精度。

2）减少装配时的修配和机械加工

多数机器在装配过程中，需要对某些零部件进行修配，这不仅增加了装配工作量，还对工人的技术水平提出了较高要求。因此，装配过程中要尽量减少修配工作量。

首先，要尽量减少不必要的配合面。配合面过大、过多，零件配合面处的机械加工就越困难，装配时修刮量也必然增加。

如图 5.5 所示为车床主轴箱与床身的装配结构，主轴箱原采用如图 5.5(a) 所示的山形导轨面定位，现采用如图 5.5(b) 所示平导轨面定位，相比之下，平导轨面在加工和装配时的修配难易程度及工作量都明显优于山形导轨的斜面，因此，其装配工艺性得到了明显改善。

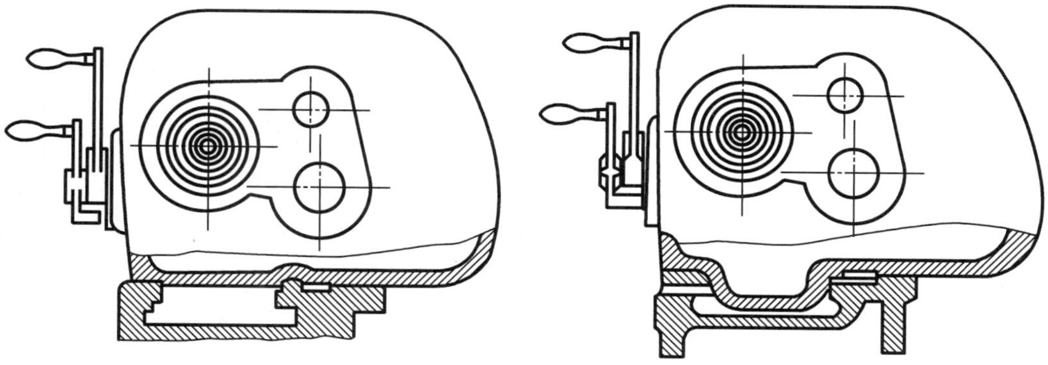

(a) 山形导轨配合　　(b) 平导轨配合

图 5.5　车床主轴箱与床身导轨配合

其次，要尽量减少机械加工。在装配过程中，机械加工工作越多，装配工作越不连续，装配周期越长；同时，加工设备既占面积大，又易引起装配工作混乱，其加工切屑还有可能造成机器不必要的磨损，甚至产生严重事故而损坏机器。

如图 5.6 所示为两种不同的轴润滑结构。如图 5.6(a) 所示结构需要在轴套装配后，在箱体上配钻油孔，使装配产生机械加工工作量。如图 5.6(b) 所示的结构改在轴套上预先加工好油孔，以便消除装配时的机械加工工作量。

所以，合理设计产品结构，可以减少装配时的修配和机械加工。

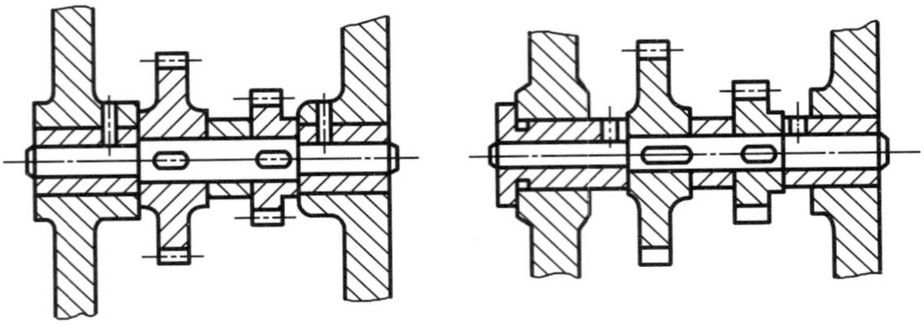

(a)改进前　　(b)改进后

图 5.6　两种不同的轴润滑结构

3)机器结构应便于拆卸与维修

(1)机器结构设计应使装配工作简单、方便

其重要的一点是组件的几个表面不应该同时装入基准零件的配合孔中,而应该有先后次序进入装配。

如图 5.7(a)所示,轴上的两个轴承同时装入箱体零件的配合孔中,既不便于观察,导向性又差,给装配工作带来困难。若改为如图 5.7(b)所示的结构形式,轴上的右轴承先行装入孔中 3 ~5 mm 时,左轴承再开始装入,即可使装配工作简单方便。

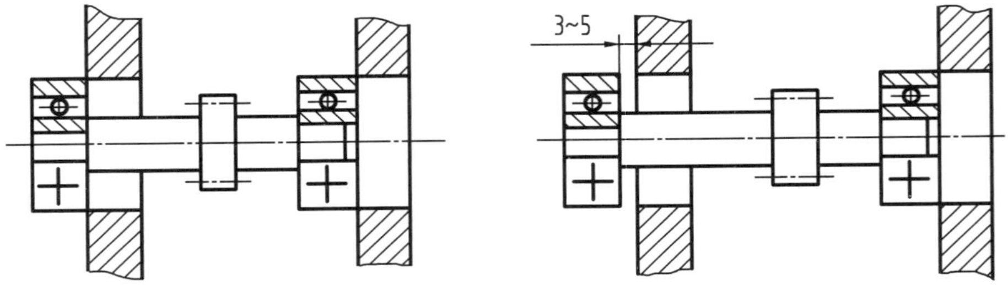

(a)　　(b)

图 5.7　转子装箱体孔

此外,扳手工作空间过小、螺栓拧入深度不够等都会导致装配困难。

如图 5.8(a)所示,扳手空间过小,造成扳手放不进去或旋转范围过小,松紧螺栓困难。如图 5.8(b)左所示也是扳手在松紧螺栓时,因空间狭小,放入困难或旋转范围受限,难以操作。可改进成如图 5.8(b)右所示。如图 5.8(c)所示,螺栓长度大于箱体此处空间的长度尺寸,导致螺栓无法装入或取出。

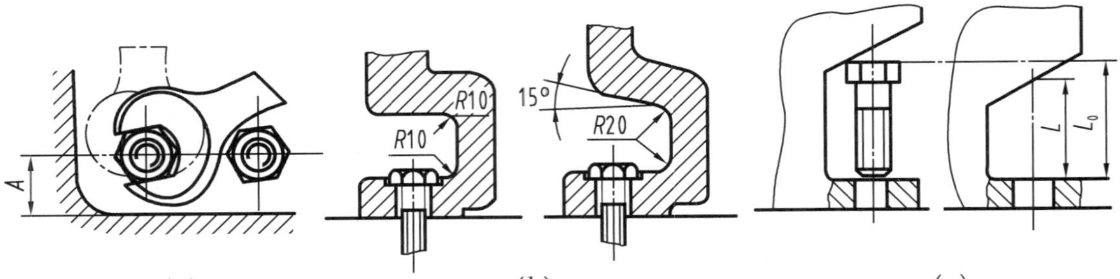

(a)　　(b)　　(c)

图 5.8　装配时应考虑装配工具与连接件的位置

(2)机器的结构设计应便于拆卸检修

由于磨损及其他原因,所有易损零件都要考虑拆卸方便问题。

如图 5.9 所示的轴承内圈与轴肩的装配,如图 5.9(a)所示,在更换时很难拆卸下来,若改为如图 5.9(b)所示的结构就容易拆卸。

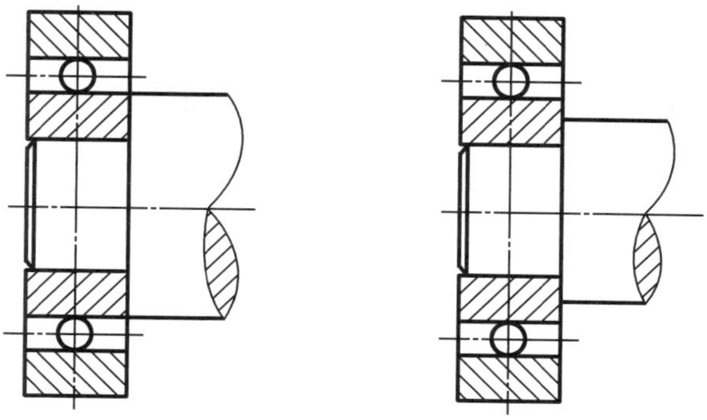

(a)　　(b)

图 5.9　轴承内圈的装配

如图 5.10 所示的轴承外圈与轴承箱体的装配,如图 5.10(a)所示,在更换时很难拆卸下来,若改为如图 5.10(b)所示的结构就容易拆卸。

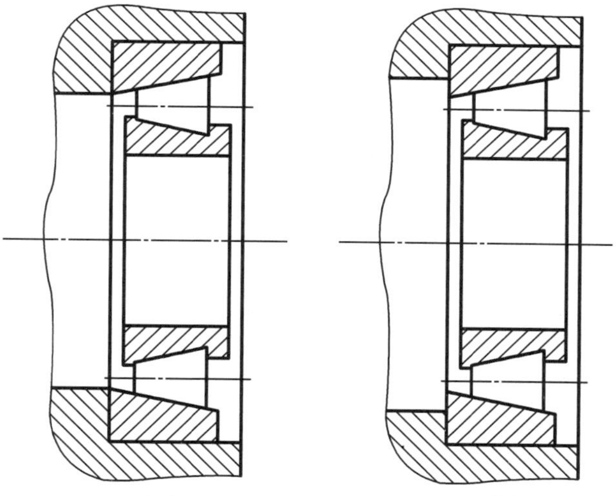

(a)　　(b)

图 5.10　轴承外圈的装配

如图 5.11 所示为锥销拆卸。如图 5.11(a)所示,定位销孔为不通孔,取出定位销很困难,若改为如图 5.11(b)所示的通孔结构或如图 5.11(c)所示的带有螺纹孔的定位销,就可以方便地取出定位销。

因此,在设计产品结构时,要考虑后期的拆卸维修方便性。

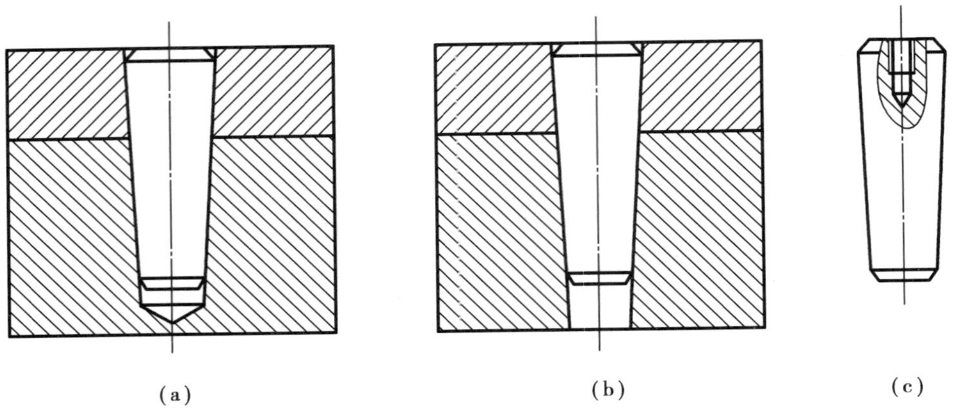

图 5.11　锥销拆卸图

5.2　装配尺寸链

机器的质量主要取决于机械结构设计的正确性、零件的加工质量,以及机器的装配精度。

5.2.1　装配精度

装配精度是指机器装配以后,各工作面间的相对位置和相对运动等参数与规定指标的符合程度。装配精度是装配工艺的质量指标,可根据机器的工作性能来确定。正确地规定装配体的装配精度是产品设计的重要环节之一,它不仅关系到产品质量,还会影响产品制造的经济性。装配精度是制订装配工艺规程的主要依据,也是选择合理的装配方法和确定零件加工精度的依据。因此,应正确规定机器的装配精度。

1)基本概念

机器的装配精度是按照机器的使用性能要求而提出的,可以根据国际标准、国家标准、部颁标准、行业标准或其他有关资料予以确定,一般包括以下几个方面:

①尺寸精度:是指装配后相关零部件的距离精度和配合精度。如轴孔的配合间隙或过盈,车床床头和尾座两顶尖的等高度等。

②位置精度:是指装配后零部件间应该保证的平行度、垂直度、同轴度和各种跳动等。如普通车床溜板移动对尾座顶尖套锥孔轴心的平行度、卧式铣床刀杆轴心线和工作台的平行度等。

③相对运动精度:是指装配后有相对运动的零部件间在运动方向和运动准确性上应保证的要求。如普通车床尾座移动对溜板移动的平行度,滚齿机滚刀主轴与工作台相对运动的准确性等。

④接触精度:是指两配合表面、接触表面和连接表面间达到规定的接触面积和接触点分布的情况。它影响部件的接触刚度和配合质量的稳定性。如齿轮侧面接触精度要控制沿齿高和齿长两个方向上接触面积大小及接触斑点数。接触精度影响接触刚度和

配合质量的稳定性，它取决于接触表面本身的加工精度和有关表面的相互位置精度。

不难看出，上述各装配精度之间存在密切的关系，相互位置精度是相对运动精度的基础，尺寸精度和接触精度对相互位置精度和相对运动精度的实现都有较大影响。

2）装配精度与零件精度间的关系

机器及其部件都是由零件组成的。显然，零件的精度特别是关键零件的加工精度，对装配精度有很大影响。如图 5.12 所示，普通车床尾座移动对溜板移动的平行度要求，就主要取决于床身上溜板移动的导轨 A 与尾座移动的导轨 B 的平行度以及导轨面间的接触精度。一般而言，多数的装配精度是和它相关的若干个零部件的加工精度有关，所以应合理地规定和控制这些相关零件的加工精度。在加工条件允许时，它们的加工误差累积起来，仍能满足装配精度的要求。但是，当遇到有些要求较高的装配精度，如果完全靠相关零件的制造精度来直接保证，则零件的加工精度将会很高，给加工带来较大的困难。如图 5.13（a）所示，普通车床床头和尾座两顶尖的等高度要求，主要取决于主轴箱、尾座、底板和床身等零部件的加工精度。该装配精度很难由相关零部件的加工精度直接保证。在生产中，常按较经济的精度来加工相关零部件，而在装配时则采用一定的工艺措施（如选择、修配、调整等措施），从而形成不同的装配方法来保证装配精度。采用修配底板的工艺措施保证装配精度，这样做，虽然增加了装配的劳动量，但从整个产品制造的全局分析，仍是经济可行的。

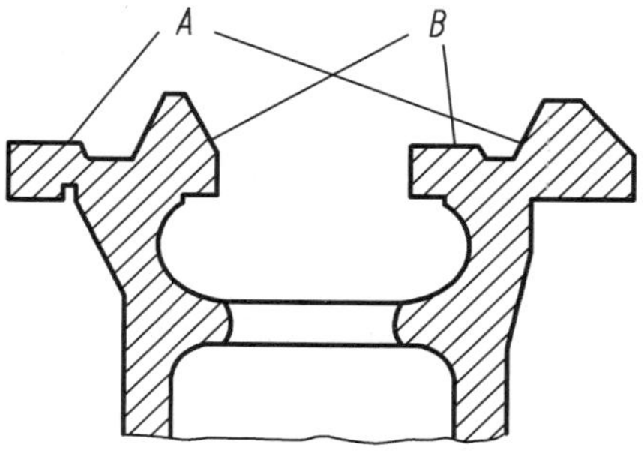

图 5.12　床身导轨简图

A—溜板移动导轨；B—尾座移动导轨

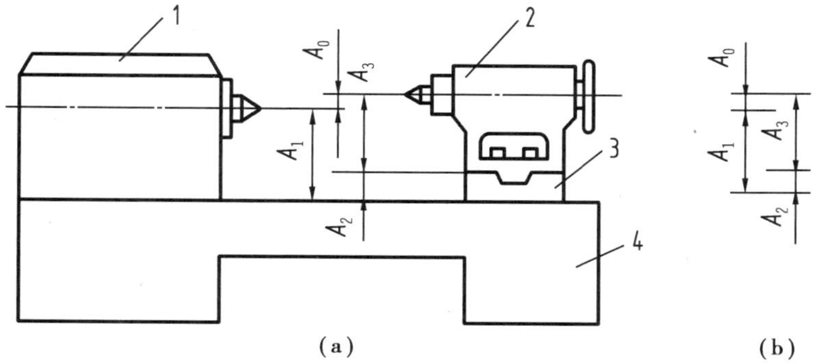

图 5.13　主轴箱主轴与尾座套筒中心线等高结构示意图

1—主轴箱；2—尾座；3—底板；4—床身；A_0—主轴锥孔中心线与尾座中心线的等高误差；A_1—主轴锥孔中心线至尾座底板距离；A_2—尾座底板厚底；A_3—尾座顶尖套锥孔中心线至尾座底板距离

由此可见，产品的装配精度和零件的加工精度有密切的关系，零件加工精度是保证装配精度的基础，但装配精度并不完全取决于零件的加工精度。装配精度的保证，应从产品的结构、机械加工和装配方法等方面进行综合考虑，而将尺寸链的基本原理应用到装配中，即建立装配尺寸链和解装配尺寸链是进行综合分析的有效手段。

5.2.2 装配尺寸链

零件的精度是影响机器装配精度的主要因素。通过建立、分析计算装配尺寸链，可以解决零件精度与装配精度之间的关系。

1）装配尺寸链基本概念

装配尺寸链是装配单元在装配过程中，由相关零件的尺寸或位置关系所组成的封闭尺寸链。由一个封闭环和若干个组成环组成。

装配尺寸链的封闭环就是装配所要保证的装配精度，是零部件装配后最后形成的尺寸或位置要求。

在装配关系中，对装配精度有直接影响的零部件的尺寸和位置，是装配尺寸链的组成环。同工艺尺寸链一样，装配尺寸链的组成也分为增环和减环。

如图5.14所示为轴、孔配合的装配尺寸链，孔径A_1，轴径A_2，装配后形成的间隙A_0为该装配尺寸链的封闭环，A_1为增环，A_2为减环。

2）装配尺寸链的特点

装配尺寸链是尺寸链的一种。与一般尺寸链相比，除有共同的特性（封闭性和关联性）外，还应具有以下典型特点：

①装配尺寸链的封闭环是十分明显的，是机器产品或部件的某项装配精度。

②封闭环只有在装配后才能形成，不具有独立性。

③装配尺寸链中的各组成环不仅是在一个零件上的尺寸，而且也可以是在几个零件或部件之间与装配精度有关的尺寸。

④除常见的线性尺寸链外，还有角度尺寸链、平面尺寸链和空间尺寸链等。

3）装配尺寸链的分类

装配尺寸链可按各环的几何特征和所处空间位置不同分为以下4类：

①直线尺寸链：由长度尺寸组成，且各尺寸彼此平行。如图5.14所示为直线尺寸链。

②角度尺寸链：由角度、平行度、垂直度等构成。如图5.15所示角度装配尺寸链，组成环α_1平行度，组成环α_2垂直度，封闭环α_0平面度。

③平面尺寸链：由构成一定角度关系的长度尺寸及相应的角度尺寸（或角度关系）构成，且处于同一或彼此平行的平面内。如图5.16所示的尺寸链，组成环有X_1，X_2，Y_1，Y_2，r_1，r_2，封闭环为P_0。

④空间尺寸链：由位于空间相交平面的直线尺寸和角度尺寸（或角度关系）构成。

在装配尺寸链中，装配精度是封闭环，对装配精度有影响的相关零部件的尺寸是组成环。如何查找组成环，进而选择合理的装配方法和确定这些零部件的加工精度，是建立装配尺寸链和求解装配尺寸链的关键。

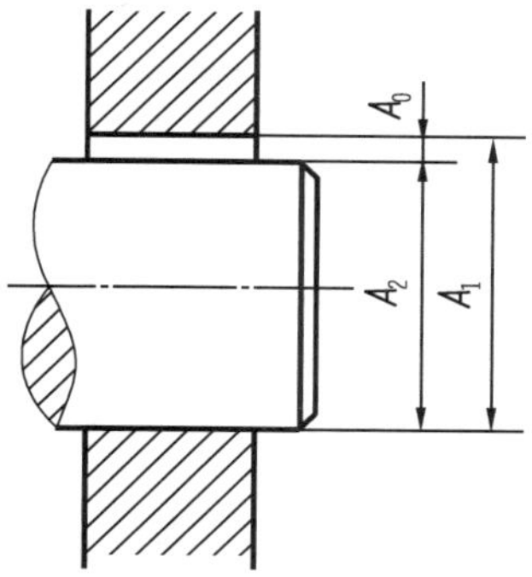

图 5.14　轴、孔配合装配尺寸链

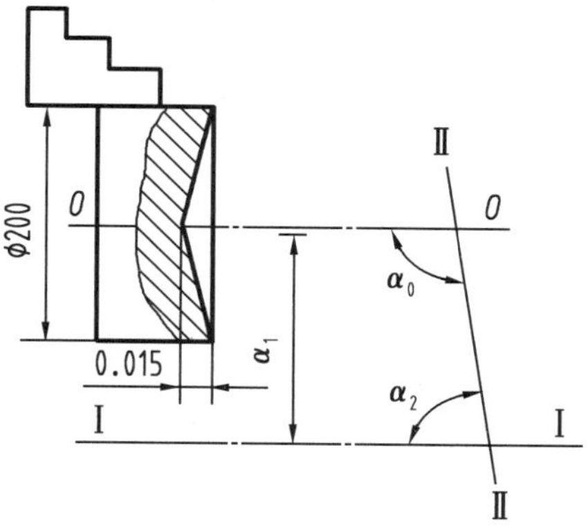

图 5.15　角度尺寸链

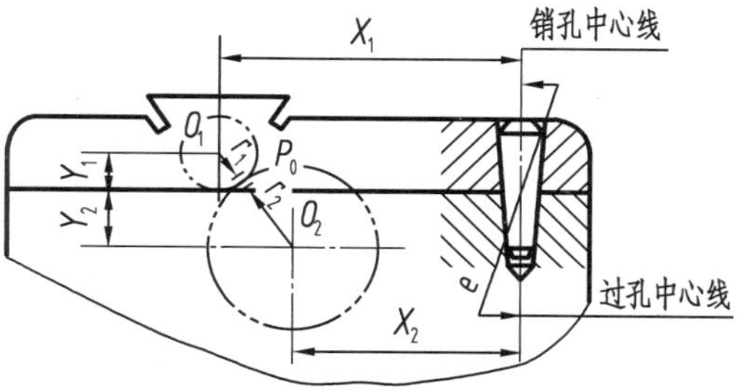

图 5.16　平面装配尺寸链

4)装配尺寸链的查找方法

装配尺寸链是产品或部件在装配过程中,由相关零件的有关尺寸(表面或轴线间距离)或相互位置关系(平行度、垂直度或同轴度等)所组成的尺寸链。其基本特征依然是尺寸组合的封闭性,即由一个封闭环和若干个组成环所构成的尺寸链呈封闭图形。当运用装配尺寸链的原理去分析和解决问题时,首先要正确地建立起装配尺寸链,即正确确定封闭环,并根据封闭环的要求查明各组成环,下面分别介绍长度尺寸链和角度尺寸链的建立方法。

首先,介绍长度装配尺寸链的建立方法。

(1)封闭环与组成环的查找

装配尺寸链的封闭环多为产品或部件的装配精度,凡对某项装配精度有影响的零部件的有关尺寸或相互位置精度即为装配尺寸链的组成环。查找组成环的方法:从封闭环两边的零件或部件开始,沿着装配精度要求的方向,以相邻零件装配基准间的联系为线索,分别由近及远地去查找装配关系中影响装配精度的有关零件,直至找到同一基准零件的同一基准表面为止,这些有关尺寸或位置关系,即为装配尺寸链中的组成环。然后画出尺寸链图,判别组成环的性质。如图 5.13 所示的装配关系中,主轴锥孔轴心线与尾座轴心线对溜板移动的等高度要求 A_0 为封闭环,按上述方法很快查找出组成环为 A_1,A_2 和 A_3,画出装配尺寸链如图 5.13(b)所示。

(2)建立装配尺寸链的注意事项

①装配尺寸链中装配精度就是封闭环。

②按一定层次分别建立产品与部件的装配尺寸链。机械产品通常都比较复杂,为便于装配并提高装配效率,整个产品多划分为若干部件,装配工作分为部件装配和总装配。因此,应分别建立产品总装尺寸链和部件装配尺寸链。产品总装尺寸链以产品精度为封闭环,以总装中有关零部件的尺寸为组成环。部件装配尺寸链以部件装配精度要求为封闭环(总装时则为组成环),以有关零件的尺寸为组成环。这样分层次建立的装配尺寸链比较清晰,表达的装配关系也更加清楚。

③在保证装配精度的前提下,装配尺寸链组成环可适当简化。如图5.17所示为图5.13(a)所示的车床头尾座中心线等高的详细装配尺寸链。图中各组成环的意义如下:

A_1——主轴轴承孔轴心线至底面的距离;

A_2——尾座底板厚度;

A_3——尾座孔轴心线至底面的距离;

e_1——主轴滚动轴承外圈内滚道对其外圆的同轴度误差;

e_2——顶尖套锥孔相对外圆的同轴度误差;

e_3——顶尖套与尾座孔配合间隙引起的偏移量(向下);

e_4——床身上安装主轴箱和尾座的平导轨之间的等高度。

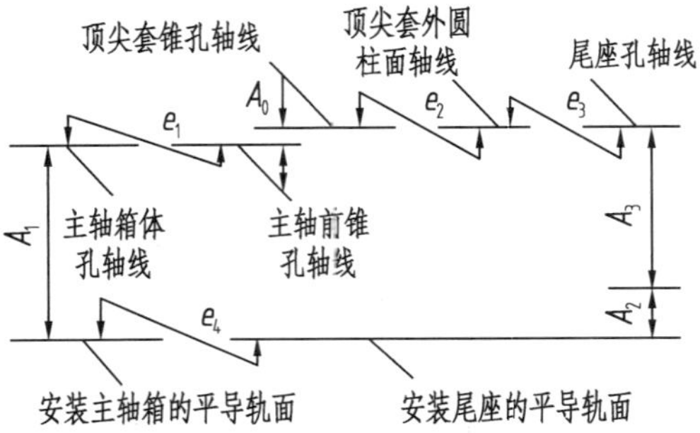

图5.17 车床主轴与尾座中心线等高装配尺寸链

通常由于 $e_1 \sim e_4$ 的公差数值相对于 $A_1 \sim A_3$ 的公差很小,故可简化成如图5.13(b)所示的装配尺寸链。但在精密装配中,应计入所有对装配精度有影响的因素,不可随意简化。

④装配尺寸链组成应该是"一件一环"。根据尺寸链极值法的基本理论,封闭环公差等于各组成环公差之和。当封闭环公差(即装配精度)一定时,组成环数越少,各组成环分配的公差就越大,零件加工就越容易、越经济。所以在产品结构设计时,在满足产品工作性能的条件下,应尽量简化产品结构,使影响产品装配精度的零件数量尽可能的少。

在查找装配尺寸链时,每个相关的零部件只应有一个尺寸作为组成环计入装配尺寸链中。这样,组成环的数目就等于有关零部件的数目。即"一件一环",这就是装配尺寸链的最短路线(环数最少)原则。如图5.18所示的齿轮装配后,形成的装配尺寸链体现了"一件一环"原则。

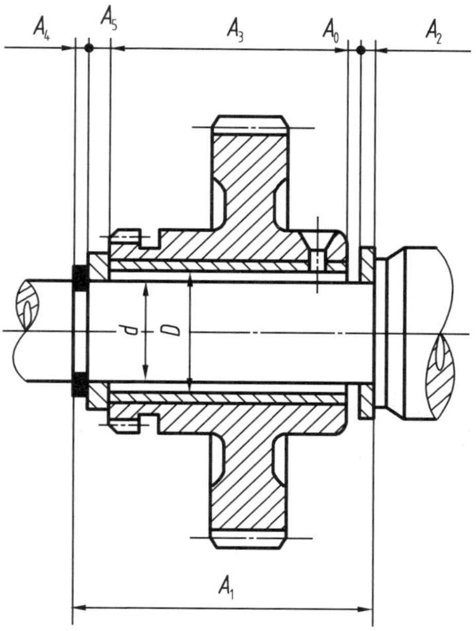

图 5.18　装配尺寸链的“一件一环”原则

A_0—齿轮端面与右挡圈的装配间隙；A_1—轴槽结构的轴向尺寸；A_2—右垫圈厚度尺寸；

A_3—齿轮轴向尺寸；A_4—挡圈厚度尺寸；A_5—左垫圈厚度尺寸

⑤当同一装配结构在不同位置方向有装配精度要求时，应按不同方向分别建立装配尺寸链。例如，常见的蜗杆副结构，为保证正常啮合，蜗杆副中心距、轴线垂直度以及蜗杆轴线与蜗轮中心平面的重合度均有一定的精度要求，这是 3 个不同位置方向的装配精度，因此，需要在 3 个不同方向建立尺寸链。

其次，介绍角度装配尺寸链的建立方法。

角度装配尺寸链的封闭环就是机器装配后的平行度、垂直度等技术要求。尺寸链的查找方法与长度装配尺寸链的查找方法相同。

在如图 5.19 所示的装配关系中，铣床主轴中心线对工作台面的平行度要求为封闭环。分析铣床结构后可知，影响上述装配精度的有关零件有工作台、转台、床鞍、升降台和床身等。

其相应的组成环为：

α_1——工作台面对其导轨面的平行度；

α_2——转台导轨面对其下支承平面的平行度；

α_3——床鞍上平面对其下导轨面的平行度；

α_4——升降台水平导轨对床身导轨的垂直度；

α_5——主轴回转轴线对床身导轨的垂直度。

为了将呈垂直度形式的组成环转化成平行度形式，可作一条和床身导轨垂直的理想直线。这样，原来的垂直度就转化为主轴轴心线和升降台水平导轨相对于理想直线的平行度，其装配尺寸链如图 5.19 所示，它类似于线性尺寸链，但是基本尺寸为零，可用线性尺寸链的有关公式求解。

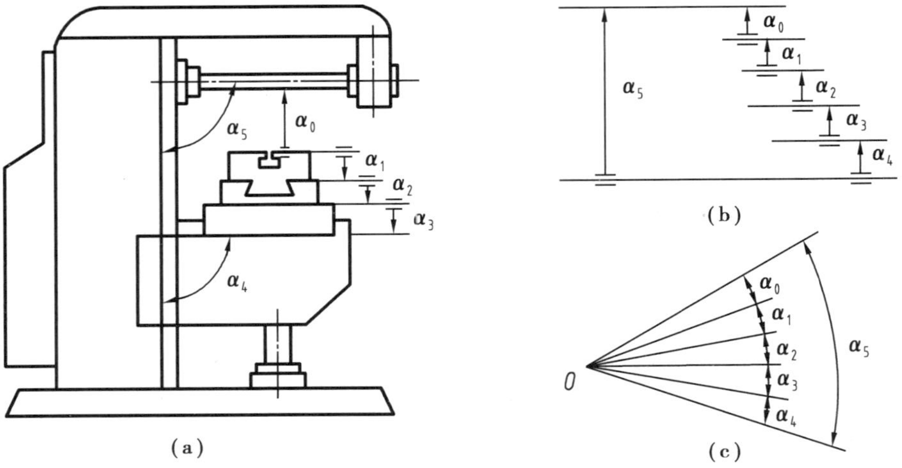

图 5.19　角度装配尺寸链

结合上例可将角度尺寸链的计算步骤的原则简述如下：

①转化和统一角度尺寸链的表达形式。即把用垂直度表示的组成环转化为以平行度表示的组成环。例如，将如图 5.19(a)所示的形式转化为如图 5.19(b)所示的尺寸链形式（二者都称为无公共顶角的尺寸链），假设各基线在左侧或右侧有公共顶点，可进一步将如图 5.19(b)所示的形式转化为如图 5.19(c)所示的形式（称具有公共顶角的角度尺寸链）。

②增、减环的判定。增、减环的判定通常是根据增减环的定义来判断的。在角度尺寸链的平面图中，根据角度环的增加或减少来判别对封闭环的影响，从而确定其性质。如图 5.19 所示的尺寸链中可以判断 α_5 是增环，α_1，α_2，α_3，α_4 是减环。

5）装配尺寸链的计算方式

尺寸链的计算方法与装配方法密切相关。同一项装配精度，采用不同装配方法时，其尺寸链的计算方法也不相同。尺寸链的计算方式有：

①正计算。已知各零部件（组成环）的公称尺寸及公差，求装配精度（封闭环）的公称尺寸及公差。用于对已设计的零部件的尺寸及公差进行校核验算。

②反计算。反计算就是已知封闭环，求解组成环。用于产品设计阶段，根据装配精度指标来计算和分配各组成环的基本尺寸和公差。这种问题解法多样，需根据零件的经济加工精度和恰当的装配工艺方法来具体确定分配方案。

5.3　保证装配精度的装配方法

机械产品的精度要求最终是要靠装配实现的。合理地选用装配方法，可实现用较低的零件精度和较少的装配工作量，达到较高的装配精度，这是装配工艺的核心问题。根据产品的性能要求、结构特点、生产形式、生产条件等，可选用不同的装配方法，主要包括互换法、选配法、修配法和调整法。

5.3.1　互换法

互换法就是在装配过程中,零件互换后仍能达到装配精度要求的一种方法。产品采用互换装配法时,装配精度主要取决于零件的加工精度。其实质就是用控制零件的加工误差来保证产品的装配精度。按互换程度的不同,互换装配法又分为完全互换法和大数互换法两种。

1)完全互换法

在全部产品中,装配时各零件无须挑选、修配或调整就能保证装配精度的装配方法称为完全互换法。采用完全互换法时,装配尺寸链的计算应采用极值法计算。

根据极值法:

$$T_{01} = \sum_{i=1}^{m} |\xi_i| T_i \tag{5.1}$$

式中　T_{01}——封闭环的极值公差;

T_i——第 i 个组成环公差;

ξ_i——第 i 个组成环的传递系数;

m——组成环环数。

对于直线尺寸链,$\xi_i=1$,则式(5.1)变为:

$$T_{01} = \sum_{i=1}^{m} T_i \tag{5.2}$$

即封闭环的公差等于各个组成环公差之和。

装配工艺尺寸链进行正计算时,可利用式(5.2),根据组成环公差求出封闭环的公差。

根据式(5.2),组成环平均公差

$$T_{av1} = \frac{T_{01}}{m} \tag{5.3}$$

式中　T_{av1}——组成环平均极值公差。

当进行反计算时,封闭环的公差 T_{01} 是已知的,就需要将封闭环的公差分配给各组成环,根据式(5.3),先按"等公差"原则初分配,再根据各组成环尺寸大小和加工的难易程度,对各组成环的公差进行适当的调整。调整原则如下:

①组成环是标准件(如轴承、螺栓、螺母、标准弹性挡圈等)时,其公称尺寸及极限偏差值在相应标准中已有规定,计算时按标准值计算即可。

②组成环是几个装配尺寸链的公共环时,其组成环公差按其中要求最严的装配尺寸链确定。

③尺寸相近、加工方法相同的组成环,其公差值相等。

④难加工或难测量的组成环,其公差可取较大数值。易加工、易测量的组成环,其公差取较小数值。

按以上原则确定各组成环公差值的大小,即基本确定了公差等级,如 H7,p6 等,还需确定各组成环尺寸的上、下极限偏差。在确定各组成环的极限偏差时,按"入体原则"

确定。当组成环为包容面（如孔）时，取下极限偏差为零，则上极限偏差为正值，如 H7（$^{+0.03}_{0}$）；当组成环为被包容面（如轴）时，取上极限偏差为零，则下极限偏差为负值，如 h6（$^{0}_{-0.021}$）。若组成环是中心距尺寸，则上、下极限偏差对称分布，如±0.05。

当各组成环都按上述原则确定上、下极限偏差时，装配尺寸链中的封闭环和组成环的公差关系可能就不满足极值法的计算[式(5.1)或式(5.2)]。因此，在计算确定各组成环公差的过程中，需先选取其中一个组成环，其公差大小先不确定，待其他组成环都确定好后，再根据极值法的计算公式计算确定该环的上、下极限偏差。该组成环在装配尺寸链计算中起协调作用，称为协调环。协调环不能选取标准件、公共环，可选易加工的零件作为协调环，而将其他难加工的零件尺寸公差从宽选取，也可选取难加工零件为协调环，而将其他易加工零件尺寸公差从严选取。

装配工艺尺寸链计算采用的极值法和第 2 章工艺尺寸链计算的极值法的公式及方法相同，这里不再赘述。

采用完全互换法进行装配，使装配质量稳定可靠，装配过程简单，生产率高，易于组织流水作业及自动化装配，也便于采用协作方式组织专业化生产。但是当装配精度要求较高，尤其组成环较多时，零件就难以按经济精度制造。因此，这种装配方法多用于高精度的少环尺寸链或低精度的多环尺寸链中。

2）大数互换法

完全互换装配法的装配过程虽然简单，但它基于的极值法是根据极大值、极小值的极端情况来建立封闭环和组成环的关系式。在封闭环为既定值时，分配到各组成环的公差相对较小，精度高，常使零件加工过程产生困难。由数理统计的基本原理可知：在一个稳定的工艺系统中进行大批大量加工，某个零件加工误差出现极值的可能性很小。在装配时，各零件的误差同时为极大、极小的“极值组合”的可能性更小。当装配时，组成环数较多，在各环公差较大的情况下，装配时出现零部件“极值组合”的机会就更加微小，甚至可以忽略不计，是小概率事件。而极值法正是基于这种小概率事件建立装配尺寸链中封闭环和组成环的关系，是一种保守的计算方法。它是用严格控制组成环中各零件的加工精度的代价换取装配时不发生或少发生的极端情况，是不科学、不经济的。

从统计学角度分析，稳定的工艺系统中进行大批大量加工，零件加工的尺寸公差处于公差带中心的占大多数，出现极大、极小值的是极少数。在装配中，遇到极值尺寸零件的机会不多，在同一装配中各个零件恰恰都是极限尺寸的机会就更为少见。因此，应用统计学的相关原理求解装配尺寸链中的封闭环、组成环的关系，才更合理、更科学。

大数互换法是根据统计学规律，绝大多数产品装配时零件不需要挑选、修配或调整就能保证装配精度要求的装配方法。但少数产品有出现废品的可能性，这种装配方法称为大数互换装配法（或部分互换装配法）。

采用大数互换装配法时，是用概率法建立装配尺寸链各环之间的关系。

在装配尺寸链中，对于直线尺寸链，各组成环传递系数 $|\xi|=1$，当各组成环及封闭环都呈正态分布时，即封闭环分布系数 $k_0=1$，组成环分布系数 $k_i=1$。封闭环和各组成环公差的关系为

$$T_{0q}=\sqrt{\sum_{i=1}^{m}T_i^2} \tag{5.4}$$

式中　T_{0q}——封闭环的平方公差；

T_i——第 i 个组成环公差；

m——组成环环数。

即封闭环的公差等于组成环的各零件公差值的平方之和的平方根。

根据式(5.4)，可得出概率法中组成环的平均平方公差为

$$T_{avq}=\frac{T_{0q}}{\sqrt{m}} \tag{5.5}$$

式中　T_{avq}——组成环平均平方公差。

对比式(5.3)和式(5.5)，采用极值法时组成环平均公差 $T_{av1}=T_{01}/m$，概率法时组成环平均公差 $T_{avq}=T_{0q}/\sqrt{m}$。对确定的装配对象，无论是极值法还是概率法，装配精度要求即封闭环尺寸公差 T_0 确定，封闭环公差 $T_{01}=T_{0q}=T_0$，组成环数 m 恒定，概率法中的组成环平均公差为极值法的 $\sqrt{m}$ 倍，组成环公差变大，精度降低，使加工变得更容易。

大数互换装配法时，大部分产品在装配时不需要挑选、修正或调整就能达到装配精度要求，和完全互换装配法相比，互换程度不同，这扩大了组成环的公差，给组成环的零件加工带来便利，但在装配过程中，可能会产生少量废品，这时应采用适当工艺措施补救。这种装配法适合于大批大量生产，组成环数较多、装配精度要求较高的场合。

5.3.2　选配法

在大批大量生产条件下，当组成环环数少、装配精度高时，采用互换装配法可能会使各组成环的零件公差很小，便加工变得很困难，这时就可以采用选择装配法，简称选配法。该方法是将组成环的公差放大到经济可行的程度，然后选择合适的零件进行装配，以保证装配精度。选配法主要包括直接选配法、分组选配法和复合选配法。

1）直接选配法

在装配时，工人直接在待装配的零件中直接选择合适的零件进行装配，以满足装配精度要求。这种装配方法在装配时是依靠工人经验水平、测量来选择零件装配的，装配精度在很大程度上取决于工人的技术水平，装配节奏不易标准化。所以不适合固定节拍的大批量生产的流水装配作业。当一批零件按同一精度直接选配时，可能会出现无法满足装配精度的“剩余零件”，尤其是当各零件的误差分布规律不同或已装配的精度不同时，“剩余零件”可能会更多。这与工人的技术水平、操作习惯等因素有关。

2）分组选配法

分组选配法是将各组成环的每个零件都按公差分为若干组，装配时各零件在对应的组别内进行装配作业的方法。在大批量生产中，对于组成环数少、装配精度高的装配体，常采用分组选配法。例如，滚动轴承装配、发动机气缸活塞环的装配、活塞与活塞销的装配或其他精密套件的装配。

现以某套件装配体装配时的轴和孔配合的两个零件为例进行分组装配法说明。根

据技术要求，轴径 d 和孔径 D 基本尺寸均为 $\phi28$，冷态配合，要求过盈量（装配精度）为 0.002 5～0.007 5 mm。在装配尺寸链中，轴径 d 和孔径 D 作为组成环，封闭环（装配精度）公差 $T_0=0.007\,5-0.002\,5=0.005$(mm)。如果采用完全互换装配法装配，尺寸链计算采用极值法，那么轴径 d 和孔径 D 两个组成环平均公差仅为 0.002 5，轴径 d 采用基轴制（h）确定极限公差，即 $d=\phi28_{-0.002\,5}^{\ 0}$，则孔 $D=\phi28_{-0.007\,5}^{-0.005\,0}$，$T_d=T_D=0.002\,5$ mm，每个零件精度较高，加工制造困难。现采用分组选配法，将轴径 d 和孔径 D 的公差在相同方向放大 4 倍（采用保持上极限不变，变动下极限），即 $d=\phi28_{-0.010}^{\ 0}$，则孔 $D=\phi28_{-0.015}^{-0.005\,0}$，加工制造变得容易。现将每个零件按尺寸大小分为 4 组，分组情况见表 5.2。

表 5.2　活塞销、孔直径分组　　单位：mm

组别	轴 $d=\phi28_{-0.010}^{\ 0}$	孔 $D=\phi28_{-0.015}^{-0.005}$	配合情况	
			最小过盈	最大过盈
Ⅰ	$d=\phi28_{-0.002\,5}^{\ 0}$	$D=\phi28_{-0.007\,5}^{-0.005\,0}$	0.002 5	0.007 5
Ⅱ	$d=\phi28_{-0.005\,0}^{-0.002\,5}$	$D=\phi28_{-0.010\,0}^{-0.007\,5}$		
Ⅲ	$d=\phi28_{-0.007\,5}^{-0.005\,0}$	$D=\phi28_{-0.012\,5}^{-0.010\,0}$		
Ⅳ	$d=\phi28_{-0.010\,0}^{-0.007\,5}$	$D=\phi28_{-0.015\,0}^{-0.012\,5}$		

分组装配时，轴、孔对应的同一组进行装配，可以看出每组的配合过盈量仍为 0.002 5～0.007 5 mm，与原装配精度相同。

采用分组装配时，关键要保证分组后各对应组的配合性质和配合公差仍满足原装配精度要求，因此，需满足：

①配合件的公差相等。如上例中的轴、孔的原公差相等 $T_d=T_D=0.002\,5$ mm。

②当对零件的公差放大时，一对零件的公差要同方向增大，且增大的倍数应等于分组数。另外需说明，放大零件公差到经济可行程度即可，没必要无限放大。如上例中的轴、孔的原公差放大时，是保持原公差的上极限不变，往下极限方向放大到原公差的 4 倍，分组时分为 4 组，则轴、孔各对应小组配合的精度与原装配精度相同。

③各配合件的尺寸公差分布相同。为保证零件分组后，各组别内的零件数量相等，不至于产生“剩余零件”，各配合件的尺寸公差分布相同，如同为正态分布。如图 5.20 所示，轴、孔的尺寸公差分布不同，分组后对应小组的轴、孔零件数量不等，如轴 1 组和孔 1′组，数量不等，就会剩余零件。

④配合件的表面粗糙度、形位公差不能随尺寸公差的放大而放大，应与分组公差相适应，否则将不能达到要求的配合精度和配合质量。

⑤分组数不宜过多。分组数过多会增加零件的测量和分组等工作量，容易产生混乱，导致管理成本提高，增加装配难度。

3）复合选配法

复合选配法是直接选配法和分组选配法的复合，即零件加工后先检测分组。在装

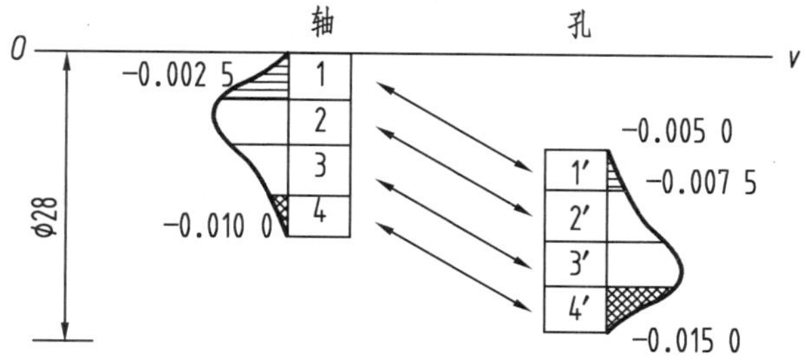

图5.20　轴、孔尺寸公差分布不同

配时,在各对应组内由工人直接选配。

这种装配方法是综合利用了直接选配法和分组选配法的特点,配合件的公差可以不等,装配速度较快、质量高,能满足一定的生产节拍要求。

5.3.3　修配法

在中批生产或单件小批生产中,对于装配精度要求较高而组成环较多的装配体,若按互换法装配,会使组成环的零件精度太高而无法加工。若采用选配法,可能会产生剩余零件或因零件数量少难以分组。这时,就可采用修配法满足装配精度要求。修配法是通过修配某一个组成环的尺寸及公差,同时其他组成环按经济加工精度制造的方法满足装配精度要求。修配环是通过修配来补偿协调其他组成环的累计误差以满足装配精度要求,也称为补偿环。采用修配法时,补偿环的选取应满足:

①便于拆装、易于修配。一般应选形状比较简单、修配面较小的零件。

②不选公共组成环。因为公共组成环难以同时满足几个装配要求,所以应选只与一项装配精度有关的组成环。

采用修配法装配时,补偿环被去除的材料厚度称为补偿量(或修配量)。求解装配尺寸链时的主要问题是:在保证补偿量足够且最小的原则下,计算补偿环的尺寸。补偿环被修配后,封闭环的尺寸可能变大或变小。

在实际生产中,通过修配法达到装配精度要求的方法有很多,其中常用方法有:

①单件修配法。在多环尺寸链中,选定某一固定的零件作为修配环,装配时进行修配以达到装配精度。

②合并加工修配法。将两个或多个零件合并在一起当作一个修配环进行修配加工。合并加工的尺寸可看作一个组成环,这样减少尺寸链的环数,有利于减少修配量。

③自身加工修配法。在机床制造等高精度要求的装配中,若单纯依靠限制各零件的加工误差来保证加工精度,则可能导致零件加工难度过大甚至无法加工,且不易选择适当的修配件。此时,在机床的总装时,用机床本身来加工自己的方法,以确保机床的装配精度,这种修配法称为自身加工法。例如,在牛头刨床总装后,用自刨方法加工工作台面,这样就可以较容易地保证滑枕运动方向与工作台面的平行度要求。

5.3.4　调整法

对于装配精度要求高且组成环数量较多的装配单元,当不能采用互换装配法时,除可以采用修配法外，还可采用调整法来保证装配精度。

调整法是通过改变组成环的位置或将该环更换成新的零部件，同时其他组成环按经济加工精度制造来满足装配精度要求的方法。

调整法和修配法的实质相同，都是确定某一个组成环为调整环（该环对应的零件称为调整件），其他组成环按经济加工精度加工，调整环用来补偿其他组成环的累计误差，从而满足装配精度要求。但两者在补偿调整环尺寸的方法上有所不同，修配法采用机械加工的方法去除调整环（补偿环）零件上的金属层；调整法是采用改变调整环（补偿环）的位置或更换成新的零件的方法来满足装配精度要求。

常见的调整法有固定调整法、可动调整法和误差抵消调整法3种。

①固定调整法：在装配中，通过更换新的调整件来满足装配精度要求的方法称为固定调整法。常用的调整件有轴套、垫片、垫圈等。

采用固定调整法需解决调整范围、调整件的分组数、每组调整件的尺寸3个关键问题。

②可动调整法：装配中，通过改变调整件的相对位置来满足装配精度的方法称为可动调整法。

可动调整法中的各组成环零件按经济精度加工，装配方便，可以获得较高的装配精度。使用时，通过调整件的位置调整补偿，由于磨损、热变形等引起的误差，使之满足装配精度要求。其缺点是结构变得复杂，增加了零部件数量，需要较高的调整技术。这种方法优点突出，使用广泛。

③误差抵消调整法：在装配中，通过调整相关零件的相互位置，可使零件的误差相互抵消，以提高装配精度的方法称为误差抵消法。这种方法在机床装配时应用得较多。例如，在装配机床主轴时，可通过调整前后轴承的径向圆跳动方向来控制主轴径向圆跳动。

以上3种调整法的共同特点是可降低对组成环的加工要求，装配过程相对方便，可以获得较高的装配精度，故应用较广。但是固定调整法要预先制作许多不同尺寸的调整件并将它们分组，这给装配工作带来了麻烦，所以一般多用于大批大量生产和中批生产，而且封闭环要求在较严的多环尺寸链中。

5.4 装配工艺规程的制定

装配工艺规程是指导装配生产的主要技术文件，其制定装配工艺规程是生产技术准备工作的主要内容之一。装配工艺规程对保证装配质量、提高装配生产效率、缩短装配周期、减轻主人劳动强度、缩小装配占地面积、降低生产成本等都有重要的影响。它取决于装配工艺规程制定的合理性，这也是制定装配工艺规程的目的。制定装配工艺规程与制定机械加工工艺规程一样，也需要考虑多个方面的问题。装配工艺规程的主要内容如下：

①分析产品图样，划分装配单元，确定装配方法。

②拟定装配顺序,划分装配工序。

③计算装配工时定额。

④确定各工序装配技术要求、质量检查方法和检查工具。

⑤确定装配时零、部件的输送方法及所需的设备和工具。

⑥选择和设计装配过程中所需的工具、夹具和专用设备。

5.4.1　装配工艺规程制定的原则

(1)确保产品装配质量,力求提高质量以延长产品的使用寿命

装配是机器制造过程的最终环节。即使是面对高质量的零件,不准确的装配也会产出质量不高的机器。像清洗、去毛刺等看似无关紧要的辅助工作,若减少了这些工序也会危及整个产品质量。准确细致地按规范进行装配,就能达到预定的质量要求,并且还可以争取得到较大的精度储备,以延长机器使用寿命。

(2)尽可能缩短装配周期,提高装配效率

最终装配与产品出厂仅一步之差,装配周期的延长必然阻滞产品出厂,造成半成品的堆积及资金的积压。缩短装配周期对加快工厂资金周转、产品占领市场十分重要。

(3)尽量减少钳工工作,努力降低手工劳工劳动的比例

钳工装配效率低且工作强度大,应合理安排作业计划与装配顺序,采用机械化、自动化手段进行装配等。

(4)尽量减少装配占地面积,提高单位面积的生产率

在大量生产的汽车工厂中,通过组织部件、组件平行装配,并在流水线上按严格的节拍进行总装,可以实现高装配效率和紧凑的车间布置。

(5)合理安排装配工艺过程的顺序和工序

无论装配什么产品,首先都应确定一个基准件先进入装配线,再按先下后上、先内后外、先难后易、先重大后轻小、先精密后一般等原则,使零件或装配单元依次进入装配。还应重视零件或装配单元装配前的准备工作,如清洗、去毛刺、防止碰伤拉毛、防止基准变形等。此外,对装配中、装配后的检验工作也不可忽视,以便及时发现问题,减少返工。

5.4.2　制定装配工艺时所需的原始资料

在制定装配工艺规程前,需要具备以下原始资料:

(1)产品的装配图及验收技术标准

产品的装配图应包括总装图和部件装配图,并能清楚地表示出所有零件相互连接的结构视图和必要的剖视图,零件的编号,装配时应保证的尺寸,配合件的配合性质及精度等级,装配的技术要求,零件的明细表等。为了在装配时对某些零件进行补充机械加工和核算装配尺寸链,有时还需要某些零件图。

产品的验收技术条件,检验内容和方法也是制定装配工艺规程的重要依据。

(2)产品的生产纲领

产品的生产纲领就是其年生产量。生产纲领决定了产品的生产类型。生产类型不同,装配的生产组织形式、工艺方法、工艺过程的划分、工艺装备的多少、手工劳动的比例均有很大不同。

大批大量生产的产品应尽量选择专用的装配设备和工具,采用流水装配方法。现代装配生产中则大量采用机器人,组成自动装配线。对于成批生产、单件小批生产,则多采用固定装配方式,手工操作比重大。在现代柔性装配系统中,已开始采用机器人装配单件小批产品。

(3)生产条件

如果是基于现有条件来制定装配工艺规程时,应了解现有工厂的装配工艺设备、工人技术水平、装配车间面积等。如果是新建厂,则应适当选择先进的装备和工艺方法。

5.4.3 制订装配工艺规程的方法与步骤

根据装配工艺规程制定原则和原始资料,可以按下列步骤制定装配工艺规程:

1)进行产品分析

产品的装配工艺必须满足设计要求,工艺人员应对产品进行分析,必要时会同设计人员共同进行。

①分析产品图样,即读图阶段。通过读图,熟悉装配的技术要求和验收标准。

②对产品的结构进行尺寸分析和工艺分析。尺寸分析是指进行装配尺寸链的分析和计算。对产品图上装配尺寸链及其精度进行验算,并在此基础上,确定保证装配精度的装配工艺方法并进行必要的计算。工艺分析就是对产品装配结构的工艺性进行的分析,确定产品结构是否便于装配、拆卸和维修,即审图阶段。在审图过程中,如发现属于设计结构上的问题或有更好的改进设计意见,应及时会同设计人员加以解决,必要时对产品图纸进行工艺会签。

③研究产品分解成"装配单元"的方案,以便组织平行、流水作业。

2)装配方法

这里的装配方法包含两个方面:一方面是指手工装配还是机械装配;另一方面是指保证装配精度的工艺方法和装配尺寸链的计算。前者的选择主要取决于生产纲领和产品的装配工艺性,但也要考虑产品尺寸和质量的大小以及结构的复杂程度;后者的选择则主要取决于生产纲领和装配精度;也与装配尺寸链中的环数的多少有关。具体情况见表5.3。

表5.3 各种装配方法的适用范围及应用

装配方法	适用范围	应用举例
完全互换法	适用于高精度少环尺寸链或低精度多环尺寸链的大批大量装配	汽车、拖拉机、中小型柴油机、裁缝机及小型电机部分

续表

装配方法	适用范围	应用举例
大数互换法	组成环数多、装配精度较高的大批大量装配中	机床、仪器仪表中某些部件
分组选配法	适用于大批大量装配中,装配精度高、组成环数少,不便采用调整法	中小型柴油机的活塞与缸套、活塞与活塞销、滚动轴承的内外圈与滚珠
修配法	单件小批生产中,装配精度高、组成环数多	车床尾座垫板、滚齿机分度涡轮与工作台装配后的精加工齿形、平面磨床砂轮(架)对工作台自磨
调整法	单件小批生产中,装配精度高、组成环数多,除采用修配法外	内燃机气门间隙的调整螺钉,滚动轴承调整间隙的间隙套、垫圈、锥齿轮调整间隙的垫片

3)装配组织形式

装配组织形式的选择主要取决于产品的结构特点(包括尺寸、质量和复杂程度)、生产纲领和现有生产条件。装配组织形式按产品在装配过程中是否移动分为固定式和移动式两种。

①固定式装配:将产品或部件的全部装配工作在一个固定的地点进行,在装配过程中产品位置不变,将装配所需的零部件都汇集在工作地点。

固定式装配的特点是装配周期较长、效率较低、对工人的技术要求也较高。一般用于单件小批生产的产品、机床等装配精度要求很高的产品、重型而不便移动的产品的装配。如机床、汽轮机的装配。

②移动式装配:装配工人和工作地点固定不变而将产品或部件置于装配线上,通过连续或间隔地移动使其顺次经过各装配工作地,以完成全部装配工作。采用移动式装配时,装配过程分得很细,每个工人重复完成固定工作。

在装配流水线上进行的,装配时产品在装配线上移动,有连续移动式装配和断续移动式装配两种。连续移动式装配时,装配线每隔一定时间往前移动一步,将装配对象带到下一工位。这种方法装配效率高,周期短,对工人的技术要求较低,但对每一工位的装配时间有严格要求,常用于大批大量生产装配流水线和自动线。

移动式装配常用于大批大量生产时组成流水作业线或自动线,如汽车、拖拉机、仪器仪表等产品的装配。

4)划分装配单元,确定装配顺序

(1)划分装配单元

将产品划分为可进行独立装配的单元是制定装配工艺规程中最重要的一个步骤,这对于大批大量生产结构复杂的产品尤为重要。只有划分好装配单元,才能合理安排装配顺序和划分装配工序,组织平行流水作业。

产品或机器是由零件、套件、组件、部件等装配单元组成的。零件是组成机器的最基本单元。若干零件永久连接或连接后再加工便成为一个套件,如镶了衬套的连杆、焊接成的支架等。若干零件或与套件组合在一起成为一个组件,它没有独立完整的功能,如主轴和装在其上的齿轮、轴、套等构成主轴组件。若干套件、组件和零件装配在一起,成为一个具有独立、完整功能的装配单元,称为部件,如车床的主轴箱、溜板箱、进给箱等部件。

(2)选择装配基准件

上述各装配单元都要先选择某一零件或低一级的单元作为装配基准件。基准件应当体积(或质量)较大,有足够的支承面以保证装配时的稳定性。如主轴是主轴组件的装配基准件,主轴箱体是主轴箱部件的装配基准件,床身部件又是整台机床的装配基准件等。

(3)确定装配顺序的原则

划分好装配单元并选定装配基准件后,就可安排装配顺序。确定装配顺序的要求是保证装配精度,以及使装配联结调整、校正和检验工作能顺利进行,前面工序不妨碍后面工序进行,后面工序不应损坏前面工序的质量,一般安排装配顺序的原则如下:

①预处理工序先行,如倒角、去毛刺与飞边、清洗、涂漆等。

②先下后上,先内后外,先难后易,先重大后轻小,先精密后一般,以保证装配顺利进行。

③位于基准件同一方位的装配工作和使用同一工艺装备的工作尽量集中进行。

④易燃、易爆等有危险性的工作,尽量放在最后进行。为了清晰地表示装配顺序,常用装配单元系统图来表示产品零部件相互装配关系及装配流程。如图 5.21(a)所示为产品的装配系统图;如图 5.21(b)所示为部件的装配系统图。如图 5.22 所示为车床床身部件图,如图 5.23 所示为车床床身装配工艺系统图。

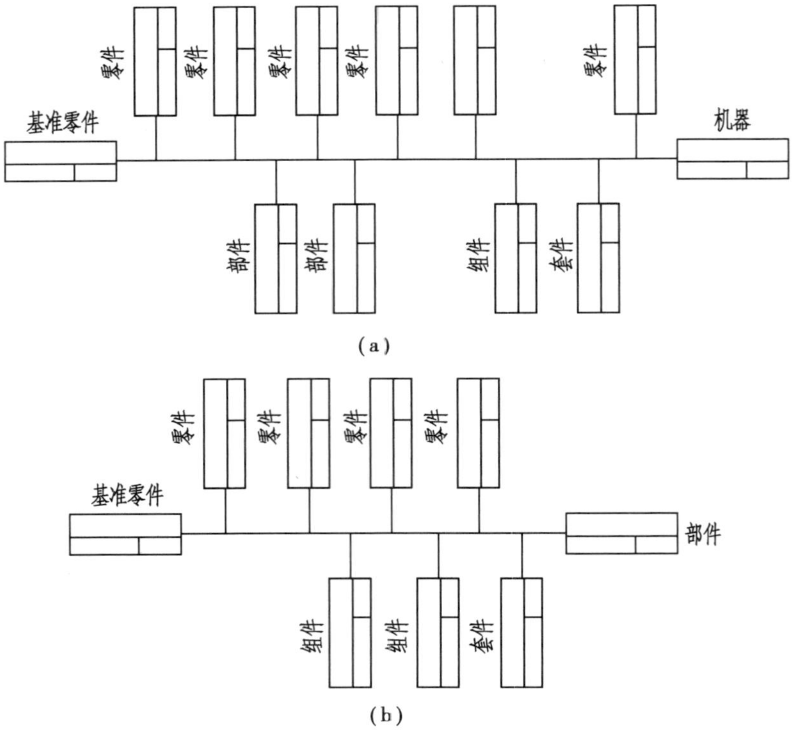

图 5.21 装配系统图

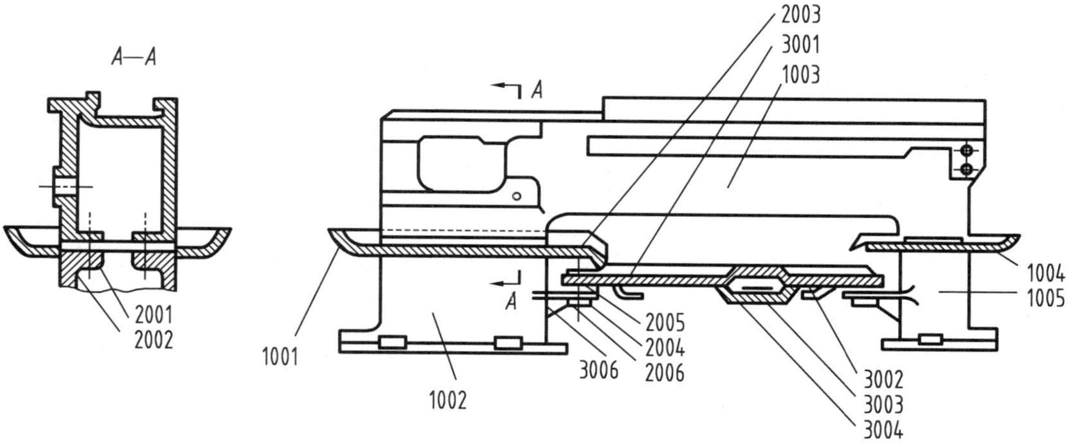

图 5.22　车床床身部件图

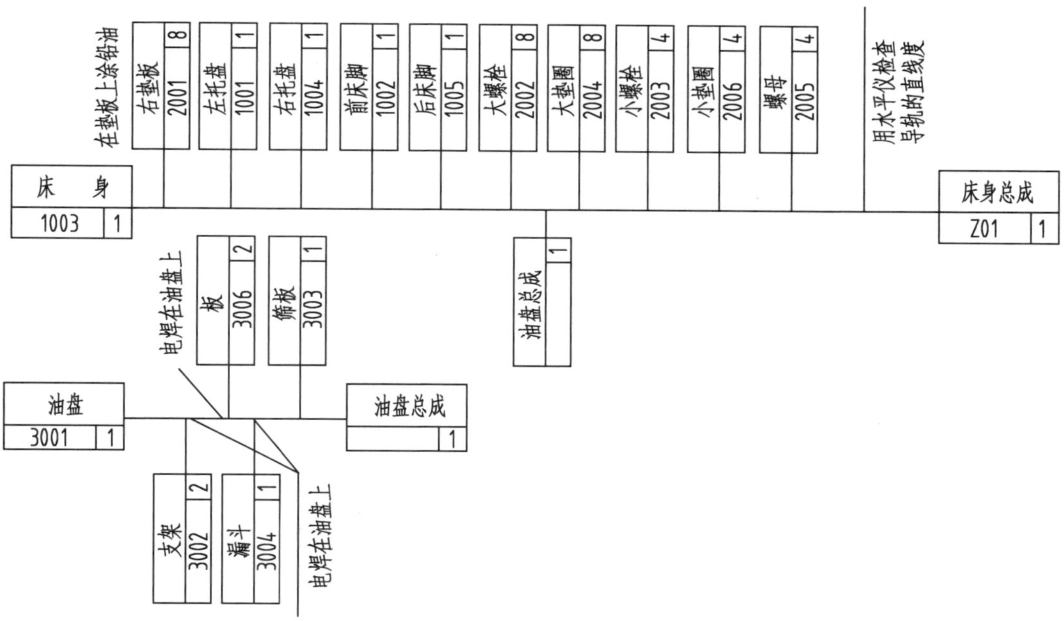

图 5.23　装配工艺系统图

(4)装配单元系统图的画法

①画装配单元系统图时,先画一条较粗的横线,横线的右端箭头指向装配单元的长方格,横线的左端为基准件的长方格。

②按装配先后顺序,从左向右依次将装入基准件的零件、套件、组件和部件引入。表示零件的长方格画在横线上方;表示套件、组件和部件的长方格画在横线下方。每一长方格内,上方注明装配单元名称,左下方填写装配单元的编号,右下方填写装配单元的件数。

③在适当的位置加注必要的工艺说明(如焊接、配刮、配钻、攻螺纹等)。装配单元系统图比较清楚而全面地反映了装配单元的划分、装配顺序和装配工艺方法。它是装

配工艺规程制定中的主要文件之一，也是划分装配工序的依据。

5）装配工序的划分与设计

确定装配顺序后，就可将工艺过程划分成若干工序，并进行具体装配工序的设计。工序的划分主要是确定工序集中与工序分散的程度，并根据产品的结构和装配精度的要求确定各装配工序的具体内容。工序的划分通常和工序设计一起进行。

工序设计的主要内容如下：

①必须选择合适的装配方法，并制定工序的操作规范。例如，过盈配合所需压力、变温装配的温度值、紧固螺栓连接的预紧扭矩、装配环境等。

②选择设备和工艺装备。例如，选择装配工作所需的设备、工具、夹具和量具等。若需要专用设备与工艺设备，则提出设计任务书。

③确定工时定额，并协调各工序内容。目前装配的工时定额都是根据实践经验估计的。在大批大量生产时，要严格测算平衡工序的节拍，均衡生产，实现流水作业。

装配工艺过程是由站、工序、工步和操作组成的。站是装配工艺过程的一部分，是指在一个装配地点，有一个（或一组）工人所完成的那部分装配工作，每一个站可以是一个工序也可以是多个工序，工序是站的一部分，它包括在产品的任何一部分所完成组装的一切连续工作。工步是工序的一部分，在每个工步中，使所用的工具及组合件不变，但根据生产规模的不同，每个工步还可以按技术条件分得更加详细一些。操作是指在工步进行过程中（或工步的准备工作中）所做的各个简单动作。

在安排工序时，必须注意以下 3 个问题：

①前一工序不影响后一工序的进行；

②在完成某些重要工序或易出废品的工序之后，均应安排检查工序；

③在采用流水线式装配时，每一工序所需的时间应等于装配节拍（或为装配节拍的整数倍）。

划分装配工序应按装配单元系统图进行，首先由套件和组件装配开始，然后是部件以至产品的总装配。装配工艺流程图可以在该过程中一并拟制，与此同时还应考虑到该期间的运输、停放和储存等问题。

6）编写工艺文件

装配工艺规程设计完成后，以文件的形式将其内容固定下来的文件，称为装配工艺规程。装配工艺规程中的装配工艺过程卡片和装配工序卡片的编写方法与机械加工工艺过程卡片和工序卡片基本相同。

单件小批生产时，通常只绘制装配单元系统图。成批生产时，除装配单元系统图外还需编制装配工艺卡，在其上写明工序次序、工序内容、设备和工装名称、工人技术等级和时间定额等。大批大量生产中，不仅要编制装配工艺卡，还要编制装配工序卡，以便直接指导工人进行装配。

7）制定产品检测与实验规范

产品装配完毕后，应按产品的要求制定检测与实验规范，其内容如下：

①检测和实验的项目及检验质量指标。

②检测和实验的方法、条件与环境要求。

③检测和实验所需工装的选择和设计。

思考与练习题

1. 什么是装配单元？为什么要把机器划分成许多独立装配单元？

2. 装配工作的基本内容有哪些？

3. 装配工艺规程包括哪些主要内容？是经过哪些步骤制定的？

4. 装配精度一般包括哪些内容？装配精度与零件的加工精度有什么关系？

5. 装配尺寸链是如何构成的？

6. 查找装配尺寸链应注意哪些事项？

7. 保证装配精度的方法有哪些？如何选择装配方法？

8. 装配顺序安排原则有哪些？

9. 说明装配尺寸链中的组成环、封闭环和协调环。补偿环和公共环的含义及其特点。

10. 设有一轴、孔配合，若轴的尺寸为 $\phi60_{-0.10}^{\ 0}$ mm，孔的尺寸为 $\phi60_{\ 0}^{+0.20}$ mm，试用完全互换法和大数互换法装配，并分别计算其封闭环的公称尺寸、公差及分布。

11. 现有一活塞部件，其组成零件尺寸如图 5.24 所示，试分别按极值公差和统计公差计算活塞行程的极限尺寸。

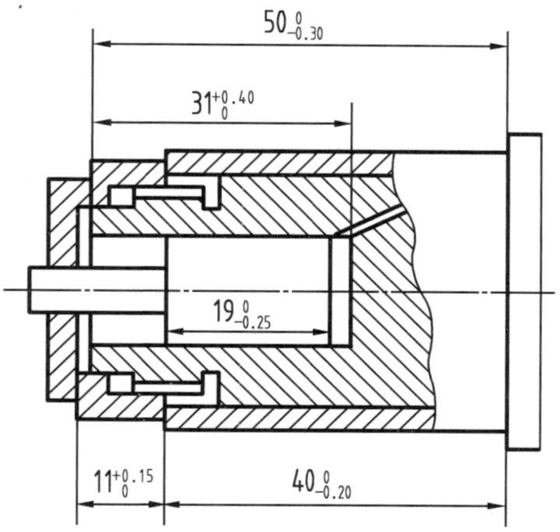

图 5.24　活塞部件

参考文献

[1] 王先逵. 机械制造工艺学[M]. 4 版. 北京:机械工业出版社,2019.
[2] 卢秉恒. 机械制造技术基础[M]. 4 版. 北京:机械工业出版社,2017.
[3] 陈立德. 机械制造技术基础[M]. 北京:高等教育出版社,2009.
[4] 于泓,熊江,朱鹏超,等. 机械制造工艺学[M]. 西安:西北工业大学出版社,2015.
[5] 何船,聂龙,张宪明. 机械制造技术[M]. 西安:西北工业大学出版社,2018.
[6] 李大磊,杨丙乾. 机械制造工艺学课程设计指导书[M]. 3 版. 北京:机械工业出版社,2019.
[7] 顾崇衔,等. 机械制造工艺学[M]. 西安:陕西科学技术出版社,1999.
[8] 曾志新,吕明. 机械制造技术基础[M]. 武汉:武汉理工大学出版社,2001.
[9] 杨叔子. 机械加工工艺师手册[M]. 2 版. 北京:机械工业出版社,2010.
[10] 熊良山. 机械制造技术基础[M]. 3 版. 武汉:华中科技大学出版社,2017.
[11] 巩亚东,史家顺,朱立达. 机械制造技术基础[M]. 2 版. 北京:科学出版社,2017.
[12] 张世昌,张冠伟. 机械制造技术基础[M]. 4 版. 北京:高等教育出版社,2022.
[13] 塞洛普・卡尔帕基安,史蒂文・R. 施密德. 制造工程与技术:翻译版:原书第 7 版. 机加工[M]. 蒋永刚,陈华伟,蔡军,等译. 北京:机械工业出版社,2019.
[14] 刘旺玉,等. 机械制造技术基础[M]. 2 版. 北京:高等教育出版社,2021.
[15] 陈明. 机械制造工艺学[M]. 2 版. 北京:机械工业出版社,2021.
[16] 冯之敬. 制造工程与技术原理[M]. 3 版. 北京:清华大学出版社,2019.
[17] 彭江英,周世权,田文峰. 机械制造工艺基础[M]. 4 版. 武汉:华中科技大学出版社,2022.
[18] 贾振元,王福吉,董海. 机械制造技术基础[M]. 2 版. 北京:科学出版社,2019.
[19] 李凯岭. 机械制造技术基础:3D 版[M]. 北京:机械工业出版社,2017.
[20] 杜正春,杨建国,潘拯. 机械制造工艺学[M]. 北京:机械工业出版社,2019.
[21] 陈宏钧. 实用机械加工工艺手册[M]. 4 版. 北京:机械工业出版社,2016.
[22] 王先逵. 机械加工工艺手册:加工技术卷[M]. 2 版. 北京:机械工业出版社,2006.
[23] 朱耀祥,浦林祥. 现代夹具设计手册[M]. 北京:机械工业出版社,2009.
[24] 艾兴,肖诗纲. 切削用量简明手册[M]. 3 版. 北京:机械工业出版社,2002.
[25] 蔡光起. 机械制造技术基础[M]. 沈阳:东北大学出版社,2002.
[26] 华茂发,谢骐. 机械制造技术[M]. 2 版. 北京:机械工业出版社,2013.

［27］冯之敬.机械制造工程原理［M］.2版.北京:清华大学出版社,2008.
［28］李硕,栗新.机械制造工艺基础［M］.2版.北京:国防工业出版社,2008.
［29］周增文.机械加工工艺基础［M］.长沙:中南大学出版社,2003.
［30］陈红霞.机械制造工艺学［M］.北京:北京大学出版社,2010.
［31］马敏莉.机械制造工艺编制及实施［M］.北京:清华大学出版社,2010.
［32］邓志平.机械制造技术基础［M］.2版.成都:西南交通大学出版社,2008.
［33］王宜君,李爱花.机械制造技术［M］.北京:清华大学出版社,2011.
［34］陈旭东.机床夹具设计［M］.北京:清华大学出版社,2010.
［35］李菊丽,何绍华.机械制造技术基础［M］.北京:北京大学出版社,2013.
［36］金捷,刘晓菡.机械制造技术与项目训练［M］.上海:复旦大学出版社,2010.
［37］吴拓.机械制造工艺与机床夹具课程设计指导［M］.5版.北京:机械工业出版社,2023.
［38］魏康民.机械加工工艺方案设计与实施［M］.北京:机械工业出版社,2010.
［39］王栋.机械制造工艺学课程设计指导书［M］.北京:机械工业出版社,2010.